普通高等教育“十三五”规划教材

爆破理论与技术基础

璩世杰　编

北　京
冶　金　工　业　出　版　社
2021

内 容 提 要

本书详细阐述了爆破理论与技术的基础知识，内容主要包括爆破技术的基本特点与历史发展、炸药爆炸的基本理论、常用工业炸药、起爆器材及起爆方法、岩石与岩体的基本特性、岩石爆破破坏基本理论、台阶炮孔爆破、井巷掘进爆破、地下落矿爆破、拆除爆破、爆破有害效应及其控制。

本书为高等院校采矿工程专业及相关专业的教材，也可供爆破行业中、初级技术人员参考。

图书在版编目(CIP)数据

爆破理论与技术基础/璩世杰编．—北京：冶金工业出版社，2016.8（2021.6重印）

普通高等教育“十三五”规划教材

ISBN 978-7-5024-7314-3

Ⅰ.①爆…　Ⅱ.①璩…　Ⅲ.①爆破技术—高等学校—教材　Ⅳ.①TB41

中国版本图书馆CIP数据核字（2016）第209789号

出 版 人　苏长永

地　　址　北京市东城区嵩祝院北巷39号　邮编　100009　电话　(010)64027926

网　　址　www.cnmip.com.cn　电子信箱　yjcbs@cnmip.com.cn

责任编辑　杨　敏　美术编辑　吕欣童　版式设计　彭子赫

责任校对　王永欣　责任印制　李玉山

ISBN 978-7-5024-7314-3

冶金工业出版社出版发行；各地新华书店经销；北京虎彩文化传播有限公司印刷

2016年8月第1版，2021年6月第3次印刷

787mm×1092mm　1/16；19.25印张；464千字；293页

45.00元

冶金工业出版社　投稿电话　(010)64027932　投稿信箱　tougao@cnmip.com.cn

冶金工业出版社营销中心　电话　(010)64044283　传真　(010)64027893

冶金工业出版社天猫旗舰店　yjgycbs.tmall.com

（本书如有印装质量问题，本社营销中心负责退换）

前　言

爆破是利用炸药爆炸释放出来的能量破坏岩石。以钻孔爆破为主要形式的爆破技术一直广泛应用于矿山开采和路堑工程、隧道开挖、水电基础工程及建筑基坑等工程领域中。与岩体开挖的其他工程方法相比，爆破方法更易于实施，效率高，成本低，特别是在矿山企业，爆破作为一个主要生产工序，对采矿生产的效率、效益、安全，都具有十分重要的意义。近几十年来，随着我国国民经济建设的快速发展，爆破技术的应用更为广泛，在矿山开采和交通土建等工程领域里的地位也更加重要。在这一过程中，人们对岩石和岩体爆破破坏规律的认识更加深刻；工业炸药和起爆器材的品种更加多样化，性能显著改善；爆破技术得到了进一步发展，数字技术和计算机技术也得到了日益普遍的应用。本教材的编写，意在概括介绍爆破基本概念和理论的基础上，着重参考近年来有关企业、科研单位的爆破实践经验和不同院校的教学研究成果，尽可能充分地反映近年来爆破技术的发展与进步，以期能够更好地满足高等院校相关专业教学工作的需要。此外，本教材也可作为爆破行业中、初级技术人员的参考书。

本书共分 11 章。第 1 章简要介绍了爆破技术的基本特点与历史发展；第 2 章讲述了炸药爆炸的基本概念及炸药起爆与传爆的基本理论，同时简要介绍炸药的主要性能参数及其测试方法；第 3 章介绍了常用工业炸药的种类、成分、性能，简述爆破工程中炸药种类选择的一般依据；第 4 章介绍了爆破工程中的起爆方法与器材，细述各种起爆器材的特性、用途及使用方法，介绍起爆方法与起爆器材选择的基本原则；第 5 章介绍了岩石和岩体的基本物理力学性质与结构特征及其在爆破过程中的作用与影响，以及岩体介质的爆破分级方法；第 6 章介绍了岩石爆破破坏的基本理论，分析爆炸应力波和爆炸气体产物膨胀压力在爆破过程中的作用，总结岩石爆破破碎的机理，并简要介绍了自由面反射拉伸效应（霍普金森效应）、爆破漏斗理论和药量计算的一般原理；第 7 章讲述了露天台阶炮孔爆破（包括预裂爆破等几种控制爆破技术）的基本工艺技术特点、作用原理、技术参数计算或选取的方法，并简介爆破效果的评估方法；第8章介绍了井巷掘进爆破技术，简述地下工程中井巷掘进和隧道工程中掘进爆破的基本技术特征、技术设计与施工的基本方法，讨论爆破效果的评估方法；第9章讲述了地下落矿爆破，重点介绍上向扇形中深孔爆破的基本技术特征、技术设计及爆破效果控制的基本方法；第10章介绍了建构筑物拆除爆破技术；第11章讲述了爆破有害效应及其危害与成因、观测手段及相应的安全防护措施。

本书的绘图及文字录入等工作得到了编者学生们的帮助，他们是：申旭鹏、王福缘、衣方、李焕君、李岩、何皇兵、王靖、易巧明、万鹏鹏、胡学龙等，在此一并向他们致谢！

本书的出版得到了北京科技大学教材建设经费的资助。在编写过程中参考了一些文献，在此向文献作者表示感谢。

由于编者水平有限，书中不足之处，恳请读者批评指正。

编　者

2016年5月

目　　录

1 绪 论

爆破是岩体开挖工程的主要施工手段，主要应用于采矿和交通土建、水电及港口等工程领域。所谓爆破，即是利用炸药爆炸释放出来的能量使岩石（或矿石）发生破坏，为后续的矿岩铲装和运输创造条件。目前仅我国主要冶金矿山企业的年矿岩采剥总量即达10亿吨以上，消耗炸药约50万吨。而在铁路、公路、水库、机场、港口等基础设施建设领域，也都采用爆破技术作为岩体开挖的施工手段。由此可见，爆破在我国国民经济建设中具有重要的地位和作用。另外，从经济角度考虑，爆破工程费用一般占矿山开采工程总费用的30%~50%，开采强度和采掘生产效率的高低以及整个开采工程的成本与效益，都与爆破技术与工艺密切相关。可以认为，在目前以至可预见的未来，大规模的矿山采掘与基建开挖工程都将依然依赖于爆破技术。

鉴于上述，系统学习爆破这门专业基础课程，掌握相关知识，对学生能在将来科学地运用爆破技术，可靠地从事爆破生产实践，具有重要意义。

1.1 炸药与爆破技术的发展简介

炸药的爆炸能够快速地向外界释放能量，是爆破工程实践所必需的能源来源。早在公元6~7世纪，中国发明了黑火药。唐代孙思邈所著《丹经内伏硫黄法》中已记载了由硫、硝、炭三种成分混制而成的黑火药。但当时黑火药仅用来制造鞭炮和焰火，直到南宋时期才用于军事，而未用于采掘工业。13世纪黑火药传入欧洲，直到1627年匈牙利首先将黑火药用于采矿工程。1867年，诺贝尔（A. Nobel）开创性地发明了雷管，同时发明了以硅藻土为吸收剂的硝化甘油炸药，标志着世界上第一代工业炸药的诞生，为爆破技术的形成和工业化的爆破工程提供了基本的技术基础和物质基础。

20世纪初，一次意外硝酸铵爆炸事故使人们发现了硝酸铵的爆炸性能。1925年，以硝酸铵为主要成分的粉状硝铵炸药问世，出现了第二代工业炸药。这种炸药的推广使用，使爆破技术向着安全、经济、高效的方向迈进了一大步，使爆破技术的普遍应用成为可能。

1919年制成了以太安为药芯的导爆索；1946年制成了毫秒电雷管，使爆破技术又大大提高了一步。

20世纪50年代以后，以硝酸铵和柴油为主要成分的铵油炸药在世界各国得到了广泛使用，目前在全世界铵油炸药的生产使用量占全部工业炸药的50%以上。从20世纪60年代起，多孔粒状铵油炸药得到了迅速的推广应用，这种炸药加工工艺简单，抗水性能比粉状铵油炸药高，爆炸性能良好，成本更低。

有水场合，需要炸药具有足够的抗水性以保证其爆炸性能。1956年，迈尔文·库克发明了浆状炸药，之后又研制成功了水胶炸药。以浆状炸药为代表的抗水硝铵炸药被称为第三代工业炸药。20 世纪 70 年代研制成功了乳状炸药，这种新型的抗水炸药，被称为第四代工业炸药，其抗水性、经济性、安全可靠性都达到了一个新的高度。

1967 年，诺贝尔公司发明了导爆管非电导爆系统，标志着起爆器材技术的一大革新。目前，电子雷管已在爆破生产实践中得到了成功的试验应用。

与此同时，对爆破理论的研究也有长足的发展。由于测试技术的日益进步，在生产实践中人们对岩石爆破破坏基本规律的认知更为深刻，先后提出了自由面和最小抵抗线原理、爆破流体力学理论、应力强度理论、应力波和爆生气体共同作用原理、反射波拉伸作用、爆破漏斗理论以及爆破断裂力学理论等。这些理论都来源于实践又指导实践，促进了爆破技术的进步。近代计算机技术的发展，为人们运用现代计算机技术建立数学模型，研究爆破破岩机理，预测爆破破碎效果等，提供了一种新途径。

1.2 爆破工程的基本类别及特点

按爆破工程地点与地表的空间关系，爆破工程有露天爆破和地下爆破之分。前者是指在地表进行，如在绝大多数露天矿山采用的露天台阶炮孔爆破、基建工程中时有采用的山体硐室爆破等。后者是指在地下进行的，包括地下开采和井巷掘进等地下工程。露天台阶炮孔爆破多采用大直径深孔装药爆破，而地下爆破所用的炮孔直径和深度大都较小，多称为浅孔（或浅眼）爆破。除此之外，以控制岩体开挖边界围岩质量为主要目的的光面爆破等控制爆破技术，以及用于拆除建（构）筑物的拆除爆破技术，也在矿山和工民建领域常有应用。

1.2.1 露天台阶炮孔爆破

露天台阶炮孔爆破广泛应用于露天矿开采、铁路和公路路堑工程、水电工程及基坑开挖等大规模岩石开挖工程。

露天台阶炮孔爆破，按工程目的分掘沟爆破、台阶爆破、二次爆破、周边控制爆破等。

1.2.1.1 掘沟爆破

掘沟爆破是为形成台阶状地形而进行的。与一般的台阶爆破工程类似，掘沟爆破也是在地平面上进行的，但它没有台阶坡面作为炮孔的自由面（图 1-1）。

图 1-1 露天矿山采场掘沟爆破形成的台阶

1.2.1.2 台阶爆破

台阶爆破（bench blasting）是现代爆破工程应用最广的爆破技术，也是在露天矿山爆破实践中最为常见的一种爆破方式。露天矿开采、铁路和公路路堑工程、水电工程及基坑开挖等大规模岩石开挖工程都离不开台阶爆破。由于台阶爆破可与装运机械匹配施工，机械化水平高，因此施工速度快、效率高、安全性好。随着深孔钻机等机械设备的不断改进发展，深孔爆破技术在石方开挖工程中占有越来越重要的地位。

除炮孔所在的地平面作为各个炮孔的自由面外，台阶坡面对爆区前排炮孔也起着自由面的作用。充分利用台阶坡面作为爆区前排炮孔的初始自由面，是台阶爆破的一个重要特征。

台阶爆破中的毫秒延时爆破和预裂爆破是控制爆破技术发展的重要方向。毫秒延时爆破（millisecond delay blasting）是一种巧妙地安排各炮孔起爆次序与合理时差的爆破技术，能有效减小爆破后出现的大块率，减小地震波、空气冲击波的强度和碎块的飞散距离，得到良好的便于挖运的堆积体。1986 年葛洲坝围堰爆破，创造了将 3000 多炮孔分为 300 多段起爆的成功经验。目前在露天及地下开挖和城市控制爆破中已普遍采用，这种技术还有更为广阔的发展前途。

1.2.1.3 二次爆破

此外，在露天矿山的爆破工程实践中，难免会产生尺寸过大的不合格大块及根底、岩墙等爆破质量问题。采用爆破方法破碎大块，处理根底和岩墙，称为二次爆破。在二次爆破过程中，由于炮孔一般都很浅，炮孔抵抗线小，故容易出现“飞石”现象，对爆破安全具有潜在威胁。目前，随着液压冲击破碎技术的推广，越来越多的露天矿山改用液压冲击锤对不合格大块岩石和根底及岩墙进行二次破碎，故二次爆破技术的应用日益减少。

1.2.2 浅孔（眼）爆破

浅孔（眼）爆破常用于井巷掘进、地下开采及露天小规模岩体开挖。

1.2.2.1 掘进爆破

岩石中掘进工程是地下矿山开拓、交通水电工程以及地下洞库开挖不可或缺的项目。掘进爆破（exploitation blasting）技术是整个掘进工程的首要部分，爆破效果直接关系着工程质量和使用年限。

在一个自由面条件下进行巷道掘进，岩体的夹制作用一般都很大。为了保护围岩的稳固性，一般都需要在巷道周边应用光面爆破技术。

1.2.2.2 地下回采爆破

与露天开采相比，空间狭小是地下回采爆破的显著特点。通过井巷从地表到达地下矿体之后，需以已形成空间为自由面开始回采矿石，进而可在一定限度内扩大作业空间。正是由于这一原因，地下回采爆破多采用小直径浅孔。

按采矿方法的不同，地下回采爆破主要有上向平行浅孔和下向平行浅孔、水平浅孔，以及上向扇形中深孔爆破几种类型。

1.2.3 周边控制爆破

在露天台阶爆破过程中，邻近采场边坡时，为保护边坡岩体的稳固性，多采用周边控制爆破技术。与之类似，在地下开采的井巷掘进过程中，也需要采用周边控制爆破技术，以求最大限度地保持井巷围岩的稳固性。

露天钻孔爆破工程中的控制爆破，一般是指为在岩体中形成一个连续贯通的裂面而进行的特殊爆破，其作用一是降低各光面炮孔起爆时对边坡岩体产生的冲击破坏作用，二是降低采场内爆破活动在边坡岩体产生的震动效应，这两种作用都利于维持边坡岩体原有的稳固性。

预裂爆破（presplitting blasting）与光面爆破（smooth blasting）在获得光滑的岩面、保护围岩免遭破坏方面具有相同的目的。预裂爆破在完整的岩体开挖前预先爆破预裂孔，使沿着开挖部分和保留部分的分界线裂开一道缝隙，用以隔断爆破作用对保留岩体的破坏。国内露天矿靠帮爆破所采取的控制爆破措施中，多数矿山采用预裂爆破，少数矿山采用缓冲爆破和光面爆破。

周边控制爆破技术的种类可包括：密集钻孔（小直径、小孔距、少装药或不装药）、光面爆破（主爆区爆破之后，再进行光面爆破钻爆施工）、预裂爆破（与主爆区一次爆破，但最先起爆预裂孔，之后再起爆其他炮孔）、缓冲爆破（与主爆区一次爆破，但须在主爆区炮孔起爆之后，再起爆缓冲孔）。露天矿邻近边坡所采取的周边控制爆破，多为预裂爆破或“预裂＋缓冲”爆破，而较少采用缓冲爆破或光面爆破。

1.2.4 拆除爆破

拆除爆破（demolition blasting）是近50年来迅速发展起来的一类控制爆破技术。拆除爆破具有如下特点：首先，拆除爆破一般处在闹市区、居民区或厂区，爆区附近的环境十分复杂，对爆破设计提出了更高的要求；其次，爆破拆除的对象各不相同，其建筑结构也各不相同，针对不同的拆除对象必须采用不同的爆破方式。如对于烟囱、水塔和高层建筑物的拆除，爆破设计只需炸毁结构的要害部位，利用结构失稳倒塌实现整体破碎；对于基础、地坪等实体构筑物破碎，爆破时则按照单位炸药消耗量参考岩石松散爆破有关规律设计。

拆除爆破的关键在于控制爆破规模和药包质量的计算与炮孔位置的安排，以及有效的安全防护手段。使用炸药并不是拆除爆破的唯一手段，近些年来出现的燃烧剂、静态膨胀破碎剂等方法，扩大了爆破手段的选择范围。大型机械化拆除技术的兴起，对爆破拆除市场形成了巨大的冲击，机械破碎配合爆破拆除可以改善工作条件，提高爆破拆除效率。使用时可以根据爆破的规模、安全要求和被爆破对象的具体条件选择合理有效的拆除方法。

1.2.5 特殊爆破技术

特种爆破是指爆破介质和对象、爆破方法及药包结构、爆破环境或爆破目的等不同于普通爆破的特殊爆破技术。近年来金属爆炸冲压成型、金属焊接、表面硬化和切割技术、爆炸合成金刚石、高温超导材料、非晶和微晶新材料等技术的应用领域越来越广，已建立和发展一批具有特殊装备的爆炸加工专业队伍。

炸药爆炸的聚能原理和它所产生的效应一直用于穿甲弹的军事目的，近年来才逐渐转为民用。利用聚能效应在冻土内钻孔，为出钢口射孔、石油井内射孔或排除钻孔故障，以及在工程上用来切割金属板材和大块二次破碎等方面都取得了广泛的应用，其中油气井爆破技术，包括地震勘探、测井、射孔、压裂和修井技术已成为特殊爆破的重要分支。

水下爆破技术在水库岩塞爆破、挡水围堰拆除、港湾航道疏浚工程和淤泥与饱和沙土软地基爆炸处理等方面，发展非常迅速，尤其是淤泥软基爆炸处理技术具有投资少、工效高和施工简便等优势，在沿海开发区建设中得到了广泛的应用。

1.3　爆破安全

爆破安全技术包括爆破施工作业中使用火工品的安全问题和爆破对周围建筑设施与环境安全影响两部分。一部分涉及爆破器材性能、适用条件、检验方法和起爆技术等问题，另一部分为爆破安全准则、爆破引起的公害及控制标准，以及防护技术和减灾技术等问题。

使用先进的爆破器材，可以消除早爆和拒爆等各种安全隐患。非电导爆管起爆系统、高精度毫秒延期雷管、无起爆药雷管和以乳化炸药为首的安全防水炸药等新产品的推广使用，极大提高了爆破作业的安全可靠性，也大幅度减少了爆破事故的发生。随着爆破技术的进步及其在复杂工程城市环境的广泛使用，爆破引起的有害影响，包括地震、空气冲击波、飞石、噪声、毒气和粉尘等现象的控制和削弱，已经成为爆破设计与施工的必要部分；只要在爆破设计中采取有效的控制和防范措施，严格执行《爆破安全规程》，加强安全监测管理，可使各种爆破有害效应降低到最低程度。

1.4　现代爆破技术的发展趋势

现代爆破技术的特点是在保证施工过程安全条件下完成具体爆破工程。爆破工程的高风险性及其社会影响，使得从业技术人员除了掌握一般的爆破方法进行爆破设计施工外，还应具备较强的安全环保意识、良好的心理素质和一定的管理协调能力。爆破工程应是万无一失的工程，因为爆破失败往往会造成极其严重的难以弥补的后果和影响。为了适应社会发展和技术进步的要求，现代爆破技术正向着精确化、科学化和数字化的方向发展。

1.4.1　爆破控制的精确化

装药形式和装药结构的变化导致药包分散更为合理。集中药包是爆破理论中相似法则和最小抵抗线原理的典型装药形式，也是爆破设计中确定单位炸药消耗量选择的依据。硐室爆破多用集中药包，但在大规模硐室爆破中使用条形药包较为普遍。扩壶爆破属于集中药包，适用于中等硬度以下的岩石爆破，能在钻孔机具不足的施工条件下，获得较高的单位炮孔岩石爆破量。扩壶就是在普通炮孔的底部，装入小量炸药进行不堵塞的爆破，使孔底逐步扩大成圆壶状空间，以便装入较多药量的爆破方法。随着现代机械化施工水平的提高，扩壶爆破的运用面越来越小，但仍为某些特殊工程条件所采用。

爆破实践中使用的装药绝大多数属于柱状药包，但为使爆破效果满足要求，常采取不耦合、间隔装药等装药技术。随着爆破装药的精确化，可使药包在空间的分布更为合理和准确，不仅利于控制爆破的效果，而且使得精准控制爆破震动等有害效应成为可能。

控制爆破过程中不同空间位置药包的起爆间隔时差是改善爆破质量和减小地震效应的得力手段，爆破器材的发展进一步促进了起爆技术精确化。高精度雷管可使爆破毫秒延时间隔的控制提高到1ms数量级以内，这对于改善爆破质量和控制爆破地震效应都具有重要意义。电子雷管的推广使用将使起爆精确度和安全性提高到更高的水平。

爆破控制的精确化还表现在城市建（构）筑物拆除爆破中，对于烟囱、水塔和高层建筑物拆除，爆破设计不仅需要将结构要害部位炸毁，形成失稳倒塌切口，为了降低建筑物倒塌冲击造成的地震效应，还需在炸毁切口以外位置布置药包，以实现结构空中解体和减缓冲击落地姿态。通过精确设计爆破的药量及装药起爆方式，可以实现对建（构）筑物倾倒方向、倒塌范围、破坏区域、碎块飞散距离和地震波、空气冲击波等公害有效控制。

1.4.2 爆破技术的科学化

近年来随着相关科学的进步和爆破理论的发展，尤其是计算机技术的广泛使用，使爆破理论落后于爆破技术发展的现状有所改观。固体力学、工程力学等学科新理论的引进，数值计算、设计智能化技术和安全与量测技术等研究工作的进步，为研究岩石爆破复杂过程提供了新的技术支持。

近年来，爆破理论研究充分借鉴了岩石损伤理论研究成果，甚至开始考虑岩体中天然节理裂隙对爆破效果的影响。在破岩机理研究中，除考虑爆炸冲击波和爆生气体作用外，更加关注自由面对爆破作用的影响。在爆破实践中大孔距小抵抗线毫秒延时爆破技术，充分利用自由面作用，采取斜线起爆，尽可能产生多个人为制造自由面，从而极大地改善了爆破质量。

爆破安全技术的发展和完善对于推广爆破技术的应用范围具有重要意义。非电导爆管起爆系统、高精度雷管、安全抗水炸药和乳化炸药等新型爆破器材的使用极大提高了爆破作业的安全性；同时，降低爆破地震波、空气冲击波、飞石、粉尘及气体污染等有害效应的研究和工程实践，也有力提高了爆破安全技术水平。

1.4.3 爆破技术的数字化

数值计算方法的发展，经历了连续介质材料模型和非连续介质材料模型等发展阶段。岩石爆破损伤模型因其考虑了岩石内部客观存在的微裂纹及其在爆炸载荷下的损伤演化对岩石断裂和破碎的影响，能较真实地反映岩石爆破破碎过程，但是目前的岩石爆破损伤模型普遍没有考虑爆生气体在岩石破碎中的作用。为了反应岩石中的天然节理裂隙和初始损伤等不连续影响和爆破后碎块飞散状况，人们尝试用离散元和不连续变形分析方法建立爆破数值计算模型。

计算机辅助设计（CAD）在爆破工程中的应用在矿山较为普遍。露天矿生产爆破专家系统，利用模糊数学理论帮助用户进行爆破对策的选择和最优台阶高度的确定，对于某些决策系统可以给出置信水平。整个系统具有爆破对策选择、设备选择、方案选择、矿石块度尺寸分布预测、参数的敏感性研究及参数最优选择等多项输出功能，可方便地用于露天台阶爆破设计和咨询，进行爆破方案设计和爆破震动分析。

电子雷管具有数码延时控制精度高和可灵活设定两大技术特点。电子雷管的延期发火时间由微型电子芯片控制，延时控制误差达到微秒级，延期时间可在爆破现场由爆破员设定，并在现场对整个爆破系统实施编程，操作简单快捷。使用电子雷管除了有利于改善爆破效果，还能提高生产、储存和使用等方面的安全性，所以电子雷管将具有广泛的应用前景。

炸药爆炸的基本理论

本章要点

所有爆破工程都是通过炸药的爆炸来完成的。因此，了解有关炸药爆炸的基本概念，理解和掌握有关炸药起爆与传爆的基本理论知识，了解有关炸药爆炸性能的知识，掌握对炸药爆炸性能指标进行实验测定的方法，才有可能在实践中正确利用炸药的各种爆炸性能，获得预期的爆破效果，保证爆破安全。本章内容要点如下：

（1）炸药和爆炸的基本概念；

（2）炸药的起爆和敏感度；

（3）炸药的传爆和侧向扩散效应；

（4）炸药的氧平衡；

（5）炸药的爆炸性能指标。

炸药爆炸极其迅速地释放能量，对周围岩石产生压力，从而使岩石发生破坏和抛移，以达到爆破作业的目的。因此，为了能够在爆破工程实践中做到科学合理地使用炸药，保障爆破安全，准确控制爆破效果，优化钻爆工程的技术经济指标，需要研究和掌握有关炸药爆炸的基本理论，了解炸药爆炸过程中发生的各种现象及其基本规律。

2.1 炸药和爆炸的基本概念

2.1.1 炸药及其基本特点

炸药是一种在一定外能作用下可发生高速化学反应并在瞬间生成大量气体产物，释放大量热量的一类物质。换言之，炸药是一种能够将其所含有的化学能瞬间释放出来的物质。

炸药的基本特点如下：

（1）相对稳定的物质结构。炸药是一种在常温条件下处于相对稳定状态的不稳定化学物质体系。在普通环境条件下，炸药一般都会处于相对稳定的状态，除非有外界一定能量的作用，一般不会自行发生爆炸反应。但是，在一定的外界能量作用下，炸药能够发生爆炸。

（2）爆炸反应的自持续性。工业炸药一般主要含有 C、H、O、N 四种化学元素，其爆炸反应属于氧化还原反应，即炸药中含有反应过程中所需要的氧化剂和还原剂两类物质，而不需要大气环境中的氧。因此，炸药的爆炸反应一旦开始，即可自行持续完成。

（3）对外界做机械功的功率极高。炸药的爆炸反应极为迅速，即能够在瞬间释放出大量热量，生成大量高温高压气体产物，从而能够以压力的形式作用于周围介质并做机械功。由于炸药释放能量的速度极高，所以其在爆破过程中对外界做功的功率极高。

2.1.2 爆炸现象及其分类

爆炸是物质系统一种极为迅速的物理或化学能量释放转化为对外界做机械功的过程。根据引起爆炸原因的不同，可将爆炸分为物理爆炸（如轮胎爆胎、锅炉爆炸等）、化学爆炸以及核爆炸。

炸药的爆炸属于化学爆炸，是一种非常急剧的化学和物理的变化过程。炸药的能量是通过炸药的化学反应而释放出来的。在炸药发生爆炸的过程中，其能量在有限空间内急剧释放，产生一个压力极高并向外传播的冲击波，同时生成大量的高温高压气体产物，通过冲击波的冲击作用和高温高压气体产物的膨胀作用，对炸药周围的介质（如岩石）做机械功，可使此介质迅速产生巨大的机械性破坏。炸药爆炸现象发生时，伴随有震动、声、光、热环境效应。

2.1.3 炸药的爆炸现象及其特征

炸药的爆炸是一种化学爆炸现象，其化学反应过程极为迅速，并在反应过程中生成大量气体产物，释放出大量热量。反应速度极高、生成气体产物、放热是炸药爆炸现象必备的三个基本特征，亦称为炸药爆炸的三要素。

（1）反应快。炸药的爆炸反应速度极快，可以在极短的时间内将反应生成的大量气体产物加热到摄氏数千度，压力猛增到几万乃至几十万个大气压，高温高压气体迅速向四周膨胀做功，便产生了爆炸现象。炸药的爆炸反应通常是在数十万分之一至数百万分之一秒内完成的。例如，1kg 球状梯恩梯药包完全爆炸的时间仅为十万分之一秒左右。在如此极为短暂时间内，爆炸反应可以达到很高的能量密度，这也是形成化学爆炸的重要条件。正是由于爆炸反应速度快，用时极短，故可以忽略过程中热传导和热辐射作用的影响。

爆炸过程的高速度决定了炸药能够在很短时间内释放大量能量，因此单位体积内的产能密度极高，从而具有强大的对外界做功的威力，这是爆炸反应区别于燃烧及其他化学反应的一个显著特点。相反，如果炸药的化学反应速度很低，过程中产生的热量通过热传导和热辐射不断散失，就不可能形成威力强大的爆炸。例如，煤的燃烧虽然不断向外界释放热量，但在一般条件下不能形成爆炸。

（2）释放大量热量。爆炸过程中持续释放出大量热能是炸药爆炸反应的另一重要特征。如果没有足够的热量放出，化学变化就不可能自行传播，爆炸也就不能产生和持续，同时也无从对外界做功。吸热反应或放热不足，都不能形成爆炸。常用工业炸药爆炸时放出的热量一般为 2300 ~ 5900kJ/kg。

（3）生成大量气体产物。炸药爆炸产生的大量气体产物是炸药对外界做功的重要媒介物。炸药爆炸产生的能量的大部分是以高温高压气体产物的膨胀转化为对外界做机械功。如果物质的反应热很大，但不生成气体产物，也就不会形成爆炸。例如，铝热剂反应：

$$2Al + Fe_2O_3 = Al_2O_3 + 2Fe \tag{2-1}$$

$$\Delta_r H_m^{\ominus} = +82\text{kJ/mol}$$

其单位质量的产热值比梯恩梯高，并能形成3000℃高温而使生成物呈熔化状态，但由于没有气体生成物，不能形成爆炸。

1kg 工业炸药爆炸生成的气体量一般可达700～1000L。

2.1.4 炸药化学反应的基本形式

在不同的外界条件作用下，炸药可发生不同形式的化学变化，即不同性质的化学反应。炸药的化学变化可分为热分解、燃烧、爆炸和爆轰四种形式。

2.1.4.1 热分解

炸药在常温下或受热作用时，会发生缓慢的分解并放出热量的现象，称为热分解。炸药的热分解速度主要取决于环境的温度，温度越高则分解越显著。当温度升高到一定限度时，炸药缓慢的热分解会转变为快速的化学变化，发生燃烧或爆轰。

分解反应为放热反应，如果放热量不能及时散发，炸药温度就会不断升高，促使反应速度不断加快和放出更多的热量，最终引起炸药的燃烧和爆炸。因此，在贮存、加工和使用炸药时，要采取加强通风等措施，防止由于炸药分解产生热积聚而导致意外爆炸事故的发生。

2.1.4.2 燃烧

炸药的燃烧与一般燃料燃烧有着本质的区别，一般燃料的燃烧需要外界供氧或其他助燃气体的供给；而炸药的燃烧是依靠自身所含的氧进行反应的，绝大多数炸药能够稳定燃烧而不发生爆炸。

炸药的燃烧主要靠热传导来传递能量，因此稳定燃烧速度不可能很高，一般为每秒几毫米至每秒几米，最高也只能达每秒几百米，低于炸药的声速。

炸药的燃烧不是在全部物质内同时展开的，而只是在局部区域内进行并在其内传播的。进行燃烧的区域称为燃烧区或反应区，反应区沿物质向前传播，其传播的速度称为燃烧速度。

一般情况下，凝聚炸药的燃烧速度随压力的增大而加快，当压力高于某一上限时，燃烧转为爆轰。

2.1.4.3 爆炸

炸药爆炸的过程与燃烧过程相类似，化学反应也只在局部区域内进行并在炸药中传播，反应区的传播速度称为爆炸速度，简称爆速。爆炸可分为稳定爆炸和不稳定爆炸，爆炸速度保持定值的称为稳定爆炸。

2.1.4.4 爆轰

爆轰是炸药爆炸的最高形式，其特征是爆速达到了最大值。工业炸药产品的爆轰速度可达每秒数千米，产生的压力可达数千至数万兆帕。

炸药化学变化的上述四种基本形式在性质上虽有不相同之处，但它们之间却有着非常密切的联系，在一定的条件下是可以互相转化的。如热分解放出的热量大于散失的热，热分解会转化为燃烧或爆炸；凝聚相炸药的燃烧速度随压力的增大而加快，当压力高于某一限度，燃烧转为爆炸和爆轰；若炸药爆炸产生的冲击波强度不足以维持爆炸的稳定传播，爆轰也可转为不稳定爆炸甚至导致爆炸反应停止。

2.2 炸药的起爆与敏感度

炸药是一种处于相对稳定状态的不稳定化学体系，必须在一定的外界能量作用下才能使其发生爆炸。在外界能量作用下使炸药发生爆炸的过程称为起爆，这种外界能量称为起爆能。

通常，工业炸药的起爆能有以下三种形式：

（1）热能。利用加热的形式使炸药形成爆炸，能够引起炸药爆炸的加热温度称为起爆温度。工业雷管多利用这种形式的起爆能。

（2）机械能。通过撞击、摩擦、针刺等机械作用使炸药分子间产生强烈的相对运动，并在瞬间产生热效应，使炸药起爆。

（3）爆炸冲能。利用雷管或起爆药等产生的爆炸冲能可使一般炸药起爆，这是工程爆破中最广泛应用的一种起爆能，它是利用某些炸药的爆炸能来起爆另外一些炸药。例如在爆破作业中，利用雷管、导爆索和中继起爆药包的爆炸来起爆炸药。

采用热能起爆时，爆轰前要经过一个不稳定的燃烧阶段，后转为爆轰。机械冲量引爆的特点是炸药在机械冲击下产生“热点”，由该点开始发生化学反应并向邻近炸药颗粒传播。使用起爆药包产生的爆炸冲能起爆炸药，则是由起爆药包的爆炸冲击波直接引发被装药的爆轰。

爆炸冲能起爆的必要条件是：

（1）冲击波的速度高于被发炸药的临界爆轰波传播速度。

（2）炸药化学反应释放的能量足以维持炸药冲击波阵面上的压力在一定水平以上。

2.2.1 炸药的起爆机理

炸药本身的化学性质和物理性质决定着炸药对起爆能的响应。目前对炸药起爆机理的解释主要有以下三种。

2.2.1.1 热能起爆机理

谢苗诺夫研究了爆炸性混合气体的热能起爆理论，其后富兰卡、卡曼尼兹等进一步研究发展了该理论，并将它成功地应用于凝聚体炸药。

该理论的基本要点是：在一定的温度、压力和其他条件下，如果一个炸药物质体系反应放出的热量大于热传导所散失的热量，就能使该体系发生热积聚，从而使反应自动加速而导致爆炸，即爆炸是系统内部温度渐增的结果。炸药在热作用下发生爆炸的过程是一个从缓慢变化转为突然升温爆炸的过程。在炸药爆炸前，存在一段反应加速期，称为爆炸延时期或延迟时间。使炸药发生爆炸的温度称为爆发点，爆发点是指炸药分解自行加速时的环境温度，而非爆发瞬间的炸药温度。爆发点越高，延迟时间越短，两者存在以下关系：

$$\tau = c e^{\frac{E}{RT}} \tag{2-2}$$

式中 τ——延迟时间，s；

c——与炸药成分有关的系数；

e——自然对数的底；

E——炸药的活化能，J；

R——通用气体常数；

T——爆发点，K。

2.2.1.2 机械能起爆机理——灼热核理论

灼热核理论认为，当炸药受到撞击、摩擦等机械能的作用时，并非受作用的各个部分都被加热到相同的温度，而只是其中的某一部分或几个极小的部分形成热点。例如个别晶体的棱角处或微小气泡处首先达到炸药的爆发温度，使局部炸药首先起爆，快速释放热量，导致爆炸反应迅速传播至炸药的全部。这种温度很高的微小局部区域，通常被称为灼热核。对于单质炸药或者含单质炸药的混合炸药来说，其灼热核通常在晶体的棱角处形成。在热点处的炸药首先发生热分解，同时放出热量，放出的热量又促使炸药的分解速度迅速增加。如果炸药中形成热点数目足够多，且尺寸又足够大，热点的温度升高到爆发点后，炸药便在这些点被激发并发生爆炸，最后引起部分炸药乃至整个炸药的爆炸。

炸药在机械作用下，热点产生的可能原因主要包括：

（1）炸药中的孔隙或气泡在机械作用下的绝热压缩。

（2）炸药颗粒之间、炸药与杂质之间、炸药与容器壁之间发生摩擦而生热。

（3）液态炸药（或低熔点炸药）高速黏性流动加热。

研究表明，除炸药质点摩擦外，掺和物的粒度、数量、硬度、熔点及导热性等因素都对灼热核的形成具有重要影响。灼热核形成以后，灼热核的大小、温度和作用时间是决定炸药是否能够发生爆炸反应的重要因素。若使炸药发生爆炸，灼热核必须满足下列条件：

（1）灼热核的尺寸应尽可能地细小，直径一般为 $10^{-5}\sim10^{-3}$cm。

（2）灼热核的温度应为 300～600℃。

（3）灼热核的作用时间在 10^{-7}s 以上。

此外，超声振动，电子、粒子、中子等高能粒子的轰击，静电放电，强光辐射，晶体成长过程中的内应力等也可促使形成热点。

2.2.1.3 爆炸冲击能起爆机理

研究结果表明，均相炸药和非均相炸药的冲击起爆机理存在显著差异。

A 均相炸药的冲击能起爆

均相炸药的爆炸冲击能起爆过程大致是，主发装药爆炸产生的强冲击波进入均相炸药（如四硝基甲烷），经过一定的延迟以后，便开始在其表面形成爆轰波。这个爆轰波是在强冲击波通过后，在已被冲击压缩的炸药中发生的，此时爆轰波的传播速度比正常的稳定爆速大得多。虽然它开始是跟随于强冲击波的后面，但经一定的距离后，它会赶上冲击波阵面，其爆速突然降低到略高于稳定的值，往后慢慢地达到稳定爆速。一般来说，均相炸药的爆炸冲击能起爆，取决于临界起爆压力值（p_K）。不同炸药的临界起爆压力值是不相同的。例如，密度 $\rho_0=1.6\text{g/cm}^3$ 的硝化甘油炸药，其临界起爆压力值 $p_K=8.5\times10^9$ Pa；而 $\rho_0=1.8\text{g/cm}^3$ 的黑索金炸药，其临界起爆压力值 $p_K=10\times10^{10}$ Pa。

B 非均相炸药的冲击能起爆

非均相炸药是指物理性质不均匀的炸药。非均相炸药的冲击能起爆机理目前一般认为是热点起爆，即认为起爆冲击波先在非均相炸药中产生大量热点，然后再发展成爆轰。由于非均相炸药不像均相炸药那样将能量均匀分配给整个起爆面上，而是从局部“热点”展开，所以非均相炸药所需的临界起爆压力 p_K 要比均相炸药小。非均相炸药的冲击能起爆是可以用灼热核理论进行解释的。

2.2.2 炸药的敏感度

炸药在外界能量作用下起爆的难易程度称为炸药的敏感度，一般称为感度。炸药的感度分为：热感度、机械感度、爆轰感度、冲击波感度、静电火花感度等。

炸药的感度关系到炸药使用的可靠性和安全性，需要在炸药的生产、运输、贮存和使用过程中给予足够重视。

2.2.2.1 热感度

炸药的热感度是指在热能作用下引起炸药爆炸的难易程度。热感度包括加热感度和火焰感度两种。加热感度用来表示炸药在均匀加热条件下发生爆炸的难易程度，通常采用炸药在一定条件下的爆发点来表示。炸药在明火（火焰、火星）作用下，发生爆炸变化的能力称为炸药的火焰感度。炸药对火焰的感度用点火的上下限来表示。实践表明，在非密闭状态下，黑火药与猛炸药用火焰点燃时通常只能发生不同程度的燃烧变化，而起爆药却往往表现为爆炸。

2.2.2.2 机械感度

炸药的机械感度是指炸药在机械作用下发生爆炸的难易程度。按照机械作用形式不同，炸药的机械感度通常有摩擦感度、撞击感度等，此外，还有针刺感度、枪弹射击感度、对惯性力的感度等。

A 摩擦感度

炸药在机械摩擦作用下发生爆炸的能力称为摩擦感度。测定炸药摩擦感度的仪器有多种，但大多数测定误差较大，精度不高。比较精确的仪器是摆式摩擦仪，是目前我国最常用的仪器。

炸药颗粒粒径减小，摩擦感度随之减小。例如对于黑索金，当颗粒粒径为 0. 20 ~ 0. 28mm 时，摩擦感度为 32%；当颗粒粒径尺寸小于 0. 20mm 时，摩擦感度为 20%~24%。

B 撞击感度

在机械撞击作用下，引起炸药爆炸的难易程度，称为炸药的撞击感度。

撞击感度的表示方法有多种，如爆炸百分数法、上下限法、50%爆炸的特性落高法以及冲击能法等。目前国内对猛炸药广泛使用的是爆炸百分数表示法，对起爆药广泛使用的是上下限法。

C 针刺感度

针刺感度主要是指火工品（火帽、雷管）中起爆药或击发药在针刺作用下能发火或爆炸的能力。

一般针刺感度使用上下限或感度曲线（落高与爆炸百分数关系曲线）来表示。

2.2.2.3 冲击波感度

炸药在冲击波作用下发生爆炸的难易程度，称为炸药的冲击波感度。爆轰波是一种冲击波，故炸药在爆轰波的作用下发生爆炸的难易程度也可称为炸药的爆轰感度。猛炸药的爆轰感度一般用极限起爆药量来表示。使1g猛炸药完全爆轰所需起爆药的最小药量称为极限起爆药量。对于同一种起爆药，不同的猛炸药极限起爆药量不同。一般起爆药的爆轰增长速度愈快（即爆轰增长期愈短），爆速愈大，它的起爆能力也就愈大。

一般用被发药柱50%爆炸时，主、被发药柱之间间隙的厚度来表示炸药的冲击波感度。

2.2.2.4 静电火花感度

炸药在静电火花作用下，发生爆炸变化的能力，称为炸药的静电火花感度，用使炸药100%爆炸时静电火花的最小能量表示，或用在一定放电电能条件下所发生的爆炸频数来表示。

2.2.3 影响炸药敏感度的因素

影响炸药敏感度的因素可归纳为内在因素和外界因素。

2.2.3.1 炸药自身的化学性能

（1）分子结构和成分。单质炸药分子中含有各种原子基团，这些基团的稳定性越低，其感度越高。例如，基团—O—ClO_2比基团—O—NO_2的稳定性低，所以氯酸盐的感度比硝酸盐高。

（2）键能。一般来说，分子中各原子间的键能越大，破坏它就越困难，感度也越低。

（3）生成热。生成热小的炸药，其感度高；相反，生成热大，则感度低。

（4）活化能。活化能愈大，炸药的感度愈低；相反，活化能越小，则感度越高。

（5）热容量。如果炸药热容量很大，就需要消耗较多能量才能使炸药升高到爆炸所需要的温度，因此热容量大的炸药感度低，热容量小的感度高。另外，炸药的热传导性能越好，热量很快传导散失到相邻介质，温升所需热量多，故其感度越低。

2.2.3.2 炸药的物理状态

（1）炸药的物相与晶体形态。通常炸药由固态转化为液态时，感度提高，例如，液态硝化甘油比在固态时要敏感。硝铵炸药受潮结块时，感度明显下降。结晶状态对同一种炸药的感度也有影响，例如，不稳定的菱形晶体的硝化甘油（冻结的）比稳定的三斜晶系的硝化甘油的感度高。

（2）炸药密度。一般情况下，随着炸药密度的增加，同量的起爆能作用于每个炸药颗粒上的能量就相应减少，故其感度会降低。另外，随着炸药密度的增加，炸药颗粒间的移动就越困难，产生灼热核的概率相应下降，导致炸药感度下降，不利于起爆。当密度过大时，就会造成所谓“压死”现象，不能或几乎不能起爆。

（3）炸药结晶颗粒尺寸。一般情况下，单质炸药的撞击感度随结晶颗粒的尺寸增大而升高，随着颗粒尺寸的减小而降低；而混合炸药的撞击感度则随着颗粒尺寸的减小而升高。

（4）温度。炸药的各种感度随炸药本身的温度升高而升高。随着温度的升高，炸药的分子运动加速，使炸药分解所需的起爆能减小，即增加了炸药的感度。

（5）惰性杂质的掺入。一般的惰性物质会降低炸药的感度（特别是炸药的热感度）

和传爆质量。就炸药的热感度而言，惰性杂质将在起爆过程中吸收一部分热能，但却不参加炸药的爆炸反应，而在这种情况下就需要较大热能才能引起炸药爆炸。对于机械感度来说，掺入惰性物质的影响将具体取决于杂质的粒度、硬度、熔点、含量等指标。当惰性杂质的硬度大于炸药的硬度且具有尖锐棱角（如石英砂粒、碎玻璃等）时，可使炸药的机械感度增高，这类掺入物质通常称为增感剂。由于外界施加的机械作用易在这些物质颗粒的棱角处形成应力集中而产生强烈的摩擦作用，从而形成“热点”。与此相对照，一些低熔点、低硬度的黏性物质（如胶体石墨、石蜡、沥青、硬脂酸、凡士林等）掺入炸药中，则会降低炸药的机械感度，这类惰性物质被称为钝感剂。这些钝感剂能在炸药的颗粒表面形成一层柔软的薄膜，当炸药受外界的机械作用时，这种薄膜可以减弱对炸药的撞击和炸药颗粒间的摩擦，显著减少产生“热点”的机会，从而起到钝化作用，降低炸药的机械感度。

2.3 炸药的传爆理论

炸药的传爆就是爆轰波的传播过程。爆轰波是一种由炸药自身的爆炸反应持续提供能量而在炸药中传播的一种特殊的冲击波。

2.3.1 冲击波的基本概念

冲击波在介质中传播时，其波阵面前后的介质状态参数产生突跃式的有限变化。冲击波具有一定的厚度，其数量级为 10^{-8}mm。

2.3.1.1 平面冲击波的基本关系式

假设冲击波波阵面前的气体速度、压力、内能、体积、密度和温度分别为 u_0 、p_0 、E_0 、V_0 、ρ_0 和 T_0 ，而冲击波波阵面后面（也有称为波阵面上）的气体速度、压力、内能、体积、密度和温度分别为 u_1 、p_1 、E_1 、V_1 、ρ_1 和 T_1 ，冲击波波阵面的运动速度为 D（图 2-1），其基本关系式如下：

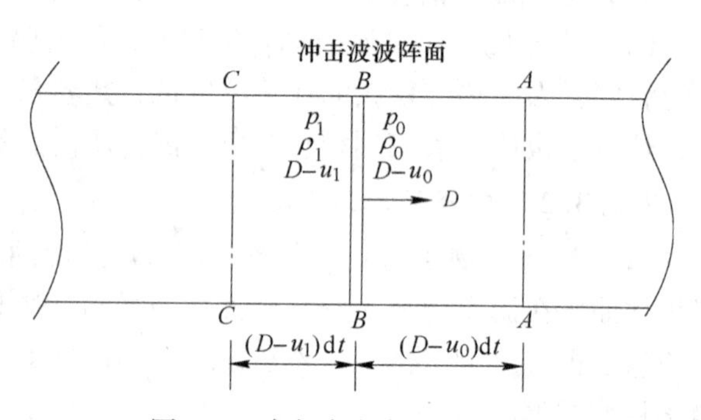

图 2-1 冲击波波阵面前后参量

$$\rho_0 \cdot (D - u_0) = \rho_1 \cdot (D - u_1) \tag{2-3}$$

$$p_1 - p_0 = \rho_0 (D - u_0)(u_1 - u_0) \tag{2-4}$$

$$E_0 + \frac{p_0}{\rho_0} + \frac{1}{2}(D - u_0)^2 = E_1 + \frac{p_1}{\rho_1} + \frac{1}{2}(D - u_1)^2 \tag{2-5}$$

或

$$E_1 - E_0 = \frac{1}{2}(p_0 + p_1)(V_0 - V_1) \tag{2-6}$$

上式称为描述冲击波波阵面介质状态的冲击绝热方程式。在 p-V 坐标图上，可以用通过介质初态点的一条曲线来描述该方程（图 2-2）。

2.3.1.2 冲击波的基本性质

(1) 冲击波的传播过程是绝热的，但不是等熵的。冲击波的传播过程是熵增大的过程，而且是不可逆过程，而声波的传播是等熵过程。

(2) 冲击波传过后，介质获得了一个与波传播方向相同的移动速度，即有 $D-u_0>0$，$u-u_0>0$。

(3) 弱冲击波的极限速度为声速，弱冲击波衰减的结果是变成了声波。

(4) 冲击波的传播速度相对于未扰动介质而言是超声速的，即 $D>u_0+C_0$，若 $u_0=0$，则 $D>C_0$；冲击波的传播速度相对于波阵面后已受扰动的介质而言是亚声速的，即 $D<u_1+C_1$；这里 C_0 和 C_1 分别是扰动前和扰动后的介质声速。

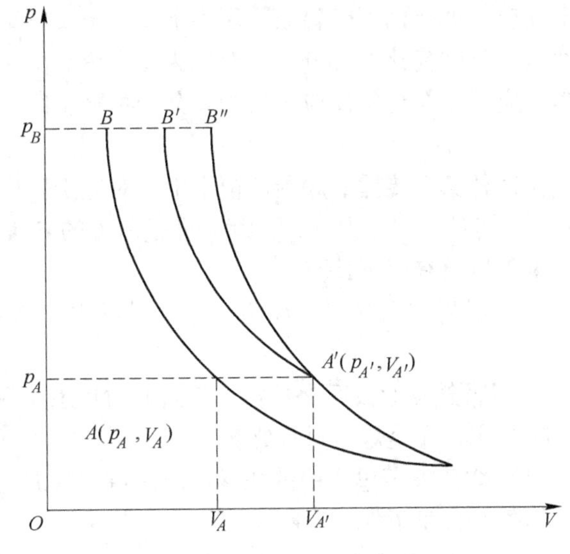

图 2-2 等熵和冲击绝热曲线

2.3.2 爆轰波基本理论

2.3.2.1 爆轰的基本概念

目前得到广泛接受和应用的爆轰理论基础是 Chapman-Jouguet 理论，简称 C-J 理论。C-J 理论基于以下假设：

(1) 爆轰波为一维理想平面波，在传播过程中没有热传导、热辐射、热扩散以及动性等能量的耗散。

(2) 在爆轰波波阵面内的化学反应是瞬间完成的，即反应速率无限大，波阵面的厚度 T 可以忽略不计。

C-J 理论的不足是假定爆轰时化学反应的速度为无限大，而实际情况并非如此。

在 C-J 理论的基础上发展而来的 Z-N-D 模型理论认为：化学反应是一个过程，这种反应从开始到完毕必然需要一定的时间，即炸药的反应过程将对应着一个由炸药转变为爆轰产物的化学反应区。化学反应区的宽度与炸药种类有关，一般高能炸药的反应区厚度以毫米计，其他炸药的反应区厚度相应变大。

Z-N-D 模型理论把爆轰波看作是由一个前沿冲击波和随后的一个化学反应区构成的，图 2-3 是爆轰波 Z-N-D 模型的示意图。当炸药爆轰时，在前沿冲击波的波阵面上，炸药的压力由原始压力 p_0 突跃为波峰压力 p_1，炸药因此受到剧烈的压缩并升温，从而产生迅速的化学反应。炸药能量随着

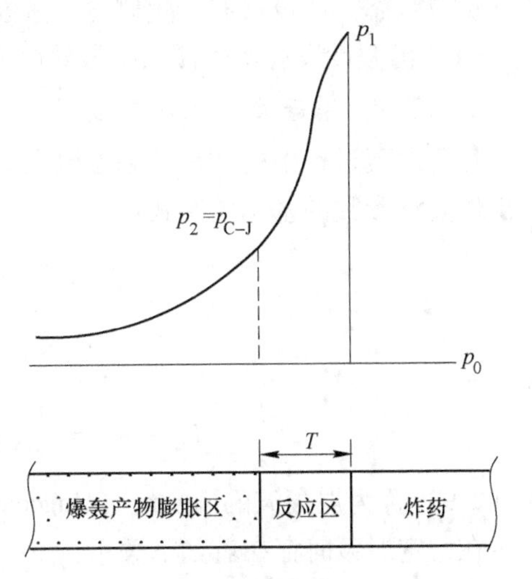

图 2-3 爆轰波 Z-N-D 模型示意图

化学反应的进行而不断释放，压力下降，至反应结束时压力下降为 p_2。由 p_2 至冲击波波阵面间压力急剧变化的部分，一般称为压力峰。由化学反应开始到反应结束的这个区域称为化学反应区。在化学反应区后为爆轰产物膨胀区，在此区域内，爆轰产物的压力较平稳地下降。

在这种稳定传播的爆轰波模型中，对应于反应区末端反应终了的平面就是通常所称的C-J面，其对应的压力（p_2）就是通常所称的C-J压力，即爆轰波波阵面压力。

爆轰波具有以下特点：

（1）爆轰波只存在于炸药的爆轰过程中，爆轰波的传播随着全部炸药爆轰的结束而终止。

（2）爆轰波参数通常是指C-J面上的状态参数。炸药一定，则爆轰波参数及其宽度不随时间变化，直至爆轰过程终止。

（3）炸药爆轰过程中的化学反应区持续释放出的能量，是维持爆轰反应沿炸药柱向前持续传播的必要条件。

2.3.2.2　爆轰波的结构特点

爆轰波由于有化学反应区，波阵面的厚度明显大于一般的强冲击波。如图2-4所示，爆轰波的结构为：

（1）0—0面为爆轰波波阵面，其前方的炸药尚未受到爆轰波的影响，尚未产生任何扰动，其压力和温度等状态参数与炸药起爆之前完全相同。

（2）0—0面与1—1面之间的炸药处于冲击压缩作用下，其压力、密度和温度上升，但尚未发生化学反应。

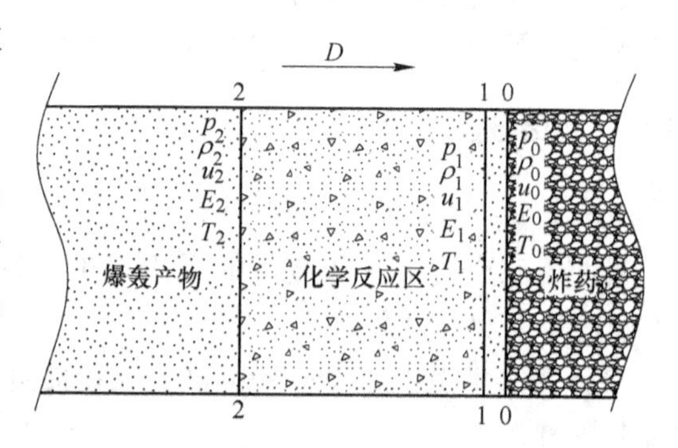

图2-4　爆轰波波阵面结构示意图

（3）在1—1面和2—2面之间炸药颗粒的压力与温度上升到足够高的水平，炸药处于化学反应状态。假设没有产生侧向扩散效应，则2—2面上炸药颗粒的化学反应完成。

（4）仍假设没有产生侧向扩散效应，则2—2面之后空间内全部是炸药爆轰的产物。

2.3.2.3　爆轰波的基本参数

炸药爆轰过程中的物理状态参数主要有压力、温度、密度等。基于三大守恒定律，可导出爆轰波参数的基本关系式：

$$u_2 - u_0 = \sqrt{(p_2 - p_0)(V_0 - V_2)} \tag{2-7}$$

$$D = u_0 + V_0\sqrt{\frac{p_2 - p_0}{V_0 - V_2}} \tag{2-8}$$

$$E_2 - E_0 = \frac{1}{2}(p_2 + p_0)(V_0 - V_2) + Q_V \tag{2-9}$$

式（2-9）称为爆轰波的雨贡纽（Hugoniot）方程。

在稳定爆轰时存在着如下关系：

$$D = C_{\mathrm{H}} + U_{\mathrm{H}} \tag{2-10}$$

式中 D——爆速；

C_H——C-J 面处爆轰气体产物的声速；

U_H——C-J 面处气体产物质点速度。

由 Chapman-Jouguet 理论得出的公式（2-8）就称为 C-J 方程或 C-J 条件。由于 C-J 面处满足 C-J 条件，爆轰波后面的稀疏波就不能传入爆轰波反应区中。因此，反应区所释放出的能量就不发生损失，而全部用来支持爆轰波以定常速度传播。

2.3.2.4 爆炸气体的状态

凝聚炸药指的是液态和固态炸药。由于凝聚炸药在通常装药密度下，爆轰产物压力高达数万兆帕（数十万大气压），温度高达数千摄氏度，通常的气体状态方程就不适用。

凝聚炸药爆轰产物处于高温高压状态，一般把炸药爆轰产物看成非常稠密的气体来处理，并采用定余容阿贝尔方程描述其状态：

$$p(V-b)=nRT \tag{2-11}$$

式中 b——产物的分子余容；

n——产物平均相对分子质量 M 的倒数；

R——气体常数。

如果把余容不仅看作是密度的函数，而且也看作是温度的函数时，得出的状态方程为：

$$\begin{cases} pV = RT(1+x\mathrm{e}^{\beta x}) \\ x = K\sum \dfrac{x_i K_i}{V(T+\theta)^{\alpha}} \end{cases} \tag{2-12}$$

式中 V——气态爆轰产物的摩尔体积；

x_i——第 i 种爆轰产物在总的爆轰产物中所占的摩尔分数；

K_i——第 i 种爆轰产物的余容因数；

α，β，K，θ——经验确定的常数。

式（2-12）称为 BKW 状态方程。

BKW 状态方程是当前计算炸药爆轰参数时广泛使用的公式。爆轰参数的计算值与实测值比较一致，特别是爆速和爆压的计算值与实测值十分一致。

2.3.2.5 凝聚相炸药的爆轰参数计算公式

凝聚相炸药的爆轰参数计算公式为：

$$\rho=\frac{\gamma+1}{\gamma}\rho_0 \tag{2-13}$$

$$p=\frac{1}{\gamma+1}\rho_0 D^2 \tag{2-14}$$

$$u=\frac{1}{\gamma+1}D \tag{2-15}$$

$$C=\frac{\gamma}{\gamma+1}D \tag{2-16}$$

$$D=\sqrt{2(\gamma^2-1)Q_V} \tag{2-17}$$

式中 γ——爆轰产物的等熵指数，对凝聚相炸药其值接近 3.3；

Q_V——炸药的定容爆热，kJ/kg；

ρ——爆轰产物的密度，g/cm^3；

D——炸药的爆轰速度，m/s；

p——爆轰压力，kPa；

u——爆轰产物移动速度，m/s；

C——C-J 面爆轰产物的声速，m/s。

上述公式表明：

（1）爆轰反应产物质点速度比爆速小，但随爆速的增大而增大。

（2）爆轰反应结束瞬间产物的压力取决于炸药的爆速和密度。

（3）爆轰刚结束时，产物的密度比原炸药的密度大。

（4）爆轰结束瞬间的温度（T_H）不是爆温，它比爆温高。爆温是假定爆轰产物在定容条件下加热升温，而 T_H 除此之外还包含爆轰产物体积被压缩时造成的温升，故较爆温高。

在现代技术条件下，爆速 D 可以直接准确地被测知。设 ρ_0 为已知的炸药初始密度，利用前述方程可求得爆轰波其余各参数值。

几种炸药的爆轰参数见表 2-1。

表 2-1 几种炸药的爆轰参数

炸 药	ρ_0/g·cm^{-3}	D/m·s^{-1}	μ_2/m·s^{-1}	C_2/m·s^{-1}	ρ_2/g·cm^{-3}	p_2/MPa
梯恩梯	1.60	7000	1760	5250	2.13	20000
苦味酸	1.63	7245	1800	5400	2.16	22000
黑索金	1.60	8200	2050	6150	2.13	27000
太安	1.60	8281	2070	6211	2.13	28000
硝化甘油	1.60	7900	1975	5925	2.12	19300
特屈儿	1.63	7460	1870	5530	2.16	23600

总之，如图 2-4 所示，随着爆轰波的传播，新压缩区的产生，原压缩区成为化学反应区，反应在 1—1 面开始发生，在 2—2 面完毕；再随着冲击波的前进，新的化学反应区的形成，原化学反应区又成为反应产物区。化学反应放出的能量，不断维持着波阵面上压力、温度等参数的稳定，其余能量消耗于爆炸气体产物的膨胀等。当这种状态得以保持时，爆轰波即以稳定速度沿炸药包长度方向向前传播。但是，在一定的不利条件下，爆轰波的传播也可以中止或者转变为燃烧或爆燃；反之，在密闭情况下或者大量炸药燃烧时，也可因热量不断积聚而由燃烧转变为爆炸和爆轰。

2.3.3 炸药的爆轰反应机理

在爆轰波传播过程中，爆轰波前沿的冲击压缩作用于炸药颗粒，使炸药的温度和压力突然升高，从而发生快速短暂的激烈化学反应（一般在 $10^{-6} \sim 10^{-8}$ s 的时间内完成）。

关于在冲击波作用下引起凝聚炸药爆轰反应的机理有多种解释，一是反应区整体均匀灼热引起化学反应，即整体反应机理；二是局部表面热点灼热引起化学反应，即局部反应机理；三是针对不均匀混合炸药的混合机理。

2.3.3.1 整体反应机理

在强冲击波的作用下，波阵面上的炸药受到强烈压缩，炸药温度急剧且均匀升高，炸药化学反应在反应区的整个体积范围内发生。这种反应机理适用于不含气泡或其他掺和物的均匀的单质炸药，例如不含气泡或其他掺和物的液体炸药。在冲击波作用下，邻接波阵面的炸药薄层均匀地受到强烈压缩，温度迅速上升，产生急剧化学反应。由于整个薄层炸药均匀受压、温升而发生反应，因而需要有较强的冲击波来提供较高的压力。

2.3.3.2 局部反应机理

在冲击波的作用下，波阵面上的炸药受到强烈压缩，但受压炸药层升温是不均的。首先是在“起爆中心”开始发生化学反应，进而这种反应扩散到反应区整个药层。粉状、晶体单质炸药及含有大量微小气泡的液体和胶体炸药的反应机理都属于这一类。

这种反应机理认为：在非均质炸药中，由于冲击波的作用，化学反应首先是围绕“热点”开始的，然后进一步发展至整个炸药薄层。对于粉状、晶体炸药，由于冲击波易在炸药颗粒的棱角处形成应力集中而产生强烈的摩擦作用，从而形成“热点”。与此相对照，一些低熔点、低硬度的黏性物质（如胶体石墨、石蜡、沥青、硬脂酸、凡士林等）掺入炸药中，则会减弱对炸药的撞击和炸药颗粒间的摩擦，显著减少产生“热点”的机会，使炸药起爆更困难。对于含有大量气泡的液体和胶体炸药，气泡的温度可在冲击波的强烈压缩作用下急剧升高，从而形成“热点”，迅速加热邻近的炸药颗粒，引发炸药的爆炸反应。

基于这种反应机理，由于冲击波能量首先集中在一定数量的热点处，所以为引起炸药薄层化学反应所需要的冲击波压力比均匀灼热时要低得多。换言之，较低的冲击波压力也可以引起炸药的爆炸反应。但是，由热点形成到炸药薄层中的全部炸药颗粒发生爆炸反应将需要经历一定的时间，这样就导致非均质炸药化学反应区厚度大而爆速低，炸药颗粒、密度等各种物理因素对爆轰波传播和爆轰波参数的影响较为显著。

2.3.3.3 混合机理

这种机理是非均质混合炸药尤其是固体混合炸药（如硝铵类炸药）所特有的。这种反应不是在炸药的反应区整体内进行，而是在炸药的氧化剂和还原剂分界面上进行的。

工业炸药多为混合炸药，而混合炸药往往含有多种不同性质的成分，这种多成分带来的不均匀性决定其反应具有多阶段的特点。在冲击波波阵面压力作用下，首先是炸药压缩区薄层中各成分颗粒间的强烈撞击和摩擦导致“热点”的形成，然后是炸药薄层在冲击波的强烈压缩作用下发生分解，进而是分解产物互相作用或与尚未分解或尚未气化的成分（如铝粉）发生化学反应，生成最终爆轰产物。

与上述两种机理相比，对于非均质混合炸药尤其是固体混合炸药，由热点形成到炸药薄层中的全部炸药颗粒发生爆炸反应需要经历的时间更长，炸药化学反应区的厚度更大，爆速也就更低，炸药颗粒、密度等各种物理因素对爆轰波传播和爆轰波参数的影响也将更为显著。

2.3.4 炸药的热化学参数

炸药的热化学参数主要包括爆热、爆温、爆压和爆容。

2.3.4.1 爆热

爆热是指在定容条件下，单位质量或1mol炸药爆炸时放出的热量，通常用 Q_V 表示，单位是 kJ/kg 或 kJ/mol，它是炸药极重要的能量参数。

爆热计算的理论基础是炸药爆炸变化反应式和盖斯定律，通过炸药的生成热，利用盖斯定律计算其爆热。盖斯定律指出，化学反应热效应与反应进行的途径无关，而仅取决于系统的初始状态和最终状态，如图 2-5 所示。

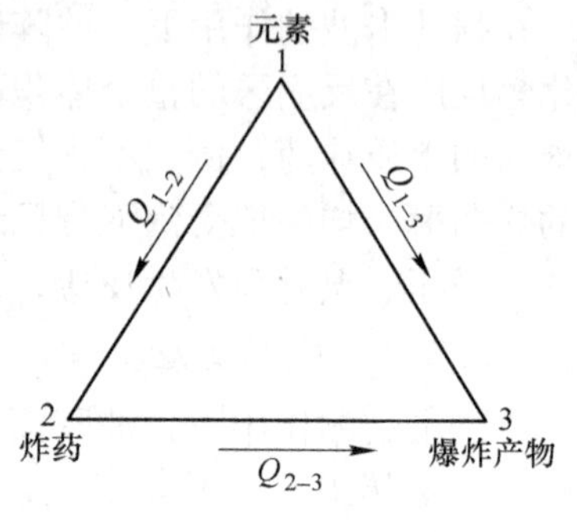

图 2-5 盖斯三角形

图中状态 1（初态）、状态 2 和状态 3（终态）分别代表元素、炸药、爆炸的产物。根据盖斯定律，系统沿第一条途径由状态 1 转变到状态 3 时，反应热的代数和等于系统沿第二条途径转变（即由状态 1 转变到状态 2 再转变到状态 3）所放出的热量，即：

$$Q_{1\text{-}3} = Q_{1\text{-}2} + Q_{2\text{-}3} \tag{2-18}$$

因此炸药的生成热 $Q_{1\text{-}2}$ 为：

$$Q_{1\text{-}2} = Q_{1\text{-}3} - Q_{2\text{-}3} \tag{2-19}$$

亦即炸药生成热等于燃烧或爆炸产物生成热减去炸药本身的燃烧热或爆热。炸药的燃烧热或爆热 $Q_{2\text{-}3}$ 为：

$$Q_{2\text{-}3} = Q_{1\text{-}3} - Q_{1\text{-}2} \tag{2-20}$$

亦即炸药爆热等于爆炸产物生成热减去炸药本身生成热。生成热是指由单纯物质（元素）生成 1mol（摩尔）化合物时所吸收或放出的热量。炸药的爆炸反应是在瞬间完成的，可以认为在反应过程中药包的体积未变化，爆热可按定容条件计算。部分炸药的实测爆热如表 2-2 所示。

表 2-2 部分炸药的爆热实测值

炸 药	装药密度 ρ_0 /g · cm^{-3}	爆热 Q_V（水为气态）/kJ · kg^{-1}	炸 药	装药密度 ρ_0 /g · cm^{-3}	爆热 Q_V（水为气态）/kJ · kg^{-1}
梯恩梯	0.85	3389.0	硝化甘油	1.60	6192.3
	1.50	4225.8	太安	0.85	5690.2
黑索金	0.95	5313.7		1.65	5692.2
	1.50	5397.4	硝酸铵/梯恩梯（80/20）	0.90	4100.3
梯恩梯/黑索金（50/50）	0.90	4309.5		1.30	4142.2
	1.68	4769.8	硝酸铵/梯恩梯（40/60）	1.55	4184.0
特屈儿	1.0	3849.3	雷汞	1.25	1590.0
	1.55	4560.6		3.77	1715.4

爆热的测定通常用量热弹测量。主体装置为一个优质合金钢的量热弹，置于不锈钢制成的过热桶中，桶外是保温箱。实验时，将待测炸药置于桶中，用雷管引爆待测炸药，量测爆炸前量热桶中蒸馏水的温度 T_0 和爆炸后水的最高温度 T，爆热实测值按下式计算：

$$Q_V = \frac{(c_W + c_L)(T - T_0) - q}{m} \tag{2-21}$$

式中 c_W——所用蒸馏水的总热容，kJ/℃；

c_L——实验装置热容，以当量的水的热容表示，可用甲苯酸进行标定；

Q_V——爆热实测值，kJ/kg；

q——雷管爆炸放热量，由实验确定，kJ；

m——受试炸药质量，kg。

2.3.4.2 爆温

炸药爆炸时所放出的热量将爆炸产物加热达到的最高温度称为爆温，是炸药的重要参数之一。爆温取决于炸药的爆热和爆炸产物的组成。在实际使用炸药时，需根据具体条件选用不同爆温的炸药。例如，在金属矿山的坚硬矿岩和大抵抗线爆破中，通常希望选用爆温较高的炸药，从而获得较好的爆破效果；而在软岩，特别是煤矿爆破中，常常要求爆温控制在较低的范围内，以防止引起瓦斯、煤尘爆炸，同时又能保证获得一定的爆破效果。

在爆炸过程中温度变化极快而且极高，单质炸药的爆温一般为3000~5000℃，矿用炸药的爆温一般为2000~2500℃。不言而喻，在如此变化极快、温度极高的条件下，用实验方法直接测定爆温是极为困难的，一般采用理论计算。计算时，假设炸药爆炸是在定容条件下进行的绝热过程，爆炸过程中所放出的热量全部用于加热爆炸产物。一般来说，此假设并不完全符合事实，但是由于过程的瞬时性，此假设完全可以采用。

$$Q_V = \bar{c}_{V,m} \cdot t \tag{2-22}$$

式中 Q_V——定容下的爆热，J/mol；

$\bar{c}_{V,m}$——在温度由0到t范围内全部爆轰产物的平均热容量，J/mol；

t——所求的炸药爆温，℃。

平均热容量是温度的函数，该函数一般可用级数的形式表示，即：

$$\bar{c}_{V,m} = a + bt + ct^2 + dt^3 + \cdots \tag{2-23}$$

在实际计算爆温时，此级数一般只取前两项，认为平均热容量与温度呈直线关系，即：

$$\bar{c}_{V,m} = a + bt \tag{2-24}$$

式中 a，b——待测定常数。

将上式代入式（2-22）中，便得：

$$Q_V = (a + bt)t \tag{2-25}$$

移项处理后可得：

$$t = \frac{-a + \sqrt{a^2 + 4bQ_V}}{2b} \tag{2-26}$$

用式（2-26）计算爆温时，需要知道爆轰产物的成分或爆炸反应方程式和爆轰产物的热容量。但是，考虑到爆轰产物热容量计算的困难，可利用表2-3所示的卡斯特方法求算爆炸反应生成物的平均分子热容量。

表2-3 常见爆炸反应生成物的平均分子热容量 c_V

爆炸反应生成物	双原子气体	水蒸气（H_2O）	CO_2	四原子气体	碳（C）
平均分子热容量 c_V /J·mol^{-1}	$20.1+18.8\times10^{-4}t$	$16.7+90\times10^{-4}t$	$37.7+24.3\times10^{-4}t$	$41.8+18.8\times10^{-4}t$	$25.12\times10^{-4}t$

部分炸药的实测爆温见表2-4。

表2-4 部分炸药的爆温实测值

炸　药	NG	RDX	PETN	TNT	Te
密度/$g \cdot cm^{-3}$	1.6	1.79	1.77	—	—
爆温/K	4000	3700	4200	3010	3700

2.3.4.3 爆轰压力和爆炸压力

通常把爆轰波C-J面上的压力称为爆轰压力，简称爆压。而炸药在密闭容器中爆炸时，其爆轰产物对器壁所施的压力称为爆炸压力。

炸药在密闭容器中爆炸时，其爆炸压力p可以利用理想气体状态方程式来计算：

$$pV = nRT \quad 或 \quad p = \frac{nRT}{V} \tag{2-27}$$

式中 R——理想气体常数；

n——气体爆轰产物的量，mol；

V——密闭容器的容积，L；

T——爆温，K。

爆轰压力的测定方法很多，但较简便、费用较少的是水箱法，通过测量炸药爆炸后所形成的水中冲击波参数来计算爆压。

根据冲击波阻抗公式，有：

$$p_{C\text{-}J} = \frac{1}{2}u_w(\rho_{w0}D_w + \rho_0 D) \tag{2-28}$$

式中 ρ_{w0}——水的密度，g/cm^3；

ρ_0——炸药的初始密度，g/cm^3；

D——炸药的爆速，km/s；

D_w——炸药爆炸后，在水中所形成的冲击波初始速度，km/s；

u_w——冲击波波阵面后水中质点的速度，km/s。

根据莱斯和沃尔什的实验测定水中冲击波的压力$p_w < 450kPa$以下，D_w与u_w的关系为：

$$D_w = 1.483 + 25.306\lg\left(1 + \frac{u_w}{5.19}\right) \tag{2-29}$$

测得炸药的爆速D及爆炸后在水中所形成的冲击波初始速度D_w，就可以计算爆轰波C-J面的压力$p_{C\text{-}J}$。

由于爆轰波是冲击波的一种，所以表达爆轰波参数关系的基本方程推导方法与冲击波大致相似。

2.3.4.4 爆容

炸药的爆容（或称比容）是指1kg炸药爆炸后形成的气态爆轰产物在标准状况下的体积，常用V_0表示，其单位为L/kg。爆容大小反映出生成气体量的多少，是评价炸药做功能力的重要参数。爆容越大，表明炸药爆炸做功效率越高。

爆容通常根据爆炸反应方程式来计算：

$$V_0 = \frac{22.4n}{M} \tag{2-30}$$

式中 n——爆轰产物中气态组分的总物质的量；

M——爆炸反应方程中炸药的质量，kg；

22.4——标准状况下，气体的摩尔体积。

炸药的爆容也可通过毕海尔（Bichel）弹式大型量热弹测量，也可与测定爆热同时进行。表2-5列出了几种常用炸药的爆容实测值。

表2-5 几种常用炸药的爆容实测值

炸药	ρ_0/g·cm^{-3}	V_0/L·kg^{-1}	CO/CO_2
梯恩梯	0.85	870	7.0
	1.50	750	3.2
特屈儿	1.00	840	8.3
	1.55	740	3.3
黑索金	0.95	950	1.75
	1.50	890	1.68
太安	0.85	790	0.5~0.6
	1.65	790	0.5~0.6
RDX/TNT（50/50）	0.90	900	6.7
	1.68	800	2.4
苦味酸	1.50	750	2.1
硝化甘油	1.60	690	—
阿马托（80/20）	0.90	880	—
	1.30	890	—

2.3.5 炸药的传爆质量及其影响因素

炸药的传爆即指炸药中爆炸反应的传播。爆速则是指炸药的爆炸反应沿炸药包（柱）的传播速度（单位：m/s），它是反映炸药爆炸反应质量水平和衡量炸药爆炸性能的一个重要指标。爆速越高，炸药能量释放越快且越充分，对外界做功的能力越强。因此，可靠控制炸药的传爆质量，对充分和合理地利用炸药能量，保证获得预期的爆破效果十分重要。

影响爆速高低的因素主要包括炸药的粒度和密度、药包直径和约束条件及起爆能等。

2.3.5.1 炸药密度及其影响

炸药密度是影响爆速的一个重要因素。但是，对不同炸药而言，这种影响会随炸药种类的不同而有不可忽略的差异。

对于单质炸药，炸药的密度越高、粒度越细，实际爆速就越趋近于最大值。试验表明，单质炸药的爆速 D 与密度 ρ_0 之间存在线性关系：

$$D = a + b\rho_0 \tag{2-31}$$

式中 a，b——取决于炸药种类的系数。

如图2-6所示，对于混合炸药，在药包直径和外界约束条件适当的前提下，存在使爆速达到最大的密度值，即最佳密度。继续增大密度，则反而会导致爆速下降，当爆速下降至临界爆速，爆轰波就不能稳定传播，最终导致熄爆。

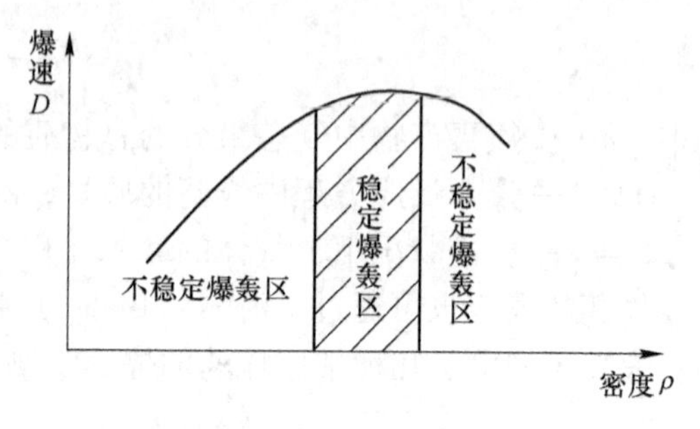

图2-6 混合炸药的密度ρ与爆速D的关系示意图

需要同时注意的是，包括单质炸药和混合炸药，在一定范围内增大炸药的密度不仅可以提高爆速，同时也相应会减小炸药的临界直径。

2.3.5.2 炸药的粒度及其影响

炸药粒度的大小对爆轰传播过程有很大影响。减小炸药的粒度，一般能提高炸药的反应速度，减小反应时间和反应区厚度，从而减小临界直径，提高爆速。

单质炸药的粒度s与临界直径$d_{临}$之间，有下列经验关系：

$$d_{临} = \frac{as}{1+bs} \tag{2-32}$$

式中 s——炸药粒度的特征线性尺寸；

a，b——与炸药有关的系数。

2.3.5.3 起爆能的影响

起爆能的大小对炸药的传爆质量也具有重要的直接影响。起爆能足够大，在炸药柱激发形成的冲击波阵面上的压力足够大，才能引起炸药的爆轰反应，也才有可能在药柱中形成稳定传爆；反之，起爆能不足，在药柱中激发形成的冲击压力不够大，炸药颗粒获得的能量小，其反应速度相应下降，能量释放速率低，即无法维持爆轰波的稳定传播。

2.3.5.4 药包直径的影响及侧向扩散效应

当药柱无外壳爆轰时，由于爆轰产物的径向膨胀，除在空气中产生空气冲击波外，同时在爆轰产物中产生径向稀疏波并向药柱轴心方向传播，形成药柱周边稀疏波干扰区，使药柱周边得不到充分反应，爆炸能量减少，爆轰参数受到影响，下式表明爆速随药柱直径增大而增加：

$$D_{药柱} = D_{极}\left(1 - \frac{l}{d}\right) \tag{2-33}$$

式中 $D_{药柱}$——药柱的爆速；

d——药柱直径；

$D_{极}$——药柱的理想爆速；

l——反应区厚度，$l = D \cdot \Delta t$；

D——炸药的爆轰波传播速度；

Δt——炸药颗粒完成爆炸反应所需要的时间。

多数情况下，炸药临界直径$d_{临}$约为反应区厚度l的两倍。因此式（2-33）可写为

$$D_{药柱} = D_{极}\left(1 - \frac{d_{临}}{2d}\right) \tag{2-34}$$

图 2-7 表示炸药爆速随药包直径变化的一般规律。它表明，随着药包直径的增大，爆速相应增大，一直到药包直径增大到 $d_{极}$时，药包直径虽然继续增大，爆速将不再升高而趋于一恒定值，亦即达到了该条件下的最大爆速。$d_{极}$称为药包极限直径。随着药包直径的减小，爆速逐渐下降，一直到药包直径降到 $d_{临}$时，如果继续缩小药包直径，即 $d < d_{临}$，则爆轰完全中断。$d_{临}$称为药包临界直径。

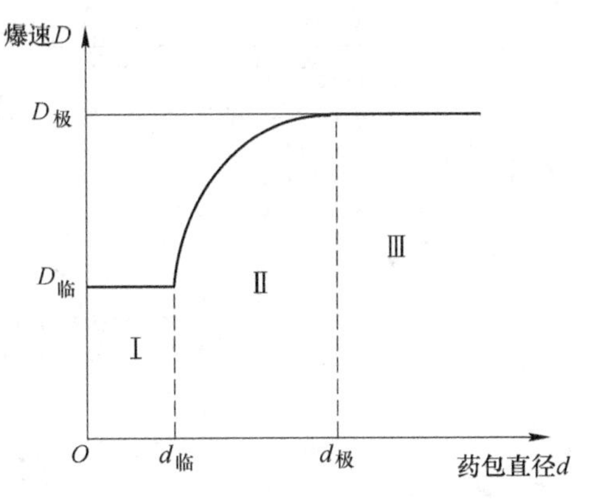

图 2-7　炸药爆速与药包直径的关系示意图
Ⅰ—不稳定爆轰区；Ⅱ—稳定爆轰区；
Ⅲ—理想爆轰区

当任意加大药包直径和长度而爆轰波传播速度仍保持稳定的最大值时，称为理想爆轰。在图 2-6 中，$d_{极}$以右区域即属于理想爆轰。若爆轰波以低于最大爆速的定常速度传播时，则称为非理想爆轰。

非理想爆轰又可分为两类，图 2-7 中 $d_{临}$至 $d_{极}$之间的爆轰属于稳定爆轰区，在此区间内爆轰波以与一定条件相对应的定常速度传播。尽管此时爆轰波的传播速度低于炸药的理想爆速 $D_{极}$，但因为它是一个恒定值，故称此时爆轰波的传播为稳定传爆。与之相对照，药包直径小于 $d_{临}$的区域属于不稳定爆轰区。稳定爆轰区和不稳定爆轰区合称非理想爆轰区。

炸药临界直径和极限直径同爆速一样，都是衡量炸药爆轰性能的重要指标。从爆破工程的角度看，必须避免不稳定爆轰而应力求达到理想爆轰。为此，药包直径不应小于 $d_{临}$，而应尽可能达到或大于 $d_{极}$。然而，由于技术或其他条件的限制，矿山实际采用的药包直径往往都比 $d_{极}$小，即 $d < d_{极}$，尤其在使用低感度混合炸药时更是如此。在这种情况下，不可避免地出现非理想爆轰，尽管达到了稳定爆轰速度，然而化学反应过程中炸药能量没有充分释放出来，造成炸药能量的浪费。

药柱直径影响炸药爆速的原因是图 2-8 所示的侧向扩散效应。药柱在一般的约束条件下被起爆后，炸药爆炸反应生成的高温气体产物必然对周围介质产生极高的压力。当周围介质在这种高压作用下发生破坏且产生径向外移时，爆生气体产物就会发生径向膨胀和扩散，其压力也会随之迅速下降，这种现象即为所谓的侧向扩散效应。在实际的爆破工程中，侧向扩散效应是岩石等介质破坏和抛移的必要条件。换言之，爆破过程中岩石的破坏和抛移过程，即是爆生气体产物的膨胀、扩散、卸压的过程。因此，此处需要关注的问题在于两个方面：一是保证侧向扩散效应能够高效率地破坏岩石，使岩石能够得到充分的破碎和抛移；二是保证侧向扩散效应不会影响炸药本身爆炸反应稳定持续的进行，直至炸药完全爆炸。

在药柱的横截面上，首先是邻近药柱外沿的炸药颗粒受到侧向扩散的影响，而位于药柱轴线上的炸药颗粒（或炸药的爆炸产物）最后才受到影响。在药柱的长度方向上，侧向扩散效应对有效反应区左端位置炸药颗粒的影响远大于邻近压缩区的炸药颗粒。在爆轰气体产物膨胀区内向外急剧扩散的气流中，除有反应完全的爆轰气体产物外，还必然包括尚未完成化学反应的一部分中间产物与炸药颗粒。当炸药种类和药柱的约束条件一定时，侧

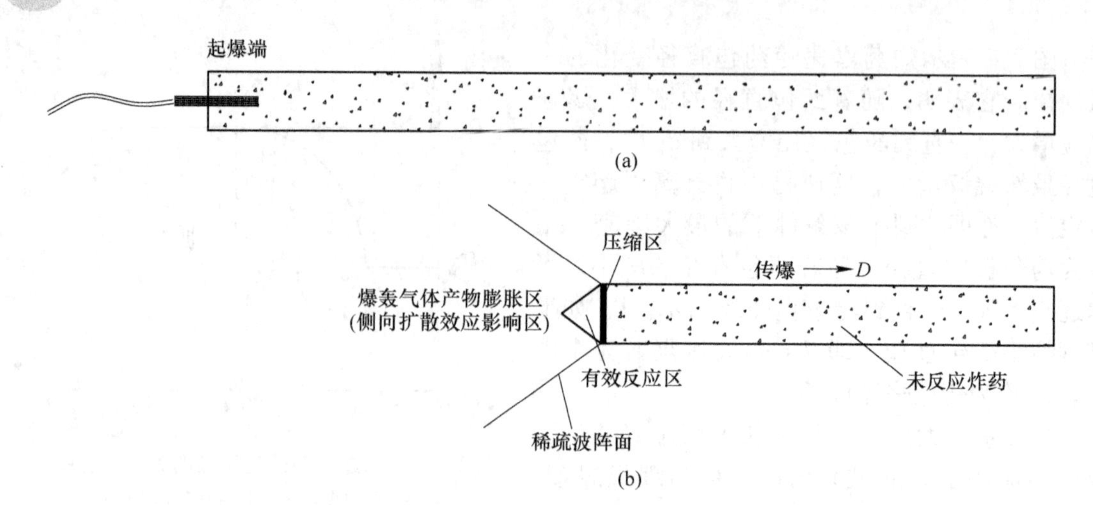

图 2-8 侧向扩散效应对炸药化学反应区结构的影响
（a）待起爆的柱状药包；（b）柱状药包爆炸反应进行过程中

向扩散将对炸药的爆轰反应区结构以及药柱的传爆质量具有何种影响，关键在于药包直径的大小。

当炸药自身性质和环境条件一定时，则炸药颗粒从开始反应到反应完成所需要的时间将是一个定值 Δt。假设炸药的爆速 D 一定，则在这一时间段（Δt）内爆轰波的传播距离即为炸药的反应区厚度，用 l 表示。显然，当 Δt 和爆速 D 一定时，炸药的反应区厚度 l 也是一个定值，它是炸药颗粒完成爆炸反应所需时间 Δt 的反映。

Δt 与 l 的关系为：

$$l = D \cdot \Delta t \tag{2-35}$$

这就是说，炸药的实际反应区厚度 l' 需满足 $l' \geqslant l$，方能保证炸药有足够的时间完成其化学反应，充分释放能量，维持炸药的稳定爆轰。

图 2-9 表明了药包直径的大小对炸药爆轰反应区结构的影响以及侧向扩散对爆轰波传播的影响。对于一定的炸药，当药柱的边界约束条件一定时，则传爆过程中侧向扩散影响区的角度 α 是一个定值。换言之，有效反应区厚度 l' 将取决于药包直径的大小。

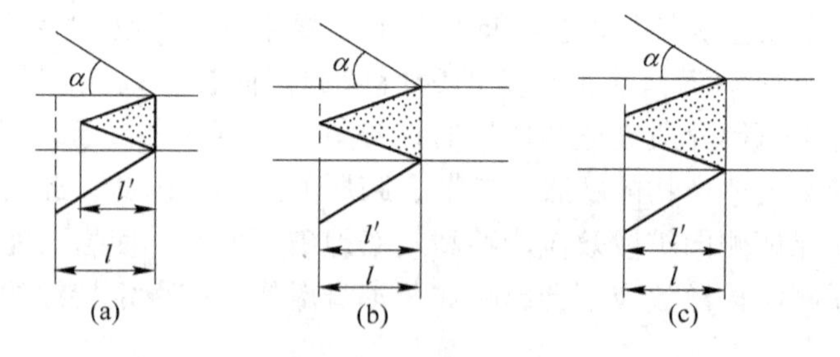

图 2-9 相同约束条件下不同直径柱状药包的侧向扩散效应
（a）不稳定传爆；（b）稳定传爆（非理想爆轰）；（c）理想爆轰
l—反应区厚度；l'—有效反应区厚度

在图 2-9a 所示情况下，实际的药包直径小于炸药临界直径，即 $d < d_{临}$。在这种情况下，炸药有效反应区的厚度小于炸药颗粒完成爆轰反应所需要的反应区厚度，即 $l' < l$。由

于侧向扩散效应的影响，该区域内即药柱全直径范围内所有的炸药颗粒的压力和温度都在爆炸反应完成之前就因为侧向扩散效应的影响而下降，导致其化学反应的速度下降以至终止，结果是炸药的化学能量不能得到充分的释放，爆轰气体产物作用于爆轰波阵面上的压力下降，波阵面上炸药颗粒的温度和化学反应速度也都随之下降。如此恶性循环，最终可导致炸药的不稳定传爆甚至熄爆。当然，这种情况必然严重影响炸药对外界做功的能力。

图 2-9b 表示 $d_{临} < d < d_{极}$ 的情况。此时虽然同样存在着侧向扩散效应，但由于药柱直径增大，使得有效反应区的厚度 l' 恰好与炸药固有的化学反应区厚度 l 相等，药柱轴心线上的炸药颗粒的化学反应正好得以完成，有效反应区释放的能量尚足以在药柱轴心线上维持爆轰波以定常速度传播，形成炸药的稳定传爆。

图 2-9c 表示 $d > d_{极}$ 的情况，药柱轴心线及周围一定范围内的炸药颗粒没有受到侧向扩散的影响，有效反应区的厚度 l' 与炸药固有的化学反应区厚度 l 相等，爆炸反应完全，释放能量充分，其产生的高压作用于压缩区，使爆轰波得以最大速度传播，形成理想爆轰。

综合上述，就同一种炸药而言，有效反应区的厚度将随药包直径的减小而减小。也就是说，在炸药种类和药柱的约束条件一定时，是否能达到稳定爆轰甚至理想爆轰，取决于药包直径的大小。如果炸药的爆轰反应速度低，炸药颗粒完成化学反应所需的时间 Δt 长，其反应区厚度 l 大，就需要增大药包直径，以避免炸药颗粒的化学反应因侧向扩散效应而中途停止，不能释放出炸药的全部能量，导致炸药的传爆速度与质量下降，甚至造成拒爆。总之，侧向扩散效应不仅可降低爆轰波阵面的压力和温度，影响传爆质量，还有可能影响炸药对外界做功能力的大小，严重的侧向扩散效应可导致炸药爆炸反应的终止，形成熄爆。因此，为保证炸药的稳定传爆，充分释放炸药的爆炸能量，需使药包直径大于炸药的临界直径，最好大于或等于炸药的极大直径。

2.4 炸药的氧平衡

2.4.1 氧平衡的概念

炸药主要由碳（C）、氢（H）、氧（O）、氮（N）4 种元素组成，其中碳、氢是可燃元素，氧是助燃元素。炸药的爆炸过程实质是可燃元素与助燃元素发生剧烈氧化还原反应的过程，生成 CO_2、CO、H_2O、N_2，并放出大量的热量。

炸药的氧平衡是指炸药内氧含量与可燃元素完全氧化所需氧量之间的关系。完全氧化指的是碳原子完全氧化生成二氧化碳，氢原子完全氧化生成水。

根据所含氧的多少，可以将炸药的氧平衡分为：

（1）零氧平衡，炸药中所含的氧刚够将可燃元素完全氧化。

（2）正氧平衡，炸药中所含的氧将可燃元素完全氧化后还有剩余。

（3）负氧平衡，炸药中所含的氧不足以将可燃元素完全氧化。

零氧平衡下炸药的放热量最大，负氧平衡的炸药爆轰产物中就会有 CO、H_2，甚至会出现固体碳；而正氧平衡炸药的爆轰产物，则会出现 NO、NO_2 等气体。正氧平衡和负氧平衡两者都不利于炸药能量的充分释放，同时会生成较多的有害气体。CO、NO 和 N_xO_y 不仅都是有害气体，而且能对瓦斯爆炸反应起催化作用。

2.4.2 氧平衡值的计算

氧平衡值是指每克炸药中剩余或不足氧量的克数或百分数，一般用 B 表示。习惯上，在正氧平衡数值前冠以“+”号，在负氧平衡数值前冠以“-”号。

（1）含碳、氢、氧、氮的单质炸药或混合炸药。此类炸药的实验式为 $C_aH_bO_cN_d$，式中，a、b、c、d 分别代表在一个炸药分子中碳、氢、氧、氮的原子个数。其氧平衡值的计算式为：

$$B=\frac{\left[c-\left(2a+\frac{b}{2}\right)\right]\times 16}{M} \tag{2-36}$$

式中 16——氧的相对原子质量；

M——炸药的相对分子质量。

（2）含碳、氢、氧、氮及铝、钠等其他元素的混合炸药。在乳化炸药、浆状炸药等现代工业炸药中，除了含有碳、氢、氧、氮元素外，还可能含有铝、钠、钾、铁、硫等其他的元素。此时的氧化最终产物大致如下：

$C\rightarrow CO_2$；$H\rightarrow H_2O$；$Na\rightarrow Na_2O_3$；$Al\rightarrow Al_2O_3$；$Fe\rightarrow Fe_2O_3$；$Si\rightarrow SiO_2$；$S\rightarrow SO_2$

炸药中若还含氯的化合物，如氯酸钾、高氯酸铵（钠）等，在计算其氧平衡值时，是将氯考虑为氧化性元素，应生成氯化氢和金属氯化物等产物，而剩余的其他可燃元素则按完全氧化计算。

若以 $C_aH_bO_cN_dX_e$ 表示含铝、硫等炸药的实验通式（X 表示任意一种可燃元素），那么这类炸药的氧平衡值 B 可用下式计算：

$$B=\frac{\left[c-\left(2a+\frac{b}{2}+m\times e\right)\right]\times 16}{M} \tag{2-37}$$

式中 e——该元素的相对原子质量；

m——该元素完全氧化时，氧原子数与该原子数之比。

对组分比较复杂的混合炸药，其氧平衡值为各组分所占的质量百分率与其氧平衡值的乘积之和，即：

$$B=B_1k_1+B_2k_2+\cdots+B_nk_n \tag{2-38}$$

式中 B_1，B_2，…，B_n——混合炸药各组分的氧平衡值；

k_1，k_2，…，k_n——混合炸药各组分所占的质量百分比含量。

表 2-6 列出了一些常用炸药和物质的氧平衡值。

表 2-6 一些常用炸药和物质的氧平衡值

物质名称	分子式	相对原子质量或相对分子质量	氧平衡值/$g\cdot g^{-1}$
硝酸铵	NH_4NO_3	80	+0.200
硝酸钠	$NaNO_3$	85	+0.471
硝酸钾	KNO_3	101	+0.396
硝酸钙	$Ca(NO_3)_2$	164	+0.488
高氯酸铵	NH_4ClO_4	117.5	+0.340

续表 2-6

物质名称	分 子 式	相对原子质量或相对分子质量	氧平衡值/$g \cdot g^{-1}$
高氯酸钠	$NaClO_4$	122.5	+0.523
黑索金	$C_3H_6O_6N_6$	222	-0.216
奥克托金	$C_4H_8O_8N_8$	296	-0.216
二硝基甲苯	$C_7H_6O_4N_2$	182	-1.142
三硝基萘	$C_{10}H_6O_4N_2$	218	-1.393
硝化甘油	$C_3H_5O_9N_3$	227	+0.035
硝化二乙二醇	$C_4H_8O_6N_2$	196	-0.408
高氯酸钾	$KClO_4$	138.5	+0.462
氯酸钾	$KClO_3$	122.5	+0.392
重铬酸钾	$K_2Cr_2O_7$	295	+0.163
梯恩梯	$C_6H_2(NO_2)_3CH_3$	227	-0.740
特屈儿	$C_7H_5O_8N_5$	287	-0.474
太安	$C_5H_8O_{12}N_4$	316	-0.101
铝粉	Al	27	-0.889
镁粉	Mg	24.31	-0.658
硅粉	Si	28.09	-1.139
木粉	$C_{15}H_{22}O_{10}$	362	-1.370
纤维素	$(C_6H_{10}O_5)_n$	162	-1.185
石蜡	$C_{18}H_{38}$	254.5	-3.460
矿物油	$C_{12}H_{26}$	170.5	-3.460
轻柴油	$C_{18}H_{32}$	224	-3.420
复合蜡-1	$C_{18}H_{38}$	254.5	-3.460
复合蜡-2	$C_{22\text{-}28}H_{46\text{-}58}$	约 392	-3.470
司盘-80	$C_{22}H_{42}O_6$	428	-2.39
M-201	$C_{22}H_{42}O_5$	398	-2.49
十二烷基硫酸钠	$C_{12}H_{25}SO_4Na$	288	-1.83
十二烷基磺酸钠	$C_{12}H_{25}SO_3Na$	272	-2.00
微晶蜡	$C_{39\text{-}50}H_{80\text{-}120}$	550~700	-3.43
沥青	$C_8H_{18}O$	394	-2.76
硬脂酸	$C_{18}H_{36}O$	284.47	-2.925
硬脂酸钙	$C_{36}H_{70}O_4Ca$	607	-2.74
凡士林	$C_{18}H_{38}$	254.5	-3.46
铁	Fe	55.85	-0.286
锰	Mn	54.94	-0.582
乙二醇	$C_2H_4(OH)_2$	62	-1.29

续表 2-6

物质名称	分子式	相对原子质量或相对分子质量	氧平衡值/g·g^{-1}
丙二醇	$C_3H_6(OH)_2$	76.09	-1.68
尿素	$CO(NH)_2$	60	-0.80
木炭	C	12	-2.667
煤	$C_{55}H_{34}O_6S$（含碳86%）	822.82	-2.559
石墨	C	12	-0.727
松香	$C_{19}H_{39}COOH$	312.52	-2.97
硝基胍	$NH_2CN_4NHNO_2$	145.1	-0.346
苦味酸	$C_6H_2(NO_2)_3OH$	213.11	-0.454
硝酸肼	$N_2H_5NO_3$	95	+0.084
硝酸一甲胺	$CH_3NH_2HNO_3$	94.1	-0.34
硝酸三甲胺	$C_3H_5N_2O_3$	122.1	-1.04
亚硝酸铵	$NaNO_3$	69	+0.348
硫	S	32.0	-1.00
天菁胶、古尔胶	$(C_6H_{10}O_5)_n$	162	-1.185

2.5 炸药的爆炸性能指标

炸药的爆炸性能指标主要包括炸药的做功能力、爆力、猛度、殉爆距离等。

2.5.1 炸药的做功能力

理论上用爆轰产物绝热膨胀直到其温度降低到炸药爆炸前温度时，对周围介质所做的功来表示炸药的爆炸威力。其表达式为：

$$A = Q_V\left(1 - \frac{T}{T_d}\right) \tag{2-39}$$

式中 A——炸药的做功能力，J/mol；

Q_V——炸药的爆热，J/mol；

T_d——炸药的爆温，K；

T——爆轰产物膨胀终了时的温度，K。

爆轰产物的膨胀过程一般可以认为是等熵绝热膨胀过程，即：

$$\frac{T}{T_d} = \left(\frac{V_d}{V}\right)^{\gamma-1} \quad 或 \quad \frac{T}{T_d} = \left(\frac{p}{p_d}\right)^{\frac{\gamma-1}{\gamma}} \tag{2-40}$$

式中 p_d，p——分别为爆轰产物初态、终态的压力；

V_d，V——分别为爆轰产物初态、终态的体积；

γ——绝热指数，$\gamma = 1 + \frac{R}{c_V}$。

部分炸药的理论做功能力见表2-7。

表2-7 部分炸药的理论做功能力

炸药	ρ_0 /g·cm^{-3}	Q_V /kJ·kg^{-1}	γ	做功效率 η /%	A /kJ·kg^{-1}
硝酸铵	0.9	1590	1.30	86.2	1373
梯恩梯	0.9	3473	1.24	82.5	2877
	1.5	4226	1.23	83.3	3528
黑索金	1.0	5314	1.25	84.5	4494
	1.6	5440	1.25	86.6	4710
硝酸铵/梯恩梯 (79/21)	1.0	4310	1.24	83.7	3570
太安	1.6	5690	1.215	82.7	4725
硝酸铵/铝 (80/20)	1.0	6611	1.16	72.4	4788
硝化甘油	1.6	6192	1.19	79.7	4956

增加炸药的爆热和比容可提高炸药的做功能力，主要措施有：

(1) 采用改善炸药氧平衡的方法，因炸药在零氧平衡时，爆炸反应完全，放出的热量最大，因而炸药的做功能力相应最大。

(2) 在炸药中加入铝、镁、铁粉，可以增加混合药剂的爆热，从而使炸药做功能力有较大幅度的提高。

(3) 增加炸药的比容，也是提高炸药做功能力的途径之一，如在梯恩梯炸药中加入硝酸铵，可以增加比容，同时也达到了提高炸药做功能力的目的。

做功能力的实验测定方法包括铅铸扩孔法、爆破漏斗法、做功能力摆测定、弹道抛掷法等。

进行爆破作业时，实际的有效功只占其中很小部分。部分研究表明：岩石爆破过程中破碎岩石所做的有效机械功一般只占炸药总能量的10%左右。这是因为：

(1) 炸药爆炸的侧向飞散，带走部分未反应的炸药，这部分损失称化学损失，装药直径越小，化学损失相对越大。

(2) 爆炸过程有热损失，如爆炸过程中的热传导、热辐射及介质的塑性变形等，都造成热损失，这部分热损失往往占炸药总放热量的一半左右。

(3) 一部分无效机械功消耗在岩石的振动、抛掷和在空气中形成空气冲击波上。

2.5.2 爆力

炸药的爆力是指爆炸气体产物膨胀对外界做功的能力，它反映了炸药爆炸对外界的准静态作用。爆力也是衡量炸药爆炸威力大小的一个重要指标。

由于难以对炸药爆炸做功的绝对数值进行测量，常用对比测试的方法来评价炸药的威力。对具有雷管感度的炸药，通常采用图2-10所示的铅铸扩张值试验法测定炸药的爆力。对于不具有雷管感度或临界直径偏大的工业炸药，则可采用抛掷爆破漏斗体积对比法。

2.5.2.1 铅铸扩张值试验法

如图 2-10 所示，铅铸是一个由纯铅铸成的圆柱体，直径和高度均为 200mm；柱体轴心钻孔，孔径 25mm，孔深 125mm。

试验时，将受试炸药 10g 用锡箔纸做外壳制成直径为 24mm 的药柱，一端插入 8 号雷管，另一端插入铅柱轴心孔内，然后用网度为 144 孔/cm^2 的筛子筛选后的石英砂填满轴心孔。引爆轴心孔内雷管和炸药后，轴心孔被扩张为一呈梨形的空腔，此空腔容积与试验前轴心孔体积之差 ΔV，即为测试炸药的爆力值，单位为 mL。

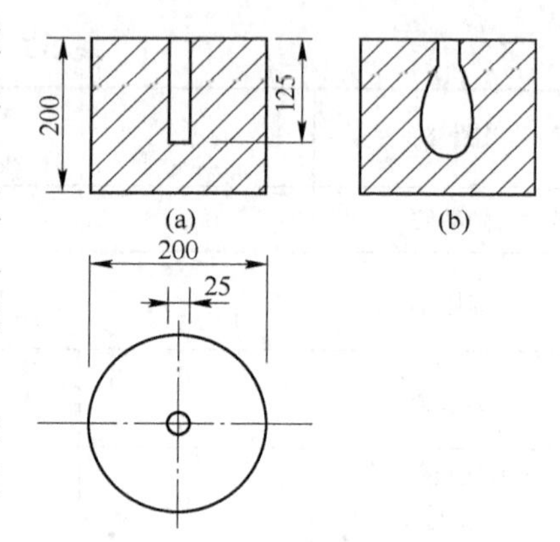

图 2-10 测定炸药爆力的铅铸几何尺寸

(a) 起爆前；(b) 起爆后

因环境温度对铅铸法试验的结果有影响，规定试验的标准温度为 15℃。对不同的试验环境温度，试验结果需按表 2-8 修正。

表 2-8 铅铸法爆力试验结果的修正系数

环境温度/℃	-15	-10	-5	0	+5	+8	+10	+15	+20	+25	+30
修正系数 η/%	+12	+10	+7	+5	+3.5	+2.5	+2	0	-2	-4	-6

当直接测得的爆力 ΔV 和修正系数 η 已知时，按下式计算得到爆力试验结果的修正值 V：

$$V = (1 + \eta) \times \Delta V \tag{2-41}$$

采用铅铸法测得的部分炸药的爆力值见表 2-9。

表 2-9 采用铅铸法测得的部分炸药的爆力值

炸　药	爆力/mL
硝化甘油	600
太安	580
黑索金	520
梯恩梯	300
铵梯炸药	320
粉状铵油炸药	300

2.5.2.2 抛掷爆破漏斗体积对比法

实践中也常使用相对威力的概念。所谓相对威力是指以某一熟知的炸药（如 TNT 或铵油炸药）的威力作为比较的标准。以单位质量炸药相比较的，称为相对质量威力，以单位体积炸药做比较的，则称为相对体积威力。在选用含水炸药作为设计爆破参数的依据时，一般应以相对体积威力来衡量更为合适。抛掷爆破漏斗体积对比法就是一种测定炸药相对威力大小的方法。

对于不具有雷管感度或临界直径偏大的工业炸药，采用图 2-11 所示的抛掷爆破漏斗体积对比法，即在爆破介质、炸药量、药包埋深等条件都相同的条件下，进行抛掷爆破漏斗试验，将待测炸药的抛掷爆破漏斗体积与其他炸药进行对比，用于评判炸药的爆炸威力。

由于可将爆破漏斗视为倒立的正圆锥体，则爆破漏斗的体积可用下式计算：

$$V = \frac{1}{3}\pi r^2 W \tag{2-42}$$

2.5.3　猛度

炸药爆炸使与之直接接触的固体介质产生粉碎性破坏的能力，称为炸药的猛度。猛度的大小主要取决于爆速。爆速越高，猛度越大，岩石被粉碎得越严重。

炸药的猛度通常用铅柱压缩法或猛度摆进行试验测定，其中铅柱压缩法简单易行，实际应用最为普遍。只要试验条件相同，不同炸药的猛度测试试验结果就具有可比性。

如图 2-12 所示，炸药猛度测定一般是采用铅柱压缩法，以爆炸后铅柱的压缩量来表示炸药的猛度。

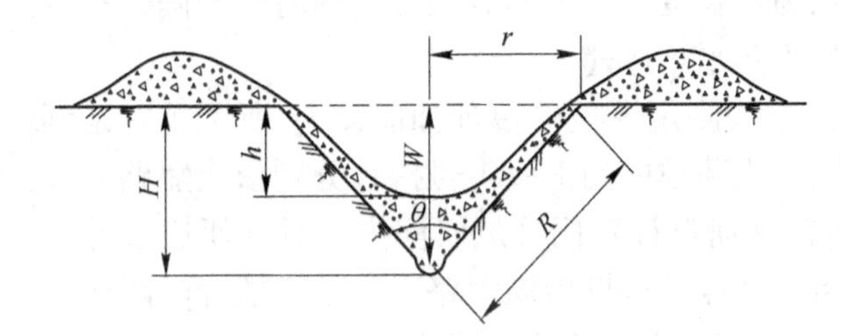

图 2-11　单自由面爆破漏斗

θ—爆破漏斗张开角；W—最小抵抗线；
H—爆破漏斗深度；h—爆破漏斗可见深度；
r—爆破漏斗半径；R—爆破作用半径

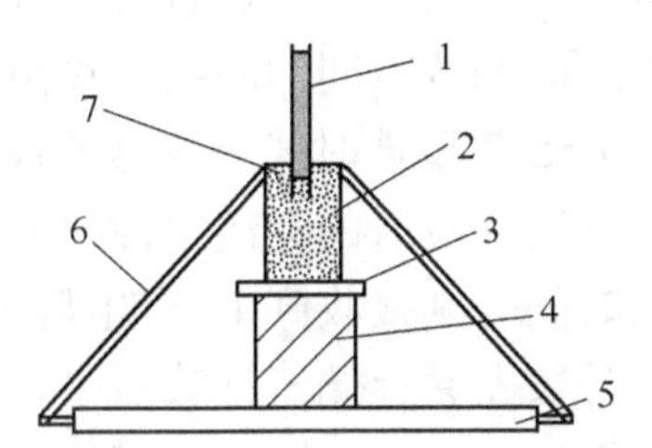

图 2-12　猛度试验示意图

1—导火索；2—炸药；3—钢片；
4—铅柱；5—钢板；
6—细线；7—雷管

在图 2-12 中，试验用铅柱高（60 ± 0.5）mm，直径（40 ± 0.2）mm，两端面要求平行，精度∇_4，纯铅铸成。钢片直径为（41 ± 0.2）mm，厚度为（10 ± 0.2）mm，两端面平行，精度∇_4，硬度为 150 ~ 200HB，不允许重复使用。柱、片均对称布置，精度 0.1mm，取四个测量的平均值。待试炸药量为 50g（精确到 0.1g），装入内径 40mm 的纸筒之中（纸厚 0.15 ~ 0.2mm），装药密度为 1g/cm^3。将装有炸药的纸筒放入铜模中，用铜冲冲出直径 7.5mm、深 15mm 的小孔，以便插入 8 号雷管。纸筒上部覆盖外径 39mm，厚 1.3 ~ 2.0mm 的带孔圆纸板。按图 2-12 所示将铅柱、钢片、药柱沿同一轴线安放在钢板底座上，然后将底座平放在水泥台或其他坚实的基础上。

起爆后回收被压缩的铅柱，沿四个对称方向测量铅柱高度，然后取其平均值，即为该炸药的猛度。

一种炸药需平行做两次测定试验，取两次试验结果的平均值，精确到 0.1mm，平行测定误差不超过 1mm。如超差，允许重新取样，平行做三次测定，进行复验。

已知试验前铅柱的高度为 H，则炸药的猛度 Δh（mm）可按下式求出：

$$\Delta h = H - h_0 \tag{2-43}$$

表 2-10 为若干炸药的猛度值。

表 2-10　若干炸药的猛度（铅柱压缩值）

炸药名称	密度 ρ/g·cm^{-3}	猛度 Δh/mm	试样药量/g
梯恩梯	1.0	16±0.5	50
特屈儿	1.0	19.0	50
苦味酸	1.2	19.2	50
黑索金	1.0	24.0	25
太安	1.0	24.0	25

2.5.4　爆速

炸药爆炸时其化学反应区的传播速度即为炸药的爆速。

爆速的测定方法主要有爆速仪法、导爆索法（Dautriche 法）和高速摄影法。

2.5.4.1　爆速仪法

该方法是利用爆速仪直接记录爆轰波在药柱长度方向上两点间传播的时间间隔，根据记录的时间和两点间的距离求算出两点间的炸药平均爆速。

以 BSS-2 型计时式十段爆速仪为例，该方法测定爆速的原理如图 2-13 所示。它是利用炸药爆轰反应时的电离特性，使预先安置于炸药柱中的 1～11 号探针分别依次短路，爆速仪按时间分别接收到 11 个电脉冲信号。在爆速仪计数门开放时间内，时标便通过计数门进入计数器并存储于计数器中。例如，当 1 号探针被爆轰波短路，信号经耦合电路送入闭锁门 BS_1。BS_1 翻转输出负阶跃，再经微分电路得到一个单一负脉冲，使闸门 ZM_1 翻转输出正阶跃，打开计数门 JM_1，时标信号进入计数门开始计数。而爆轰波传至 2 号探针时，转换的信号既按同样规律经 2 号闭锁门 BS_2 送至闸门 ZM_1 的另一边，使 ZM_1 转回，关闭计数门，计数器停止计数；同时也经 BS_2 输出负阶跃，得到一个单脉冲，使闸门 ZM_2 翻转，输出正阶跃，打开计数门 JM_2，开始新的计数，如此类推（图 2-14）。

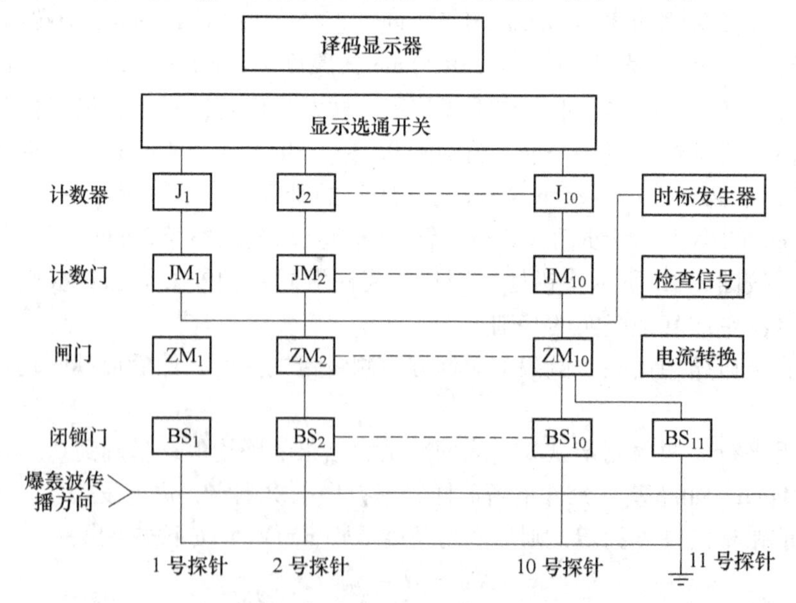

图 2-13　BSS-2 型计时式十段爆速仪测定爆速的原理方框图

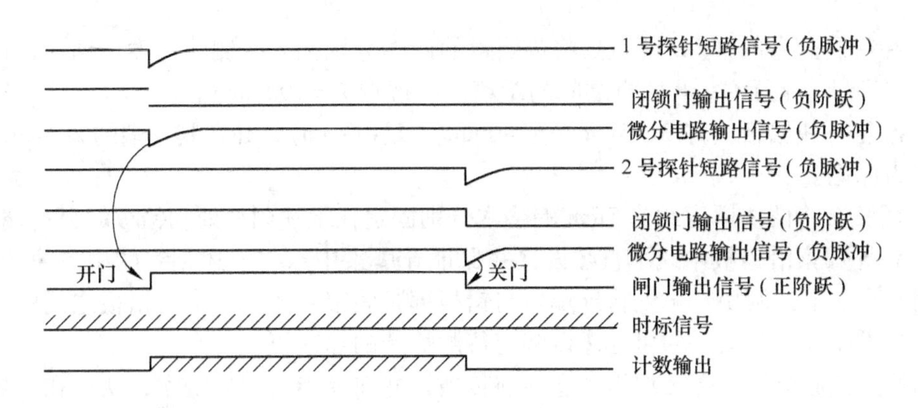

图 2-14 门控逻辑波形图

最后由显示选通开关控制，经译码显示电路可分别显示出各段的测量结果，即爆轰波传播经过两相邻探针之间距离的时间间隔。

实测爆速的关键步骤是：

(1) 将 0.41mm 的漆包线剪成 10cm 长各两段，分别将其对折扭成一体，剪去接通端，另一端用砂纸去掉绝缘漆，做成两对直探针。

(2) 在待测炸药柱轴向距离大于 100mm 的两点上，用大头针准确地沿径向穿两孔，将两对探针分别插入并露头 1cm，用胶布固定后，再精确测量两探针之间的距离，注意使 1 号探针与起爆雷管的距离不小于 5cm。探针的装置如图 2-15 所示。

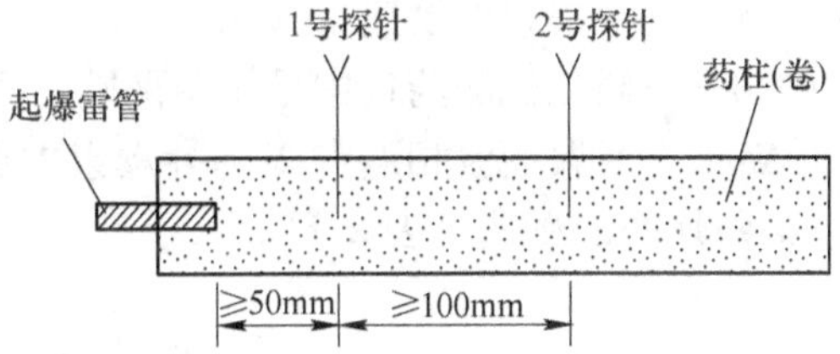

图 2-15 探针装置

(3) 分别用屏蔽线的两极线与两对探针的去漆端两极仔细连接，使 1 号、2 号探针分别与爆速仪的 1 号、2 号接线柱连通。

(4) 药卷爆炸过程中，爆速仪直接记录两相邻探针之间的时间间隔。

(5) 根据记录的时间和两相邻探针之间的距离，求算出两点间的炸药平均爆速。

2.5.4.2 导爆索法 (Dautriche 法)

该方法用于测量炸药的爆速，前提是炸药本身具有雷管感度。如图 2-16 所示，该方法是用已知导爆索的爆速作为对比，求出待测炸药一段长度内的平均爆速。

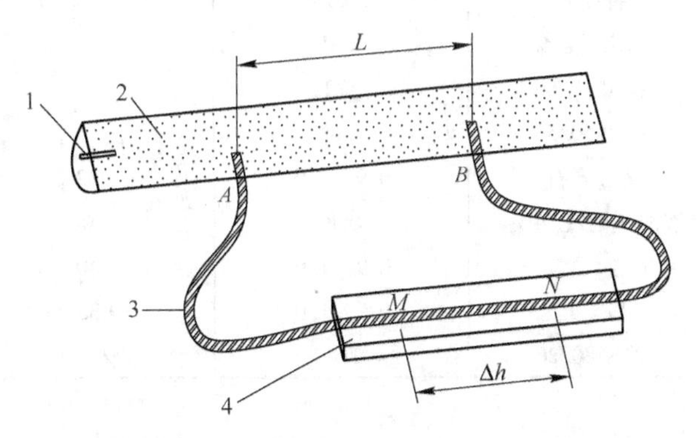

图 2-16 导爆索法测定炸药的爆速

1—起爆雷管；2—待测炸药；3—导爆索；4—铅板

采用导爆索法测定炸药爆速的具体步骤主要包括：

(1) 药卷直径在 30 ~ 40mm 之间，药卷长 300 ~ 400mm，一端插入起爆雷管。

(2) 取一段（长度通常为 1m）爆速 d 已知的导爆索，量测并标记其长度的中点 M。

（3）在待测药卷的 A、B 两点处将导爆索的两端分别插入待测炸药卷，插入深度为药卷半径。用字母 L 表示 A、B 两点之间的距离（一般取 $L=200$mm）。

（4）准备一块铅板（厚3~5mm，宽40mm，长400mm），并在其一端的20~30mm位置刻线作为标记。

（5）用胶布将两块厚度约为5mm的垫木分别固定在上述刻线处和铅板的另一端。

（6）将导爆索沿铅板中线平直敷设，并保证导爆索中点与上述刻线的中点位置重合，然后使用胶布在上述两块垫木处将导爆索与铅板绑紧固定，使导爆索与铅板之间的间隙大致等同于垫木厚度。之后，即可起爆以测定待测炸药的爆速值。

待测炸药被起爆后，爆轰波沿药卷向前传播，并在 A 点引爆导爆索，从而在导爆索中产生一个向其中点 M 传播的爆轰波；经过一定时间，沿药卷继续传播的爆轰波到达 B 点，引爆导爆索的另一端，在导爆索中又形成一个向其中点 M 传播的爆轰波。来自 A、B 两点的爆轰波相向传播而相遇于点 N。由于两个爆轰波相遇而对撞，其冲击能量倍增，对铅板产生的冲击作用远比其他位置强烈，结果是在起爆的 N 点处形成明显深刻的爆痕。在导爆索的爆速 d 已知时，即可求得炸药的爆速：

$$D = \frac{Ld}{2\Delta h} \tag{2-44}$$

式中 d——导爆索的爆速，m/s；

L——插在被测药包中导爆索两端之间的距离，mm；

Δh——两爆轰波相遇点 N 与导爆索中点 M 之间的距离，mm。

某些炸药的爆速见表2-11。

表2-11 炸药的爆速值

炸药名称	密度/g·cm^{-3}	直径/mm	爆速/m·s^{-1}	备 注
梯恩梯	1.595		6856	压装药柱
梯恩梯	1.62		7000	压装药柱
黑索金	1.796		8741	压装药柱
奥托金	1.85		8917	压装药柱
特屈儿	1.692		7502±29	压装药柱
钝化黑索金	1.65		8498	压装药柱
梯黑40/60	1.726		7888	压装药柱
梯黑50/50	1.68		7636	压装药柱
2号岩石	0.9~1.0	32	3200	散装药柱
铵油（硝铵94%）	0.8	100	2800	用起爆药40g
铵沥蜡	0.9~1.0	40	3500	散装药柱
铵松蜡	0.9~1.0	35	3300	散装药柱
铵梯80/20	1.4	32~40	5200~5400	散装药柱

2.5.5 殉爆距离

如图2-17所示，一个药包（卷）2爆炸后，引起与它不相接触的邻近药包（卷）3爆炸的现象，称为殉爆。

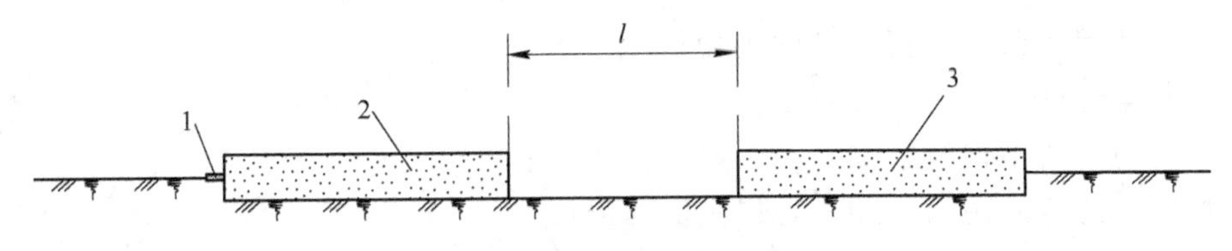

图2-17 炸药包殉爆示意图
1—雷管；2—主发药包；3—被发药包

在一定程度上，殉爆反映了炸药对爆炸冲击波的敏感度。引起殉爆时两装药间的最大距离称为殉爆距离，用字母 l 表示，单位为cm。它表示被发炸药的殉爆能力。在工程爆破中，殉爆距离对于分段装药参数设计、孔网参数选择及盲炮处理等都具有指导意义。在炸药厂和危险品库房的设计中，它是确定安全距离的重要依据。

影响炸药殉爆的因素包括：

（1）主发装药的药量及性质。主发装药的药量越大，且它的爆热、爆速越大时，引起殉爆的能力越大。

（2）装药密度。密度对主发药包和被发药包的影响是不同的。实践证明，主发药包的条件给定后，在一定范围内，被发药包密度小，殉爆距离增加。

（3）装药间惰性介质的性质。在不易压缩的介质中，冲击波容易衰减，因而殉爆距离较小。介质越稠密，冲击波在其中损失的能量越多，殉爆距离也就越小。

（4）药量和药径。试验表明，增加药量和药径，将使主发药包的冲击波强度增大，被发药包接收冲击波的面积也增加，殉爆距离也就可以提高。

（5）药包约束条件和连接方式。如果主发药包有外壳，甚至将两个药包用管子连接起来，由于爆炸产物流的侧向飞散受到约束，自然会增大被发药包方向的引爆能力，显著增大殉爆距离，而且随着外壳、管子材质强度的增加而进一步加大。

（6）装药的摆放形式。主发装药与被发装药按同轴线的摆放形式比按轴线垂直的摆放形式容易殉爆。

殉爆测试试验的步骤如下：

用与被测药卷纸浆相当的圆木棒，将实验场地的松土或砂压成大于两个药卷长度的半圆沟，被测药卷置于其中。主发药卷的前端以8号雷管起爆，插入深度为雷管长度的2/3（图2-17）。被发药卷的前端与主发药卷的聚能穴端对应，两药卷间不得有杂物阻挡。测出药卷间距之后，进行起爆。如确认已殉爆，可加大间距实验，连续三次都殉爆的最大距离（cm），即为该炸药的殉爆距离。

如起爆后，被发药卷留有残药，说明间距过大，应缩短间距复试，直至找到连续发生三次殉爆的最大距离为止。

试验注意事项包括：

（1）一次只许试验一对药包。

（2）结块炸药在起爆前应允许将插雷管的一端揉松。

（3）试样应从每批炸药中任意抽取，不准重新改制。

（4）对散装炸药，按规定的密度制成直径32mm、重100g的药包进行试验。

（5）聚能穴端与被发药包的平面端相对。

（6）应基本保证两药包中心对正。

（7）两药包之间不得有杂物阻挡。

（8）量好两药包的距离，随后起爆主发药包。

2.5.6　沟槽效应

沟槽效应也称管道效应、间隙效应，是当药卷与炮孔壁间存在空隙时，药柱中爆轰波传播过程所出现的自抑制（能量释放逐渐减少直至熄爆）的现象。实践表明，在小直径炮孔爆破作业中，药卷与炮孔壁间存在空隙的现象较为常见，故沟槽效应普遍存在，往往成为影响爆破效果的一种重要因素。

对沟槽效应的解释有两种：一种是爆轰产物压缩药卷和孔壁之间的间隙中有空气，产生冲击波，它超前于爆轰波并压缩药卷，使得药卷的装药密度过大，对爆轰波的传播有抑制作用；另外一种解释认为，炸药起爆后在爆轰波阵面的前方有一等离子层（离子光波），对前方未反应药卷段的表层产生压缩作用（图2-18），使得药卷压实，装药密度过大，不利于该层炸药爆炸反应的产生与进行。等离子波阵面和爆轰波阵面分开得越大，或者等离子波越强烈，这个表层穿透得就越深，能量衰减得就越大。随着等离子波的进一步增强，就会引起药包爆轰反应的熄灭。测试表明，等离子光波的速度约为4500m/s。部分炸药的沟槽效应值见表2-12。

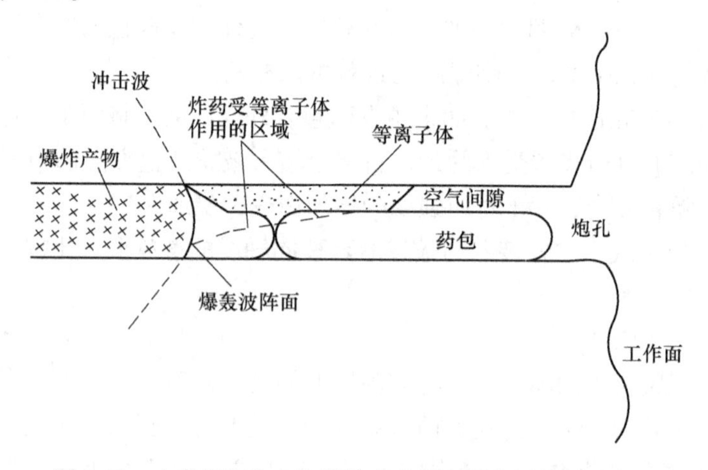

图2-18　小直径炮孔中沟槽效应的等离子作用机理示意图

表2-12　部分炸药的沟槽效应值

国　别	中　国			美　国			
炸药牌号及类型	EL系列乳化炸药	EM型乳化炸药	2号岩石铵梯炸药	Iremite Ⅰ型铝粉敏化浆状炸药	Iremite Ⅱ型乳化炸药	Iremite Ⅲ型晶型控制的浆状炸药	Iremite M型硝酸钾铵敏化浆状炸药
沟槽效应值（传爆长度）/m	>3.0	>7.4	>1.9	1～2	>3.0	3.0	1.5～2.5
试验条件	取内径为42～43mm、长3m的聚氯乙烯塑料管（或钢管），然后将ϕ32mm的受试药卷一个连着一个地放入其中，用一只8号雷管起爆						

沟槽效应与炸药配方、物理结构、包装条件和加工工艺有关。下列技术措施可以减小或消除沟槽效应，改善爆破效果：

(1) 选用不同的包装涂覆物，如柏油沥青、石蜡、蜂蜡等。

(2) 调整炸药配方和加工工艺，以缩小炸药爆速与等离子体速度间的差值。

(3) 填塞等离子体的传播空隙，在炮孔中的每个药卷间插上一层塑料薄板或填上炮泥、用水或有机泡沫充填炮孔与药卷之间的间隙。

(4) 增大药卷直径。

(5) 沿药包全长放置导爆索起爆。

(6) 采用散装技术，使炸药全部充填炮孔不留间隙，当然就没有超前的等离子层存在。

2.5.7 聚能效应

在某种特定药包形状的影响下可以使爆炸的能力在空间重新分配，大大增强对某一个方向的局部破坏作用，这种底部具有锥孔（也称聚能穴）的药包爆炸时对目标的破坏作用显著增强的现象称为聚能效应。

聚能效应的机理可用图 2-19 进行说明。对比普通装药与聚能装药爆炸后，其爆轰产物的飞散过程可知，圆柱形药柱爆轰后，爆轰产物沿近似垂直原药柱表面的方向向四周飞散，作用于钢板部分的仅仅是药柱端部的爆轰产物，作用的面积等于药柱端部面积；而带锥孔的圆柱形药柱则不同，当爆轰波前进到锥体部分，其爆轰产物则沿着锥孔内表面垂直的方向飞出，由于飞出速度相等，药型对称，爆轰产物要聚集在轴线上，汇聚成一股速度和压力都很高的聚能流，它具有极高的速度、密度、压力和能量密度，具有强大的切割、穿透破坏能力。

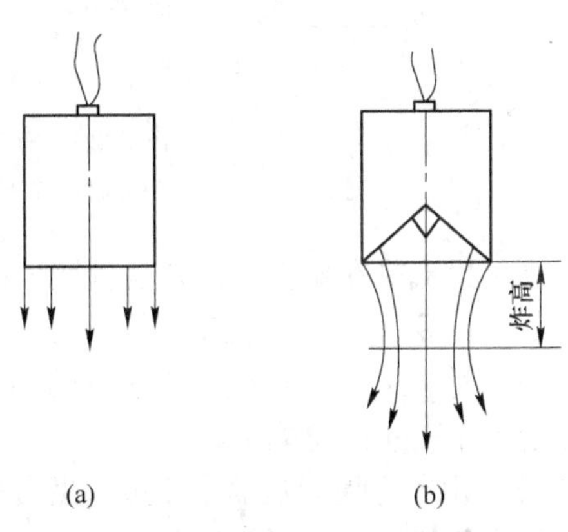

图 2-19 普通装药（a）与聚能装药（b）爆轰产物比较

试验表明，锥孔处爆轰产物向轴线汇集时，有下列两个因素起作用：

(1) 爆轰产物质点以一定速度沿近似垂直于锥面的方向向轴线汇集，使能量集中。

(2) 爆轰产物的压力本来就很高，汇集时在轴线处形成更高的压力区，高压迫使爆轰产物向周围低压区膨胀，使能量分散。

由此可见，由于上述两个因素的综合作用，爆轰产物流不能无限地集中，而在离药柱端面某一距离处达到最大的集中，随后则又迅速地飞散开。因此必须恰当地选择高度，以充分利用聚能效应。对于聚能作用，能量集中的程度可用单位体积能量，即能量密度 E 来衡量：

$$E = \rho\left[\frac{p}{(n-1)\rho} + \frac{1}{2}u^2\right] = \frac{p}{n-1} + \frac{1}{2}\rho u^2 \tag{2-45}$$

式中 E——爆轰波的能量密度，kJ/m^2；

ρ——爆轰波阵面的密度，kg/m^3；

p——爆轰波阵面的压力，Pa；

u——爆轰波阵面的质点速度，m/s；

n——多方指数。

式（2-45）的右边第一项为位能，占3/4，第二项为动能，占1/4。在聚能过程中，动能是能够集中的，位能则不能集中，反而起分散作用，所以只带锥孔的圆柱形药柱的聚能流的能量集中程度不是很高，必须设法把能量尽可能转换成动能的形式，才能大大提高能量的集中程度。

在药柱锥孔表面加一个药型罩（如钢、玻璃等）时，可大大提高能量的集中程度。由于罩的可压缩性很小，因此内能增加很少，能量的极大部分表现为动能形式，这样就避免了高压膨胀引起的能量分散而使能量更为集中；同时，罩壁在轴线处汇聚碰撞时，使能量密度进一步提高，形成金属射流以及伴随在它后面的运动速度较慢的杵体（图2-20）。

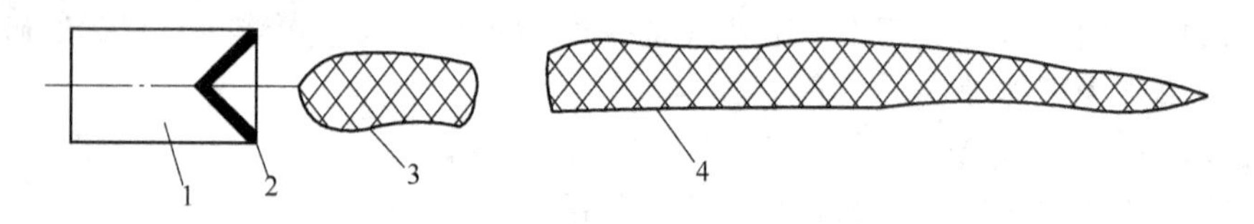

图2-20 有罩聚能药包的射流与杵体

1—药柱；2—药型罩；3—杵体；4—射流

高速射流打在靶板上，其动量变成高达数十万乃至百万倍大气压的压力，相形之下，靶板材质（钢）的强度就变得微不足道了。由此可见：

（1）聚能效应的产生在于能量的调整、集中，它只能改变药柱某个方向的猛度，而没有改变整个药包的总能量。

（2）由于金属射流的密度远比爆轰聚能流的密度大，能量更集中，所以有罩聚能药包的破甲作用比无罩聚能药包大得多，应用得也更多。

（3）金属射流和爆轰产物聚能流都需要一定的距离来延伸，能量最集中的断面总是在药柱底部外的某点，由此断面至锥底的距离称为炸高。对位于炸高处的目标，破甲效果最好。

习　题

2-1 炸药爆炸现象具有哪些基本特征，炸药的定义是什么？

2-2 炸药化学反应的基本形式有哪些，其各自的特点是什么？

2-3 炸药的爆炸反应有哪几种形式，各自的特点是什么？

2-4 正氧平衡的炸药在爆轰过程中会生成哪些有毒气体？

2-5 负氧平衡的炸药在爆轰过程中会生成哪些有毒气体？

2-6 炸药的氧平衡状态对炸药的威力大小有无影响，如有影响，会有什么影响？

2-7 如何计算混合炸药的氧平衡率？已知一种乳化炸药的配比如下表，C、H、O、N的相对原子质量分别为12、1、16、14。求该种乳化炸药的氧平衡值。

乳化炸药的成分与配比

成　分	乳化剂	柴油	硝酸铵	尿素	水
分子式	$C_{24}H_{44}O_6$	$C_{16}H_{32}$	NH_4NO_3	$CO(NH_2)_2$	H_2O
质量分数/%	3.0	4.0	75	3.0	15.00

注：1. 以 g/g 为单位表示氧平衡值。
2. 中间计算结果和最终结果均采用四舍五入法取小数点后两位。

2-8　反映炸药爆炸性能的指标主要有哪些?
2-9　何谓炸药的感度、猛度、爆力、爆速、殉爆距离?
2-10　测试炸药爆力的一般方法有哪些?
2-11　影响混合炸药起爆感度的因素主要有哪些?
2-12　何谓稳定传爆和理想爆轰?
2-13　影响混合炸药传爆质量的主要因素可能有哪些，各对传爆质量有何影响?
2-14　简述爆轰波的基本结构和炸药的爆轰过程。
2-15　何谓侧向扩散，药包直径、约束条件对炸药的传爆质量各有什么影响?
2-16　何谓临界直径，其在爆破实践中具有什么意义?
2-17　殉爆距离在爆破实践中具有什么意义?

3 常用工业炸药

本章要点

炸药是为爆破提供能量的唯一原材料，也可认为炸药是实施爆破工程的基本“工具”。因此，理解和掌握有关炸药产品及其基本性能的知识，才能在实践中做到合理选择和正确使用炸药，也才有可能获得预期的爆破效果。本章内容要点如下：

（1）工业炸药的特点与炸药产品分类；

（2）起爆药及其特点；

（3）铵油炸药；

（4）乳化炸药；

（5）炸药的选用。

在矿山开采及工民建土石方工程中，依靠人力或工程机械往往无法高效率地完成开挖作业，而使用炸药进行爆破则是一种有效和可靠且在近代被广泛应用的方法。在矿山开采等爆破工程中，就是利用工业炸药来完成爆破作业的。

与军用炸药及为满足某些特殊需要的炸药相区别，工业炸药是指可广泛应用于采矿及工民建土石方开挖工程并可以大规模生产的炸药。工业炸药又称民用炸药或商业炸药，多是由氧化剂、可燃剂和其他添加剂等组分，按照氧平衡的原理配制并均匀混合制成的混合型炸药，而如梯恩梯等仅由一种化合物构成的单质炸药，其用量相对要少得多。

工业炸药多具有成本低廉、制造简单、应用方便等特点。近年来，随着工程爆破技术的广泛应用，工业炸药生产技术也得到了迅速发展。

为适应不同爆破对象的性质，满足不同工程的爆破效果要求，市场上出现的炸药产品种类有多种，其性能具有或大或小的差异。本章主要介绍工业炸药的成分构成、基本性能及适用条件等相关知识。

3.1 工业炸药的一般特点

一般的工业炸药具有以下特点：

（1）安全性能好，其火焰感度、热感度、静电感度、机械感度（撞击感度与摩擦感度）低，即工业炸药的危险感度低。

（2）具有合适的起爆感度，使用雷管或起爆药柱能够顺利起爆。

(3) 爆炸性能良好，具有足够的爆炸威力，能够满足各种矿石和岩石爆破的工程要求。

(4) 炸药处于零氧或轻微负氧平衡状态，爆炸后产生的有毒气体量小，不超出国家相关规程所允许的范围。

(5) 在规定的储存期内性能稳定，不会变质失效。

(6) 原料来源广泛，加工工艺简单，操作安全，成本低。

目前国内外爆破实践中使用的炸药主要有乳化炸药、铵油炸药、重铵油炸药、粉状硝铵炸药、粉状乳化炸药等，其中大直径炮孔爆破使用的炸药一般都不具有 8 号雷管感度，临界直径也较大，而在小直径炮孔爆破中使用的炸药则相反，多具有 8 号雷管感度，临界直径也较小。

3.2 工业炸药的分类

工业炸药的品种繁多，它们的物质构成、物理状态、化学性质和爆炸性能有显著差异。根据炸药的某些特点进行归纳分类，便于研究和使用炸药。

3.2.1 按用途分类

(1) 起爆药。起爆药是指用于起爆其他炸药的炸药。对一定形式外能的作用（如机械作用、热、火焰等）具有很高的敏感度，是起爆药的普遍特点。换言之，起爆药极易在某种形式的外能作用下激发而发生爆炸和爆轰，且其反应速度极快，故常用这类炸药作为雷管中的起爆元件。常见的起爆药有雷汞、氮化铅和二硝基重氮酚等。

(2) 猛炸药。与起爆药相比，猛炸药具有两个突出的特点：一是猛炸药的敏感度较低，通常要在某种起爆器材（如雷管）的作用下才能可靠起爆；二是猛炸药的爆炸威力较大，因而是用于爆破作业的主要炸药种类。

根据炸药的物质构成，猛炸药又分为单质猛炸药和混合炸药。

工业上常用的猛炸药有粉状硝铵类炸药（如铵梯炸药、铵油炸药、膨化硝铵炸药、粉状乳化炸药、铵松蜡炸药等）、含水硝铵类炸药（如浆状炸药、水胶炸药、重铵油炸药、乳化炸药等）、硝化甘油炸药等。

(3) 发射药。所谓发射药是指主要用做推进剂的爆炸物。爆破工程中使用的发射药一般仅指黑火药，过去主要使用黑火药加工制作导火索、火雷管和矿用火箭弹。黑火药的基本特点是对火焰极为敏感，可在开放空间燃烧，而在密闭空间内会发生爆炸，但爆炸威力较弱。黑火药吸湿性强，吸水后期敏感度会大大降低。

3.2.2 按使用场合分类

(1) 煤矿许用炸药。煤矿许用炸药又称安全炸药。该类炸药主要针对有瓦斯和煤尘爆炸危险的煤矿生产环境设计的，除严格要求炸药爆炸产物中的有毒气体含量不超过安全规程的规定外，还需要在炸药中添加 10%~20% 的氯化钠作为消焰剂，以确保其在爆破时不会引起瓦斯和煤尘的燃烧和爆炸。正是由于煤矿许用炸药含有消焰剂，故其爆炸威力减弱。因此，虽然可以将煤矿许用炸药用于一般的爆破工程，但这种炸药主要适用于有瓦斯和煤尘爆炸危险的场合。

（2）岩石炸药。该类炸药一般是为没有瓦斯和煤尘爆炸危险，但爆破作业空间狭窄、通风条件较差的爆破工程而设计的，其特点是对有毒有害气体的生成量有严格限制，利于保证工作面人员的健康安全。实践中，岩石炸药主要用于地下矿山和地表小规模爆破。

（3）露天炸药。露天炸药是指适用于各种露天爆破工程的炸药。由于露天爆破场地空间开阔，通风条件较好，故对这类炸药爆炸气体产物中有毒有害气体含量的要求相对较低。

（4）特种炸药。泛指用于特种爆破作业的炸药，如在石油射孔、震源弹、金属特殊加工中使用的炸药。

3.2.3 按炸药主要成分分类

（1）硝铵炸药。该类炸药以硝酸铵为主要成分（一般达80%以上）。硝酸铵是一种常见的化工产品，成本较低，来源广泛，易于制造，所以这种炸药是目前国内外用量最大、品种最多的工业炸药。

（2）硝化甘油炸药。该类炸药以硝化甘油为主要成分。由于硝化甘油的敏感度高，危险性大，故随着铵油炸药的大量使用，这种炸药已经极少使用，只是在水下爆破和油井等特殊场合使用。

（3）芳香族硝基化合物类炸药。主要是苯及其同系物的硝基化合物，如梯恩梯、黑索金等。

（4）其他炸药。如黑火药和氮化铅等单质炸药。

3.2.4 按物质构成特点分类

根据炸药的物质构成特点，常把炸药分为单质炸药和混合炸药两类。单质炸药是由一种化合物构成的炸药，如梯恩梯、黑索金、太安等都是单质炸药。混合炸药则都是由两种或两种以上不同的化学成分组成的爆炸性混合物。

工业炸药多为混合炸药，其成分包括氧化剂和还原剂及其他添加剂，通常用硝酸铵作为主要成分，并与可燃物混合而成，释放的能量超过起爆药。混合炸药是工程爆破中用量最大的炸药，它是开山、筑路、采矿等爆破作业的主要能源。通过改变炸药配方可调整其起爆感度、爆炸威力等性能指标。

在绝大多数的混合型工业炸药中，通常采用硝酸铵作为氧化剂，用碳氢化合物（机油、柴油、蜡或其混合物）作为可燃剂。在炸药中添加木粉，目的是改善炸药的物理性能，但同时它也是一种可燃剂。有时还会根据特殊的需要在炸药中加入少量铝粉、镁粉等以提高炸药的威力。

表3-1列出了我国目前及曾经生产使用过的部分工业炸药的品种及分类。

表3-1 工业炸药的品种及分类

炸药分类	炸药品种	备注
硝化甘油类炸药	胶质硝化甘油炸药	有1号、2号、3号、4号等品种
	半胶质硝化甘油炸药	
	难冻胶质硝化甘油炸药	有1号、2号、4号等品种
	岩石粉状硝化甘油炸药	有1号、2号、3号等品种

续表 3-1

炸药分类		炸药品种	备注
铵梯类炸药	岩石铵梯炸药	普通岩石铵梯炸药	有 2 号、3 号等品种
		抗水岩石铵梯炸药	有 2 号、3 号、4 号等品种
	露天铵梯炸药	普通露天铵梯炸药	有 1 号、2 号、3 号等品种
		抗水露天铵梯炸药	有 2 号、3 号等品种
	煤矿许用铵梯炸药	普通煤矿许用铵梯炸药	有 2 号、3 号等品种
		抗水煤矿许用铵梯炸药	有 2 号、3 号等品种
	岩石粉状铵梯炸药	岩石粉状铵梯炸药	有 2 号、4 号等品种
		抗水岩石粉状铵梯炸药	有 2 号、3 号等品种
铵油类炸药	粉状铵油炸药	岩石粉状铵油炸药	有 1 号、2 号、3 号、4 号等品种
		抗水岩石粉状铵油炸药	
	多孔粒状铵油炸药	多孔粒状铵油炸药	
	重铵油炸药	乳化粒状铵油炸药	
	改性铵油炸药	改性铵油炸药	有 1 号、2 号等品种
	铵松蜡炸药	铵松蜡炸药	有 1 号、2 号等品种
	铵沥蜡炸药	岩石铵沥蜡炸药	有露天、岩石、煤矿许用等品种
膨化硝铵炸药		岩石膨化硝铵炸药	
		煤矿许用膨化硝铵炸药	有一级、二级煤矿许用品种
水胶炸药		岩石水胶炸药	有 1 号、2 号等品种
		露天水胶炸药	有 1 号、2 号等品种
		煤矿许用水胶炸药	有一级、二级、三级煤矿许用品种
乳化炸药		岩石乳化炸药	有 1 号、2 号岩石乳化炸药
		露天乳化炸药	
		煤矿许用乳化炸药	有一级、二级、三级煤矿许用品种
		煤矿许用粉状乳化炸药	有一级、二级、三级煤矿许用品种
		硫化矿用乳化炸药	有耐低温、高密度、高威力、低爆速、高黏度乳化炸药等品种
现场混装炸药		现场混装铵油炸药	有岩石型、露天型品种
		现场混装乳化炸药	有岩石型、露天型、硫化矿用等品种
		现场混装水胶炸药	
含退役火药的炸药		含火药粉状炸药	
		含火药浆状炸药	
		含火药水胶炸药	
		含火药乳化炸药	
		含火药多孔粒状铵油炸药	
		含双基火药乳化炸药	
其他		太乳炸药、黏性炸药、液体炸药、铵铝炸药、铵磺炸药、铵锶炸药	

3.3 起 爆 药

3.3.1 雷汞

雷汞的化学式为 $Hg(CHO)_2$，结构式为 $Hg\begin{cases} O-N=C \\ O-N=C \end{cases}$，其主要特征是：白色、有毒，对撞击、摩擦、火药极为敏感，能与铝、镁等轻金属发生剧烈反应，所以不许将之与铝接触。其爆温为4810℃，爆热为355kJ/kg，爆速为5400m/s。

3.3.2 叠氮化铅

叠氮化铅的化学式为 $Pb(N_3)_2$，主要特征为：白色晶体，起爆能力大，受潮不丧失爆炸能力，可用于水中，热敏感度低。其爆热为1524kJ/kg；爆温为3050℃；爆速为4500m/s。

干燥条件下，叠氮化铅接触明火、高热或受到摩擦振动、撞击时可发生爆炸。与铜生成对电场极敏感的叠氮化铜，故宜用铅、纸材料包装。能与浓硫酸、发烟硝酸猛烈反应，甚至发生爆炸。遇二氧化碳分解放出叠氮酸。

3.3.3 二硝基重氮酚

二硝基重氮酚（DDNP）的化学式为 $C_6H_2(NO_2)_2N_2O$，结构式为：

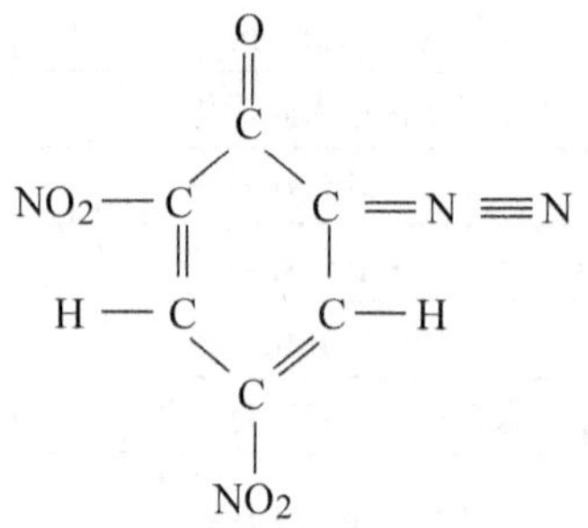

```
              O
              ‖
              C
            /   \
NO2 — C           C =N ≡N
      ‖           |
 H — C           C — H
            \   //
              C
              |
             NO2
```

DDNP早在1858年出现，用作黄色染料，1916年始用于炸药，具有雷汞和氮化铅的所有长处，原料来源广，生产工艺简单、安全，成本低，不含重金属，威力大，起爆性能好。

性质：棕黄色聚球结晶，相对密度1.63，爆热为3420kJ/kg，爆温为4650℃，爆速为7000m/s。

由于DDNP的原料来源广泛，生产工艺简单，安全性好，成本较低，且具有较好的起爆性能，为目前国产雷管使用的主要起爆药。

3.4 单质猛炸药

单质猛炸药指化学成分为单一化合物的猛炸药，又称爆炸化合物。它的敏感度较起爆药低，爆炸威力大，爆炸性能好。工业上常用的单质猛炸药有梯恩梯（TNT）、黑索金（RDX）、太安（PETN）、硝化甘油等，常用于作雷管的加强药、导爆索和导爆管芯以及混合炸药的敏化剂等。

3.4.1 梯恩梯

梯恩梯（TNT）又称三硝基甲苯，1863 年研制成功，1891 年发现其爆炸性能，从 1901 年起开始取代苦味酸用于军事。

（1）梯恩梯的物化特性。梯恩梯的分子式为 $C_6H_2(NO_2)_3CH_3$，相对分子质量 227。精制梯恩梯的熔点为 80.7℃，凝固点为 80.2℃；工业梯恩梯呈淡黄色鳞片状，由于含有杂质，熔点和凝固点都有所降低。

梯恩梯在 35℃很脆，35℃以上有一定的塑性，到 50℃则成为可塑体，利用这种可塑性，可以把梯恩梯压制成高密度的药柱。梯恩梯的吸湿性很小，在常温湿度饱和的空气中，其水分含量只有 0.05%。梯恩梯难溶于水，易溶于甲苯、丙酮、乙醇等有机溶剂中。

（2）梯恩梯的主要爆炸性能。

爆发点：290 ~ 300℃；

撞击感度：4%~8%（锤重 10kg，落高 25cm，药量 0.03g，表面积 $0.5cm^2$）；

摩擦感度：摩擦摆试验，10 次均未爆炸；

起爆感度：最小起爆药量雷汞为 0.24g，叠氮化铅为 0.1g，二硝基重氮酚为 0.163g；

做功能力（爆力）：285 ~ 330mL；

猛度：16 ~ 17mm（密度为 $1g/cm^3$ 时）；

爆速：4700m/s（密度为 $1g/cm^3$ 的粉状梯恩梯）；

比容：740L/kg；

爆热：992 × 4.1868kJ/kg；

爆温：2870℃。

（3）梯恩梯的毒性及质量标准。梯恩梯有毒，它的粉尘、蒸气主要是通过皮肤侵入人体内，其次是通过呼吸道，长期接触可能中毒。梯恩梯的质量标准如表 3-2 所示。

表 3-2 梯恩梯的质量标准

项 目	质量标准		
	一 级	二 级	三 级
外 观	浅黄色或暗黄色鳞片状，无肉眼可见片状杂质，无浸湿现象杂质	黄色或黄褐色鳞片状，无肉眼可见片状杂质，无浸湿现象杂质	黄色到褐色粉末状鳞片或质量不超过 200g 的块，无肉眼可见片状杂质，无浸湿现象杂质
凝固点（不低于）/℃	80	77.5	75
酸度（按 H_2SO_4，不大于）/%	0.01	0.03	0.1
水分及挥发性（不大于）/%	0.1	0.12	1.0
苯或甲苯不溶物（不大于）/%	0.1	0.1	1.0
四硝基甲烷含量	无	无	痕迹

3.4.2　黑索金

黑索金（RDX）是一种单质猛炸药，分子式为 $C_3H_6N_6O_6$，相对分子质量为 222.12，外观为白色斜方结晶，有一定毒性，是由浓硝酸与乌洛托品进行硝解反应制得的产品。在民用爆炸物品行业称为工业黑索金，主要用作起爆具、震源药柱的组分和导爆索芯药以及工业雷管的二次装药。黑索金的基本特性见表 3-3。

表 3-3　黑索金的基本特性

理化性质	部分物理特性	不吸湿，室温下不挥发，不溶于水及四氯化碳等；微溶于乙醇、乙醚、苯、甲苯、氯仿、二硫化碳和乙酸乙酯等；易溶于丙酮、二甲基甲酰胺、环己酮、环戊酮及硫酸		
	熔点/℃	204（不小于 200）	密度/g·m^{-3}	1.186
	分解温度/℃	180（密闭）	堆积密度/g·cm^{-3}	0.7～0.9
	燃烧热/kJ·mol^{-1}	2124.4	饱和蒸气压（82℃）/kPa	0.01
	氧平衡值/%	−21.61		
燃烧爆炸危险性	危险特性	受热，接触明火、高热或受到摩擦振动、撞击时可发生爆炸，日光对黑索金无影响，但与重金属的氧化物混合形成不稳定的化合物		
	燃烧性	可燃	燃烧分解产物	一氧化碳、二氧化碳、氮氧化物
	火灾危险分级	爆炸品		
	稳定性	稳定	聚合危害	无
	爆热/kJ·kg^{-1}	5145～6322	爆温/K	4150
	爆速/m·s^{-1}	5980～8741	猛度/mm	24.9
	爆力/mL	480	燃烧点（5s 延滞期）/℃	230
	撞击感度/%	80	摩擦感度/%	76
	安定性	黑索金的安全性很好，在常温下储存 20 年无变化		

3.4.3　太安

太安（PETN）是一种单质猛炸药，分子式为 $C_5H_8N_4O_{12}$，相对分子质量为 316.17，是由浓硝酸与季戊四醇进行酯化反应生成季戊四醇四硝酸酯，再经丙酮重结晶后制得的产品，在民爆行业用作雷管装药和导爆索芯药等。太安的基本特性见表 3-4。

表 3-4　太安的基本特性

理化性质	外观与性状	白色结晶粉末		
	主要用途	主要用于高效雷管炸药、导爆索芯药；军事上用作小口径炮弹、导弹和反坦克弹的装药；医学上可用作扩张血管剂		
	溶解性	不溶于水，微溶于乙醇、醚，溶于丙酮		
	熔点/℃	138～140	密度/g·cm^{-3}	1.773
	分解温度/℃	205～215（爆炸）	饱和蒸气压（138℃）/kPa	0.00933

续表 3-4

燃烧爆炸危险性	危险特性	受到撞击、摩擦时发生分解性爆炸；接触明火、高热或受到摩擦振动、撞击时可发生爆炸；与氧化剂能发生强烈反应，着火后会转为爆轰		
	燃烧性	易燃	燃烧分解产物	一氧化碳、二氧化碳、氮氧化物
	建规火灾危险分级	甲	禁忌物	强氧化剂
	稳定性	不稳定	聚合危险	无
	爆热/$kJ \cdot kg^{-1}$	5895	爆速/$m \cdot s^{-1}$	8400
	爆燃点（5s 延滞期）/℃	202	安定性	安定性很好，在常温下储存20 年无变化

3.4.4 奥克托今

奥克托今（HMX）是一种单质猛炸药，分子式为 $C_4H_8N_8O_8$，相对分子质量为 296.20，在民用爆炸物品行业用作雷管底药、导爆索芯药和炸药制品（如起爆具、震源药柱的组分等）。其基本特性如表 3-5 所列。

表 3-5　奥克托今的基本特性

理化性质	外观与性状	白色结晶粉末，有一定毒性		
	主要用途	用于制造高能炸药和高能推进剂，也用于导爆管装药		
	溶解性	难溶于水，易溶于丙酮、乙酸乙酯、二甲基甲酰胺、环己酮		
	熔点/℃	282	密度（β 变体）/$g \cdot cm^{-3}$	1.96
	氧平衡值/%	-21.61		
燃烧爆炸危险性	危险特性	接触明火、高热或受摩擦振动、撞击可发生爆炸，着火后会转为爆轰		
	燃烧性	易燃	燃烧分解产物	一氧化碳、二氧化碳、氮氧化物
	建规火灾危险分级	甲	禁忌物	强氧化剂
	稳定性	稳定	聚合危险	无
	爆热/$kJ \cdot kg^{-1}$	6092	爆速/$m \cdot s^{-1}$	9100
	爆燃点（5s 延滞期）/℃	287	撞击感度/$kg \cdot m^{-1}$	0.75
	安定性	安定性很好，在常温下储存 20 年无变化		

3.4.5 硝化甘油炸药

硝化甘油炸药是指硝化甘油被氧化剂和可燃剂等吸收后组成的炸药，由诺贝尔于 1866 年发明。用爆炸油（硝化甘油和硝化乙二醇或硝化二乙二醇的混合物）代替单一硝化甘油时制出的品种称为难冻硝化甘油炸药。由 92% 的硝化甘油和 8% 的硝化棉（及少量抗酸剂）组成的炸药称为爆胶，是硝化甘油炸药中威力最大的一种炸药。

硝化甘油炸药具有爆炸威力大、起爆感度高、传爆性能好和抗水性能强等优点，机械感度高、加工和使用不安全、抗冻性差、易渗油和老化、生产成本高则是其缺点。随着工业炸药技术的发展，特别是 20 世纪 60 年代含水炸药的出现，硝化甘油炸药已基本被其他炸药所取代。

我国部分胶质炸药的物质组成与性能列于表3-6。

表3-6 我国主要胶质炸药配方及性能

配方及性能	1号普通胶质炸药	2号普通胶质炸药	3号普通胶质炸药	耐冻胶质炸药
硝化甘油/%	39.0~41.0	39.0~41.0	23.5~26.5	
混合硝酸/%				39.0~41.0
硝化棉/%	1.0~2.0	1.0~2.0	0.5~2.0	1.3~1.9
硝酸铵/%	50.8~53.3	51.5~54.1	63.0~66.2	51.0~53.5
淀粉/%	2.5~3.5			2.15~3.5
木粉/%	2.5~3.5	5.2~6.2	2.5~3.5	2.0~3.5
梯恩梯/%			4.8~6.8	
附加物/%			0.2~1.0	
外观	淡黄色至棕黄色的塑性胶质体			
密度/$g \cdot cm^{-3}$	1.4~1.6	1.4~1.6	1.35~1.55	1.35~1.55
渗油性/mm	两层药卷交接处的油迹带宽不超过5			
水分(不大于)/%	1.0	1.0	1.0	1.0
猛度/mm	15	15	15	14
爆力/mL	360	360	360	350
殉爆距离/cm	8	8	8	8
爆速/$m \cdot s^{-1}$	6000	6000	6000	5500
耐水度级别	1	1	2	2

3.5 硝铵类炸药

常用的硝铵类炸药有铵梯炸药和铵油炸药，由于其组成成分不同，性能指标和适用条件也各不相同。由于该类炸药以硝酸铵为主要成分，其主要缺点是具有吸湿性和结块性，不能应用于涌水量大的工作面。在我国目前露天矿山的爆破作业中，铵油炸药因成本低廉、爆炸性能优良、安全性好，应用最为广泛。铵梯炸药的应用曾经很广泛，用量曾达约70%，但因为铵梯炸药含有梯恩梯这种对人体健康极为有害的成分，2008年1月1日起国家已明令停止生产和使用铵梯炸药。

总之，工业炸药种类很多，但硝铵类炸药是目前品种最多且使用最为广泛的炸药。

3.5.1 铵梯炸药

铵梯炸药的主要原材料是硝酸铵（氧化剂）、梯恩梯（提高炸药起爆感度和炸药爆炸威力）和木粉（可燃剂与松散剂）。

3.5.1.1 硝酸铵

硝酸铵是强氧化剂，易与还原剂发生氧化还原反应。硝酸铵是弱碱强酸生成的盐，容易和弱酸强碱生成的盐发生反应。不应将硝酸铵和亚硝酸盐、氯酸盐存放在一起，以免生成安定性很差的亚硝酸铵和氯酸铵，引起爆炸。

硝酸铵是一种具有爆炸性的成分，经强力起爆后，爆速可达 2000～2500m/s，爆力 165～230mL。若同适宜的还原剂相配合，制成零氧平衡或轻微负氧平衡的混合炸药，则因爆热和爆容都增大，爆速可提高到 3000～4000m/s，爆力增大到 300mL 左右。

硝酸铵为白色晶体，具有多种晶形，其晶形随温度不同而变化。硝酸铵熔点 169.6℃，氧平衡值为 +20%，300℃时发生燃烧，高于 400℃可转为爆炸。晶形改变时颗粒体积随之而变。硝酸铵有较高的吸湿性和结块性，吸湿结块后，炸药的感度和爆炸性能下降，甚至完全不能爆炸。

硝酸铵起爆感度较低，一般不能直接用雷管或导爆索起爆。

为了使硝酸铵获得抗水能力，可加入适量的防潮剂，如石蜡、松香、沥青或凡士林等。硬脂酸锌（钙）等活性物质是另一类防潮剂。防潮剂的药膜均匀地包覆在硝酸铵颗粒表面，在一定时间内可有隔潮的作用。

3.5.1.2 梯恩梯

在铵梯炸药里，梯恩梯为敏化剂，用以提高炸药的感度和增大炸药威力，含量为 5%～20%。

梯恩梯炸药的化学名称为三硝基甲苯，分子式为：$C_6H_2(NO_2)_3CH_3$，相对分子质量为 227，产品多呈淡黄色鳞片状；密度 1.66g/cm^3，堆积密度为 0.75～0.85g/cm^3；精制 TNT 的熔点为 80.7℃，凝固点为 80.2℃；吸湿性很小，在常温饱和湿度的空气中，其含水量只有 0.05%；难溶于水，但易溶于甲苯、丙酮、乙醇等有机溶剂中。

梯恩梯本身就是一种单质猛炸药，具有良好的爆炸性能和物理化学安定性，其主要性能指标为：爆力 285～300mL，猛度 16～17mm（密度为 1.6g/cm^3），爆速 6600～7000m/s（密度 1.6g/cm^3）；爆容：740L/kg，爆热：4150kJ/kg，爆温：2870℃，爆压：188kPa。机械摩擦感度极低。TNT 安定性很好，在常温下贮存不发生变化。温度达 180℃以上时，才显著分解。约在 300℃时发火，能被火点燃，在空气中可平稳燃烧，并冒黑烟，在密闭或大量堆积时燃烧可转化为爆轰。

梯恩梯是负氧平衡物质，同硝铵配合后可获得零氧平衡或接近零氧平衡的铵梯炸药。但是，由于梯恩梯易生成有毒气体，对人体健康有害，故目前已禁止使用。

3.5.1.3 木粉

木粉的作用是阻止硝酸铵结块和作为可燃剂，宜用干燥而较细的木粉（0.833～0.370mm（20～40 目））作疏松剂。

铵梯炸药的主要品种及其主要性能见表 3-7。

表 3-7 铵梯炸药组成与性能

组成与性能 \ 品种		岩石硝铵炸药		露天硝铵炸药			煤矿硝铵炸药		
		1号	2号	1号	2号	3号	1号	2号	3号
组成/%	硝酸铵	82±1.5	85±1.5	82±2	86±2	88±2	68±1.5	71±1.5	67±1.5
	TNT	14±1.0	11±1.0	10±1	5±1	3±1	15±0.5	10±0.5	10±0.5
	木粉	4±0.5	4±0.5	8±1	9±1	9±1	2±0.5	4±0.5	3±0.5
	食盐						15±1	15±1	20±1

续表 3-7

组成与性能 \ 品种		岩石硝铵炸药		露天硝铵炸药			煤矿硝铵炸药		
		1 号	2 号	1 号	2 号	3 号	1 号	2 号	3 号
性能	水分（不大于）/%	0.3	0.3	0.5	0.5	0.5	0.3	0.3	0.3
	爆力/mL	350	320	300	250	230	290	250	240
	猛度/mm	13	12	11	8	5	12	10	10
	殉爆度/cm	6	5	4	3	2	6	5	4

3.5.2 粉状铵梯油炸药

粉状铵梯油炸药属于少梯工业炸药，它是工业粉状炸药的第二代产品，是由工业粉状铵梯炸药发展而来的。其关键技术是将乳化分散技术应用于粉状铵梯炸药中，在炸药的组分中加入以非离子表面活性剂为主构成的复合油相，取代了部分梯恩梯，使梯恩梯的含量由11%降低至7%，达到了降低粉尘、防潮、防结块的综合效果。

为进一步降低梯恩梯含量，并改善炸药性能，在岩石粉状铵梯油炸药的基础上，成功研制了4号岩石粉状铵梯油炸药。该产品的特点是梯恩梯含量降低至2%，组分中选用了1号复合改性剂，解决了硝铵炸药的结块问题，提高了可爆性能、储存性能及防潮、防水性能。

部分铵梯油炸药的组分与性能列于表3-8。

表 3-8 岩石粉状铵梯油炸药的组分和性能

组 分 与 性 能			炸 药 名 称	
			2 号岩石铵梯油炸药	2 号抗水岩石铵梯油炸药
组分/%	硝酸铵		87.5 ±1.5	89.0 ±2.0
	梯恩梯		7.0 ±0.7	5.0 ±0.5
	木粉		4.0 ±0.5	4.0 ±0.5
	复合油相		1.5 ±0.3	2.0 ±0.3
	复合添加剂（外加）		0.1 ±0.005	0.1 ±0.005
爆炸性能	水分/%		≤0.30	≤0.30
	猛度/mm		≥12	≥12
	爆力/mL		≥320	≥320
	爆速/$m \cdot s^{-1}$		≥3200	≥3200
	殉爆距离/cm	浸水前	≤4	≥3
		浸水后	—	≥2
	有毒气体量/$L \cdot kg^{-1}$		≤100	≤100
	药卷密度/$g \cdot cm^{-3}$		0.95 ~1.10	0.95 ~1.10
	炸药有效期/月		6	6

3.5.3 粉状铵油炸药

粉状铵油炸药的原材料主要有硝酸铵、柴油和木粉，配方设计以轻微负氧平衡为基本原则。若选用柴油的分子式为 $C_{16}H_{32}$，则其氧平衡值为 -3.42g/g，硝酸铵的氧平衡值为 0.2g/g。若按零氧平衡原则，则炸药的组成为：硝酸铵 94.5%，柴油 5.5%。一般常用硝酸铵与柴油之比为 94:6，以使炸药处于轻微的负氧平衡状态。为减少炸药受潮结块，可加入少量木粉，但为保证炸药的氧平衡值符合要求，此时需要按木粉的添加量重新调整硝酸铵和柴油的使用比例。

粉状铵油炸药的质量受成分、配比、含水率、硝铵粒度和装药密度等因素影响，其爆速和猛度随配比变化而变化。当粉状铵油炸药成分配比为铵油:柴油:木粉 = 92:4:4 时，爆速最高。

粉状铵油炸药采用轮辗机热辗混加工工艺制备，多具有雷管感度，多用于小直径炮孔爆破。

部分品种铵油炸药的组成及性能见表 3-9。

表 3-9　几种粉状铵油炸药的组分与性能

成分与性能		1 号铵油炸药	2 号铵油炸药	3 号铵油炸药
成分/%	硝酸铵	92 ±1.5	92 ±1.5	94.5 ±1.5
	柴油	4 ±1	1.8 ±0.5	5.5 ±1.5
	木粉	4 ±0.5	6.2 ±1	—
性能指标	药卷密度/$g \cdot cm^{-3}$	0.9 ~1.0	0.8 ~0.9	0.9 ~1.0
	水分含量（<）/%	0.25	0.80	0.80
	爆速（≥）/$m \cdot s^{-1}$	3300	3800	3800
	爆力（≥）/mL	300	250	250
	猛度（≥）/mm	12	18	18
	殉爆距离（≥）/cm	5	—	—

3.5.4 改性铵油炸药

改性铵油炸药与铵油炸药配方基本相同，主要区别在于对组分中的硝酸铵、燃料油和木粉进行了改性。将复合蜡、松香、凡士林、柴油等与少量表面活性剂按一定比例加热熔化配制成改性燃料油。硝酸铵改性主要是利用表面活性技术降低硝酸铵的表面能，提高硝酸铵颗粒与改性燃料油的亲和力，从而提高了改性铵油炸药的爆炸性能和储存稳定性。与铵油炸药相比，改性铵油炸药的爆炸性能和储存性能明显提高。

改性铵油炸药的组分与配比及性能指标分别如表 3-10 和表 3-11 所示。

表 3-10　改性铵油炸药的组分、含量

组　分	硝酸铵	木粉	复合油	改性剂
质量分数/%	89.8 ~92.8	3.3 ~4.7	2.0 ~3.0	0.8 ~1.2

表 3-11 改性铵油炸药性能指标

炸药名称	性能										
	有效期/d	殉爆距离/cm		药卷密度/g·cm^{-3}	猛度/mm	爆速/m·s^{-1}	做功能力/mL	可燃气安全度（以半数引火量计）/g	炸药爆炸后有毒气体含量/L·kg^{-1}	抗爆燃性	煤尘-可燃气安全度（以半数引火量计）/g
		浸水前	浸水后								
岩石型改性铵油炸药	180	≥3	—	0.9～1.10	≥12.0	≥3.2×10^3	≥298	—	≤100	—	—
抗水岩石型改性铵油炸药	180	≥3	≥2	0.9～1.10	≥12.0	≥3.2×10^3	≥298	—	≤100	—	—
一级煤矿许用改性铵油炸药	120	≥3	—	0.9～1.10	≥10.0	≥2.8×10^3	≥228	≥100	≤80	合格	≥80
二级煤矿许用改性铵油炸药	120	≥3	—	0.9～1.10	≥10.0	≥2.6×10^3	≥218	≥180	≤80	合格	≥150

3.5.5 多孔粒状铵油炸药

多孔粒状铵油炸药的原料一般仅有多孔粒状硝酸铵和柴油，极少采用掺加木粉等调节剂的做法。其加工工艺过程极为简单，一般是采用冷混工艺，通过机械搅拌方式将硝酸铵和柴油简单混合至均匀，存放一定时间待柴油充分浸入硝酸铵后即制成炸药。

多孔粒状铵油炸药的性能主要取决于硝酸铵和柴油的具体化学成分与性能、原料配比、含水率、硝酸铵粒度及装药密度等因素的影响。多孔铵油炸药的配比一般是铵油:柴油=(94～96):(4～6)。

多孔粒状铵油炸药不具有雷管感度，多用于露天大直径无水炮孔爆破。另外，含水率合格的多孔粒状硝酸铵吸油率较高，配制的炸药松散性好，便于现场直接配制和机械化装药。

与其他炸药相比，所有铵油炸药都具有的突出特点包括：原材料来源丰富，加工工艺简单，成本低，生产、运输、使用较安全，具有较好的爆炸性能。铵油炸药临界直径大，感度低，不宜在小直径炮孔中使用，但恰好可在露天大直径钻孔爆破中使用，即可保证爆破效果，又能显著降低炸药成本。但是，铵油炸药特别是多孔粒状铵油炸药，极易吸湿，进而使其起爆感度和传爆能力显著下降，故不能用于有水炮孔。

多孔粒状硝酸铵和多孔粒状铵油炸药产品的爆炸性能分别如表 3-12 和表 3-13 所示。

表 3-12 多孔粒状硝酸铵的性能指标

性能指标	数 值	备 注
堆积密度/g·cm^{-3}	0.8～0.85	粒度不大于 1～1.5mm 的占比为 65%～70%
吸油率/%	7～8	
粒度/mm	0.5～2.5	
水分/%	0.05～0.5	
添加剂/%	0.05（18 烷胺）	

表 3-13 部分多孔粒状铵油炸药产品的性能指标

项　目		性能指标	
		包装产品	混装产品
水分（<）/%		0.30	—
爆速（≥）/m·s^{-1}		2800	2800
猛度（≥）/mm		15	15
做功能力（≥）/mL		278	—
使用有效期/d		60	30
炸药有效期内	爆速（≥）/m·s^{-1}	2500	2500
	水分（<）/%	0.50	

多孔粒状铵油炸药在装药直径一定时，其起始爆速和不稳定爆轰区长度随起爆药包的大小而变化。如表 3-14 所示，在起爆药包大小一定时，多孔粒状铵油炸药的爆速会在一定范围内随装药直径的增大而提高。

表 3-14 爆速与装药直径的关系

直径/mm	爆速/m·s^{-1}	
	钢管	炮孔
10	2200	—
100	3600	—
150	—	3600
270	—	4500

3.6 含水炸药

含水炸药主要有浆状炸药、水胶炸药和乳化炸药，是工业炸药中品种较多的一类炸药。乳化炸药是 20 世纪 70 年代末由含水炸药发展而来，其内部结构是油包水型，而浆状、水胶炸药是水包油型结构。露天矿山使用的含水炸药的含水量一般在 10%~20% 之间。其突出特点是：抗水性强，密度高，易沉入有水炮孔孔底，可用于有水炮孔的爆破作业；体积威力大；摩擦、撞击、枪击感度和热感度大大低于铵梯炸药；可塑性好；使用安全，适合于现场混装机械化施工。除浆状炸药外，乳化炸药和水胶炸药都具有较好的爆轰感度，可以用 1 发 8 号雷管直接起爆。

在目前国内外露天钻孔爆破工程实践中，乳化炸药应用最为广泛，而浆状炸药和水胶炸药已基本上全部被乳化炸药取代。

3.6.1 浆状炸药

浆状炸药的组分及其作用分述如下：

（1）氧化剂水溶液。氧化剂主要是硝酸铵和硝酸钠。制药中，大部分硝酸铵与水组成硝酸铵水溶液，另一部分则以干粉加入，其作用是供氧。硝酸钠具有降低硝酸铵水溶液析晶点的作用。水使炸药各组分紧密接触，增加密度，提高炸药的可塑性。但水是钝感物质，加入后炸药感度下降，因此浆状炸药需加入敏化剂，并适当增大起爆能和药径。

(2) 敏化剂。常用敏化剂有：一是单质猛炸药，如TNT、硝化甘油等；二是金属粉，如铝粉或铝镁合金粉等。TNT和金属粉等物质也同时起到还原剂的作用。

(3) 还原剂。如柴油、煤粉或硫黄等可燃性物质。

(4) 胶凝剂与交联剂。胶凝剂在水中能溶解形成黏胶液，它可使炸药的各种成分胶凝在一起，形成一个均匀整体，使浆状炸药保持必需的理化性质和流变特性，具有良好的抗水性和爆炸性能。胶凝剂一般为槐豆胶、田青胶、皂角胶等。近年也用聚丙烯酰胺等人工合成胶凝剂。交联剂可以与胶凝剂发生化学反应，使其形成网状结构，以提高炸药抗水性能。

(5) 其他成分。除了上述主要成分外，浆状炸药中还常加入少量的稳定剂、表面活性剂和抗冻剂等，以改善炸药的某些性能指标。

几种国产浆状炸药的组分及性能见表3-15。

表3-15 部分浆状炸药组分与性能

组成与性能		4号浆状炸药	5号浆状炸药	6号浆状炸药	槐1号浆状炸药	槐2号浆状炸药	白云1号抗冻浆状炸药	田菁10号浆状炸药
成分/%	硝酸铵	60.2	70.2~71.5	73~75	67.9	54.0	45.0	57.5
	硝酸钠（钾）	—	—	—	10.0	10.0	10.0	10.0
	梯恩梯	17.5	5.0	—	—	10.0	17.3	10.0
	水	16.0	15.0	15.0	9.0	14.0	15.0	11.2
	柴油	—	4.0	4.0~5.5	3.5	2.5	—	2.0
	胶凝剂①	2.0（白）	2.4（白）	2.4（白）	0.6（槐）	0.5（槐）	0.7（白）	0.7（田）
	亚硝酸钠	—	1.0	1.0	0.5	0.5	—	—
	交联剂	1.3	1.4	1.4	2.0	2.0	2.0	1.0
	表面活性剂	—	1.0	1.0	2.5	2.5	1.0	3.0
	硫黄粉	—	—	—	4.0	4.0	—	2.0
	乙二醇	3.0	—	—	—	—	3.0	—
	尿素	—	—	—	—	—	3.0	3.0
性能	密度/$g \cdot mL^{-1}$	1.4~1.5	1.15~1.24	1.27	1.1~1.2	1.1~1.2	1.17~1.27	1.25~1.31
	爆速/$km \cdot s^{-1}$	4.4~5.6	4.5~5.6	5.1	3.2~3.5	3.9~4.6	5.6	4.5~5.0
	临界直径/mm	96	≤45	≤45	—	96	≤78	70~80

①胶凝剂为白岌粉、槐豆胶、田菁胶三者当中的一种。

3.6.2 水胶炸药

一般情况下，水胶炸药与浆状炸药没有严格的界限，与浆状炸药的主要区别在于水胶炸药用硝酸甲铵为主要敏化剂，而浆状炸药敏化剂主要用非水溶性的炸药成分，如金属粉和固体可燃物。水胶炸药用硝酸甲铵、氧化剂、辅助敏化剂等材料溶解，悬浮于有胶凝剂的水溶液中，再经化学交联制成凝胶状含水炸药。

水胶炸药的优点是：水胶炸药的爆轰敏感度比普通浆状炸药高；爆炸反应较完全，能量释放系数高，威力大；抗水性好；爆炸后有毒气体生成量少；机械感度和火焰感度低；储存稳定性好；成分间相容性好；规格品种多，特别是煤矿许用型可用于高瓦斯地区。但水胶炸药也有缺点；不耐压；不耐冻；易受外界条件影响而失水解体，影响炸药的性能；原材料成本较高，炸药价格较贵。

国家标准规定的水胶炸药主要性能指标见表3-16，我国几种水胶炸药的组分与性能列于表3-17。

表3-16 水胶炸药主要性能指标

项 目	指 标					
	岩石水胶炸药		煤矿许用水胶炸药			露天水胶炸药
	1号	2号	一级	二级	三级	
炸药密度/$g \cdot cm^{-3}$	1.05～1.30		0.95～1.25			1.15～1.35
殉爆距离/cm	≥4	≥3	≥3	≥2	≥2	≥3
爆速/$m \cdot s^{-1}$	$\geqslant 4.2 \times 10^3$	$\geqslant 3.2 \times 10^3$	$\geqslant 3.2 \times 10^3$	$\geqslant 3.2 \times 10^3$	$\geqslant 3.0 \times 10^3$	$\geqslant 3.2 \times 10^3$
猛度/mm	≥16	≥12	≥10	≥10	≥10	≥12
做功能力/mm	≥360	≥260	≥220	≥220	≥180	≥240
炸药爆炸后有毒气体含量/$L \cdot kg^{-1}$	≤80					—
可燃气安全度	—		合格			—
撞击感度	爆炸概率≤8%					
摩擦感度	爆炸概率≤8%					
热感度	不燃烧不爆炸					
使用保质期/d	270		180			18

注：1. 不具雷管感度的炸药可不测殉爆距离、猛度、做功能力；
2. 以上指标均采用ϕ32mm或ϕ35mm的药卷进行测试。

表3-17 我国几种水胶炸药的性能

炸 药 名 称		SHJ-K	1号	3号	W-20型
组分/%	硝酸盐	53～58	55～75	48～63	71～75
	水	11～12	8～12	8～12	5.0～6.5
	硝酸甲胺	25～30	30～40	25～30	12.9～13.5
	柴油或铝粉	3～4（铝）	—	—	2.5～3.0（柴）
	胶凝剂	2	—	0.8～1.2	0.6～0.7
	交联剂	2	—	0.05～0.1	0.03～0.09
	密度调节剂	—	0.4～0.8	0.1～0.2	0.3～0.9
	氯酸钾	—	—	—	3～4
	延时剂	—	—	0.02～0.06	—
	稳定剂	—	—	0.1～0.4	—

续表 3-17

炸药名称		SHJ-K	1号	3号	W-20型
性能指标	密度/g·cm^{-3}	1.05~1.30	1.05~1.30	1.05~1.30	1.05~1.30
	爆速/m·s^{-1}	3500~4000	3500~4600	3600~4400	—
	殉爆距离/cm	≥8	≥7	12~25	6~9
	爆力/mL	350	—	320	350
	猛度/mm	>15	14~15	12~20	16~18
	爆热/kJ·kg^{-1}	4205	4708	—	5006
	临界直径/mm	—	12	—	12~16

3.6.3 乳化炸药

3.6.3.1 乳化炸药的组分

乳化炸药由三种物相（液、固、气）的四种基本成分组成，即氧化剂水溶液、燃料油、乳化剂和敏化剂。

（1）氧化剂：通常用硝酸铵、硝酸钠，含量可达55%~85%。为提高炸药能量，可添加少量氯酸盐或过氯酸盐作辅助氧化剂。

（2）溶剂：水用作溶解硝酸盐的溶剂，含量5%~8%。

（3）可燃剂：柴油、石蜡、硫黄、铅粉或其他类似油类物质，含量1%~8%。

（4）乳化剂：多为脂肪类化合物，是一种表面活性剂，用来降低水、油表面张力，形成油包水乳化物。国内用司本-80作乳化剂，含量为0.5%~6%。

（5）敏化剂：即爆炸成分，金属镁、铝粉、发泡剂或空心微珠均可，如亚硝酸钠等起泡剂、空心玻璃微珠、空心塑料微珠或膨胀珍珠岩粉。

3.6.3.2 乳化炸药的特点与基本性能

乳化炸药与其他炸药比较，具有密度可调范围宽、爆速高、起爆敏感度高、猛度较高、抗水性强等优点。表3-18为国家标准规定的乳化炸药主要性能指标，表3-19列出了几种国产乳化炸药组分与性能。

表3-18 国标规定的乳化炸药主要性能指标

项目	指标							
	露天乳化炸药			岩石乳化炸药		煤矿许用乳化炸药		
	现场混装无雷管感度	无雷管感度	有雷管感度	1号	2号	一级	二级	三级
药卷密度/g·cm^{-3}	—	—	0.95~1.25	0.95~1.30		0.95~1.25		
炸药密度/g·cm^{-3}	0.95~1.25	1.00~1.35	1.00~1.25	1.00~1.30		1.00~1.25		
爆速/m·s^{-1}	≥4200	≥3500	≥3200	≥4500	≥3500	≥3200		
猛度/mm	—	—	≥10.0	≥16.0	≥12.0	≥10	≥10	≥8
殉爆距离/cm	—	—	≥4	≥4	≥3	≥2	≥2	≥2
做功能力/mL	—	—	≥240	≥300	≥260	≥220	≥220	≥210

续表 3-18

项　目	指　标							
	露天乳化炸药			岩石乳化炸药		煤矿许用乳化炸药		
	现场混装无雷管感度	无雷管感度	有雷管感度	1 号	2 号	一级	二级	三级
摩擦感度	—	爆炸概率≤8%						
撞击感度	—	爆炸概率≤8%						
热感应	—	不燃烧不保证						
爆炸后有毒气体含量/L·kg^{-1}	—			≤60				
抗爆燃性	—			—		合格		
可燃气安全度	—			—		合格		
使用保质期/d	15	30	120	180		120		

表 3-19　我国几种乳化炸药的组分与性能

组分与性能		系列或型号							
		EL 系列	CL 系列	SB 系列	BM 系列	RJ 系列	WR 系列	岩石型	煤矿许用型
组分/%	硝酸钠（铵）	65 ~ 75	63 ~ 80	67 ~ 80	51 ~ 36	58 ~ 85	78 ~ 80	65 ~ 86	65 ~ 80
	硝酸甲胺					8 ~ 10			
	水	8 ~ 12	5 ~ 11	8 ~ 13	9 ~ 6	8 ~ 15	10 ~ 13	8 ~ 13	8 ~ 13
	乳化剂	1 ~ 2	1 ~ 2	1 ~ 2	1.5 ~ 1.0	1 ~ 3	0.8 ~ 2	0.8 ~ 1.2	0.8 ~ 1.2
	油相材料	3 ~ 5	3 ~ 5	3.5 ~ 6	3.5 ~ 2.0	2 ~ 5	3 ~ 5	4 ~ 6	3 ~ 5
	铝粉	2 ~ 4	2		2 ~ 1				1 ~ 5
	添加剂	2.1 ~ 2.2	10 ~ 15	6 ~ 9	1.5 ~ 1.0	0.5 ~ 2	5 ~ 6.5	1 ~ 3	5 ~ 10
	密度调整剂	0.3 ~ 0.5		1.5 ~ 3		0.2 ~ 1		65 ~ 86	消焰剂
	铵油	65 ~ 75			15 ~ 40				
性能	爆速/km·s^{-1}	4 ~ 5.0	4.5 ~ 5.5	4 ~ 4.5	3.1 ~ 3.5	4.5 ~ 5.4	4.7 ~ 5.8	3.9	3.9
	猛度/mm	16 ~ 19		15 ~ 18	塑料管	16 ~ 18	18 ~ 20	12 ~ 17	12 ~ 17
	殉爆距离/cm	8 ~ 12		7 ~ 12		>8	5 ~ 10	6 ~ 8	6 ~ 8
	临界直径/mm	12 ~ 16	40	12 ~ 16	40	13	12 ~ 18	20 ~ 25	20 ~ 25
	抗水性	极好	极好	极好		极好	极好	极好	极好
	储存期/月	6	>8	>6	2 ~ 3	3	3	3 ~ 4	3 ~ 4

3.6.4　重铵油炸药

重铵油炸药是在铵油炸药和乳化炸药的基础上发展而来的，这种炸药由多孔粒状硝酸铵（或多孔粒状铵油炸药）与乳化炸药的乳胶基质按一定比例均匀混合而成。与铵油炸药相比，其密度随乳胶基质所占比例的增加而增加，单位体积炸药的爆炸威力也相应增加。与铵油炸药相对照，由于乳胶基质的抗水作用，重铵油炸药的抗水性也随乳胶基质所占比例的增加而增加。

表3-20给出了不同组分配比重铵油炸药的性能参数。

表3-20　重铵油炸药的组分与性能参数

项　目		指　标　参　数										
组分（质量分数）/%	乳胶基质	0	10	20	30	40	50	60	70	80	90	100
	ANFO	100	90	80	70	60	50	40	30	20	10	0
密度/$g \cdot cm^{-3}$		0.85	1.0	1.10	1.22	1.31	1.42	1.37	1.35	1.32	1.31	1.30
爆速（药包直径127mm）/$m \cdot s^{-1}$		3800	3800	3800	3900	4200	4500	4700	5000	5200	5500	5600
摩尔气体质量/g		438	433	428	423	414	414	409	404	399	394	390
相对质量威力		100	99	98	96	95	93	91	89	86	85	83
相对体积威力		100	116	127	138	146	155	147	171	133	131	127
抗水性		无	同一天内可起爆			在无约束包装下，可保持3天起爆				无包装保持3天		
临界直径/mm		100	100	100	100	100	100	100	100	100	100	100

3.7　新型炸药

随着爆破技术的发展，国内外在各种新型炸药的研制和使用方面也取得了很大的进展，比如无梯或少梯炸药、低密度炸药、高冲能炸药等的研制和应用，进一步改善了工业炸药的性能，降低了工业炸药的制造成本，丰富了工业炸药的种类。

3.7.1　膨化硝铵炸药

膨化硝铵炸药是指用膨化硝酸铵作为炸药氧化剂的一系列粉状硝铵炸药，属于无梯炸药，彻底消除了梯恩梯对人体的毒害和对环境的污染。其关键技术是硝酸铵的膨化敏化改性。膨化的实质是表面活性技术和结晶技术的综合作用过程，是硝酸铵饱和溶液在专用表面活性剂作用下，经真空强制析晶的物理化学过程。膨化硝酸铵颗粒中含有大量的“微气泡”，颗粒表面被“歧性化”“粗糙化”，当其受到外界强力激发作用时，这些不均匀的局部就可能形成高温高压的“热点”进而发展成为爆炸。岩石膨化硝铵炸药是由膨化硝酸铵、燃料油、木粉混合而成，可爆性能优良、爆轰速度快，综合性能优于2号岩石铵梯炸药；产品吸湿性低，不易结块，贮存性能和物理稳定性高；安全性能好，使用可靠。膨化硝铵炸药的组分、性能指标分别如表3-21和表3-22所示。

表3-21　膨化硝铵炸药的组分

炸 药 名 称	组分含量（质量分数）/%			
	硝酸铵	油相	木粉	食盐
岩石膨化硝铵炸药	90.0~94.0	3.0~5.0	3.0~5.0	—
露天膨化硝铵炸药	89.5~92.5	1.5~2.5	6.0~8.0	—
一级煤矿许用膨化硝铵炸药	81.0~85.0	2.5~3.5	4.5~5.5	8~10
一级抗水煤矿许用膨化硝铵炸药	81.0~85.0	2.5~3.5	4.5~5.5	8~10
二级煤矿许用膨化硝铵炸药	80.0~84.0	3.0~4.0	3.0~4.0	10~12
二级抗水煤矿许用膨化硝铵炸药	80.0~84.0	3.0~4.0	3.0~4.0	10~12

表 3-22 膨化硝铵炸药的性能指标

炸药名称	性能指标												
	水分/%	殉爆距离/cm		猛度/mm	药卷密度/g·cm^{-3}	爆速/m·s^{-1}	做功能力/mL	保质期/d	保质期内		有毒气体含量/L·kg^{-1}	可燃气安全度	抗爆燃性
		浸水前	浸水后						殉爆距离/cm	水分/%			
岩石膨化硝铵炸药	≤0.30	≥4	—	≥12.0	0.80~1.00	≥3.2×10^3	≥298	180	≥3	≤0.5	≤80	—	—
露天膨化硝铵炸药	≤0.30	—	—	≥10.0	0.80~1.00	≥2.4×10^3	≥228	120	—	≤0.5	—	—	—
一级煤矿许用膨化硝铵炸药	≤0.30	≥4	—	≥10.0	0.85~1.05	≥2.8×10^3	≥228	120	≥3	≤0.5	≤80	合格	合格
一级抗水煤矿许用膨化硝铵炸药	≤0.30	≥4	≥2	≥10.0	0.85~1.05	≥2.8×10^3	≥228	120	≥3	≤0.5	≤80	合格	合格
二级煤矿许用膨化硝铵炸药	≤0.30	≥3	—	≥10.0	0.85~1.05	≥2.8×10^3	≥218	120	≥2	≤0.5	≤80	合格	合格
二级抗水煤矿许用膨化硝铵炸药	≤0.30	≥3	≥2	≥10.0	0.85~1.05	≥2.6×10^3	≥218	120	≥2	≤0.5	≤80	合格	合格

3.7.2 粉状乳化炸药

粉状乳化炸药又称乳化粉状炸药，是近几年发展起来的一种炸药新品种，是一种具有高分散乳化结构的固态炸药，属于乳化炸药的衍生品种，是当前爆破行业发展较为迅速的炸药新品种，其科技含量高，发展迅速。粉状乳化炸药爆炸性能优良，组分原料不含猛炸药，具有较好的抗水性，贮存性能稳定，现场使用装药方便。它以含水较低的氧化剂溶液细微液滴为分散相，特定的碳质燃料与乳化剂组成的油相溶液为连续相，在一定的工艺条件下通过强力剪切形成油包水型乳胶体，通过雾化制粉或旋转闪蒸使胶体雾化脱水，冷却固化后形成具有一定粒度分布的新型粉状硝铵炸药。

粉状乳化炸药已突破了传统的含水炸药的概念，其最终产品的水含量已由普通乳化炸药的10%~20%下降到3%~5%，外观形态不再是乳胶体，而是粉末状。由于粉状乳化炸药保持了乳化炸药体系中氧化剂与燃烧剂接触紧密充分的特点，且呈粉末状态，故它无需专门引入敏化气泡就可具有雷管感度和较好的爆炸性能。粉状乳化炸药的做功能力大于乳化炸药。这种炸药的颗粒具有油包水（W/O）型微观结构，因而它具有一定的抗水性能。粉状乳化炸药兼具乳化炸药及粉状炸药的优点。一般粉状乳化炸药的主要性能指标，见表3-23。

表 3-23 岩石粉状乳化炸药的组分和性能

组分/%	硝酸铵	复合油相	水分
	91.0±2.0	6.0±1.0	0~5.0
爆炸性能	药卷密度/g·cm^{-3}	0.85~1.05	
	爆速/m·s^{-1}	≥3400	
	猛度/mm	≥13	
	殉爆距离/cm	浸水前	≥5
		浸水后	≥4
	爆力/mL	≥320	
	撞击感度/%	≤8	
	摩擦感度/%	≤8	
	有毒气体量/L·kg^{-1}	≤100	
	炸药有效期/天	180	

3.8 炸药的选用

在爆破工程实践中，根据矿岩条件与工程要求，合理选择炸药品种，对爆破效果、工程安全及爆破工程的成本与难度等，都具有重要意义。从概念上讲，炸药选择是爆破设计的一部分。基于现场条件，在保证爆破效果的前提下尽可能地降低爆破工程成本，是炸药选择的基本出发点。

目前，国内可供选用的炸药品种很多，各种炸药在性能、价格、使用条件等方面都有所不同。作为对比，表 3-24 列出了若干种类工业炸药的基本性能指标。

表 3-24 部分炸药性能指标的对比

炸药名称		铵梯炸药	铵油炸药	水胶炸药	乳化炸药
成分种类	氧化剂	硝酸铵	硝酸铵	硝酸铵、硝酸钠	硝酸铵、硝酸钠
	可燃剂	梯恩梯、木粉	蜡、柴油、煤油	硝酸甲胺、铝粉等	柴油、石蜡等
	敏化剂	梯恩梯	—	硝酸甲胺、铝粉等	发泡剂、珍珠岩等
含水率/%		≤1.0	≤0.8	8~20	8~20
密度/g·cm^{-3}		0.85~1.10	0.8~1.0	0.95~1.30	1.00~1.35
爆力/mL		218~338	—	180~320	210~320
猛度/mm		5~14	10.1~29.5①	10~16	8~16
爆速/m·s^{-1}		2100~3500	3269~3570②	3000~4200	2800~4500
抗水性能		差	极差	极好	极好
使用保质期/d		120~240	15	180~270	15~180

①用 50g 2 号岩石炸药作为传爆药柱，炸药装在 ϕ40mm 钢管中测得的铅柱压缩值。

②用导爆索法在 ϕ40mm 钢管中测得的爆速。

炸药选用应遵循的原则主要包括：

（1）起爆感度。所选炸药在给定爆破条件下，炸药的起爆感度能够和爆破工程现场可采用的起爆方法与器材相匹配，应能保证炸药可靠起爆，爆轰完全，炸药能量能够得到充分释放。

对于有雷管感度的炸药，只需使用雷管即可起爆，起爆操作简单，成本低，但往往起爆感度高的炸药其使用安全性也低。比如，与多孔粒状铵油炸药相比，2号岩石炸药在某种程度上更容易在意外撞击或火花作用下发生爆炸。而对于多孔粒状铵油炸药这类不具有雷管感度的炸药，虽然在外界作用下意外发生爆炸的可能性小，但在爆破工程实践中需使用起爆药柱加强起爆，操作较复杂，成本也相应增加。

（2）临界直径。炸药的临界直径是选择炸药种类时必须考虑的一个重要参数。在露天爆破实践中，装药直径小于临界直径，炸药的起爆难度会相应增大，传爆稳定性下降甚至发生拒爆，炸药能量得不到充分释放，难以获得预期的爆破效果，且容易发生爆破质量事故甚至安全事故。因此，选用炸药的临界直径必须小于（至少等于）装药直径。

由于铵油炸药的成本低廉，使用安全，目前多孔粒状铵油炸药在露天矿山的使用极为普遍。但是，铵油炸药的临界直径较大（100mm或更大），故只适用于大直径炮孔爆破。当炮孔直径较小时，则需要改用临界直径较小的乳化炸药等其他种类炸药产品，尽管炸药的成本会有一定的增加。

（3）密度。炸药的密度主要指装药密度。在爆破工程实践中，装药密度有两种含义：一是单位体积内炸药的质量，单位 g/cm^3；二是单位装药长度内的装药量，单位 kg/m。

在实际的爆破工程中，装药密度更具有实际意义。装药密度大，同一炮孔可装填的药量相应增大，可以爆落更多的矿岩，因此就应考虑加大炮孔间距。相反，若炮孔装药密度小，孔网参数则应随之减小，以保证爆破质量。

此外，在有水炮孔中，高密度更容易沉入孔底。相反地，炸药密度过小，则不容易保证装药的连续性，易于因装药不连续而发生拒爆现象。但需注意，特别是对于混合型炸药，密度过大往往会显著降低炸药的起爆感度和传爆稳定性。

（4）炸药与岩石的波阻抗匹配。研究表明，炸药与岩石的波阻抗的接近程度对炸药爆炸能量传递给岩石的效率有直接影响。炸药的波阻抗愈接近于岩石的波阻抗，则爆炸能量的传输效率越高。一般对于难爆的坚韧密实岩石，宜选用高密度、高爆速的高威力炸药，而对于易爆岩矿，则选用低密度、低爆速但爆容较大的炸药，以便保持较长的气体作用时间，减少过粉碎，提高爆破效果。

（5）爆炸威力。炸药的爆炸威力足够大，能够使矿岩得到充分破碎与抛掷，利于后续铲运工序的作业。对难爆矿岩，宜选用密度大、爆速高、体积威力大的炸药，而对于节理裂隙发育、风化严重的矿岩，则宜考虑选用铵油一类密度较小、爆速较低的低威力炸药。一般情况下，低威力炸药的价格也相对较低，利于降低爆破工程的成本。

（6）抗水性能。在露天爆破工程现场，由于大气降水和地下水的原因，炮孔有水的情况极为常见。在这种情况下，炮孔装药必须具有足够的抗水性能，除非采取切实有效的防水措施，方可使用铵油一类不具有抗水性的炸药。如若不然，极难避免拒爆现象的发生。

（7）使用安全性。所选炸药应满足使用安全要求，机械感度足够低，利于炸药运输、装卸、储存过程中的安全，以避免发生意外爆炸事故。有毒气体生成量不超出国家安全规程允许的范围。在含沼气、煤尘或其他爆炸性粉尘的场合，选用的炸药还需满足国家安全规程所规定的其他安全要求。

（8）有效储存期。除采用现场炸药混装工艺的情况外，实际炸药产品的有效储存期是爆破工程实践中决定炸药选择的另一重要因素。这是因为：在实际将炸药用于爆破之前，炸药储存时间的长短会对炸药的有效性具有重要影响。对于储存时间较长或储存条件不佳的炸药产品，使用前首先应仔细观察其外观状态，确定其是否已经变质。对不能确定炸药是否已变质的情况，应对炸药进行抽检，进行必要的爆炸性能测试，方可决定是否可以使用。

（9）成本。爆破是服务于企业经济目标的一种工程手段，其成本则是影响企业生产经济效益的一个重要因素。因此，应在保证爆破工程质量的前提下，尽可能选择使用价格低廉的炸药品种（如铵油炸药），在保证爆破破碎与抛掷效果的前提下，尽量降低单位质量（体积）矿岩的炸药成本。

习　题

3-1　常用工业炸药的主要成分主要有哪些，各起什么作用？

3-2　从物质构成和使用安全角度考虑，工业炸药一般具有什么特点？

3-3　对炸药分类的方法一般有哪些？

3-4　硝铵类炸药一般含有哪几种成分，各在炸药中起什么作用？

3-5　乳化炸药的自身特点和使用特点各是什么？

3-6　各种乳化炸药微观结构的特点是什么？

3-7　在爆破工程实践中选择炸药产品种类的基本原则有哪些？

4 起爆器材及起爆方法

本章要点

炸药在起爆器材作用下发生爆炸，起爆器材决定了炸药起爆的方法。只有基本全面和牢固地掌握了有关起爆器材和起爆方法的知识，才有可能正确从事爆破技术工作和现场爆破作业。本章内容的要点如下：

(1) 雷管的基本构成与作用原理；

(2) 电雷管及电雷管起爆法；

(3) 塑料导爆管雷管与非电起爆法；

(4) 导爆索及其使用方法；

(5) 数码电子雷管等新型起爆器材。

所谓起爆器材，其作用是对炸药施加某种形式的能量，促使炸药产生爆炸反应。在爆破工程中，通常是借助雷管等起爆器材给炸药局部施加一定大小的能量而使炸药起爆。这种通过借助起爆器材使炸药爆炸的方法，即称为起爆方法。这也就是说，起爆方法取决于使用的起爆器材。使用的起爆器材不同，即意味着起爆方法不同。

起爆器材的演变与发展是一个历史的过程。例如，20 世纪 50 年代，爆破工程中大都采用火雷管起爆法和导爆索起爆法；到了 60 年代，随着露天深孔爆破、光面爆破、延时起爆（2011 年之前称为微差爆破）和预裂爆破等技术的发展，使用电雷管的电力起爆法相继出现并得到了广泛应用；在 70 年代末、80 年代初，非电塑料导爆管起爆系统逐渐在国内外矿山企业得到了应用。由于非电导爆管系统性能可靠、使用方便、成本较低，目前已广泛应用于国内外大小矿山，并占据了主导地位。随着近年来电子技术的迅速发展，电子雷管技术应运而生，为实现更精确的毫秒延时顺序起爆，提供了更为理想的器材条件。

雷管是爆破工程中的一种关键起爆器材。根据其内部装药结构的不同，分为有起爆药雷管和无起爆药雷管两大系列。其中，有起爆药雷管根据点火方式的不同，分为火雷管、电雷管和非电雷管等品种；而在电雷管和非电雷管中，又分别有相应的秒延期、毫秒延期系列产品。目前，毫秒延期雷管已向高精度短间隔系列产品发展。电子雷管是目前雷管技术发展的一个重要方向，且已在露天矿山爆破工程中得到了成功的试验应用。

除雷管外，其他起爆器材还有导火索、导爆索、导爆管等索状起爆材料，以及继爆管、起爆药柱等。

4.1 火 雷 管

在工业雷管中，火雷管是最早出现和最简单的雷管品种。火雷管起爆法是指将导火索与火雷管连接，利用导火索燃烧喷发的火焰引爆火雷管，再由火雷管的爆炸激发炸药爆炸的起爆方法。但是随着爆破技术和爆破器材制造技术的进步，为最大限度地保证爆破施工安全，目前已禁止在任何爆破工程实践中使用火雷管起爆。然而，后来出现的其他类型雷管产品都是在火雷管的基础上发展而来的。因此，作为从事爆破技术研究或爆破工程技术人员，仍需要充分了解和掌握有关火雷管及火雷管起爆法的相关知识。

火雷管由管壳、起爆药和加强药、加强帽四部分组成，其结构如图4-1所示。火雷管的结构也是其他各种雷管的基本组成部分。常见的火雷管为6号和8号两种规格，装药的爆炸力有10个等级。火雷管管壳材料分为钢、铝、铜、纸几种，管壳内径都为6.2mm。

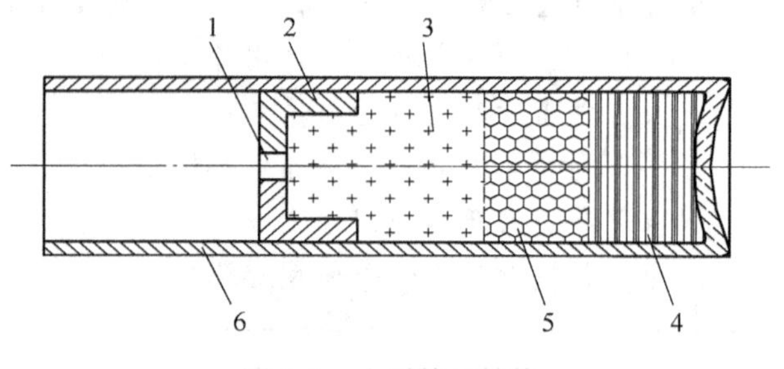

图4-1 火雷管的结构

1—传火孔；2—加强帽；3—起爆药；4—加强药2；5—加强药1；6—管壳

雷管中的起爆药也称正起爆药，常用的有二硝基重氮酚、叠氮化铅或其他具有火焰感度但威力较小的药剂。加强药也称副起爆药，多为黑索金或太安等猛炸药，其敏感度低、威力大。加强药被起爆药引爆后，释放出更大的能量，从而激发雷管周围炸药的爆炸。

6号和8号两种雷管的装药量不同，管壳长度也不同。6号雷管净装药量不低于0.4g，管壳长度为36mm；8号雷管净装药量不低于0.6g，管壳长度为49mm。

加强帽用铜、铁等金属材料冲压而成，其主要作用是约束起爆药的爆轰产物，提高起爆药的起爆能力。位于加强帽中心的传火孔为导火索燃烧喷出的火焰点燃起爆药提供通道。

工程上最为常用的是8号纸壳火雷管。雷管的上端开口，用来插入导火索。底端为聚能穴，用以提高雷管的起爆力。

根据火雷管的技术标准（参见标准WJ/T1042—78），管壳的规格见表4-1，装药量标准见表4-2，装药后加强帽至管口的距离，金属壳不小于10mm，纸、塑料壳不小于15mm。按标准WJ/T 1044—78对火雷管的爆炸威力进行铅板钻孔试验，对应于8号雷管的铅板厚5mm。合格的雷管爆炸后，铅板上的钻孔直径不小于雷管外径。可按标准WJ/T 231—77进行振动试验，以检测雷管的机械振动安全性，雷管落高（150±2）mm，重复频率（60±1）次/min时，雷管须不发生爆炸现象，不出现漏药、洒药和加强帽松动的现象。雷管的储存有效期不短于2年。

表 4-1 火雷管的管壳规格

品 种		内径/mm	长度/mm
6 号	金属壳	6.18 ~ 6.22	36 ±0.5
8 号	金属壳	6.18 ~ 6.22	40 ±0.5
	纸壳	6.18 ~ 6.30	45 ±0.5
	塑料壳	6.18 ~ 6.30	45 ±0.5

表 4-2 火雷管的装药量规格

品种	起 爆 药			猛 炸 药		
	二硝基重氮酚	雷汞	斯蒂芬酸/氮化铅	黑索金	特屈儿	黑索金/梯恩梯
6 号	0.3 ±0.02	0.4 ±0.02	0.1 ±0.02 0.21 ±0.02	0.42 ±0.02	0.42 ±0.02	0.5 ±0.02
8 号	(0.3 ~ 0.36) ±0.02	0.4 ±0.02	0.1 ±0.02 0.21 ±0.02	(0.7 ~ 0.72) ±0.02	(0.7 ~ 0.72) ±0.02	(0.7 ~ 0.72) ±0.02

由于火雷管是通过导火索燃烧后喷出的火焰引爆的，所以严格禁止在有瓦斯和矿尘爆炸危险的场合使用火雷管。另外，如本节开头已经说明的，除极特殊的情况外，目前已禁止在任何爆破工程实践中使用火雷管起爆。

4.2 电 雷 管

4.2.1 电雷管的一般特征

电雷管利用电能引爆。电雷管起爆法则是由电雷管的爆炸激发相邻炸药爆炸的起爆方法。

与火雷管相比，电雷管是在火雷管的基础上增加了一个电引火装置，即电雷管在构造上仅比火雷管多了一个电点火装置（图 4-2、图 4-3）。电点火装置由脚线、引火头和塑料塞构成。脚线为塑料绝缘外皮的铜线或铁线，铜线直径 0.45mm，每米电阻为 0.1 ~ 0.12Ω，铁线直径为 0.5mm。每米电阻 0.55 ~ 0.60Ω，引火头的电桥丝为镍铬丝（直径为 0.035 ~ 0.04mm）或康铜丝（铜镍合金，直径 0.045 ~ 0.05mm）两种，桥距 2.8 ~ 3.5mm。引火药头有硫氰酸铅-硫酸钾或木炭-氯酸钾（或外加 15% 二硝基重氮酚）两种，前者多用硝棉胶作黏结剂，后者多用骨胶或桃胶作黏结剂。

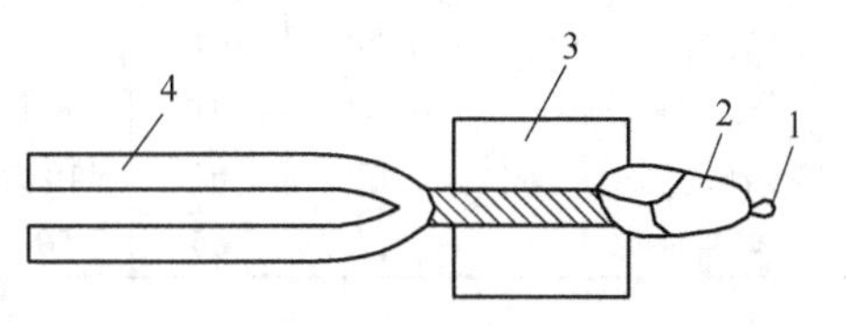

图 4-2 电引火
1—药头（引火药）；2—桥丝；
3—塑料柱；4—脚线

根据国产电雷管技术标准 WJ1043-78，2m 铁脚线雷管的全电阻：康铜桥丝者不大于 4Ω，镍铬桥丝者不大于 6.3Ω，封口牢固性应承受 20N 荷重 1min，塑料塞无肉眼可见的移动，通以 0.7A 直流电流必须发火，通以 0.05A 直流电流 5min 不准许出现发火，串联性能：20发雷管串联，康铜桥丝雷管通以2A直流电流，镍铬桥丝雷管通以1.5A直流电流，应全部发火。在符合标准WJ/T 231—77振动机上进行振动试验（频率（60±1）次/min、落高（150±2）mm），振动5min不爆炸，不出现断桥、电阻不稳定、短路、结构损坏，铅板钻孔与火雷管的指标要求一致，储存有效期不小于2年。

国产康铜桥丝电雷管（桥丝直径0.05mm，硫氰酸铅-氯酸钾引火药）的电发火参数见表4-3。两种桥丝电发火参数的比较见表4-4。

4.2.2 毫秒延期电雷管

毫秒延期电雷管简称毫秒电雷管，延期时间以毫秒计。

4.2.2.1 毫秒延期电雷管的结构

与图4-3所示的瞬发电雷管相比，毫秒延期电雷管只是增加了一个延期元件。毫秒延期电雷管的结构如图4-4所示。

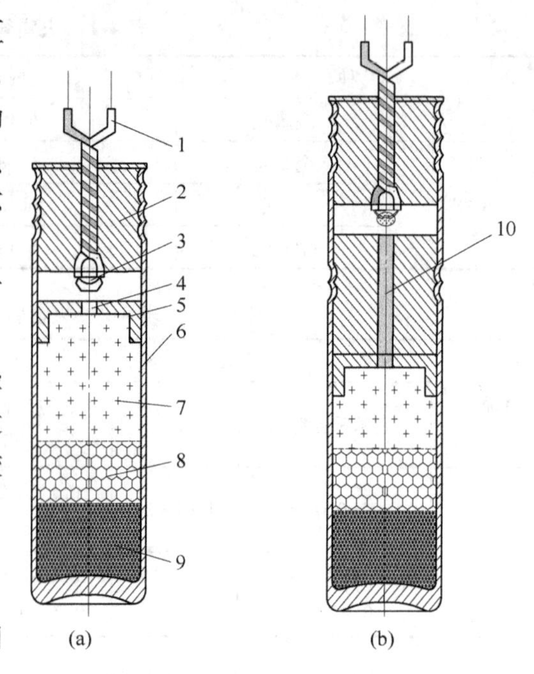

图4-3 电雷管结构图

（a）瞬发电雷管；（b）延期电雷管

1—脚浅；2—卡口塞；3—点火药头；4—传火孔；5—加强帽；6—管壳；7—起爆药；8—加强药1；9—加强药2；10—延期体

表4-3 康铜桥丝电雷管的电发火参数

电发火特性	电流/A									
	1.0		1.5		2.5		3.5		4.0	
	最大	最小	最大	最小	最大	最小	最大	最小	最大	最小
发火冲能（A^2·ms）	50	41	43	29.3	19.4	18.1			14.4	13.6
发火时间/ms	50	41	18.1	13	3.1	2.9	85.76	61.25	0.9	0.85
熔断冲能（A^2·ms）	175	65	110.2	85.5	74.8	62.5			64	24
熔断时间/ms	175	65	50	38	12	10			4	1.5

表4-4 不同桥丝电雷管的一些参数比较

桥丝材料	桥丝直径/mm	桥丝电阻/Ω	最大安全电流/A	最小准爆电流/A	额定发火冲能/A^2·ms
康铜	0.047	1.2~1.33	0.30	0.425	14.9
镍铬合金	0.042	2.5、3.3	0.125	0.20	3.4

延期元件是毫秒电雷管的重要组成部分，在很大程度上决定延期时间和延期精度。一般有大直径装药（图4-4a、b、c）及小直径装药（图4-4d、e、f）两种类型。

4.2.2.2 延期电雷管产品的延期时间

从雷管脚线通入足够大电流到雷管爆炸之间的时间称为延期电雷管的延期时间，它实际上包括了引火头的点燃时间和传导时间（包含引火头火焰的传递时间、延期药的燃烧时

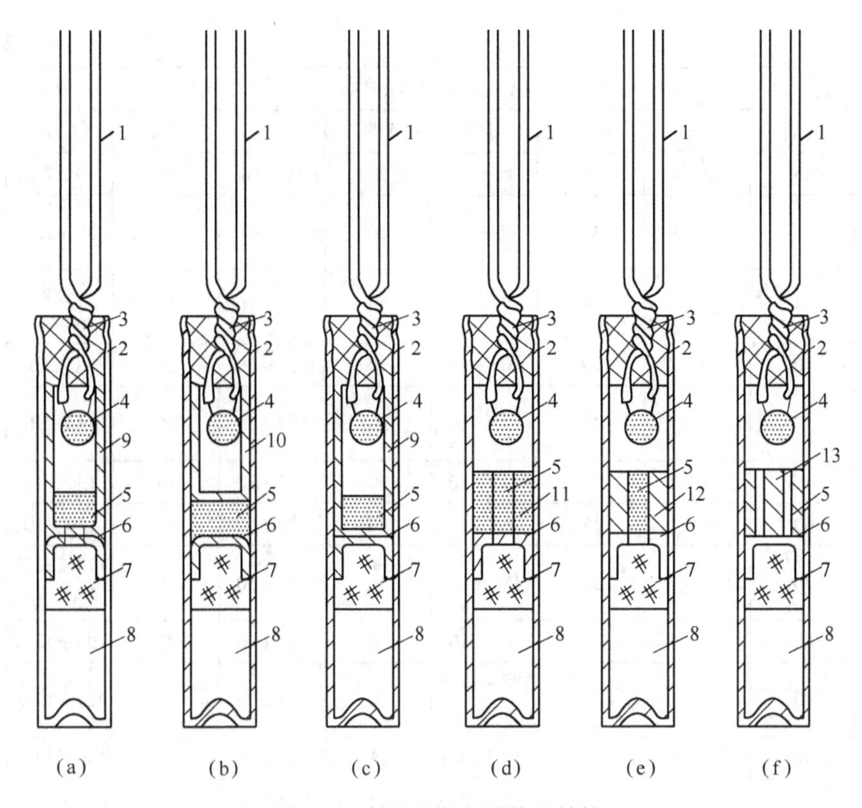

图 4-4 毫秒延期电雷管的结构

(a) 金属管壳大内管装配式；(b) 金属管壳直填式；(c) 纸管壳大内管装配式；
(d) 厚壁延期管装配式；(e) 单芯铅延期索装配式；(f) 多芯铅延期索装配式
1—脚线；2—雷管壳；3—塑料塞；4—引火头；5—延期药；6—加强帽；7—起爆药；8—猛炸药；
9—大内管；10—长内管；11—厚壁延期管；12—单芯铅延期索；13—多芯铅延期索

间和雷管装药的反应时间)。一般地讲，延期电雷管产品标称的延期时间主要取决于延期药的燃速和延期元件的长度。

按延期时间的长短，毫秒延期电雷管产品分为不同的段别，即不同段别毫秒延期电雷管的延期时间各不相同，这为实践中雷管延期时间的选择提供了便利，能够更好地满足爆破工程的要求。国产毫秒电雷管产品的段别标志见表 4-5，延期时间系列见表 4-6。

表 4-5 国产毫秒电雷管的段别标志

段号	1	2	3	4	5	6	7	8	9	10
脚线颜色	灰红	灰黄	灰蓝	灰白	绿红	绿黄	绿白	黑红	黑黄	黑白

表 4-6 我国毫秒电雷管延期时间 ms

段别	第一系列		第二系列		第四系列 LYG30D900		G-1 系列		MG803-A 系列	
	延时	间隔	延时	间隔	延时	间隔	延时	间隔	延时	间隔
1	<13		<5		5 +10 5-5		<13		<10	15
2	25 ±10	12	25 ±5	25	25 ±10	20	25 ±10	25	25 ±7.5	15

续表 4-6

段别	第一系列		第二系列		第四系列 LYG30D900		G-1 系列		MG803-A 系列	
	延时	间隔	延时	间隔	延时	间隔	延时	间隔	延时	间隔
3	50 ± 10	25	50 ± 5	25	45 ± 10	20	50 ± 10	25	40 ± 7. 5	15
4	75 + 15 75-10	25	75 ± 5	25	65 ± 10	20	75 ± 10	25	55 ± 7. 5	15
5	110 ± 15	35	100 ± 5	25	85 ± 10	20	100 ± 10	25	70 + 10 70 − 7. 5	15
6	150 ± 15	40	125 ± 7	25	105 ± 10	20	125 ± 10	25	90 ± 10	20
7	200 + 20 200 − 25	50	150 ± 7	25	125 ± 10	20	150 ± 10	25	110 ± 10	20
8	250 ± 25	50	175 ± 7	25	145 ± 10	20	175 ± 10	25	130 ± 10	20
9	310 ± 30	60	200 ± 7	25	165 ± 10	20	200 ± 10	25	150 ± 10	20
10	380 ± 35	70	225 ± 7	25	185 ± 10	20	225 ± 10	25	170 + 12. 5 170 − 10	20
11	460 ± 40	80			205 ± 10	20	250 ± 10	25	195 ± 12. 5	25
12	550 ± 45	90			225 + 12. 5 225 − 10	20	275 ± 10	25	220 ± 12. 5	25
13	650 ± 50	100			250 ± 12. 5	25	300 ± 10	25	245 ± 12. 5	25
14	760 ± 55	110			275 ± 12. 5	25	325 ± 10	25	270 ± 12. 5	25
15	880 ± 60	120			300 + 12 300 − 12. 5	25	350 + 20 350 − 10	25	295 + 17. 5 295 − 12. 5	25
16	1020 ± 70	140			330 ± 15	30	400 ± 20	50	330 ± 17. 5	35
17	1200 ± 90	180			360 + 17. 5 360 − 15	30	450 ± 20	50	365 ± 17. 5	35
18	1400 ± 100	200			395 ± 17. 5	35	500 ± 20	50	400 ± 17. 5	35
19	1700 ± 130	300			430 + 20 430 − 17. 5	35	550 ± 20	50	435 ± 17. 5	35
20	2000 ± 150	300			470 ± 20	40	600 ± 20	50	470 ± 17. 5	35
21					510 ± 20	40			520 ± 25	50
22					550 ± 20	40			570 ± 25	50
23					290 ± 20	40			620 ± 25	50
24					630 ± 20	40			670 ± 25	50
25					670 ± 20	40			720 ± 25	50
26					710 ± 20	40			770 ± 25	50
27					750 + 25 750 − 20	40			820 + 30 820 − 25	50
28					800 ± 25	50			880 ± 30	60
29					850 ± 25	50			940 ± 30	60
30					900 + 20 900 − 25	50			1000 ± 30	60

测量延期时间的常用仪表有 PT-1 型时间间隔测量仪，DT-1 型电雷管特性测量仪，BQ-Ⅱ型综合参数测试仪，BSW-2 五段爆速仪，SBD-1 单段爆速仪，LGS-1 型毫秒雷管计时仪等。

4.2.2.3 国产毫秒电雷管技术条件

（1）外观：管壳外表无裂缝、砂眼、变形、污垢、底部残缺、封口塞松动、锈蚀等，内外壁无浮药。脚线无折断，绝缘外层完好，芯线不锈蚀。从每批中任意取 200 发雷管作外观检验。

（2）尺寸：纸壳雷管长度 45（或 50）mm，外径 8.5mm，内径 6.18 ~ 6.30mm。

金属壳雷管长度 60 ~ 90mm，外径 6.8mm，内径 6.18 ~ 6.22mm。脚线通常为 2m。根据用户要求，其长度可另行决定。

4.2.2.4 电参数

电阻：取经外检验合格的 40 发雷管进行电阻检验。不允许有断路、短路、电阻不稳或超出表 4-7 范围的情况。

表 4-7 我国工业电雷管常用电阻值

脚线材质	桥丝材质	电阻/Ω		备 注
		桥丝电阻	全电阻	
铜线	镍铬 ϕ35 ~ 40μm	1.5 ~ 3.3	不大于 4	脚线长度 2m
铁线	镍铬 ϕ35 ~ 40μm	1.5 ~ 3.3	不大于 6.3	脚线长度 2m

最大安全电流（单发）：通以恒定直流电流时，在 30s 内不应爆炸的最大电流。最大安全电流不应低于 0.1A。

最小发火电流（单发）：通以恒定直流电流时，在 30s 内爆炸的最小电流。最小发火电流不应高于 0.6A。

串联准爆电流：取经振动试验合格的 20 发电雷管串联连接，通以恒定直流电时，应全部爆炸。其电流值不应大于 1.2A（该项试验可与铅板钻孔试验一并进行）。

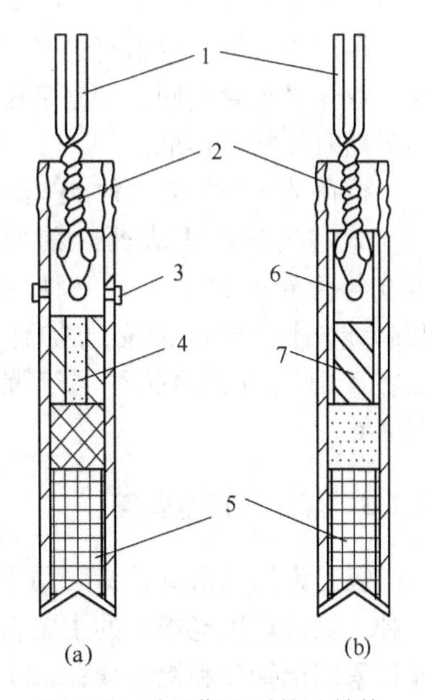

图 4-5 秒延期电雷管的结构
（a）索式结构半秒延期电雷管；
（b）装配式结构半秒延期电雷管
1—脚线；2—电引火件；3—排气管；
4—精制导火索；5—火雷管；
6—延期体壳；7—延期药

4.2.3 秒延期电雷管

秒延期电雷管与毫秒延期电雷管的差异只在于其延期时间为秒级。如图 4-5 所示，在电引火件和起爆药之间装配的是秒延期元件。延期元件由导火索段或由无气体产物的延期药制成，延期时间主要取决于延期药的燃速和长度。

国产秒延期电雷管的规格见表 4-8。

4.2.4 抗杂散电流、抗静电毫秒电雷管

随着矿山机械化和电气化程度的提高，杂散电和静电威胁着电雷管爆破作业的安全，抗杂电、抗静电雷管是为了克服这种威胁而发展起来的。

表 4-8　国产秒延期电雷管的延期时间　　ms

规格＼段别	1	2	3	4	5	6	7
1	<0.1	1.5±0.6	3±0.7	4.5±0.8	6±0.9		
2	<0.1	2±0.4	4±0.6	6±0.8	8±0.9	10±1.0	12±1.1
3	<0.1	1.0±0.5	2.0±0.6	3.1±0.7	4.3±0.8	5.6±0.9	7.0±1.0
4	<0.1	0.5±0.2	1.0±0.2	1.5±0.2	2.0±0.2	2.5±0.2	3.0±0.2

国产抗杂电雷管分为无桥丝间隙式和低电阻桥丝式两种。无桥丝间隙式雷管用一种既能导电又能发火的导电药代替桥丝。导电药具有非线性电阻，在低压（如杂散电压）下电阻很大，可以抗杂电，在高电压下（起爆电压）电阻迅速减小，保证可靠准爆。其主要技术指标为：电阻 50～400Ω，5V 直流电压作用 5min 不发火；15V 直流电压作用肯定发火；导电引火药头的作用时间小于 13ms 的电压为：单发雷管 27V，串联时每发雷管 20V；20 发串联时，通以 380V 交流电须全部准爆；－20℃恒温 5h，＋55℃恒温 2h 发火特性不受影响，仍符合要求。串并联网络额定起爆的雷管个数：QLDF-1000 型起爆器 120 发；GM-2000 型起爆器 400 发；380V 交流电 400 发。低电阻桥丝式抗杂电雷管用紫铜丝作为桥丝，在杂散电流作用下桥丝不致发热到引燃引火药头，它的发火冲能很大，需用特制的 BCIX-5040 型起爆器引爆。该雷管的紫铜桥丝直径有 0.004mm 和 0.06mm 两种规格，最小发火电流 1.8A 和 2.8A，6ms 发火电流 7.5A 和 11.8A；用 BCJX-5040 型起爆器的额定起爆器发数：单串联：190 发和 100 发；两串并联：300 发和 140 发。

国产两种抗杂电雷管的结构，除引火药头外，与普通电雷管相同，故它们的爆炸性能与工业 8 号雷管相同。如果装配延期元件，则构成毫秒或秒延期抗杂电雷管，并符合相应的延期时间技术标准。

抗静电雷管有三种类型：阻泄式、漏泄式和抗静电引火药。前两种可防止脚线与管壳间放电。第三种对桥丝放电和脚线-管壳放电兼有防护作用。我国已在矿山试用过的品种属于漏泄式，见图 4-6。

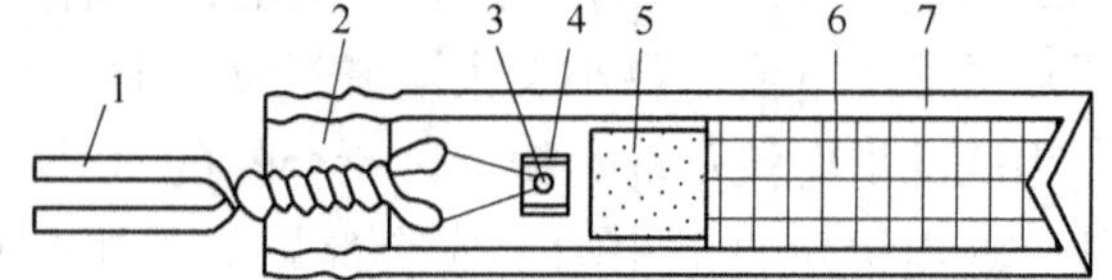

图 4-6　漏泄式抗静电雷管结构图

1—裸脚线；2—塑料塞；3—药头；4—加强帽；5—起爆药；6—副装药；7—管壳

4.2.5　煤矿许用电雷管

煤矿许用电雷管，专门用于有沼气和煤尘爆炸危险的煤矿，其产品有瞬发和毫秒延期两种。煤矿许用电雷管的主要特点是：（1）平底管壳，以避免聚能穴形成高温金属流；不允许采用铝管壳和铝脚线；（2）延期药和猛炸药中加消焰剂；（3）减小延期药直径，采用多芯延期元件；（4）爆破总延期时间不大于 130ms。

4.2.6　电起爆网络使用注意事项

（1）同一起爆网络，应使用同厂、同批、同型号的电雷管；电雷管的电阻值差不得大于产品说明书的规定。

（2）电爆网络不应使用裸露导线，不得利用铁轨、钢管、钢丝作爆破线路，电爆网络应与大地绝缘，电爆网络与电源之间应设置中间开关。

（3）电爆网络的所有导线接头，均应按电工接线法连接，并确保其对外绝缘。在潮湿有水的地区，应避免导线接头接触地面或浸泡在水中。

（4）起爆电源能量应能保证全部电雷管准爆；流经每个普通电雷管的电流应满足：一般爆破，交流电不小于2.5A，直流电不小于2A；硐室爆破，交流电不小于4A，直流电不小于2.5A。

（5）电爆网络的导通和电阻值检查，应使用专用导通器和爆破电桥。专用爆破电桥的工作电流应小于30mA。爆破电桥等电气仪表，应每月检查一次。

（6）用起爆器起爆电爆网络时，应按起爆器说明书的要求连接网络。

4.3　非电塑料导爆管雷管

如图4-7和图4-8所示，瞬发的非电塑料导爆管雷管由导爆管、塑料柱塞和火雷管构成，非电塑料导爆管延期雷管则再增加一延期元件。非电塑料导爆管延期雷管产品的延时规格见表4-9，其他性能指标与电雷管相同。

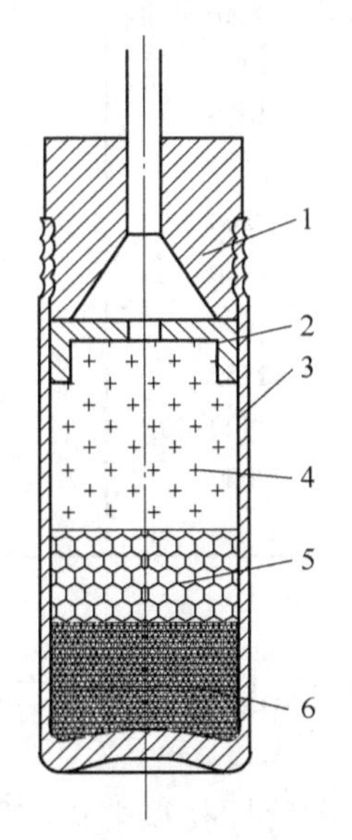

图4-7　瞬发导爆管雷管结构

1—卡口塞；2—加强帽；3—管壳；4—起爆药；5—第一次装药；6—第二次装药

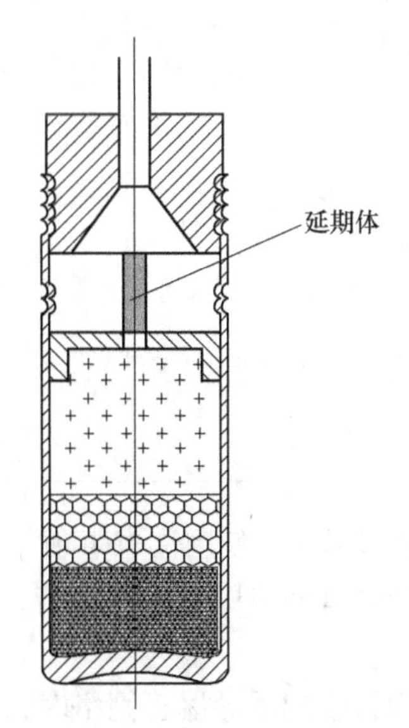

图4-8　延期导爆管雷管结构

表4-9　非电塑料导爆管延期雷管的延期时间　　ms

段别	中国DH-1	中国DE-1	中国MG803-B	瑞典NONEL	中国半秒延期
1		50±15	<10		<0.01
2	25±10	100±20	25		0.5±0.2
3	50±10	150±20	50	75	1.0±0.2
4	75±10	250±30	75	100	1.5±0.2

续表 4-9

段别	中国 DH-1	中国 DE-1	中国 MG803-B	瑞典 NONEL	中国半秒延期
5	100 +20 100 -10	370 ±40	100	125	2.0 ±0.2
6	150 ±20	390 ±50	125	150	2.5 ±0.2
7	200 ±20	610 ±60	150	175	3.0 ±0.2
8	250 ±20	780 ±70	175	200	3.5 ±0.2
9	310 ±25	980 ±100	200	225	4.0 ±0.2
10	390 ±40	1250 ±150	225	250	4.5 ±0.2
11	490 ±45		250	275	
12	600 ±50		275	300	
13	720 ±50		300	325	
14	840 ±50		325	350	
15	990 ±75		350	375	
16			400	400	
17			450	500	
18			500	600	
19			550	700	
20			600	800	
21			650	900	
22			700	1000	
23			750	1150	
24			800	1300	
25			850	1450	
26			950	1600	
27			1050	1750	
28			1150	1900	
29			1250	2050	
30			1350		

导爆管起爆网络使用注意事项：

（1）导爆管网络中不应有死结，炮孔内不应有接头，孔外相邻传爆雷管之间应留有足够的距离。

（2）用雷管起爆导爆管网络时，起爆导爆管的雷管与导爆管捆扎端端头的距离应不小于15cm，应有有效措施防止雷管聚能射流切断导爆管，防止延时雷管的气孔烧坏导爆管，且导爆管应均匀地分布在雷管周围并用胶布等捆扎牢固。

（3）使用导爆管连通器时，应夹紧或绑牢。

（4）采用地表延时时，地表雷管与相邻导爆管之间应留有足够的安全距离，孔内应采用高段别雷管，确保地表未起爆雷管与已起爆炮孔之间的距离不小于20m。

4.4 导 爆 索

普通导爆索可以直接引爆工业炸药。用导爆索组成的起爆网络可以起爆群药包，但导爆索网络本身需要雷管先将其引爆。导爆索起爆法属非电起爆法。

低能导爆索的药芯药量很小，这种导爆索一般不能直接起爆炸药，只用以敷设炮孔外的导爆索网络，单纯起“传爆”作用。低能导爆索与普通导爆索一般通过特殊联结器连接。联结器先被低能导爆索起爆，然后再起爆普通导爆索，因此联结器起了爆炸“放大器”的作用。本节只介绍普通导爆索及其起爆网络。

4.4.1 导爆索起爆网络的组成

导爆索起爆网络由普通导爆索、继爆管和雷管组成，其中导爆索和继爆管组成网络，网络需用雷管引爆。

4.4.2 导爆索起爆网络的连接方式

导爆索起爆网络的形式比较简单，无需计算，只要合理安排起爆顺序即可。

导爆索传递爆轰波的能力有一定方向性，因此在连接网络时必须使每一支线的接头迎着主线的传爆方向，支线与主线传爆方向的夹角应小于90°。

导爆索网络连接方式分开口网络和环形网络。

（1）导爆索开口网络如图4-9a所示。

（2）导爆索环形网络如图4-9b所示。

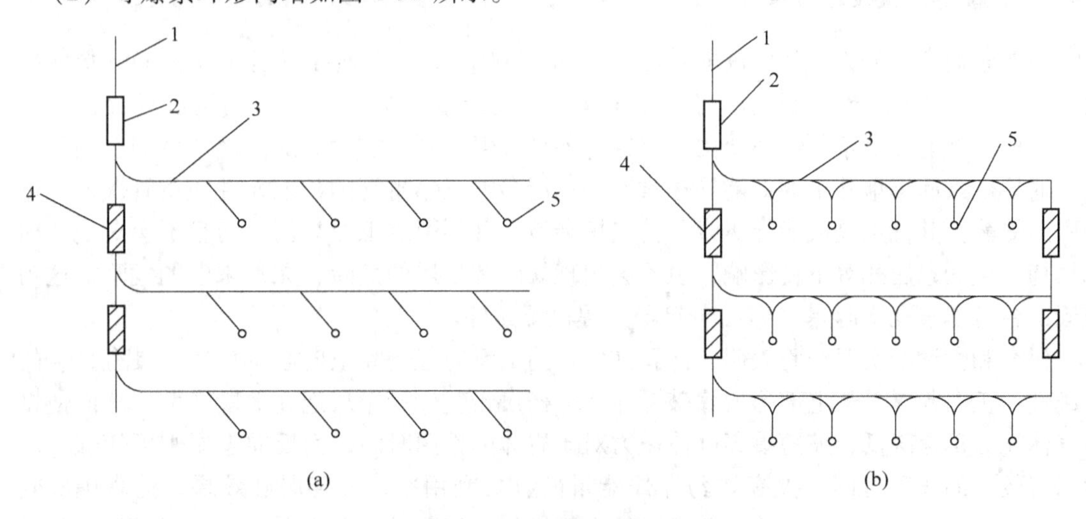

图4-9 导爆索起爆网络

（a）开口延时起爆网络；（b）环形延时起爆网络

1—主导爆索；2—起爆雷管；3—支导爆索；4—导爆索继爆管；5—炮孔

导爆索联结方法：

（1）导爆索的联结常采用搭接、扭接、水手结和T形结等方法联结（图4-10），其中搭接应用最多。在导爆索接头较多时，为了提高传爆的可靠性，可以采用T形联结法。联结导爆索中间不应出现打结或打圈；交叉敷设时，应在两根交叉导爆索之间设置厚度不小于10cm的木质垫块或土袋。

（2）为保证传爆可靠，联结时两根导爆索搭接长度不应小于15cm，中间不得夹有异物和炸药卷，捆扎应牢固。起爆导爆索的雷管应绑扎在距导爆索端部15cm远的位置。

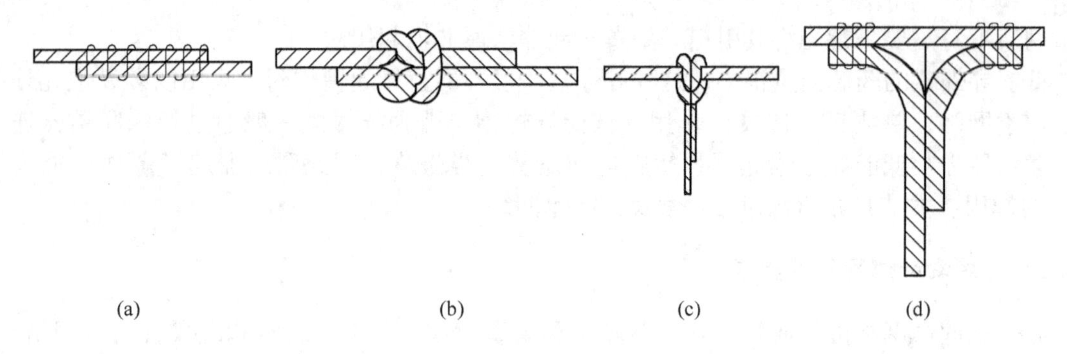

图 4-10　导爆索联结方式
(a) 搭接；(b) 扭结；(c) 水手结；(d) T 形结

(3) 导爆索传递爆轰波的能力有一定方向性，在其传爆方向上最强，与爆轰波传播方向成夹角的导爆索方向上传爆能力会减弱，减弱的程度与此夹角的大小有关。支线与主线传爆方向的夹角应小于 90°。

(4) 导爆索网络的起爆。导爆索可以由炸药、电雷管或导爆管雷管引爆。用雷管引爆导爆索时，雷管聚能穴应朝向导爆索传爆方向。

4.4.3　低能导爆索及起爆系统

导爆索通常可分为三类：高能导爆索（70～100g/m）、普通导爆索（32g/m）、低能导爆索（6g/m、3.6g/m）。目前已将低能导爆索的装药量降至 1.6g/m，为爆破设计提供了新的手段。低能导爆索起爆系统由小直径低能导爆索和延时雷管组成。通常用铺在地面上的普通导爆索起爆炮孔中的低能导爆索，通过爆轰波点燃雷管的延期元件使雷管爆炸，进而引爆炸药。其优点是低能导爆索只传播爆轰波，并不引爆工业炸药，而且不会对炮孔内的炸药产生动态压死等不良影响，也不会出现切断和早爆的危险，无外来电的危险，这为露天矿台阶爆破孔底起爆（即反向起爆）提供了条件。

研究和大量的实践经验表明，深孔钝感炸药的反向起爆和正向起爆相比，具有显著的优越性：正向起爆易从上部形成爆破漏斗，炸药爆轰气体易于从炮孔上段逸散，从而使爆轰气体压力迅速降低，缩短爆轰气体压力对矿岩体的作用时间，而反向起爆则可使这种压力保持较长的作用时间，提高炸药爆炸能量的有效利用率，改善爆破效果，提高爆破效率。在目前低成本高安全钝感炸药可以给大规模的工程建设和矿山企业带来明显经济效益的情况下，应用低能导爆索反向起爆法，既能满足爆破工程要求，又能改善矿山企业的经济效益水平。

在应用低能导爆索起爆系统时，可以将低能导爆索通过消爆元件直接引爆毫秒雷管组成的起爆元件，低能导爆索相当于导爆管雷管中的导爆管；也可通过低能导爆索引爆专用起爆药包后再起爆钝感炸药。

4.5　新型起爆器材及其发展

为适应工程爆破的需要，增加和改进爆破器材的种类和性能，是今后工程爆破技术发展的方向。近年来爆破器材研制技术发展较快，如无起爆药雷管、高能电磁感应起爆雷管、高精度毫秒延期雷管、电子雷管等已经陆续问世且已投入使用。近 20 年来发展最迅速的是数码电子雷管和塑料导爆管。

传统的电力起爆和塑料导爆管起爆是目前露天矿山爆破工程中的主要起爆方法，其中的电力起爆技术由于具有能在爆破前导通检测、起爆可靠性较好等优点，应用广泛，但它易受杂电、射频电的影响，对爆破安全不利，而数码电子雷管弥补了这方面的不足。

4.5.1　电子雷管

电子雷管（programmable electronic delay detonator）是目前起爆器材领域里最引人瞩目的，其研究始于20 世纪 80 年代，首先由瑞典诺贝尔公司于 1988 年推出，其本质在于用一个微型集成电路取代普通电雷管中的化学延时与电点火元件，具有发火时刻控制精度高、延期时间可灵活设定两大技术特点。这种起爆系统配合专用的具有特定编码程序的点火设备，改善了操作的安全性，可以最大限度地减小因引火头发火所需能量的差异导致的雷管延时误差（通常可控制在 0.2ms 以内）。电子雷管各段之间的延时间隔通常为 2ms，延时误差为 0.2ms。电子雷管为爆破设计提供了创新的手段，已在加拿大、美国、南非、澳大利亚、瑞典等有关矿山获得了实际应用，例如 2001 年 7 月加拿大 Noranda 公司在其所属的 Branswick 地下矿山，利用 Orica 公司的 I-Kon 系列电子雷管成功地进行了大型卸压爆破，回收了用一般爆破方法难以回收的 36 万吨铅锌矿石。

目前，电子雷管的价格较贵，但应用实践表明，使用电子雷管操作简便、延时精确、安全性能及爆破效果良好，综合效益足以抵偿价格上的差异。目前，已有美国、瑞典、日本等国在生产和使用，拥有 250 个段别。我国对电子雷管研制处于起步阶段，与国外有较大差距。国内试制产品延时间隔 5ms，有 63 个段别。目前我国的北方邦杰、京煤化工、久联集团、213 所，日本的旭化成，瑞典和德国的诺贝尔公司（Nobel），澳大利亚的 ORICA，美国的 EB（Ensign Bickford）、奥斯汀（AUSTlN）和 SDI（Spcical Device INC），法国的 Davey Bickfurd，南非的 AEL 和 Sasol 等诸多公司均推出了各自的电子雷管产品。

4.5.1.1　技术特点

电子雷管是在原有雷管装药的基础上，采用具有电子延时功能的专用集成电路芯片取代普通电雷管中的延期药和电点火元件，不仅大大提高了延期精度，而且控制了通往引火头的电源，从而最大限度地减小了因引火头能量需求所引起的误差。每个雷管的延期时间可在 0～100ms 范围内按毫秒量级编程设计，其延期精度可控制在 0～2ms 以内。利用电子延期精确可靠、可校准的特点，极大地提高了雷管的延期精度和可靠性。电子雷管的延期时间在爆破现场由爆破员按其意愿设定，并在现场对整个爆破系统实施编程和检测。

4.5.1.2　结构

电子雷管起爆系统基本上由电子雷管、编码器和起爆器三部分组成（图 4-11）。

（1）电子雷管（PBS）。在生产过程中，在线计算机为每发雷管分配一个识别（ID）码，打印在雷管的标签上并存入产品原始电子档案。ID 码是雷管上可以见到的唯一标志，使用时编码器对其予以识别。依据 ID 码，电子雷管计算机管理系统可以对每发雷管实施全程管理，直到完成起爆使命。

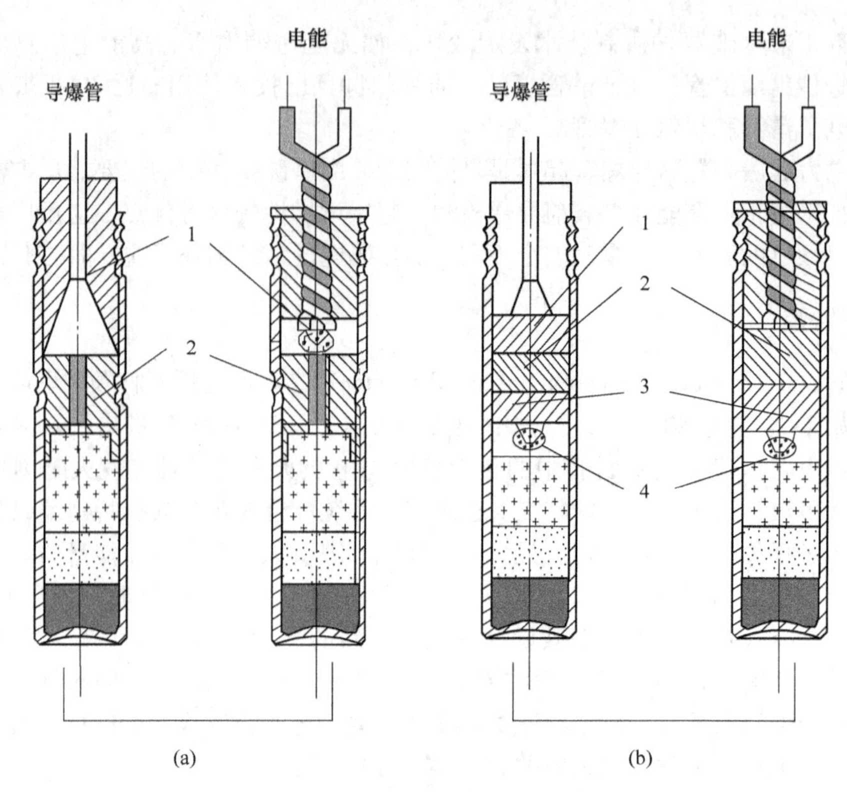

图 4-11　电子雷管结构及其与传统雷管的对比
（a）传统雷管；（b）电子雷管
（a）：1—点火元件；2—延期元件；
（b）：1—转能装置；2—控制模块；3—储能模块；4—点火元件

（2）编码器。其功能是在爆破现场对每发雷管设定所需的延期时间。操作方法是：首先将雷管脚线接到编码器上，编码器立即读出该发雷管的 ID 码，然后，爆破技术人员按设计要求，用编码器向该发雷管发送并设定所需的延期时间。

（3）起爆器。控制整个爆破网络编程与触发起爆。起爆器的控制逻辑比编码器高一个级别，即起爆器能够触发编码器。起爆网络编程与触发起爆所必需的程序命令均设置于起爆器内。一只起爆器可以管理 8 只编码器，每只编码器回路最大长度为 2000m，起爆器与编码器之间的起爆线长度为 1000m。

由图 4-11 可知，电子雷管与传统雷管的不同之处在于延期结构和点火头的位置，传统雷管采用化学物质进行延期，电子雷管采用具有电子延时功能的专用集成电路芯片进行延期：传统雷管点火头位于延期元件之前，点火头作用于延期元件实现雷管的延期功能，由延期元件引爆雷管的主装药部分。而电子雷管延期元件位于点火头之前，由延期元件作用到点火头上，并由点火头作用到雷管主装药上。

4.5.1.3　电子雷管工作原理

通常电子雷管控制原理有两种结构，如图 4-12 和图 4-13 所示，其区别在于储能电容和控制雷管点火的安全开关的数量不同。

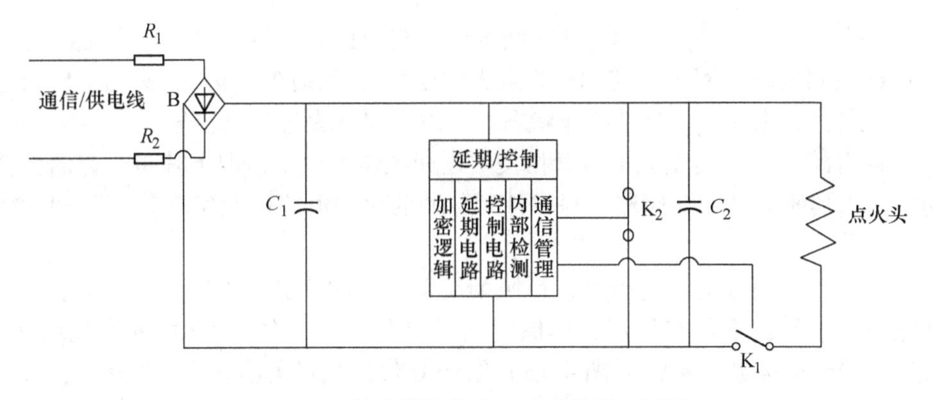

图 4-12 单储能结构的电子雷管原理框图

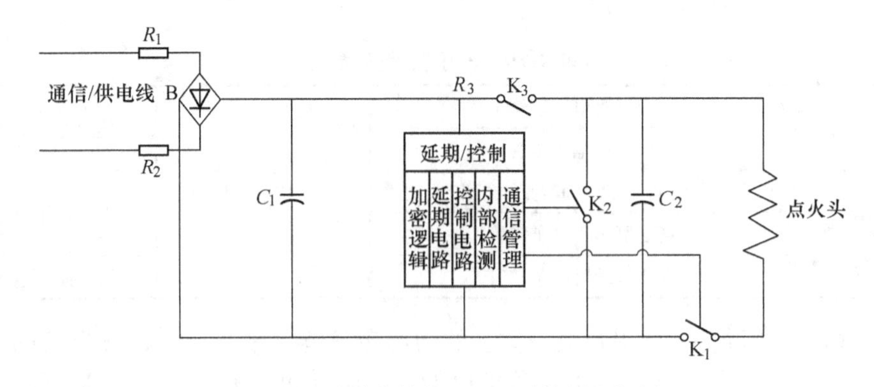

图 4-13 双储能结构的电子雷管原理框图

电子雷管主要包括以下功能单元：

（1）整流电桥。用于对雷管的脚线输入极性进行转换，防止爆破网络连接时脚线连接极性错误对控制模块的损坏，提高网络的可靠性。

（2）内储能电容。通常情况下为了保障储存状态电子雷管的安全性，电子雷管采用无源设计，即内部没有工作电源，电子雷管的工作能量（包括控制芯片工作的能量和起爆雷管的能量）必须由外部提供。电子雷管为了实现通信数据线和电源线的复用，以及保障在网络起爆过程中，网络干线或支线被炸断的情况下，雷管可以按照预定的延期时间正常起爆雷管，采用内储能的方式，在起爆准备阶段内置电容存储足够的能量。图 4-12 中电子雷管工作需要的两部分能量均由电容 C_1 存储；图 4-13 中电容 C_1 用于存储控制芯片工作的能量，在网络故障的情况下，其随时间的增加而逐渐衰减；电容 C_2 存储雷管起爆需要的能量，其在点火之前基本保持不变。因此图 4-13 的点火可靠性要高于图 4-12 的点火可靠性。

（3）控制开关。用于对进入雷管的能量进行管理，特别是对可以到达点火头的能量进行管理。一般来说对能量进行管理的控制开关越多，产生误点火的能量越小，安全性越高。图 4-13 的安全性通常要比图 4-12 高几个数量级。图 4-13 中 K_3 用于控制对储存点火能量的充电；K_2 用于故障状态下，对 C_2 的快速放电，使雷管快速转入安全工作模式；K_1 用于控制点火过程，把电容 C_2 储存的能量快速释放到点火头上，使点火头发火。

（4）通信管理电路。用于和外部起爆控制设备交互数据信息，在外部起爆控制设备的指令控制下，执行相应的操作，如延期时间设定、充电控制、放电控制、启动延期等。

（5）内部检测电路。用于对控制雷管点火的模块进行检测，如点火头的工作状态、各开关的工作状态、储能状态、时钟工作状态等，以确保点火过程是可靠的。

（6）延期电路。用于实现电子雷管相关的延期操作，通常情况下其包含存储雷管序列号、延期时间或其他信息的存储器，提供计时脉冲的时钟电路以及实现雷管延期功能的定时器。

（7）控制电路。用于对上述电路进行协调，类似于计算机中央处理器的功能。

两种原理的电子雷管各有优点：单储能结构电子雷管（图 4-12）的原理结构简单、成本较低：双储能结构电子雷管（图 4-13）结构复杂，但安全性和可靠性较高。

4.5.1.4　电子雷管分类

电子雷管的分类如表 4-10 所示。

表 4-10　电子雷管分类

<table>
<tr><td rowspan="2">按输入能量区分</td><td>导爆管电子雷管</td><td rowspan="5">按使用场合区分</td><td rowspan="2">隧道专用电子雷管</td></tr>
<tr><td>可编程电子雷管</td></tr>
<tr><td rowspan="3">按延期编程方式区分</td><td>固定延期（工厂编程）电子雷管</td><td rowspan="2">煤矿许用电子雷管</td></tr>
<tr><td>现场可编程电子雷管</td></tr>
<tr><td>在线可编程电子雷管</td><td>露天使用电子雷管</td></tr>
</table>

（1）导爆管电子雷管。导爆管电子雷管的初始激发能量来自于外部导爆管的冲击波，由换能装置把冲击波转换为电子雷管工作的电能，从而启动电子雷管的延期操作，延期时间预存在电子延期模块内部，如：EB 公司的 DIGIDET 和瑞典 Nobel 公司的 ExploDet 雷管。

（2）可编程电子雷管。其初始能量来自于外部设备加载在雷管脚线的能量。电子雷管的操作过程（如：写入延期时间、检测、充电、启动延期等）由外部设备通过加载在脚线上的指令进行控制，如：隆芯 1 号电子雷管、ORICA 的 I-KON 等。

（3）固定延期电子雷管。固定延期电子雷管是在控制芯片生产过程中，延期时间直接写入芯片内部的，诸如 EEPHOM、ROM 等非易失性存储单元中，依靠雷管脚线颜色或线标区分雷管的段别，雷管出厂后不能再修改雷管的延期时间。

（4）现场可编程电子雷管。现场编程电子雷管的延期时间是写入芯片内部的电可擦除（如 PROM、EEPROM）存储器中，延期时间可以根据需要由专用的编程器，在雷管接入总线前写入芯片内部，一旦雷管接入总线后延期时间即不可修改。

（5）在线可编程电子雷管。在线可编程电子雷管的内部并不保存延期时间，即雷管断电后回到初始状态，无任何延期信息。网络中所有雷管的延期时间保存在外部起爆设备中，在起爆前根据爆破网络的设计写入的延期时间，即延期时间在使用过程中，可以根据需要任意修改，国内外的大多数电子雷管属于这种类型。

（6）煤矿许用电子雷管。煤矿许用电子雷管必须满足两个基本要求：一是不含铝；二是延期时间需小于 130ms。由于煤矿掘进具有简单重复的特点，延期时间序列一旦确定，无需再进行调整，因此煤矿许用电子雷管基本采用固定编程的电子雷管。

（7）隧道专用电子雷管。隧道掘进中，延期时间基本固定，但在局部地方（例如靠近建筑物等）具有降震的要求，而且岩层特性会出现变化，需要在一定程度上可以调整雷管的延期时间，因此隧道专用电子雷管采用现场编程的电子雷管。

4.5.1.5 国内电子雷管

目前我国拥有电子雷管自主知识产权的企业不多，现以北方邦杰公司的隆芯 1 号为例，简单介绍我国的电子雷管。隆芯 1 号电子雷管基本工作原理如图 4-14 所示。

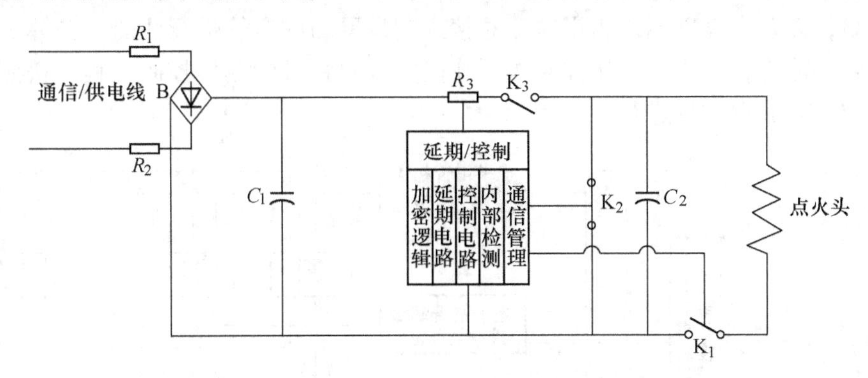

图 4-14 隆芯 1 号电子雷管的基本原理

隆芯 1 号电子雷管基本原理与上述电子雷管的区别在于加入了 R_1、R_2、R_3，有加密逻辑单元，其中 R_1、R_2 与 C_1 构成高频滤波电路及 R_3 与 C_2 构成高频滤波电路提高了电子雷管的抗静电和抗射频能力；内置加密逻辑单元可用于设置起爆密码，对雷管的起爆进行授权控制，提高了雷管的使用安全性。

隆芯 1 号电子雷管还具有两线制双向无极性组网数字载波通信能力，可实现宽范围、小延期间隔的孔内在线设定，并对延期时间进行现场环境下的校准，回读并验证已设定的延期时间数据；可在线检测雷管内部的状态，起爆精确性好，起爆网络可靠性高；内置双储能结构使得其具有断网起爆能力，这提高了使用安全性和起爆可靠性。

4.5.1.6 国外电子雷管的特点

国外电子雷管的特点主要如表 4-11 所示。

表 4-11 国外电子雷管的特点

公司名称	特　点
ORCIA	i-kon：15000ms，最大连通量 4800 个
	Unitronic：1000ms，最大连通量 800 个。简单，易于操作
	eDev：主用于隧道爆破设计，电子分段
Dyno Nobel	Dgishot：最大连通量 900 个。结构简单，系统精确度高
	DigiShot Plus：最大连通量 1800 个。可编程，可实现远程起爆
	SmartShot：最大连通量 2400 个。3000m 遥控，可与非电系统方便链接
AEL	QuickShot TM：最大连通量 1200 个，可预编程，安全，易于使用
	QuickShotTM NetShock：将传统导爆管与电子爆破系统应用相结合
	Smartdet ®：最大连通量 2400 个，全自主编程，适应复杂爆破的设计要求
Davay Bickford	DaveytronicⅢ：最大连通量 3000 个。由雷管、起爆器以及功能强大的软件部分组成，可以为客户提供自主编程及灵活的爆破设计
SDI	1000ms，最大连通量 1600 个，主要为采矿爆破行业设计的系统

4.5.1.7　电子雷管起爆网络

电子雷管具有专用的起爆控制系统。电子雷管起爆系统的典型结构如图4-15所示，其起爆由主、从起爆控制器两种设备构成，主设备（铱钵起爆器）由于对起爆过程的全部流程进行控制，是系统中唯一可以起爆网络的设备；从设备（铱钵表）主要用于对扩展雷管的起爆网络，以及在爆破网络布设时，对接入起爆网络的雷管进行注册，铱钵表本身不具备起爆雷管的能力，必须借助铱钵起爆器才能完成对雷管的起爆控制过程，按照起爆器的指令对所辖雷管起爆过程进行控制。

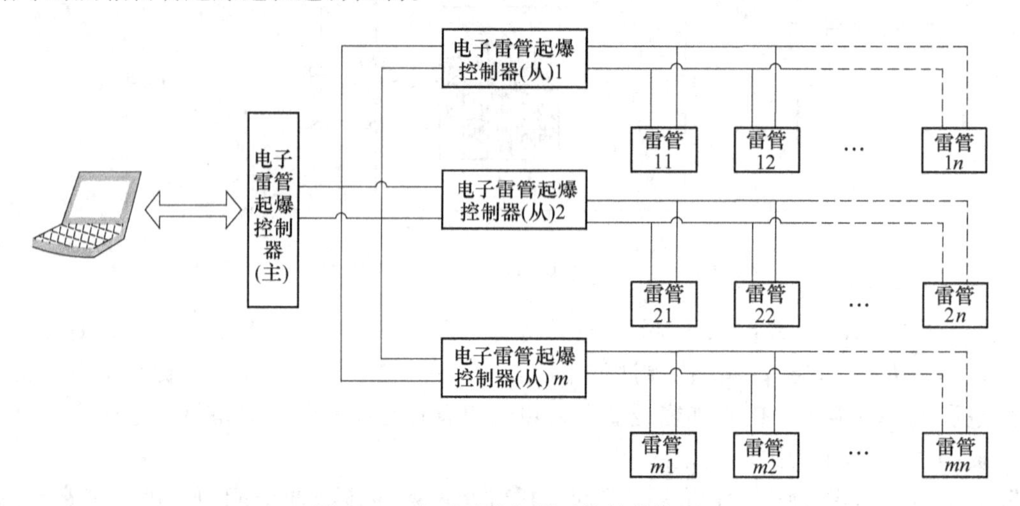

图4-15　电子雷管起爆系统结构简图

电子雷管的起爆控制系统由于本身负载能力的限制，根据电子起爆系统中接入雷管的数量的不同分为小规模起爆和大规模起爆两种不同的起爆系统。

雷管优缺点：通过集成电路块取代了传统延期药，实现了精确延期，有利于控制爆破效应；提高了雷管生产、运输、使用的技术安全性；可实现雷管的信息化管理，但是雷管较贵，大量使用还有待于成本的降价。以i-kon雷管为例，常见的电子雷管外壳为铜锌合金，内装有集成电子线路、贮能电容、安全装置和常用的起爆药。集成电子线路包括定时振荡器、排定延迟时间程序，并有用于记忆的内存，能从控制设备接受发射信息的通信功能；贮能电容则能贮备足够能量保证不用外电源就能起爆起爆药；雷管底药为750mg太安，起爆药为90mg叠氮化铅，能直接引爆具有雷管感度的炸药和起爆弹。雷管的引出线为0.6mm双股铜线，与国产电雷管直径为0.45mm的铜芯脚线相比，其抗力强度要大得多；绝缘材料为聚丙烯；导线抗拉力294N；连接块带有齿状胶链。

i-kon雷管的性能指标是：延期时间1～15000ms（以1ms为增量单位）；当延期时间在0～500ms范围时，其精度为±0.05ms；当延期时间在501～15000ms范围时，其精度为±0.01%；（芯片）允许使用电压应小于300V（DC）、240V（AC）；雷管安全电压为50V（DC）、35V（AC）。

国产电子雷管目前处于试验研究阶段，中国兵器工程系统总体部已研制出了雷管和铱钵隆芯起爆系统，正在进行推广使用；贵州久联民爆器材发展股份有限公司、北京理工大学和贵阳金翅电气有限公司共同研发的数码电子雷管也已于2006年通过了国防科工委的鉴定。

4.5.2 电磁雷管

电磁雷管是为提高电雷管的使用安全性而研制的。为避免因杂散电流和静电等引起雷管误爆，需要对雷管结构进行改进，使之适应复杂的爆破作业环境和场所。英国 ICI 公司研究的 Magnadet 电雷管即是一种电磁雷管产品，这种电雷管采用一种独特闭路设计，能自动隔绝外部电荷效应。电雷管通过自身的变压器与一个特殊起爆器连接。变压器是一个环形铁素体，并与雷管脚线连接，形成变压器耦合的二次绕组。每一个环形体包有塑料外壳，并以色码标记延期段数。初级回路通过雷管的环形包体中心，并与特殊的高频交流起爆器相连。雷管只在 15 ~ 30kHz 频率范围内起爆，不受 50/60Hz 交流电的影响。

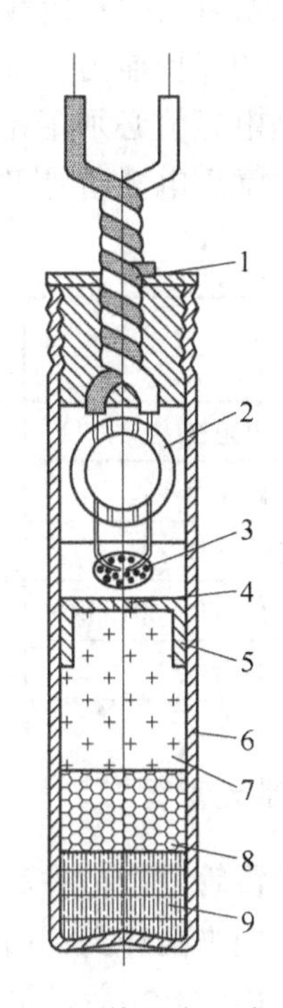

图 4-16 普通内置式电磁雷管结构简图

1—脚线；2—线圈；3—点火药头；4—传火孔；5—加强帽；6—管壳；7—起爆药；8—第二次装药；9—第一次装药

4.5.2.1 电磁雷管的结构

电磁雷管的结构与电雷管结构基本一致，只是雷管绞线与绕在环状磁芯上的线圈相连接。电磁雷管根据线圈位置可分为内置式电磁雷管和外置式电磁雷管，其中内置式电磁雷管可用于油气井内。内置式电磁雷管结构、外置式电磁雷管结构及起爆网络等效电路分别如图 4-16 ~ 图 4-18 所示。

4.5.2.2 电磁雷管起爆网络原理

环状磁芯、磁芯上的线圈和通过磁芯的单芯连接导线构成了一个变压器，当高频起爆器输出的高频电流通过单芯连接导线时，在磁芯内产生交变磁通，于是线圈内感应出一个同频率的电动势而使雷管起爆。

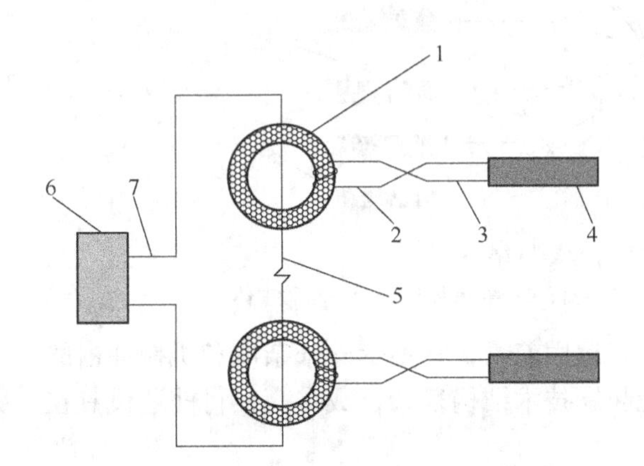

图 4-17 普通外置式电磁雷管结构简图

1—磁芯；2—线圈；3—脚线；4—电雷管；5—单芯连接导线；6—高频发爆器；7—母线

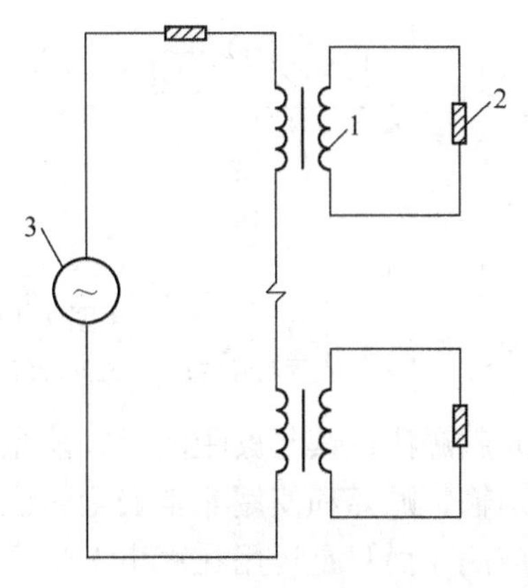

图 4-18 电磁雷管起爆网络等效电路

1—感应线圈；2—桥丝电阻；3—高频发爆器等效电源

4.5.2.3 电磁雷管的优缺点

电磁雷管需要特定频率、足够大的能量才能起爆，因此电磁雷管对杂电、漏电、静电具有良好的保护能力，抗静电、雷电，放射频能力高于普通雷管，不需要进行网络串联设计，但是电磁管必须用特定高频起爆器，且不适用于具有瓦斯、煤尘爆炸危险的工作面。油、气井常用电磁雷管型号及用途如表 4-12 所示。

表 4-12 CL-CY 系列耐压电磁雷管性能

性能指标 \ 型号	CL-CY60	CL-CY80	CL-CY100	CL-CY140
电阻/Ω	0.5~3.5（用电磁雷管电阻检测仪测量）			
耐压/V	60	80	100	120
耐温（2h）/℃	180			
抗工频电压（50~60Hz）/V	380、220			
抗静电	500pF，25kV/5kΩ			

4.5.3 激光雷管

激光雷管是指一种利用激光的能量点燃激发药，激发药燃烧膨胀瞬间剪切飞片并高速驱动飞片撞击猛炸药，引燃低密度的猛炸药，经过燃烧转爆轰，从而起爆高密度主装药的雷管。使用激光雷管的激光起爆法是日本首先研制成功的一种新型起爆技术，安全可靠性高。这种起爆技术的特点是：把激光装置产生的激光通过光导纤维照射激光雷管发火而起爆炸药。

使用激光雷管的起爆网络是通过激光发生器产生激光，激光通过光导纤维传送到激光雷管处并起爆激光雷管的网络。激光雷管起爆网络如图 4-19 所示。

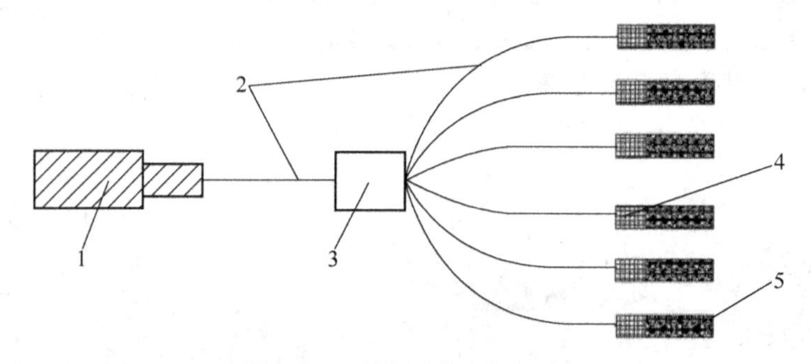

图 4-19 激光雷管起爆网络

1—二极管激光器；2—光导纤维；3—光纤连接器；4—激光点火器；5—雷管主体

激光起爆法以其起爆距离远，能量高而具有运用前景，它不受外来杂电和机械冲击的影响，运输、贮存和使用非常安全，但是激光起爆技术结构复杂，成本高，目前还没有在工程中应用，而只是运用在军事上。

4.5.4 无雷管激光起爆技术

常用的起爆器材，像雷管、导爆索等的一个共同缺点是要对主爆炸药的局部激发爆轰。这个不足之处可以采用基于激光起爆的无雷管起爆方法来消除。近年来，俄罗斯圣彼得堡国家技术研究所已经开始直接对无机炸药进行起爆的技术研究工作，主要研究激光脉冲对配合物盐的激活，这种化合物对激光脉冲具有很高的灵敏度。

这种起爆技术是将对激光脉冲具有高敏感度的薄片炸药安装在起爆炸药表面，当用超过起爆能量临界量的激光束照射时，就会在具有光敏感薄片炸药的表面产生爆轰波。这种方法可以不用附加炸药形成任何形状的爆轰波，其优点是激光束的几何尺寸很容易控制且没有距离的限制。

4.5.5 新型非电导爆管

非电起爆系统的发展避免或减轻了杂散电流对爆破工作的影响。新型导爆管起爆系统不仅可防止因地层漏电或接线不良引起的拒爆，也可防止因静电或杂散电流等引起的早爆。

ICI 公司推出了一种名为 EXEL 的单层塑料导爆管系统。它与工业标准导爆管不同，是一种单层管而不是双层压制管。管的内侧具有适度的黏着性，能均匀黏附一层炸药，所用药量比普通导爆管少。这种导爆管在高温时的收缩量较小且耐油性好，因而非常适应于温度较高的（约 80℃）散装乳化炸药，而在低温条件下（－40℃）使用也同样合适。目前，太钢峨口铁矿等矿山都在使用该类导爆管。

4.5.6 工业雷管编码与管理

对工业雷管进行编码是为了加强民用爆炸物品的管理，了解民用爆炸物品的社会流向，遏制利用爆炸物品破坏社会安定的一种强制性措施。

4.5.6.1 工业雷管编码的基本规则

（1）每发工业雷管出厂时必须有编码，且编码必须在 10 年内具有唯一性。

（2）在工业雷管基本包装盒内应装有《工业雷管编码信息随盒登记表》（如表 4-13 所示），其内容应包括：生产企业名称及其代号、生产日期代号、特征号和盒号登记栏、与装盒规格对应的盒内所有雷管顺序号、异常码记录栏、领用人签名栏、发放人及发放日期、审核人及审核日期，以及需要说明的其他事项。

（3）盒的外边面应粘贴一张包含盒内雷管编码相关信息的一维条码，条码上应编有生产企业名称、产品、品种、装盒数量等汉字信息。

表 4-13 工业雷管编码信息随盒登记表示例

×××（生产企业名称）工业雷管编码信息随盒登记表

生产企业代号：　生产日期代号：　特征号：　箱号：

十位数字	个位数字									
0										
1										
2										
3										

续表 4-13

×××（生产企业名称）工业雷管编码信息随盒登记表

生产企业代号：　生产日期代号：　特征号：　箱号：

十位数字	个位数字									
4										
5										
6										
7										
8										
9										
异常记录										
备　注	1. 横栏个位数字“0～9”是指盒内雷管顺序号的个位数字，纵栏十位数字“0～9”是指盒内雷管顺序号的十位数字，中间空栏为领用人签名栏； 2. 本登记表由雷管保管发放员负责填写，记录是否符合规定要求由单位负责人审核，应保存5年以上，以备复查。									

发放人（签名）：　发放日期：　年　月　日

审核人（签名）：　审核日期：　年　月　日

（4）在工业雷管包装箱内应装有《工业雷管编码信息随箱登记表》（如表4-14所示），其内容应包括：生产企业名称及其代号、生产日期号和箱号登记栏、与装箱规格对应的盒号、领用人签名栏、发放人及发放日期、审核人和审核日期，以及需要说明的其他事项。

表4-14　相同日期生产的工业雷管编码信息随箱登记表示例

×××（生产企业名称）工业雷管编码信息随箱登记表

生产企业代号：　生产日期代号：　箱号：

盒号										
领用人										
盒号										
领用人										
⋮										
备　注	1. 本登记表中领用人包括购买人，发放人包括销售人； 2. 本登记表由雷管保管员负责填写，记录是否符合规定要求由单位负责人审核，应保存5年，以备复查。									

发放人（签名）：　发放日期：　年　月　日

审核人（签名）：　审核日期：　年　月　日

4.5.6.2　工业雷管编码方法

工业雷管编码采用13位字码，由生产企业代码、生产年份代码、生产月份代码、生产日代码、特征号及流水号组成。

（1）生产企业代码用“01～99”二位阿拉伯数字表示。公安部和国防科工委联合颁布的《工业雷管编码基本规则及技术条件》（公通字［2002］67号）中公布了全国雷管生产厂统一代码。

（2）生产年份代码用“0～9”一位阿拉伯数字表示公元世纪末位年份。

（3）生产月份代码用“01～12”二位阿拉伯数字表示1～12月份。

（4）生产日代码用“01～31”二位阿拉伯数字表示1～31日。

（5）特征号用一位英文字母（小写字母c、o、s、u、v、w、x、z除外）表示，也可用一位阿拉伯数字表示。具体可以是编码机机台代号、雷管品种代号、雷管编码的分段号或并入盒号使用。

（6）流水号用五位阿拉伯数字表示，应连续布置，不应分割，且便于阅读和用户发放登记管理。其中前三位表示盒号，当三位数字不能满足生产需要时可将特征号并入使用，后两位表示盒内雷管顺序号。如：2630613190154，“26”是生产厂家代码，“3”是生产年份代码（2003年），“06”是生产月份代码（6月），“13”是生产日代码（13日），“1”是特征号（第1号编码机），“901”是盒号（第901盒），“54”是盒内雷管顺序号（第54发雷管）。

习　　题

4-1　导火索和导爆索有何区别，各自的作用是什么？

4-2　绘图说明各种雷管的基本结构及作用原理。

4-3　采用导爆索起爆网络起爆时，具体操作时应注意哪些问题？简述正确的导爆索连接方法。

4-4　何谓电雷管的全电阻？

4-5　何谓电雷管的点燃起始能，电雷管的点燃起始能与敏感度之间有无关系？如有，简述其关系。

4-6　简述最低准爆电流和最高安全电流的实际意义及二者之间在数值上的关系。

4-7　简述电爆网络基本形式与参数计算方法。

4-8　串联和并联电起爆网络各有什么优缺点？

4-9　测量电爆网络和电雷管电阻应该使用什么仪表，为什么不允许使用普通电桥和普通欧姆表？

4-10　从爆破安全的角度考虑，采用电雷管起爆网络起爆时，具体操作时在网络连接形式上应注意哪些问题，应采取的措施有哪些？

4-11　说明塑料导爆管的结构与传爆原理。

4-12　不同起爆方法各自的优点和缺点是什么？

4-13　可用于具有瓦斯和煤尘爆炸危险的起爆方法是什么？

4-14　简介起爆药柱的成分特点和性能特点及其使用方法。

4-15　工程中常用的起爆器材（包括点火器材）有哪几种？

4-16　举例说明实践中如何实现起爆网络上药包间的延时起爆。

5 岩石与岩体的基本特性

本章要点

岩石和岩体是爆破工程最为常见的对象。了解岩石的一般性质和岩体的结构构造特征，利于认识和分析岩石性质和岩体特征可对爆破效果产生的影响。对岩体的爆破难易程度进行分级，则可为爆破技术参数的确定提供依据。本章内容的要点如下：

（1）岩石的分类；

（2）岩石的物理力学性质；

（3）岩体结构面及其影响；

（4）岩体的可爆性及其分级。

工程爆破最为常见的对象就是岩石。按严格的定义，岩石不含有可见的不连续面，而岩体则可含有任何种类的不连续面。无论如何，为了获得预期的爆破效果，且保证爆破施工的安全，最大限度地优化爆破工程成本，需要针对具体的岩石/岩体条件合理确定爆破技术参数，使爆破的技术设计与施工方案都具有足够的合理性。因此，了解岩石和岩体与爆破有关的各种特性指标及其作用，对此后进一步了解和研究爆破机理、确定爆破技术参数都具有十分重要的意义。

5.1 岩石和岩体的基本概念

岩石与岩体是既有区别又互相联系的两个基本概念。岩石是岩体的组成物质，在爆破工程中一般可将岩石视为均质连续各向同性的物质体（图5-1）。但如图5-1所示，岩体则是由岩石块构成的集合体，只是其中存在节理裂隙等地质结构面甚至夹层等弱面，故岩体

(a)

(b)

(c)

图5-1 岩石（块）与岩体

(a) 无可见不连续面的岩石（块）；(b) 有可见不连续面的岩石（块）；(c) 层理发育的岩体

大多都具有非均质不连续各向异性的特点。一般地讲，爆破的过程及结果都与岩石的物理力学性质和岩体的结构构造直接相关。正是由于岩体中存在节理裂隙等地质结构面（图5-2），岩体的强度大都远低于岩石强度。在爆破工程中，岩石的力学性质和岩体的完整性共同反映了岩体的质量。

图5-2 露天矿山边坡裸露岩体

5.2 岩石的分类

岩石按成因可分为岩浆岩、沉积岩和变质岩三大类。另外，由各种地质作用形成的尚未硬结的堆积物称为松散沉积物。

（1）岩浆岩。岩浆岩是由埋藏在地壳深处的岩浆（主要成分为硅酸盐）上升或喷出地表冷凝形成的。直接在地下凝结形成的称为侵入岩，按其所在地层深度可分为深成岩和浅成岩；喷出地表形成的称为火山岩（喷出岩）。其中侵入岩多为整体块状，结晶颗粒越细、结构越致密，则其强度越高、坚固性越好。火山岩整体性较差，常伴有气孔和碎屑。

常见的岩浆岩有花岗岩、闪长岩、辉绿岩、玄武岩、流纹岩等。

由于组成岩浆岩的各种矿物的化学成分和物理性质比较稳定，故一般的岩浆岩都具有均质性和较高的力学强度。

（2）沉积岩。沉积岩是地表母岩（岩浆岩、变质岩和早已形成的沉积岩）经风化剥离或溶解后，再经过搬运和沉积，在常温下固结形成的岩石。

组成沉积岩的主要物质成分是颗粒和胶结物。其坚固性除与矿物颗粒成分、粒度和形状有关外，还与胶结成分和颗粒间胶结的强弱有关。硅质胶结最坚固，铁质胶结次之，钙质胶结和泥质胶结最差。

在沉积环境的作用下，沉积岩具有层理构造，所以表现出各向异性或宏观各向同性，即在不同方向上表现出不同的力学强度。

按结构和矿物成分的不同，沉积岩又分为碎屑岩、黏土岩、化学岩及生物岩。常见的沉积岩有石灰岩、砂岩、页岩、砾岩等。

（3）变质岩。变质岩是由地壳中的原岩（岩浆岩或沉积岩）在受到高温、高压及化学活动性流体的作用下发生变质而形成的岩石。与原岩相比，其矿物成分和结构构造都发生了一定的变化。其物理力学性质与原岩性质、变质作用性质和变质程度有关。一般来说，它的变质程度越高，矿物重新结晶越好，结构越紧密，坚固性越好。

由岩浆岩形成的变质岩称为正变质岩，常见的有花岗片麻岩；由沉积岩形成的变质岩称为副变质岩，常见的有大理岩、板岩、石英岩、千枚岩等。

对上述三种不同成因的岩石而言，一般来说岩浆岩的可爆性较差，沉积岩和变质岩的可爆性较好。表 5-1 ~ 表 5-3 分别列出了岩浆岩、沉积岩和变质岩的分类及其鉴定特征。

表 5-1　主要岩浆岩的分类

岩石类别				酸性	中性	基性
颜色				肉红、灰白	灰、灰绿	灰黑、黑绿
矿物成分	主要矿物			石英 正长石	角闪石 斜长石	辉石 斜长石
	次要矿物			黑云母 角闪石	辉石 黑云母	角闪石 橄榄石
矿物成分特点				正长石为主	斜长石多余正长石	
				石英很多	石英极少（<10%）	
成因	产状	构造	结构	主要岩石		
喷出岩	火山锥 熔岩流	气孔状 流纹状 杏仁状	玻璃质、火山碎屑、斑状、隐晶质	浮岩、黑曜岩、凝灰岩、火山角砾岩、火山集块岩		
				流纹岩	安山岩	玄武岩
浅成岩	岩脉	块状	半晶状或全晶质斑状或似斑状	伟晶岩、煌斑岩		
				花岗斑岩	闪长斑岩	辉绿岩
深成岩	岩床、岩株、岩盘、岩基		全晶质粒状	花岗岩	闪长岩	辉长岩

表 5-2　主要沉积岩的分类

岩类	结　构	主要成分	主要岩石	
			松散	胶结
碎屑岩	砾状结构 >2mm	岩石碎屑或岩块	角砾、碎石、块石	角砾岩
			孵石、砾石	砾岩
	砂质结构 2 ~ 0.05mm	石英、长石、云母、角闪石、辉石、磁铁矿等	砂土	石英石 长石砂岩 硬砂岩

续表 5-2

岩类	结构		主要成分	主要岩石	
				松散	胶结
碎屑岩	粉质结构 0.05 ~ 0.005mm		石英、长石、黏土矿物、碳酸盐矿物	粉砂土	粉砂岩
黏土岩	泥质结构 < 0.005mm		黏土类矿物为主，含少量石英、云母等	黏土	泥岩、页岩
化学岩及生物岩	化学结构及生物结构	致密状 粒状 鲕状	方解石为主，白云石		石灰岩
			白云石、方解石		白云岩
		结核状 鲕状 块状 纤维状 致密状	石英、蛋白石、硅胶	硅藻土	燧石岩
					硅藻岩
			钾、钠、镁的硫酸盐及氧化物		石膏岩盐、钾岩
			碳、碳氢化合物、有机物	泥炭	煤、油页岩

表 5-3 主要变质岩的分类

岩石名称	主要矿物成分	构造
花岗岩片麻岩 角闪岩片麻岩	长石、石英、云母、角闪石、石榴子石等	片麻状
云母片岩 绿泥石片岩 滑石片岩 角闪石片岩	云母、石英 绿泥石、滑石、云母 滑石、绢云母 角闪石、石英	片状
千枚岩	绢云母、石英、黑云母、长石及黏土矿物	千枚状
板岩	石英、绢云母及黏土矿物	板状
大理岩 石英岩	方解石、白云石 石英	块状

5.3 岩石的物理力学性质

爆破是一个力学作用过程，在这一过程中既会发生岩石的力学破坏现象，同时也伴随着岩块移动等各种物理现象。因此，岩石的物理力学性质对爆破过程具有极为重要的影响。

岩石介质对爆破作用的抵抗能力与其性质有关。岩石的基本性质主要取决于其生成条件、矿物成分、结构构造状态和后期地质的营造作用。用来定量评价岩石物理力学性质的参数有 100 多个，但与爆破有关的主要参数仅有 10 多个。

5.3.1 岩石的物理性质

岩石的物理性质主要包括密度、容重、孔隙率、松散系数、波速与波阻抗。

5.3.1.1 密度与容重

岩石的密度是指岩石试件质量与其实际占据空间体积的比值，一般用符号 ρ（g/cm^3）表示，即

$$\rho = \frac{M}{V - V_0} \tag{5-1}$$

式中 M——岩石试件质量，g；

V——岩石占据空间体积，cm^3；

V_0——岩石试件中孔隙占据空间体积，cm^3。

岩石的容重指岩石的重力 G 与岩石体积 V 之比，一般用 $\gamma(t/m^3)$ 表示，即

$$\gamma = \frac{G}{V} \tag{5-2}$$

一般地讲，在爆炸应力能够克服岩体内部阻力的条件下，如能克服岩石自身的惯性力，则炸药爆炸产生的部分能量将转化为岩石的动能，使岩石产生位移甚至抛掷运动，使岩体在爆破后呈松散状。因此，岩石的密度和容重越大，其惯性力也越大，爆破就越困难，特别是在进行抛掷爆破时更是如此。

岩石密度比较容易测定，在爆破工程实践中的应用较为普遍。

5.3.1.2 孔隙率

岩石的孔隙率是指岩块内部孔隙体积 V_0 占岩块总体积 V 的百分率，一般用 η 表示，即

$$\eta = \frac{V_0}{V} \times 100\% \tag{5-3}$$

岩石中的孔隙会降低岩石内部颗粒之间的连接力而降低岩石强度。

5.3.1.3 碎胀性和松散系数

爆破使岩石破碎和位移，形成更小岩块的松散堆积体，其外观体积将明显大于原岩体积，这一性质称为岩石的碎胀性，一般用松散系数（也称为碎胀系数）K 来表示。松散系数 K 是爆后岩石堆积体的外观体积 V_1 与原岩体积 V 之比，即

$$K = \frac{V_1}{V} \tag{5-4}$$

在爆破实践中，特别是在地下开采过程中，需要结合矿石的松散系数 K 考虑爆破时已有自由空间的大小，保证矿石具有充分的碎胀空间。

5.3.1.4 波速与波阻抗

一般将纵波在岩石中的传播速度 c 与岩石密度 ρ 的乘积，称为岩石的波阻抗：

$$z = \rho c \tag{5-5}$$

岩石的波阻抗反映了岩石对应力波传播的阻尼作用。实验也表明，应力波能量在两种介质的界面处传递效率的高低，在很大程度上取决于这两种介质波阻抗值的接近程度。在岩石爆破过程中，炸药与周围岩石的波阻抗值越接近（匹配），炸药的爆炸能量传递给岩

石的比例就越高，岩石的破坏就越充分。

此外，岩石密度越大，爆炸应力波在岩石中的传播速度也越高。由于这一原因，在不同密度的岩层中，同一时刻的爆炸应力波在不同方向上传播的距离不会相同，从而影响到岩体中的应力分布及最终的爆破效果。

表 5-4 中列出部分岩石的密度、容重、孔隙率、纵波速度和波阻抗，可供参考。

表 5-4 常见岩石的物理性质

岩石名称	密度/$g \cdot cm^{-3}$	容重/$t \cdot m^{-3}$	孔隙率/%	纵波速度/$m \cdot s^{-1}$	波阻抗/$kg \cdot cm^{-2} \cdot s^{-1}$
花岗岩	2.60~3.30	2.56~3.20	0.5~1.5	4000~6800	800~1900
玄武岩	2.80~3.30	2.75~3.20	0.1~0.2	4500~7000	1400~2000
辉绿岩	2.85~3.00	2.80~2.90	0.6~1.2	4700~7500	1800~2300
石灰岩	1.71~2.85	1.70~2.65	5.0~20.0	3200~5500	700~1900
白云岩	2.20~2.70	1.50~3.00	1.0~5.0	5200~6700	1200~1900
砂岩	1.65~2.69	1.60~2.56	5.0~25.0	3000~4600	600~1300
页岩	2.20~3.10	1.50~3.00	10.0~30.0	1830~3970	430~930
板岩	2.30~2.70	2.10~2.85	0.1~0.5	2500~6000	575~1620
片麻岩	2.90~3.00	2.60~2.85	0.5~1.5	5500~6000	1400~1700
大理岩	2.60~2.70	2.45~2.75	0.5~2.0	4400~5900	1200~1700
石英岩	2.65~2.90	2.54~2.85	0.1~0.8	5000~6500	1100~1900

5.3.1.5 岩石的风化程度

岩石的风化程度：指岩石在地质内营力和外营力的作用下发生破坏疏松的程度。一般来说，随着风化程度的增强，岩石的孔隙率和变形性增大，其强度和弹性指数降低。所以，同一种岩石常常由于风化程度的不同，其物理力学性质差异也很大。岩石的风化程度根据《工程岩体分级标准》（GB 50218—94）分为：未风化、微风化、弱风化、强风化和全风化，参见表 5-5。

表 5-5 岩石风化程度的划分

项 目	特 征
未风化	结构构造未变，岩质新鲜
微风化	结构构造、矿物色泽基本未变，部分裂隙面有铁锰质渲染
弱风化	结构构造部分破坏，矿物色泽较明显变化， 裂隙面出现风化矿物或存在风化夹层
强风化	结构构造大部分破坏，矿物色泽明显变化， 长石、云母等多风化成次生矿物
全风化	结构构造全部破坏，矿物成分除石英外，大部分风化成土状

5.3.2 岩石的主要力学性质

岩石的力学性质可视为在一定力场作用下性态的反映。岩石在外力作用下将发生变形，这种变形因外力的大小、岩石物理力学性质的不同会呈现弹性、塑性、脆性性质。当外力继续增大至某一值时，岩石便开始破坏。岩石开始破坏时的强度称为岩石的极限强度，因受力方式的不同而有抗拉、抗剪、抗压等强度极限。岩石与爆破有关的主要力学性质如下：

（1）岩石的变形。包括弹性变形、塑性变形及脆性变形。

1）弹性：岩石受力后发生变形，当外力解除后恢复原状的性能。

2）塑性：当岩石所受外力解除后，岩石没能恢复原状而留有一定残余变形的性能。

3）脆性：岩石在外力作用下，不经显著的残余变形就发生破坏的性能。

岩石因成分、结晶、结构等的特殊性，不像其他固体材料那样有明显的屈服点，而在所谓的弹性范围内呈现弹性和塑性，甚至在弹性变形一开始就呈现出塑性变形。脆性是坚硬岩石的固有特征。

4）弹性模量 E：岩石在弹性变形范围内，应力与应变之比。

5）泊松比 ν：岩石试件单向受压时，横向应变与竖向应变之比。

（2）岩石的强度：岩石强度是指岩石在受外力作用下发生破坏前所能承受的最大应力，是衡量岩石力学性质的主要指标。

1）单轴抗压强度：岩石试件在单轴压力下发生破坏时的极限强度。

2）单轴抗拉强度：岩石试件在单轴拉力下发生破坏时的极限强度。

3）抗剪强度：岩石抵抗剪切破坏的最大能力。抗剪强度 τ 用发生剪断时剪切面上的极限应力表示，它与对试件施加的压应力 σ、岩石的内聚力 c 和内摩擦角 φ 有关，即

$$\tau = \sigma\tan\varphi + c \tag{5-6}$$

矿物的组成、颗粒间连接力、密度以及孔隙率是决定岩石强度的内在因素。试验表明，岩石具有较高的抗压强度，较小的抗拉和抗剪强度。一般抗拉强度比抗压强度小90%~98%，抗剪强度比抗压强度小87%~92%。

表5-6列出了部分常见岩石的力学性质。

表5-6 常见岩石的力学性质

岩石名称	抗压强度/MPa	抗拉强度/MPa	抗剪强度/MPa	弹性模量/GPa	泊松比	内摩擦角/(°)	内聚力/MPa
花岗岩	70~200	2.1~5.7	5.1~13.5	15.4~69	0.36~0.02	70~87	14~52
玄武岩	120~250	3.4~7.1	8.1~17.0	43~106	0.20~0.02	75~87	20~60
辉绿岩	160~250	4.5~7.1	10.8~17.0	67~79	0.16~0.02	85~87	30~55
石灰岩	10~200	0.6~11.8	0.9~16.5	21~84	0.50~0.04	27~85	30~55
白云岩	40~140	1.1~4.0	2.1~9.5	13~34	0.36~0.16	65~87	32~50
页岩	20~40	1.4~2.8	1.7~3.3	13~21	0.25~0.16	45~76	3~20
板岩	120~140	3.4~4.0	8.1~9.5	22~34	0.16~0.10	75~87	3~20
片麻岩	80~180	2.5~5.1	5.4~12.2	15~70	0.30~0.05	70~87	26~32
大理岩	70~140	2.0~4.0	4.8~9.6	10~34	0.36~0.16	75~87	15~30
石英岩	87~360	2.5~10.2	5.9~24.5	45~142	0.15~0.10	80~87	23~28

（3）岩石其他力学特性还包括：

1）具有各向异性和非均质性。

2）存在着三轴抗压强度大于单轴抗压强度，单轴抗压强度大于其抗剪强度，而抗剪强度又大于抗拉强度的状况。

3）以脆性破坏为主。试验表明，除非常软弱的岩石和处于高围压或高温条件下的岩石呈塑性破坏外，绝大部分岩石在一般条件下均呈现脆性破坏，其破坏应变量不大于5%，一般小于30%。此外，岩石的抗拉、抗弯、抗剪强度均远比其抗压强度小（见表5-7），这就表明岩石很容易被拉伸、弯曲或剪切所破坏。

表5-7 岩石强度的相对值

岩 石	相对于单轴抗压强度值/%		
	抗拉强度	抗弯强度	抗剪强度
花岗岩	2~4	3	9
砂 岩	2~5	6~20	10~12
石灰岩	4~10	约8~10	15

4）矿物的组成、密度、颗粒间连接力以及孔隙率是决定岩石强度的内在因素。

5.3.2.1 岩石的静力学性质

爆破作用是一个动力学过程，但对岩石的动力学参数进行实测难度较大，因此，目前大多仍采用静力学参数来描述岩石的力学性质。研究和实践均表明，由于岩石的静力学参数与其动力学参数具有一定的一致性，故在爆破研究中用前者来描述岩石的力学性质，仍较可靠和有效。

A 岩石的强度特征

岩石的静载强度可包括岩石在静载作用下的抗压、抗拉及抗剪强度。一般而言，静载强度越大越难爆破。在爆破过程中，岩石主要是在拉伸与剪切作用下发生破坏的，故岩石的抗拉强度和抗剪强度对岩体的可爆性影响较大。

在绝大多数情况下，岩石这类材料的静载抗压强度一般是其抗拉强度的10~20倍甚至更大，抗剪强度居于两者之间。部分常见岩石的静载强度列于表5-8。

表5-8 部分常见岩石的静载强度 MPa

岩石名称	抗压强度	抗拉强度	抗剪强度	岩石名称	抗压强度	抗拉强度	抗剪强度
花岗岩	100~250	2.1~5.7	5.1~13.5	页岩	10~100	1.4~2.8	1.7~3.3
辉长岩	180~300	15~36	—	板岩	60~200	3.4~4.0	8.1~9.5
石英岩	87~360	2.5~10.2	5.9~24.5	片麻岩	50~200	2.5~5.1	5.4~12.2
玄武岩	120~250	3.4~7.1	8.1~17.0	大理岩	70~250	2.0~4.0	4.8~9.6
辉绿岩	160~350	4.5~7.1	10.8~17.0	砂岩	20~200	2~5	10~12
石灰岩	10~200	0.6~11.8	0.9~16.5	砾岩	10~150	2~15	—
白云岩	40~250	1.1~4.0	2.1~9.5	片岩	10~100	1~10	—

注：因岩石试件个体条件等原因，表中所列的岩石力学参数可能与其他文献中给出的数据有异。

B 弹塑性

反映岩石静力学性质的指标主要包括弹塑性、脆性和韧性，抗压、抗剪和抗拉强度，以及弹性模量与泊松比等。岩石在单轴压缩作用下可表现出来的弹塑性、脆性和韧性及强度特征如图 5-3 所示。

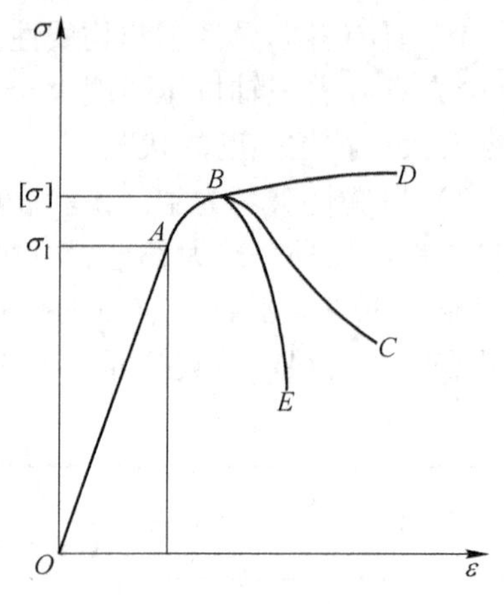

图 5-3 单轴压缩作用下岩石的全应力-应变曲线

在图 5-3 中，σ 和 ε 分别为岩石中的应力和岩石产生的应变；曲线 OA 段表示岩石的线性变形区间，σ_1 为岩石的比例极限；曲线 AB 段表示岩石的非线性变形区间，$[\sigma]$ 为岩石的抗压强度；BE 段表示岩石可具有的脆性，BC 段表示弹性岩石的残余强度，BD 段表示岩石的塑性区间。

需要指出的是，岩石的塑性和脆性都是相对的概念。在加载达到岩石的强度之后，岩石承载能力下降得越迅速，即表示岩石的脆性越显著。反之，应力变化不大，而应变显著增加，则表明岩石具有较高的塑性。

岩石在变形过程中要消耗大量的能量，所以在绝大多数情况下，塑性大的岩石较难爆破。塑性的强弱取决于岩石颗粒彼此之间以及颗粒与胶结物之间的凝聚力大小。与塑性相对应，岩石不经过显著的残余变形而破坏的性能称为脆性，脆性大的岩石因变形过程中能量损失较小，故大多数脆性岩石容易爆破。

5.3.2.2 *岩石的动力学性质*

爆破的过程是一个力学作用过程。炸药的爆炸在药包周围岩体中产生一个动态应力场，当应力值达到岩石的爆破动载强度（如抗压、抗拉和抗剪强度）时，必然会引起岩石的破坏。但是，由于岩石动载强度的测定难度较大，故实际应用尚极少。

从爆炸应力波破岩理论出发，不少研究者提出以岩石或岩体的声波传播速度或波阻抗（密度与纵波传播速度的乘积）反映岩石或岩体的动力学特性，并认为波速和波阻抗值越高，岩体的完整性越好，越难爆破。

在爆炸动载作用下，岩石的强度特性与静载作用下有所不同。表 5-9 是几种岩石在雷管爆炸冲击载荷作用下与静载试验所得强度的比较。从表中可见，对同一种岩石，其动载强度一般都高于静载强度。

表 5-9 几种岩石雷管爆炸冲击载荷下的动载强度与静载强度的比较

岩石名称	容重 /t·m^{-3}	纵波平均速度 /m·s^{-1}	抗压强度/MPa		抗拉强度/MPa		动载速率 /MPa·s^{-1}	载荷持续时间/ms
			静载	动载	静载	动载		
大理岩	2.7	4500~6000	90~110	120~200	5~9	20~40	10^7~10^8	10~30
和泉砂岩	2.6	3700~4300	100~140	120~200	8~9	50~70	10^7~10^8	20~30
多湖砂岩	2.0	1800~3500	15~25	20~50	2~3	10~20	10^6~10^7	50~100
群马砂岩	2.7	4100~5700	200~240	350~500	10~23	20~30	10^7~10^8	10~20
辉绿岩	2.8	5300~6000	320~350	700~800	22~32	50~60	10^7~10^8	20~50
石英闪长岩	2.6	3700~5900	240~330	300~400	11~19	20~30	10^7~10^8	30~60

爆炸动载作用的特点是载荷持续时间短，加载速率高。加载速率指施加载荷随时间的变化率。爆炸动载加载速率大约是静载荷加载速率的 10^6 倍，而岩石的爆破动载破坏强度

大约是静载时的 3 ~4 倍。

通常，可用变形过程中的平均加载率或平均应变率来评价载荷的动态特性。根据试验研究结果，不同载荷的应变率如表 5-10 所示。

表 5-10　载荷种类比较

加载方式	稳定载荷	液压机	压气机	冲击杆	爆炸冲击
载荷状态	流变	静态	准静态	准动态	爆炸
应变率 ε/s^{-1}	$<10^{-6}$	$10^{-6} \sim 10^{-4}$	$10^{-4} \sim 10$	$10 \sim 10^3$	$>10^4$

现场岩体在爆炸作用下的应变率随爆源强度及离爆源的距离变化范围很大，例如，爆破应力波的应变率为 $5 \times 10^4/s$，而爆破冲击波的应变率为 $10^{11}/s$。

5.3.2.3　岩石的动力学特征

引起岩石变形及破坏的载荷有动载荷和静载荷之分，一般的岩石力学参数均为静载荷作用下的性质。普遍认为，在动载荷作用下岩石的力学性质将发生很大的变化，其动力学强度比静力学强度增大很多，变形模量也明显增大。而爆破作用是典型的动载荷，例如，对辉长岩试件做静、动态加载试验，其静力抗压强度为 180MPa，当动力加载时长（加载至试件破坏的时间）为 30s 时的抗压强度增大至 210MPa，加载时长为 3s 时抗压强度增大至 280MPa，相对于静载荷强度分别提高了 17% 和 55% 。

关于荷载的动态特性，根据试验研究结果，可用变形过程中的平均加载率或平均应变率来评价，如表 5-11 所示。

表 5-11　应变率与载荷种类

加载方式	稳定载荷	液压机	压气机	冲击杆	爆炸冲击
应变率 ε/s^{-1}	$<10^{-6}$	$10^{-6} \sim 10^{-4}$	$10^{-4} \sim 10$	$10 \sim 10^4$	$>10^4$
载荷状态	流变	静态	准静态	准动态	动态

显然，岩石在冲击凿岩或炸药爆炸作用下，承受的是一种荷载持续时间极短、加载速率极高的典型冲击型动态载荷。

炸药爆炸是一种强动载扰动源，爆轰波瞬间作用在岩石界面上，使岩石的状态参数产生突跃，形成强间断，并以超过介质声速的冲击波形式向外传播。随着传播距离的增加，冲击波能量迅速衰减而转化为波形较为平缓的应力波。现场试验表明，爆源近区冲击波作用下岩石的应变率 ε 为 $10^{11}/s$，中、远区应力波的传播范围内应变率 ε 也达到 $5 \times 10^4/s$。

爆炸冲击动载荷对岩石的加载作用与静载相比，有以下几个特点：

（1）冲击载荷作用下形成的应力场（应力分布及大小）与岩石性质有关，静载则与岩性无关。

（2）冲击加载是瞬时性的，一般为毫秒级；静载通常超过 10s，因此，静力加载时应力可分布到较深、较大范围，变形和裂纹的发展也较充分；爆炸载荷以波的形式传播，加载过程瞬间即逝。

（3）爆炸载荷在传播过程中，具有明显的波动特性，其质点除偏离原来的平衡位置发生变形和位移外，还在原位不断波动，因此，岩石的动载变形特征同静载变形有本质区别。岩石的变形能，不论在哪种载荷作用下，从变形到破坏都是一个获得能量到释放能量的过程。而岩石的总变形能中，从能量观点、功能平衡原理分析，外力做功的静载变形能和波动引起的动载变形能几乎各占一半，也就是说在爆炸冲击动载作用下，破坏岩石要消耗较多的能量。表 5-12 则表示了岩石在动载作用下的动力特性，其应力率比静载时大 10^6 倍，而破坏强度大 3 ~4 倍。但是，对于各种岩石，鉴于成因条件不同，矿物颗粒的多样性、结构构造的复杂性，目前尚难定量给出其动态特性的变化规律。

表 5-12　岩石的动、静态特性比较

岩 石 特 性		大理岩	砂岩 A	砂岩 B	花岗岩
动载试验	应力率/$\times 10^6$ MPa · s^{-1}	0.17	0.14	0.15	0.15
	破坏应力/MPa	21.5	22	19	17
	破坏应变/$\times 10^6$	490	610	460	630
	弹性模量/$\times 10^4$ MPa	5.1	6.4	4.0	3.0
静载试验	应力率/$\times 10^6$ MPa · s^{-1}	0.11	0.18	0.15	0.22
	破坏应力/MPa	5.3	8	2.9	5.3
	破坏应变/$\times 10^{-6}$	145	410	370	510
	弹性模量/$\times 10^4$ MPa	4.7	1.9	1.0	1.2

应该注意的是，虽然岩石的动载强度显著高于静载强度，但在实际爆破过程中其影响的重要性仍要低于岩石结构面的影响。

岩石在动载荷作用下，其抗压强度与加载的速度有如下的关系：

$$S = K_M \cdot \lg v_L + S_0 \tag{5-7}$$

式中　S——动载强度，kPa；

S_0——静载强度，kPa；

K_M——比例系数；

v_L——加载速度，kPa/s。

上式表明，岩石动载强度和加载速度 v_L 的对数呈线性关系，这反映了加载速度对岩石动载强度的影响程度。K_M 与岩石种类和强度类型有关。某些研究结果还指出，加载速度对抗压强度影响很大，对抗拉强度的影响则较小。由于岩石容易受拉伸和剪切而破坏，所以尽管动载强度高，岩石仍然容易受爆破冲击载荷作用而破坏。

5.4　岩体结构面及其影响

人们一般所称的岩石是一个模糊的概念。从严格的意义上讲，岩石是指岩石块及岩块。岩块中应不含有节理裂隙等不连续面，可以视为均质连续介质。但在绝大多数的爆破工程中，天然的岩体是岩块的集合体，岩块间不同程度地存在着断层、层理、节理、裂隙等地质不连续面（如图 5-1b、c 所示），通常将这些不连续面称为结构面或弱面。在实际的爆破过程中，炸药爆炸所起的作用有两个：一是使岩块破坏而分裂成小块；二是使岩体沿结构面破裂和分离。因此，岩体的地质结构构造，包括其性质与发育程度，必然对爆破的作用过程和最终的爆破效果产生直接的影响。一般情况下，爆破前岩体本身越破碎，爆破就越容易，达到预期的爆破破碎效果所需要的能量就越少。反之，岩体的完整性好，节理裂隙等结构构造发育程度低，就越难爆破。

5.4.1 岩体结构面的类型

由于岩体地质成因和地壳构造运动的作用，岩体初始的完整性受到了不同性质、不同程度的破坏，从而在岩体内形成了不同特性、不同规模的地质界面，除不同物质的分界面外，这些界面还包括层理、节理、片理、断层等结构面。按结构面的地质成因，可将岩体结构面分为沉积结构面、火成结构面、变质结构面、构造结构面和次生结构面五类（表5-13）。按岩体结构面的类型，一般可将岩体分为：块状结构、层状结构、破裂结构、碎裂结构、散体结构等。

除岩石的物理力学性质外，结构面的种类、性状、力学性质、空间分布几何特征，都对爆破破碎的效果有直接的重要影响。

表5-13 岩体结构面及其特征

成因类型		地质类型	主要特征		
			产状	分布	性质
原生结构面	沉积结构面	1. 层理、层面； 2. 层间软弱夹层； 3. 不整合面、假整合面	除不整合面以外，一般与岩层产状一致，为层间结构面	海相岩层中分布稳定，陆相层中呈交错状，易尖灭	层面、层间软弱夹层较为平整；不整合面及沉积间断面多由碎屑、泥质物质构成，且不平整
原生结构面	火成结构面	1. 侵入岩体与围岩接触面； 2. 岩脉、岩墙与围岩接触面； 3. 原生冷凝节理； 4. 多旋回的喷溢面积流层	受侵入岩体形状控制，方位不稳定，岩脉受构造结构面控制	接触面延展较远，比较稳定，而原生节理往往短小密集	接触面可具熔合及破裂两种不同的特征；原生节理一般为胀裂面，较粗糙不平
原生结构面	变质结构面	1. 片理、板理、剥理及片麻理构造； 2. 片理软弱夹层	产状与岩层和构造线方向一致	片理、片麻理等短小、密集、平行岩层或构造线方向展布	结构面光滑平直，片理在岩体深部往往闭合成隐闭结构面；片岩软弱夹层含片状矿物，呈鳞片状
构造结构面		1. 节理（剪节理与张节理）； 2. 断层； 3. 层间错动面或层间挤压破碎带； 4. 剪理、隐藏节理	产状与构造线呈一定关系，层间错坳与岩层一致	压性断裂、规模大、延展远、沿走向及倾向呈舒缓波状；扭性断裂平直，延伸较远；张性断裂短小，呈弯曲及锯齿状分布	张性断裂不平整，常具次生充填，呈锯齿状；剪切断裂较平直，具羽毛状裂隙；压性断层具多种构造岩，成带状分布，往往含断层泥、糜棱岩
次生结构面		1. 卸荷裂隙； 2. 风化裂隙； 3. 风化夹层； 4. 泥化夹层； 5. 裂面次生填泥	受地形及原生结构面控制	分布在地表风化带及河谷卸荷带内呈不连续状、透镜状，延伸性较差	一般为泥质物质充填，水理性质很差

5.4.2 结构面物质特性及其影响

由于结构面形成过程中各种因素的作用，不同结构面上的物质成分和性状可有很大差异，有的风化泥化程度低、坚硬、胶结良好、抗剪强度高，有的质地软弱松散、风化泥化程度高、抗剪强度低。

断层和张开性节理是在自然岩体中很常见的一类结构面，有的水理性质良好，遇水时其物理力学性质不会发生明显变化，有的水理性质不良，有的甚至是含有绢云母、滑石、绿泥石等具有滑感的矿物以及含高岭土、蒙脱土等具有遇水膨胀、崩解等特性的矿物。

由软弱松散物质组成的结构面，如黏土夹层、不整合面及沉积间断面、片岩软弱夹层、断层泥、糜棱岩的断层、层间破碎夹层、风化层、泥化夹层、次生泥化夹层等，对爆破的影响极大。

5.4.3 裂隙密度的表达和计算方法

工程中使用“裂隙密度”或“节理密度”表示岩体中小规模范围内节理裂隙等地质不连续面的发育程度。根据工程条件和工程需要，裂隙密度的表达方式有以下几种：

（1）线密度。用测线单位长度上的裂隙个数来表示：

$$S_1 = \frac{N}{L} \tag{5-8}$$

式中 N——裂隙数；

L——测线长度，m。

（2）面积密度。用地表面单位面积内节理裂隙迹线的总长度来表示：

$$S_2 = \frac{\sum_{i=1}^{n} L_i \cdot n}{F} \tag{5-9}$$

式中 n——裂隙痕迹个数，条；

L_i——被测岩石面积范围内的单个裂隙痕迹的长度，m；

F——岩石被测面的面积，m^2。

5.5 岩石的可钻性

5.5.1 基本概念

岩石的可钻性反映岩石在钻机钻进时发生破碎的难易程度，是决定钻进作业效率的基本因素。岩石可钻性及其分级是合理选择钻进方法和钻头结构的重要依据，同时也是制订钻孔生产定额和编制钻孔生产计划的基础。另外，岩石的可钻性还是考核机台生产效率的根据。

影响岩石可钻性的主要因素包括：岩石的力学性质（硬度、强度、弹性、脆性、塑性及研磨性等)、矿物成分、结构构造、密度、孔隙率、含水性及透水性。一般情况下，石英含量大、胶结牢固、颗粒细小、结构致密、未经风化和蚀变时，岩石可钻性差；岩石的硬度和强度高、耐磨性强，岩石破碎就比较困难，岩石可钻性也差。

影响岩石钻进作业效率的技术条件有：钻探设备的类型、钻孔直径和深度、钻进方法、碎岩工具的结构和质量等。例如，冲击钻进在坚硬的脆性岩石中具有较好的钻进效果，而回转钻进则在软的塑性岩石中可以获得较好的碎岩效率。

影响岩石钻进作业效率的工艺因素主要有：施加在钻头上的压力、钻头的回转速度、冲洗液的类型及孔底岩粉排除情况等。

5.5.2 岩石可钻性的评价方法

在研究和钻孔爆破实践中，评价岩石可钻性的方法主要有按岩石的力学性质或凿碎比功、采用实际钻进速度或室内微钻速度等。

5.5.2.1 用岩石力学参数评价岩石的可钻性

岩石力学性质是影响岩石可钻性的决定因素。在室内采用一定的仪器，测定能够反映碎岩质量的一种或几种力学性质指标，用以表征岩石的可钻性。这类方法测定简便，测得的指标稳定，排除了实钻时人为因素的影响，因而测出的结果比较客观、可靠，但较难选取适用于各种钻进方法的力学参数指标。

5.5.2.2 用实钻速度评价岩石的可钻性

用实际钻进速度评价岩石可钻性，能够反映地质因素和技术工艺因素的综合影响，所得到的钻速指标可直接用于制订生产定额。但是，对于不同的钻进工艺方法，应该有不同的分级指标，而且具体操作比较繁琐，标准条件难以保证，受人为因素影响大。另外，随着钻进技术的发展和钻进设备的变化，需要对分级指标进行相应的修正。

5.5.2.3 用室内微钻速度评价岩石的可钻性

在室内采用微型设备模拟钻进，测得的微钻速度同样可以反映各种因素对岩石可钻性的综合影响。室内试验条件比较稳定，测试记录也比较准确，在一定程度上可避免人为因素的干扰，因而可以用微钻速度进行岩石的可钻性分级。但是，采用这种方法，难以反映岩体的节理裂隙等地质结构构造对钻进速度的影响。

A. G. 罗格研究的微型钻钻速，是用来模拟牙轮钻的。它在美国休斯公司得到了应用，在国内也有所研究和应用。

罗氏的微型钻，用八片零号的星形砂轮修整片，互相之间隔一片零号垫片，串接在一根轴上，再安装在支架上当作微型钻的钻头。钻头直径 31.8mm（$1\frac{1}{4}$英寸），每分钟回转 55 转，在转动轴上施加钻压 889N，测定的钻速折合成英制单位 ft/h，或公制单位 m/h。钻孔深度 2.38mm，在钻孔同时吹出岩粉。

5.5.2.4 用碎岩比能评价岩石的可钻性

凿碎比功就是破碎单位体积岩石所需的能量。从单位时间的碎岩量还可求得钻进速度。因此，碎岩比能既是物理量又是碎岩效率指标。通过碎岩比能这一指标还可以对各种钻进方法破碎岩石的有效性进行比较。问题在于每种钻进方法的碎岩比能本身也有一定差异，其变化规律尚未得到充分的研究。

此外，与上述微钻速度法类似，采用这种方法也无法反映岩体的节理裂隙等地质结构构造的影响。

原东北工学院（现东北大学）岩石破碎研究室研究提出了一种能在现场测定凿碎比功（碎岩比能）的简易方法（图5-4）。以4kg重的落锤，中心有个孔，穿在导杆上坠落冲击钻头，构成一个便于携带的岩石凿测器。落锤坠落高度1m，钎头直径40mm，嵌有YC11C的硬质合金，刃角110°。

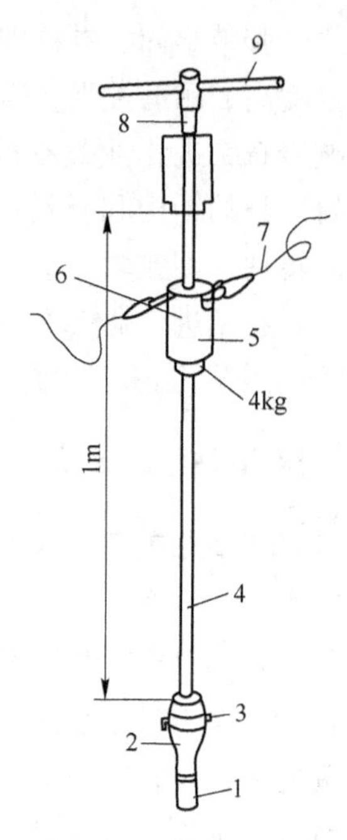

图5-4　岩石凿碎比功测定器

1—钎头；2—承击台；3—插销；4—导向杆；5—落锤；6—△形环；7—操作绳；8—导向顶；9—转动手把

测定时先开好孔口，冲击480次，每次转动钎头15°，每冲24次清除孔底岩粉，量取凿孔增加的深度H（以毫米为单位）便可用下式求出岩石的凿碎比功a（J/cm^3）。

$$a = \frac{14249}{H} \tag{5-10}$$

岩石的凿碎比功a值，在$200 \sim 900 J/cm^3$范围。表5-14给出了不同凿碎比功的代表性岩石。我国金属矿山的岩石，a在$245 \sim 540 J/cm^3$范围的占79%左右。

表5-14　各级可钻性的代表性岩石

级别	凿碎比功/$J \cdot cm^{-3}$	可钻性	代表性岩石
Ⅰ	0 ~ 186	极易	页岩、煤、凝灰岩
Ⅱ	187 ~ 284	易	石灰岩、砂质岩、橄榄岩（金川）、绿泥角闪岩（南芬）、云母石英片岩、白云岩（大石桥矿）
Ⅲ	285 ~ 382	中等	花岗岩（大孤山）、石灰岩（大连甘井子、本溪）、橄榄岩片岩、铝土矿（洛阳）、混合岩（大孤山、南芬）、角闪岩
Ⅳ	383 ~ 480	中难	花岗岩、胶质硅岩、辉长岩（兰尖）、玢岩（大孤山）、黄铁矿（白银）、铝土矿（阳泉）、磁铁石英矿（北京）、片麻岩（云南苍山）、矽卡岩（杨家杖子）、大理岩（青城子）
Ⅴ	481 ~ 578	难	假象赤铁矿（姑山、白云鄂博）、磁铁石英矿（南芬三层铁、弓长岭）、苍山片麻岩、矽卡岩、中细粒花岗岩（湘东钨矿）、暗绿角闪岩（南芬）
Ⅵ	579 ~ 676	很难	假象赤铁矿（姑山、白云鄂博富矿）、磁铁石英矿（南芬一、二层铁）、煌斑岩（青城子）、致密矽卡岩（杨家杖子松北）
Ⅶ	≥677	极难	假象赤铁矿（姑山、白云鄂博）、磁铁石英矿（南芬）

各种设备每钻凿1m所需时间t，和凿碎比功成正比例的关系，即

$$t = K_t a \tag{5-11}$$

式中 K_t——系数，$min \cdot cm^3/J$，随钻凿设备而异，可参考表5-15；

t——钻凿1m深孔时所需时间，min。

表5-15 基于凿岩设备的凿碎比功时间系数 K_t

设备型号	钻头直径/mm	$K_t/min \cdot cm^3 \cdot J^{-1}$
凿岩机01—30	40	0.0188
凿岩机7655	40	0.0102
潜孔钻KQ200	200	0.0233
牙轮钻60R	310	0.0126
牙轮钻45R	250	0.0112
掘进机SJG58	5800	0.1735

凿碎比功和普氏岩石坚固性系数f之间，可用下式换算：

$$f \approx \frac{a}{40} \tag{5-12}$$

综合上述可见，各种方法都有其优缺点。因此，究竟应采用哪种方法哪些指标来划分岩石的可钻性级别，迄今国内外尚未形成公认的标准。

目前，在露天矿山钻孔施工和地质勘探钻进中多采用实际钻速来划分岩石/岩体的可钻性级别，在冲击钻进中有时采用单位体积破碎功（碎岩比能），而在室内研究工作中往往采用岩石力学性质指标或微钻速度来衡量岩石的可钻性。

5.6 岩体的可爆性及其分级

所谓岩体的可爆性，即是岩体对爆破作用的抵抗能力，反映岩体在炸药爆破作用下发生破坏的难易程度。它是爆破动载作用下岩体物理力学性质的综合体现。对岩体可爆性的准确判断，是优化爆破设计、制定爆破材料消耗定额及爆破施工劳动定额的重要依据。没有对岩体可爆性的准确判断，也就难以保证获得预期的爆破效果。因此，岩体的可爆性分级对爆破理论研究、技术研发及生产实践都具有十分重要的意义。

对岩石或岩体径向可爆性分级，大多是通过两个步骤：一是分级判据指标的种类（如岩石的某种强度等）与个数；二是对选用分级判据指标的数学处理，最终得出一个表征岩石或岩体可爆性高低的数值或排序。但是，由于岩体本身性质的复杂多变特点以及对爆破机理研究的现状，迄今国内外爆破界在可爆性分级判据指标选择和数学处理方法上尚未取得共识。迄今出现的岩体可爆性分级方法大致可分为两类：一类是爆破技术人员根据个人经验对不同岩体的可爆性进行分级；另一类是基于对岩体某一或某些物理力学特性参数的分析计算来表示。前一种方法的特点是爆破技术人员根据以往爆破经验确定该种岩体的可爆性级别。经验表明，这种方法不能避免人为因素的影响，爆破效果难以得到有效控制。

迄今出现的岩石可爆性分级方法，属于笼统的分级较多。20世纪五六十年代我国矿山一般是参照苏联的普氏分级和苏氏分级作为岩石爆破性分级的依据。

5.6.1 岩体可爆性的影响因素

影响岩体可爆性的因素主要有岩石密度与强度及岩体结构特征。

5.6.1.1 岩石密度

岩石中某一点处是否发生破坏，与岩石密度（或容重）的高低并无直接关系。但是，从爆破的过程来看，当爆炸应力能够克服岩体内部凝聚力时，如能进而克服岩石的惯性力，才能使岩石产生位移甚至抛掷运动，为邻近岩石也产生破坏创造有利条件。这就是说，岩石的破坏与位移是爆破过程中互为条件的两种现象：岩石的破碎是岩块产生位移和抛移的前提条件，而岩块的位移又为岩石继续发生破坏提供有利条件（譬如炮孔爆破过程中的瞬时自由面条件）。从这种意义上讲，岩石的密度（或容重）越大，其位移所消耗的能量就越多，从而影响岩体的爆破性能。实践经验也表明，岩体往往随岩石容重的增大变得难爆。因此，有必要将岩石的密度或容重作为衡量岩体爆破难易程度的一个指标。

5.6.1.2 岩石静载强度

在以往的几乎所有各种可爆性分级方法中，岩石的静载抗压强度都是一个重要的指标，其中最具代表性的是以岩石坚固性系数（岩石单轴抗压强度 $\sigma/100$）描述岩石可爆性的普氏分级法。应当注意到，在我国迄今所有的岩石可爆性分级法中，普氏分级法曾经得到了最为广泛的认可和应用，说明以岩石的抗压强度这一单一指标描述岩石的可爆性具有一定的有效性和可靠性。然而，与此有所抵触的是，大多数爆破破岩理论认为，压缩破坏仅发生在药包附近的很小范围内，其余范围内的破坏，如药包周围岩石中产生的径向裂纹和切向裂纹以及自由面的拉伸破坏，都是在拉伸应力作用下产生的。从这一观点出发，以岩石的抗拉强度作为衡量岩石可爆性的指标似乎能够更为有效地反映岩石的爆破性质。一般认为：采用岩石的静载抗拉强度取代岩石的静载抗压强度作为衡量岩体可爆性的一个指标，更为有效和可靠。

也应明确指出的是，由于岩体性质的各向异性和自由面条件的非对称性，炸药爆炸时在周围岩体中产生的径向压缩应力场也不具有以药包（柱）中心为中心的对称性，因而会在岩体中产生径向剪切应力。这种剪切应力也是岩石破坏的一个主要原因。因此，岩石抗剪强度也对岩体的可爆性具有不可忽略的影响。

基于上述，可以认为：岩石的抗拉强度对岩体可爆性的影响最大，抗剪强度次之，抗压强度最小。

5.6.1.3 岩石的动载强度

岩体爆破在实质上是一个动力学作用过程。炸药的爆炸在药包周围岩体中产生一个动态应力场，应力的幅值随空间位置而有一定的差异，并随时间而发生变化。大量测试的结果表明，岩石的力学特性参数值的大小与加载速率密切相关，岩石的动载强度明显高于其静载强度。因此，基于爆炸载荷是动载荷的认识，至少在理论上应以岩石的动载特性参数作为评价岩石可爆性的指标。但相关研究显示，岩石的单轴冲击动载强度与岩石单轴静载抗压强度和抗拉强度都具有较高的线性相关性，表明在采用岩石的容重和静载强度作为衡量岩体可爆性的指标时，可以不采用岩石的冲击动载强度作为对岩体可爆性进行评价的指标。

从爆炸应力波破岩理论出发，不少研究者提出了以岩石或岩体的声波传播速度或波阻抗（密度与纵波传播速度的乘积）这种动力学性质反映岩石或岩体可爆性的观点，并认为波速和波阻抗值越高，表明岩体的完整性越好，越难爆破。

5.6.1.4 岩体的不连续性

在绝大多数的爆破工程实践中，岩体是岩块地集合体，岩块间程度不同地存在着节理裂隙等各种地质结构面。在爆破的作用下，容易使天然岩块沿结构面破裂而成更小的岩块。岩体的地质结构构造越发育，即爆破前岩体越破碎，为达到预期的爆破破碎效果所需要的能量就越少，亦即岩体的可爆性越好。因此，反映岩体地质结构构造发育程度的参数，是对岩体可爆性进行准确评价的一个重要指标。

用于描述岩体不连续性的指标一般有以下几种：

（1）岩体完整性系数。岩体完整性系数指岩体中纵波传播速度与岩石试件纵波传播速度之比的平方：

$$\xi = \left(\frac{c_{\mathrm{mass}}}{c_{\mathrm{rock}}}\right)^2 \tag{5-13}$$

式中　ξ——岩体完整性系数；

c_{mass}，c_{rock}——分别为岩体和岩石的纵波传播速度。

岩体越破碎，节理裂隙越发育，岩体中的波速与岩石中的波速相比就越低，岩体完整性系数就越小。因此，岩体完整性系数反映了岩体中节理裂隙等地质不连续面的发育程度。岩体完整性系数越小，岩体的可爆性就越好，单位质量岩体爆破所需要的炸药量就越少。

此外，由于岩体中的节理裂隙等地质不连续面都具有方向性，即不同方向上的岩体波速可有一定差异。这也就是说，在含有节理、层理等不连续面的岩体中，同一时刻的爆炸应力波在不同方向上传播的距离不会相同，从而影响到岩体中的应力分布特征及最终的爆破效果。因此，实际采用岩体完整性系数来描述岩体的不连续性，还需要充分注意到这种方向性及其影响。

（2）裂隙密度。与上述的岩体完整性系数类似，采用裂隙密度来描述岩体的不连续性，也需要注意到岩体地质结构构造的方向性及其影响。

5.6.1.5 波阻抗

纵波在岩石中的传播速度 c_p 与岩石密度 ρ 的乘积，称为岩石的波阻抗。波阻抗值的大小反映了介质对应力波传播的阻尼作用。实验也表明，应力波能量在两种介质的界面处传递效率的高低，在很大程度上取决于这两种介质波阻抗值的接近程度。在岩石爆破过程中，炸药与周围岩石的波阻抗值越接近（匹配），炸药的爆炸能量传递给岩石的比例就越高，岩石就越能得到充分的破坏。

5.6.2 岩体可爆性分级判据指标

选择采用岩石和岩体的哪些物理力学参数作为评价岩体可爆性的判据指标，迄今仍是一个有待进一步研究解决的问题。所选指标过少，虽然利于减少岩石和岩体特性参数测试的工作量，但不利于保证岩体可爆性评估的准确性；但采用的指标参数过多或者不当，则不仅会无谓地增大测试工作量，且同样会影响岩体可爆性评估的准确性和可靠性。

确定岩体可爆性分级判据指标的主要原则是：

（1）理论依据充分。岩体可爆性分级判据指标的选择，首先应以岩石/岩体爆破的机理为依据。

（2）所选指标与可爆性的相关性。选用指标应能直接或间接反映岩石/岩体影响其爆破难易程度的某种特性。换言之，所选指标应与岩石/岩体的可爆性密切相关。反之，假若所选指标与岩石/岩体可爆性不相关，或者相关性很低，必然对岩石/岩体可爆性评估结果的准确性和可靠性产生消极影响。

（3）所选指标相互间的相关性在保证对岩体可爆性描述有效性的前提下，应尽量减少岩体可爆性分级判据指标的个数，以利于减少不必要的工作量，降低工作难度，减少人力与成本消耗，改善可爆性分级工作的可操作性。因此，选用的任意两个指标之间的相关性应尽可能低。如果两个指标之间的相关性很高，即表明同时选用这两个指标的必要性不高。

（4）在可爆性分级过程中，可操作性即是对判据指标参数的数值进行测试与分析的可行性。但是，有些测试工作的技术难度或工程难度大，成本高，难以实现或难以被人们接受，因而其可操作性往往成为一个难以解决的问题。因此，在确定岩体可爆性分级判据指标时，应尽可能充分地考虑到这一因素。

5.6.3　岩体可爆性的评价方法

迄今出现的岩体可爆性分级方法有很多，但目前应用较多较具有代表性的主要有以下几种。

（1）普氏分级方法。这种分级方法是苏联学者普洛吉亚柯夫（M. M. Протопъяконов）于20世纪20年代提出来的，该方法简称普氏分级法。它是根据岩石单轴抗压强度值确定岩石坚固性系数f，并以之作为主要判据，将岩石的可钻性和可爆性分为十个等级（表5-16）。岩石坚固性系数与岩石单轴抗压强度的关系为：

$$f = R/10 \tag{5-14}$$

式中　f——岩石坚固性系数；

R——岩石单轴抗压强度，MPa。

表5-16　普氏岩石分级表

等级	坚实程度	岩 石 名 称	极限抗压强度/MPa	f值
Ⅰ	最坚固	最坚固、致密和有韧性的石英岩、玄武岩及其他特别坚固的岩石	200	20
Ⅱ	很坚固	很坚固的花岗岩、石英斑岩、硅质片岩，较坚固的石英岩，最坚固的砂岩和石灰岩	150	15
Ⅲ	坚固	致密花岗岩，很坚固的砂岩和石灰岩、石英质矿脉，坚固的砾岩，极坚固的铁矿石	100	10
Ⅲa	坚固	坚固的石灰岩、砂岩、大理岩，不坚固花岗岩、黄铁矿	80	8

续表 5-16

等级	坚实程度	岩石名称	极限抗压强度/MPa	f值
Ⅳ	较坚固	普通砂岩，铁矿	60	6
Ⅳa	较坚固	砂质页岩，页岩质砂岩	50	5
Ⅴ	中等	坚固的黏土质岩石，不坚固的砂岩和石灰岩	40	4
Ⅴa	中等	各种不坚固的页岩，致密的泥灰岩	30	3
Ⅵ	较软弱	软弱的页岩，很软的石灰岩、白垩、岩盐、石膏、冻土、无烟煤，普通泥灰岩、破碎砂岩、胶结砾岩、石质土壤	20～15	2
Ⅵa	较软弱	碎石质土壤、破碎页岩、凝结成块的砾石和碎石，坚固的烟煤、硬化黏土	15～10	1.5
Ⅶ	软弱	致密黏土、软弱的烟煤、坚固的冲积层、黏土质土壤		1.0
Ⅶa	软弱	轻砂质黏土、黄土、砾石		0.8
Ⅷ	土质岩石	腐殖土、泥煤、轻砂质土壤、湿砂		0.6
Ⅸ	松散性岩石	砂、山麓堆积、细砾石、松土、采下的煤		0.5
Ⅹ	流沙性岩石	流沙、沼泽土壤、含水黄土及其他含水土壤		0.3

普氏岩石坚固性系数分级方法抓住了岩石抵抗各种破坏方式能力趋于一致的这个主要性质，并从数量上仅用一个简单明了的岩石坚固性系数f来表示，所以易于在工程爆破中应用。但是采用这种方法无法考虑岩石（岩体）可爆性影响因素的复杂性及其影响，有时会有一定的误差，比如系数f值高的岩石并不一定比f值低的难爆。

（2）按岩石波阻抗的哈氏分级法。苏联的哈努卡耶夫（Ханукаев）于1969年提出以岩石波阻抗为指标的可爆性分级法（表5-17）。

表 5-17 哈努卡耶夫可爆性分级

裂隙等级	裂隙程度	天然裂隙平均间距/m	天然岩体块度	天然裂隙单位密度/$m^2 \cdot m^{-3}$	岩石普氏系数f	容重/$t \cdot m^{-3}$	波阻抗/$kg \cdot m^{-2} \cdot s^{-1}$	岩体内结构体块度含量/%			炸药单耗/$kg \cdot m^{-3}$	岩石可爆性级别
								+300 mm	+700 mm	+1000 mm		
Ⅰ	极度	<0.1	碎块	33	<8	<2.5	$<5\times10^6$	<10	约0	0	<0.35	易爆岩石
Ⅱ	强烈	0.1～0.5	中块	33～9	8～12	2.5～2.6	$(5\sim8)\times10^6$	10～70	0～30	0～5	0.35～0.45	中等可爆岩石
Ⅲ	中等	0.5～1.0	大块	9～6	12～16	2.6～2.7	$(8\sim12)\times10^6$	70～90	30～70	5～40	0.45～0.65	难爆岩石
Ⅳ	轻微	1.0～1.5	很大	6～2	16～18	2.7～3.0	$(12\sim15)\times10^6$	100	70～90	40～70	0.65～0.9	很难爆岩石
Ⅴ	极少	>1.5	特大	2	>18	>3.0	$>15\times10^6$			70～100	>0.9	特别难爆岩石

（3）苏氏岩石分级方法。苏联苏哈诺夫（Суханов）于1936年提出以炸药单耗为指标的可爆性分级方法。该方法认为，由于不同岩石的破坏机理不同，用不同方式破岩时，岩石表现出来的坚固性也会有所差别。该方法根据实际采用采掘方法的不同，并按照标准条件下的钻速、单位耗药量等指标对岩石进行分级，以表征岩石的可爆性。表5-18给出了苏氏分级结果，并与普氏分级法相对照。

表5-18 苏氏分级与普氏分级（可爆性）比较

普氏分级				苏氏分级		
等级	f	坚固程度	代表性岩石	等级	可爆性	炸药单耗/kg·m^{-3}
Ⅰ	20	最坚固	致密微晶石英岩	1	最难	8.3
			极致密而无铵化物的石英	2		6.7
			最致密石英岩和玄武岩	3		5.3
Ⅱ	18	很坚固	极致密安山岩和辉绿岩	4	很难	4.2
	15		石英斑岩	5		3.8
	12		极致密矽质砂岩	6		3.0
Ⅲ	10	坚固	致密花岗岩、铁砂岩	7	难	2.4
Ⅲa	8		致密砂岩和石灰岩	8		2.0
Ⅳ	6	较坚固	砂岩	9	中上等	1.5
Ⅳa	5		砂质页岩	10		1.25
Ⅴ	4	中等	石灰岩	11	中等	1.0
Ⅴa	3		页岩	12		0.8
Ⅵ	2	较软弱	软页岩	13	中下等	0.6
Ⅵa	1.5		无烟煤	14		0.5
Ⅶ	1.0	软弱	致密黏土	15	易	0.4
Ⅶa	0.8		浮石及凝灰岩	16		0.3
Ⅷ	0.6	土质	腐殖土、泥煤	（不用爆破）		
Ⅸ	0.5	松散	松土、砂			
Ⅹ	0.3	流沙	流沙、含水土壤			

注：炸药单耗是用6号阿莫尼特（Аммонит）炸药在苏氏分级标准条件下所测得（前苏联1936）。

（4）库图佐夫分级法。1978年库图佐夫（В. Н. Кутуэов）等人基于炸药单耗、岩石容重、抗压强度、岩体裂隙和结构情况等指标，编制了露天金属矿特定条件下的岩石可爆性分级表（表5-19）。

表5-19 В. Н. 库图佐夫等人的露天矿岩石可爆性分级表

可爆性分级	炸药单位消耗量/kg·m^{-3}		岩体自然裂隙平均间距/m	岩体中大块含量/%		抗压强度/MPa	岩石容重/t·m^{-3}	岩石坚固性系数f
	范围	平均		+500mm	+1000mm			
Ⅰ	0.12~0.18	0.15	<0.10	0~2	0	10~30	1.4~1.8	Ⅶ~Ⅳ(1~2)
Ⅱ	0.18~0.27	0.225	0.10~0.25	2~16	0	20~45	1.75~2.35	Ⅳ~Ⅴ(2~4)
Ⅲ	0.27~0.38	0.320	0.20~0.50	10~52	0~1	30~65	2.25~2.55	Ⅴ~Ⅳ(4~6)

续表 5-19

可爆性分级	炸药单位消耗量/kg·m⁻³		岩体自然裂隙平均间距/m	岩体中大块含量/%		抗压强度/MPa	岩石容重/t·m⁻³	岩石坚固性系数f
	范围	平均		+500mm	+1000mm			
Ⅳ	0.38~0.52	0.450	0.45~0.75	45~80	0~4	50~90	2.50~2.80	Ⅳ~Ⅲ(6~8)
Ⅴ	0.52~0.68	0.600	0.70~1.00	75~98	2~15	70~120	2.75~2.90	Ⅲa~Ⅲ(8~10)
Ⅵ	0.68~0.88	0.780	0.95~1.25	96~100	10~30	110~160	2.85~3.00	Ⅲ~Ⅱ(10~15)
Ⅶ	0.88~1.10	0.990	1.20~1.50	100	25~47	145~205	2.95~3.20	Ⅱ~Ⅰ(15~20)
Ⅷ	1.10~1.37	1.235	1.45~1.70	100	43~63	195~250	3.15~3.40	Ⅰ(20)
Ⅸ	1.37~1.68	1.525	1.65~1.90	100	58~78	235~300	3.35~3.60	Ⅰ(20)
Ⅹ	1.68~2.03	1.855	≥1.85	100	75~100	≥285	≥3.55	Ⅰ(20)

（5）利文斯顿爆破漏斗岩石分级法。1956年美国利文斯顿（C. W. Livingston）以岩石弹性变形能系数为判定岩石可爆性的指标，也是一种对岩石（岩体）可爆性进行评判的方法（参见本书第6.4节的利文斯顿爆破漏斗理论）。

（6）基于岩石纵波速度的可爆性分级方法。炸药在岩体内爆破所引起的扰动在靠近药包的近区以大于该岩石的声波速度传播（冲击波），而在其外的广大区域内则以相对稳定的声波速度传播（应力波）。如图5-5及式（5-15）所示，岩石的纵波速度c_P是岩石弹性模量、泊松比和岩石密度的函数，和岩石的强度特征、节理、裂隙、含水性等都有密切的关系。

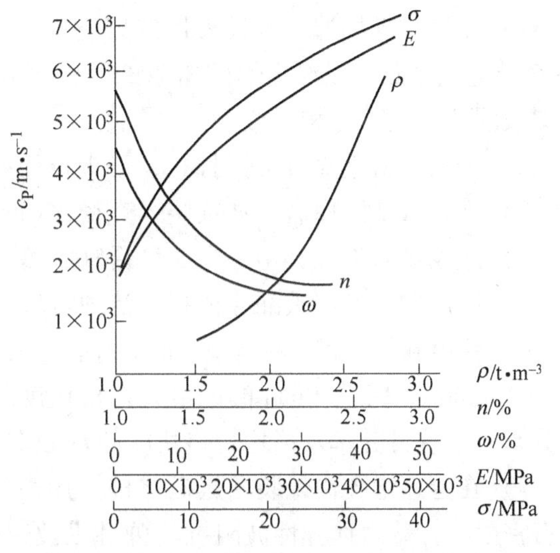

图5-5 岩石纵波速度与其物理力学参数关系曲线

σ—岩石单轴抗压强度；ω—吸水率；n—孔隙率；E—岩石弹性模量；ρ—岩石密度

在无限均匀弹性体中，有

$$c_P = [E(1-\nu)/\rho(1+\nu)(1-2\nu)]^{\frac{1}{2}} \tag{5-15}$$

式中 c_P——岩石的纵波传播速度，m/s；

E——弹性模量，MPa；

ρ——岩石的密度，t/m³；

ν——泊松比。

然而，由于天然岩体结构构造及其产状变化复杂，致使弹性波速测试结果的离散性较大，分辨率较差。例如，有张开裂隙的大块结构岩体，可能和裂隙不张开、细碎结构的岩体有同等的纵波速度。岩体裂隙含水的波速比不含水的高500~1000m/s。

（7）东北工学院（现东北大学）岩石可爆性分级方法。东北工学院综合根据爆破漏斗的体积、大块率、小块率、平均合格率和波阻抗等大量实验数据，运用数理统计多元回归分析及电算处理，得出了岩石可爆性指数N的计算公式（式（5-16）），并按N值的大小将岩石的可爆性划分为五级。

$$N = \ln\left[\frac{e^{67.22} \times k_{d}^{742} (\rho c_{P})^{2.03}}{e^{38.44} k_{p}^{189} k_{x}^{4.75}}\right] \tag{5-16}$$

式中　N——岩石可爆性指数；

k_d——大块率（大于300mm），%；

k_x——小块率（小于50mm），%；

k_p——平均合格率，%；

ρ——岩石密度，kg/m^3；

c_P——岩石弹性纵波传播速度，m/s。

采用这种可爆性分级方法，需要对爆破块度及岩体波阻抗等大量数据进行准确全面的测定，其具体要求是：

1）在爆破现场选择有代表性的岩石地段，只有一个自由面，岩体暴露，周围可布置3～5个炮孔爆破，以测定爆破漏斗试验的平均值。而且炮孔间距在1.5～2m以上，以保证爆破漏斗之间不互相干扰。

2）用凿岩机垂直自由面打孔，钉头直径45mm，孔深1m。

3）炮孔吹洗干净后，连续装入直径32mm的二号岩石铵梯炸药450g。

4）炮泥填满炮孔，用一只8号雷管起爆。

5）爆破后量取爆破漏斗体积，清理岩块，按不同块度粒径分别称重。

6）块度粒径标准：大于300mm的定为大块，小于50mm的定为小块，300～200mm，200～100mm，100～50mm的三组为合格块度。分别称重，求出占爆破总岩块重量的大块百分率、小块百分率及平均合格块度的百分率。

7）在上述炮孔尚未装药爆破之前，用声波仪测定该岩种的纵波速度；采取岩样测定岩石密度；计算岩体弹性波阻抗（弹性纵波速度与岩石密度的乘积）。

根据爆破漏斗体积、爆破块度分布和岩体波阻抗等数据的测试结果，通过多元回归分析求得岩石可爆性指数N的值。

（8）北京科技大学岩体可爆性分级法。

1）可爆性分级指标的选取。北京科技大学在考虑岩体可爆性分级结果可靠性的前提下，同时考虑分级工作的可操作性等因素，采用岩石抗拉强度σ_t（或岩石抗压强度σ_p）、岩体的完整性系数ξ及岩石容重γ（或岩石密度ρ）等参数作为衡量岩体可爆性的判据指标，并通过聚类分析得出不同矿岩体的可爆性分级。

拉伸破坏是岩石爆破破坏的主要形式，而在爆破过程中发生的所有拉伸破坏，包括弹性破坏区裂纹及自由面处的反射拉伸破坏。因此，将岩石的抗拉强度σ_t作为衡量岩石爆破难易程度的一个重要指标。

作为反映岩体地质结构构造发育程度的一种参数，岩体的完整性系数将是对岩体可爆性进行准确评价的一个必不可少的重要指标。岩体的完整性系数ξ定义见式（5-13）。

在爆破工程中，需要克服矿岩体的惯性力，才能使矿岩产生位移与抛掷运动，从而使爆堆矿岩具有足够的松散性。矿岩的这种位移与抛掷运动消耗炸药能量的多少，与岩石容

重 γ 直接相关。

2）可爆性分级计算方法。在确定了可爆性分级判据指标并获得矿山不同矿岩的指标参数值之后，基于聚类分析方法计算各种矿岩的可爆性分级。

聚类分析是研究事物之间的相似性和亲疏关系的，根据相似程度或相关程度，把所要研究的事物分类组合。其主要思路为：

假设有几个样本，每一样本有 m 个指标，则样本矩阵为：

$$\boldsymbol{X}=\begin{bmatrix} x_{11} & x_{12} & \cdots & x_{1n} \\ x_{21} & x_{22} & \cdots & x_{2n} \\ \vdots & \vdots & & \vdots \\ x_{m1} & x_{m2} & \cdots & x_{mn} \end{bmatrix} \tag{5-17}$$

由于指标的量纲不同以及数值量级的悬殊性，为了消除各统计指标在量纲上的差异，便于分析比较，对各指标的数据用下式进行标准化处理：

$$x'_{ik}=\frac{x_{ik}-\overline{x_k}}{S_k} \tag{5-18}$$

式中，$\overline{x_k}=\dfrac{1}{n}\sum\limits_{i=1}^{n}x_{ik}$，$S_k=\sqrt{\dfrac{1}{n}\sum\limits_{i=1}^{n}(x_{ik}-\overline{x_k})^2}$。

利用极差公式把标准化数据压缩在［0，1］区间：

$$x''_{ik}=\frac{x'_{ik}-\min\limits_{1\leqslant i\leqslant n}\{x'_{ik}\}}{\max\limits_{1\leqslant i\leqslant n}\{x'_{ik}\}-\min\limits_{1\leqslant i\leqslant n}\{x'_{ik}\}} \tag{5-19}$$

样本的亲疏关系可由间距系数 D_{ij} 来衡量：

$$D_{ij}=[(x_{1i}-x_{1j})^2+(x_{2i}-x_{2j})^2+\cdots+(x_{mi}-x_{mj})^2]^{\frac{1}{2}},1\leqslant i\leqslant m,1\leqslant j\leqslant n \tag{5-20}$$

D_{ij} 越小，表示 i 样本与 j 样本越相似。

在爆破过程中，岩体的不同指标对岩体可爆性分级的重要性是不同的，需对样本间距系数 D_{ij} 进行如下调整：

假设用 ρ_i（$i=1$，…，m；$\sum\rho_i=1$）分别来表示岩体可爆性分级中各项指标的权重，则样本间距系数 D_{ij} 可写成：

$$D_{ij}=\{\sum_{k=1}^{m}[\rho_1(x_{ki}-x_{kj})]^2\}^{\frac{1}{2}} \tag{5-21}$$

式中　j——样本序号，$j=1$，2，…，n。

须予明确指出，采用这种方法，各指标的权重系数是人为给定的，而这些系数的大小将对分级结果具有直接影响。

对于任何一种岩体，当分级判据指标值已知时，就可以按上述方法计算其与标准样本库中各样本的间距系数，通过样本间距系数 D_{ij} 值的大小判断该岩体的可爆性级别。

将上述方法应用于南芬铁矿和歪头山铁矿，采用岩石的容重 γ、静载抗拉强度 σ_t、动载冲击强度 σ_{SHPB} 及岩体完整性系数 ξ 作为分级判据指标，得到两矿山的可爆性分级结果（表 5-20）。

表 5-20 南芬铁矿和歪头山铁矿岩体可爆性分级判据指标与可爆性指数

可爆性等级	岩石容重 /g·cm^{-3}	抗拉强度 σ_t/MPa	动载冲击强度 σ_{SHPB}/MPa	岩体完整性系数 ξ	可爆性指数 N	可爆性描述
Ⅰ	2.5	6.6	160	0.0494	0.73	最易
Ⅱ	2.6	10	200	0.2555	0.90	易
Ⅲ	2.75	13	260	0.3654	0.95	较易
Ⅳ	2.9	17	310	0.5122	1.00	中等
Ⅴ	3.16	20	400	0.6021	1.15	较难
Ⅵ	3.3	23	500	0.7122	1.30	难
Ⅶ	3.45	26	600	0.8232	1.42	最难

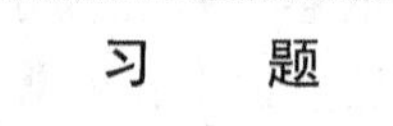

5-1 岩石和岩体的严格定义各是什么？

5-2 岩石和岩体各自的哪些特性参数会对爆破有何影响？其中特别重要的是，岩体中的不连续面对爆破破碎的过程与结果有何影响？

5-3 岩体的结构面有哪几种类型？

5-4 如何表达和计算岩体裂隙的密度？

5-5 何谓岩体的可爆性，对岩体进行可爆性分级有何意义？

5-6 可爆性分级判据指标的选取应遵循的基本原则是什么？

5-7 常见的可爆性分级方法有哪些，各自的优缺点是什么？

5-8 尝试分析岩石的可爆性和可钻性之间的一致性及其影响因素。

6 岩石爆破破坏基本理论

本章要点

岩石在炸药爆炸作用下产生破坏是一个极为复杂的过程。了解这一过程中发生的各种现象，认识这些现象发生的因果关系，掌握这些现象的规律性，对于指导爆破工程实践，准确获得预期的爆破效果，具有十分重要的意义。本章内容的要点如下：

（1）岩石爆破破坏机理；
（2）爆破破坏的区域特征；
（3）爆破漏斗与装药量计算原理；
（4）利文斯顿爆破漏斗理论。

炸药在岩石等固体介质中的爆炸，其能量会通过急剧的化学变化在毫秒级的极短时间内转化为高温高压气态产物，其温度可达2000～5000℃，压力则可达到1000～10000MPa（1万至10万个大气压），质点的运动速度则可高达每秒数千米。正是由于炸药爆炸的这些特性，炸药在岩石中爆炸产生的径向压力将首先以冲击波的形式作用于岩石，使一定范围内的岩石发生冲击压缩破坏，然后在岩石中形成一个迅速向外传播的径向压缩应力波，可导致岩石的拉伸破坏和剪切破坏及岩石的径向移动。在一般的装药条件下，爆生气态产物膨胀对周围岩石产生的压力不仅可使岩石产生破坏，而且还会在其膨胀的过程中使破碎岩石产生相应的径向运动，直至其膨胀压力下降到足够低的水平。总体来看，岩石爆破过程是一个极为复杂的动力作用过程，其涉及的问题主要包括：

（1）炸药爆炸对周围岩石的力学作用及其随时间和空间变化的规律。
（2）岩石破坏的区域特征及不同区域岩石破坏的性质。
（3）岩石的物理力学性质及其作用。
（4）岩体自由表面在爆破过程中的作用。
（5）爆破过程中岩石破坏等力学响应对爆炸载荷的反作用。

理解和掌握岩石爆破破坏的基本理论，对上述问题给出尽可能准确的解答，对于科学利用具体的工程条件，科学制定爆破技术方案，合理确定爆破技术参数，最终获得预期的爆破工程效果，具有极为重要的意义。

6.1 岩石爆破破坏机理

由于爆破过程的高温高压高速特征，目前人们对岩石爆破机理的认识仍然远不够清楚和准确，关于岩石爆破作用机理的研究仍基本处于定性描述和推断的水平。目前关于爆破作用下岩石破坏机理的解释仍主要是爆炸应力波破坏理论、炸药爆炸气体产物膨胀破坏理论，以及这二者的结合——爆炸应力波和爆炸气体产物共同作用理论。前二者各从不同角度对岩石爆破的作用机理进行了解释，互为补充，互不否定。可以认为，在爆破过程中，炸药在岩体中爆炸释放出能量并以爆炸应力波和爆炸气体产物膨胀压力这两种形式将爆炸能量传递给岩石，从而在岩石中产生应力，最终使岩石产生破碎和运动。这也就是说，岩石在炸药爆炸作用下产生破坏和位移的过程也是一个功能转换过程。

爆炸应力波破坏理论阐述了爆炸应力波的产生与演变，解释了爆炸应力波在其传播过程中的不同阶段使岩石产生破坏的现象与性质。爆炸气体产物膨胀作用理论阐述了爆炸气体产物的膨胀使岩石产生破坏的现象及其基本规律。爆炸应力波和爆炸气体产物共同作用理论认为，首先是爆炸应力波（包括冲击波）通过对炮孔壁的径向压缩、自由面反射以及应力波与岩石的相互作用，在岩体中形成裂隙，而通过爆炸气体产物高压楔入岩体原有裂隙和爆炸应力波产生的裂隙，将在裂隙尖端形成拉伸应力集中，进而使这些裂隙进一步扩张和延伸。在爆炸气体产物的膨胀推力作用下，将使已破碎的岩石在沿阻力较小的方向上移动。

6.1.1　爆炸应力波的作用

炸药爆炸在岩石中形成压缩应力波，由药包中心向外传播。图 6-1 显示的是有机玻璃模型中心钻孔装药爆炸后某一时刻在模型中产生的爆炸应力波的情况。图中浅色的圆环即是爆炸应力波的波峰（波阵面）。

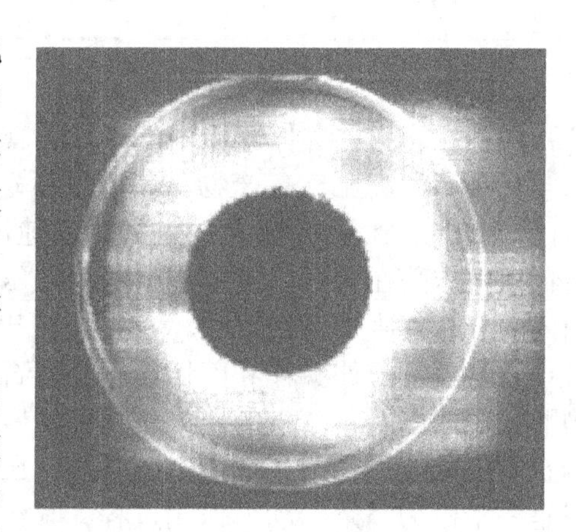

图 6-1　有机玻璃模型中单个药包爆炸产生的应力波

炸药爆炸产生的爆炸应力波在岩石破坏过程中的作用可归纳为以下几点：

（1）岩壁冲击压缩破坏。爆轰波对药包周围岩壁的冲击压缩作用，将在岩石中激发形成一随时间远离药包中心的冲击波，并进而迅速衰减为一个向外传播的径向压缩应力波。此冲击波的压缩作用可使药包附近的岩石产生“压碎”现象，形成压缩破碎区。

（2）弹性拉伸破坏。当岩石属弹性介质时，在此径向压缩应力（σ_p）波的作用下，孔壁附近的岩石质点将产生径向位移，从而引起孔壁周围岩石的切向拉伸应变，衍生切向拉伸应力 σ_t（图 6-2）。当岩石的动态抗拉强度低于此拉伸应力时，就会使岩石产生切向拉伸破坏，形成径向裂纹（图 6-3）。

随着上述径向压缩应力波的继续向外传播，产生切向拉伸破坏处的径向压应力迅速降低，岩石在压缩过程中积蓄的弹性变形能开始释放，使岩石质点产生指向药包中心的径向运动。由于不同距离上岩石质点向药包中心方向移动速度的差异，导致在岩石中产生与压缩应力波作用方向相反的径向拉伸应力。当此拉伸应力达到或超过岩石的动抗拉强度时，就会使岩石产生径向拉伸破坏，形成切向裂纹（图 6-3）。径向裂纹和环向裂纹的相互交错，将岩石割裂成碎块。形成上述径向裂纹和切向裂纹（环形裂纹）的区域称为弹性破坏区（破裂区）。

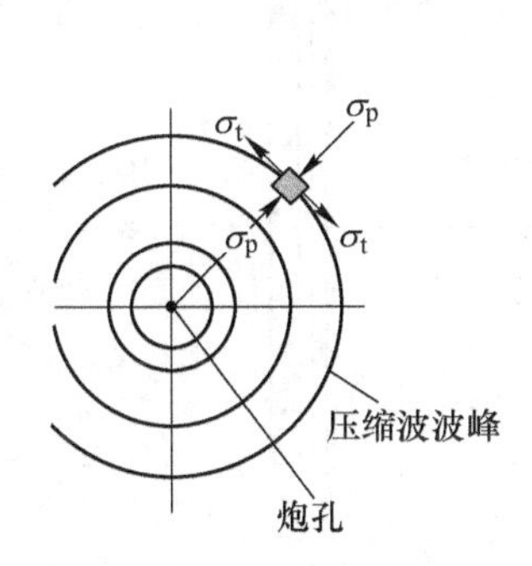

图 6-2 集中药包周围岩石质点的应力分析

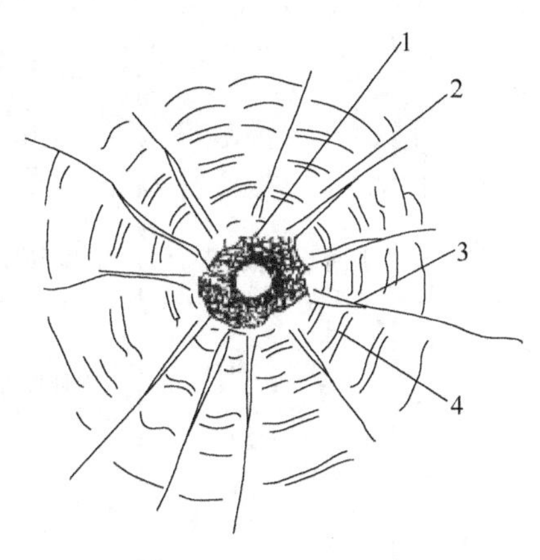

图 6-3 炮孔爆破产生的弹性破坏
1—压缩破坏区；2—弹性破坏区；
3—径向裂纹；4—切向（环形）裂纹

（3）自由面反射拉伸破坏。当药包邻近自由空间时，向外传播的径向压缩应力波遇自由面将发生反射，从而在邻近自由面的岩石中衍生一个向药包中心传播的径向拉伸应力波。如图 6-4 所示，假设这种反射效应是全反射，则此拉伸波的源点位于药包中心在以岩体界面为镜面的影像位置。当此拉伸波在岩石中产生的拉应力达到岩石的抗拉强度时，就会使岩石在此拉伸作用下产生拉伸片裂破坏，并可从自由面向药包中心方向发展。即使应力波较弱，没能使岩石产生片裂破坏，但这种拉伸作用也有可能使岩体中存在的裂纹进一步张开，促进岩体的破碎。另外，一旦发生片落现象，由于岩石具有一定的动能，故可使其产生一定程度的径向抛掷运动。

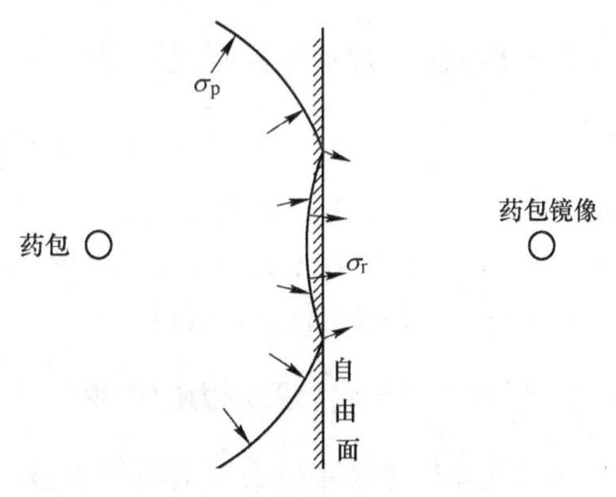

图 6-4 压缩应力波在自由面产生的拉伸应力波

自由面反射拉伸应力波引起的片裂破坏可借助图 6-5 给出进一步的说明。假设一个锯齿状的压缩应力波 P 在岩石中向自由面传播（图 6-5a），当其遇自由面时即发生反射（图 6-5b），在岩石中产生一个反向传播的拉伸应力波。假设这种反射是全反射，则随着时间的推移，其在岩石产生的拉应力将超过应力波 P 产生的压应力，从而使岩石处于拉伸状态。当此状态下的拉应力值达到岩石的抗拉强度 $[\sigma_t]$ 时，岩石即发生拉伸破坏（图 6-5c），形成一个平行于自由面的破裂面（图 6-5d），该破裂面即成为岩体新的自由面。新旧两个自由面之间的岩石称为片落体。在自由面反射拉伸应力的作用下，片落体内积累的弹性能将会使之脱离原岩并产生一定程度的抛移运动。如图 6-5d 所示，当此片落现象发生时，压缩应力波 P 在新自由面处产生的压应力已经显著低于图 6-5b 所示的情况，只是它将继续在新自由面处产生反射拉伸现象（图 6-5e），而是否会继续产生片裂破坏，则取决于新的反射拉伸波在岩石中产生的拉应力的大小。

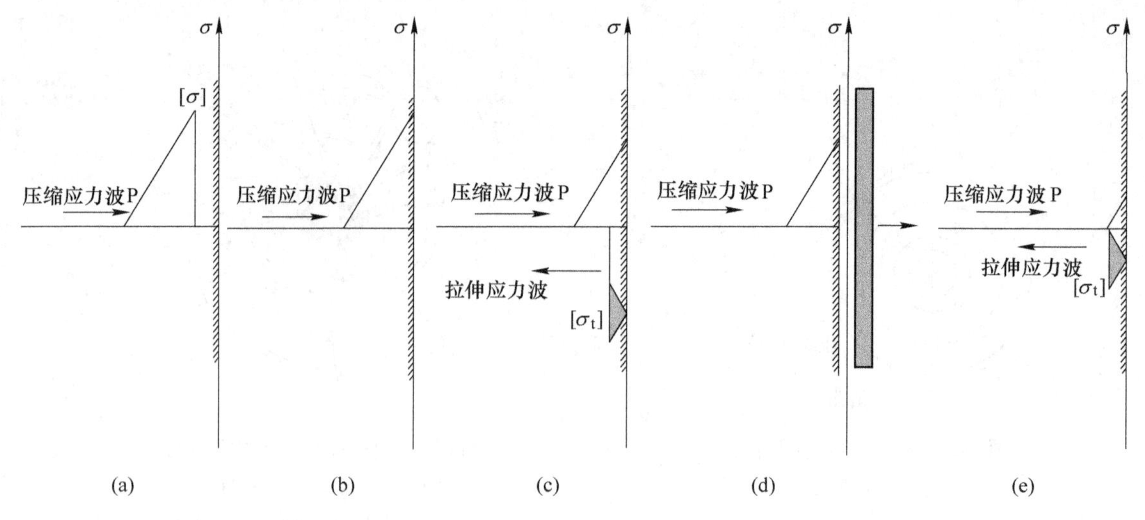

图 6-5 压缩应力波平面反射拉伸引起的片裂破坏

在图 6-5 中，片落体的厚度 T 可用下式计算：

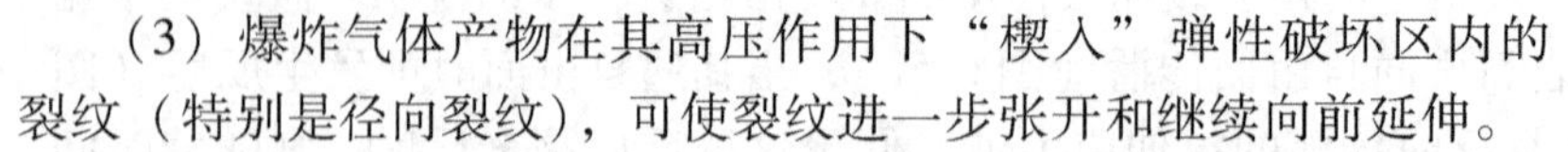

$$T = \frac{\lambda}{2} \times \frac{[\sigma_t]}{\sigma} \tag{6-1}$$

式中 λ——压缩应力波 P 的波长；

σ——压缩应力波 P 的压应力峰值；

$[\sigma_t]$——介质的动载抗拉强度。

6.1.2 爆炸气体产物膨胀压力的作用

爆炸气体产物膨胀压力在岩石爆破破坏过程中的作用可归纳为以下几点：

（1）炸药爆炸时产生大量的高温高压气体产物，将以极高的压力作用于药包周围的岩壁上，形成径向压应力场（图 6-6）。

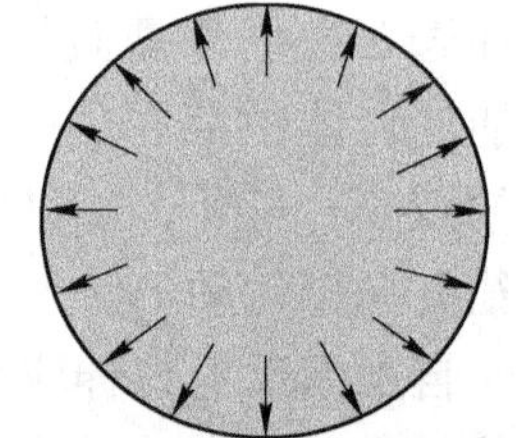

图 6-6 爆炸气体产物膨胀产生的径向压力

（2）与图 6-2 所示的爆炸应力波在此处的作用相似，当径向压应力在切向衍生的拉应力达到岩石的抗拉强度时，将使岩石产生切向拉伸破坏，从而形成径向裂纹。

（3）爆炸气体产物在其高压作用下“楔入”弹性破坏区内的裂纹（特别是径向裂纹），可使裂纹进一步张开和继续向前延伸。

（4）作用于药包周围岩壁上的径向压应力会引起岩石质点的径向位移。若这种位移大小不等，就会在岩石质点之间形成径向剪切应力。当这种剪切应力超过岩石的抗剪强度时，岩石就会产生剪切破坏，从而产生径向裂纹。即使这种剪切效应不足以导致新的径向裂纹的产生，也会对已有径向裂纹的进一步延伸有促进作用。

（5）与爆炸应力波作用下的径向拉伸破坏现象类似，随着爆炸气体产物膨胀压力的下降，径向压应力迅速降低，则岩石在压缩过程中积蓄的弹性变形能开始释放，使岩石质点产生指向药包中心的径向运动。由于不同距离上岩石质点向药包中心方向移动速度的差异，导致在岩石质点间产生与压缩应力波传播方向相反的径向拉伸应力，从而可引起岩石的径向拉伸破坏，形成切向裂纹。

（6）在岩石破碎足够充分且邻近自由空间时，爆炸气体产物的残余膨胀压力将推动破碎岩块产生一定程度的径向抛掷运动。

6.1.3　爆炸应力波和爆炸气体产物膨胀压力的共同作用

炸药爆炸释放出来的能量以爆炸应力波和爆炸气体产物膨胀压力这两种形式作用于邻近岩石并使之产生破坏，即岩石的破坏是爆炸应力波和爆炸气体产物膨胀压力共同作用的结果。

一般认为，爆轰波波阵面压力峰值大大高于爆炸气体产物膨胀所产生的压力，且前者的传播速度也远大于后者。在爆破过程中，首先是爆轰波作用于药包周围的岩壁，随即在岩石中激发形成冲击波并迅速衰减为一个向外高速传播的径向压缩应力波。如以上第6.1.1节所述，压缩应力波可在该压缩破碎区之外产生径向裂纹和切向裂纹（环形裂纹），形成弹性破坏区。爆炸气体产物随后对压缩破碎区及弹性破坏区内的岩石产生压缩作用，并和图6-2所示爆炸应力波的作用相似，可使已存在弹性破坏区内的岩石质点产生径向位移，引起岩石的切向拉伸应变，衍生切向拉伸应力。当岩石的动态抗拉强度低于此拉伸应力时，也会使岩石产生切向拉伸破坏，形成新的径向裂纹。与此同时，爆炸气体产物在其高压作用下“楔入”已有的裂纹（特别是径向裂纹），也会使裂纹进一步张开和继续向前延伸。当径向压缩应力波过后，径向压应力迅速降低，则岩石在压缩过程中积蓄的弹性变形能开始释放，使岩石质点产生指向药包中心的径向运动。由于不同距离上岩石质点向药包中心方向移动速度的差异，导致在岩石质点间产生与压缩应力波传播方向相反的径向拉伸应力。当此拉伸应力达到或超过岩石的动抗拉强度时，就会使岩石产生径向拉伸破坏，形成如图6-3所示的切向裂纹。在爆炸气体产物径向膨胀压力的作用下，也会产生类似的径向拉伸破坏现象，利于切向裂纹的进一步发育。径向裂隙和环向裂隙的相互交错，将岩石割裂成碎块。形成上述径向裂纹和环向裂纹的区域称之为弹性破坏区。

由于岩石性质和装药结构都可能存在的非轴对称性，可导致药包周围不同方向上的爆炸载荷（包括爆炸应力波和爆炸气体产物膨胀压力）呈非轴对称性，因此可在爆破过程中出现径向剪切作用，从而有可能使岩石发生剪切破坏，利于径向裂纹的进一步发育。

在爆破工程实践中，由于岩石（体）性质、炸药种类与装药结构等方面的原因，爆炸应力波与爆炸气体产物对岩石破坏的贡献率会相应发生变化。在坚硬岩石、高猛度炸药、耦合装药或装药不耦合系数较小的条件下，应力波的破坏作用相应较大，而在松软岩石、低猛度炸药、装药不耦合系数较大时，爆炸气体产物的破坏作用相应增大。

在岩石爆破过程中，即使应力波变弱而不能引起岩石片落破坏，还有可能在岩体中造成微观裂纹破坏，使岩体的强度下降。而微小裂纹的存在又为爆生气体膨胀压力在裂纹尖端形成拉压力集中，从而有可能使裂纹和岩体中原有的裂隙继续扩展和延伸，促进岩石的破坏。

6.2 爆破破坏的区域特征

药包周围的岩石所承受的爆破作用及岩石最终的破碎特征都将随距药包中心的距离不同而不同。实践中是以单个或多个药包的形式按一定深度埋置于岩体中，药包的几何形状则可抽象为集中药包或柱状（亦含条形）药包。球形药包和长短比小于6的柱状药包都可视为集中药包。以下仅以单个集中药包（球状药包）为例介绍岩石爆破破坏的区域特征。

假设单个球状药包埋置于无限深的均质连续岩石介质中，爆破时药包周围岩石所承受的爆破作用及岩石最终的破碎效果都将随距药包中心的远近而不同。按岩石距药包中心距离的大小，一般可形成三个区域，即压缩破碎区、弹性破坏区和震动区。

(1) 压缩破碎区。药包爆炸时，在周围岩体中产生的冲击波向外传播，紧靠药包的岩壁受到爆轰产物的冲击压力可达几万乃至几十万个大气压，超过或达到了岩石的动态抗压强度，爆温则可达3000℃上下，使药包周围岩石压碎并呈塑性，形成图6-7所示的压缩破碎区（简称压碎区）。压碎区的半径一般为药包半径的2～3倍。如果岩石强度很高或采用低威力装药，则有可能不会产生压碎区。

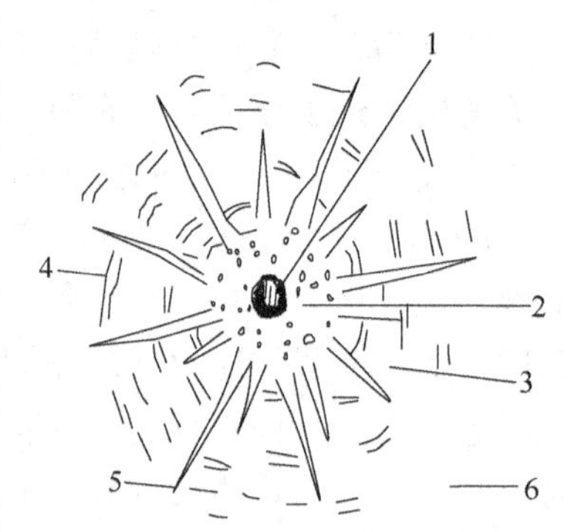

图6-7 集中药包爆破产生的径向和切向拉伸裂纹

1—药包；2—压碎区；3—弹性破坏区；4—切向裂纹（环形裂纹）；5—径向裂纹；6—震动区

(2) 弹性破坏区。压碎区消耗能量很大，致使冲击波在此区域外沿迅速衰减为径向压缩应力波，不能继续使岩石产生压缩破坏。但是，据第6.1节岩石爆破破坏机理的分析，此压缩波的作用将在压碎区之外形成一个破裂区，即弹性破坏区（图6-7）。在硬岩中，弹性破坏区半径为装药半径的8～10倍。

(3) 震动区。在弹性破坏区以外，爆炸应力波和爆炸气体产物的膨胀压力都将下降至不足以继续引起岩石破坏，而只能使岩石产生弹性震动，从而在弹性破坏区之外形成震动区。该区的应力波通常称为地震波，可传至很长的距离。地震波能量约为炸药爆炸总能量的2%～6%，但由于其频率低，作用时间较长，故常是导致建构筑物破坏与边坡失稳的重要原因之一。

6.3 爆破漏斗与装药量计算原理

6.3.1 爆破漏斗及其几何参数

在实际的爆破工程中，药包均置于岩石自由面以下的一定深度。由于埋置深度不同，自由面对岩石的爆破作用将产生不同的影响。当一集中药包的埋置位置由岩体深部向自由面逐渐靠近时，岩体将在爆炸应力波和爆炸气体产物膨胀压力的共同作用下产生破坏，形成碎块，且将部分岩块抛掷出来，从而在自由面上形成一个倒圆锥形爆坑，称为爆破漏斗（图2-11）。

(1) 自由面：被爆岩石与空气接触的面称为自由面，又称临空面。

（2）最小抵抗线 W：自药包中心到自由面的最短距离，即表示爆破时岩石阻力最小的方向。最小抵抗线是爆破作用和岩石移动的主导方向。

（3）爆破漏斗深度 H：自爆破漏斗底端至自由面的最短距离。

（4）爆破漏斗可见深度 h：自爆破漏斗中岩堆表面最低点到自由面的最短距离。

（5）爆破漏斗半径 r：爆破漏斗在自由面的底圆半径。

（6）爆破作用半径 R：药包中心到爆破漏斗底圆圆周上任一点的距离，简称破裂半径。

（7）爆破漏斗张开角 θ：爆破漏斗的顶角。

6.3.2 爆破作用指数与爆破漏斗的基本形式

在爆破工程中，将爆破漏斗半径 r 和最小抵抗线 W 的比值定义为爆破作用指数 n，即

$$n = \frac{r}{W} \tag{6-2}$$

在其他因素不变时，爆破作用指数 n 的数值大小随装药量（或药包埋置深度）而变化；同时，其爆破漏斗张开角将随爆破作用指数 n 的增大而增大。

根据爆破作用指数 n 值的大小，可将爆破漏斗分为以下四种类型（图 6-8）。

（1）标准抛掷爆破漏斗（图 6-8a）。这种爆破漏斗的漏斗半径 r 与最小抵抗线 W 相等，即爆破作用的指数 $n=1$，漏斗张开角 $\theta=90°$。形成标准抛掷爆破漏斗的药包称为标准抛掷爆破药包。

（2）加强抛掷爆破漏斗（图 6-8b）。这种爆破漏斗的半径 r 大于最小抵抗线 W，即爆破作用指数 $n>1.0$，漏斗张开角 $\theta>90°$。形成加强抛掷爆破漏斗的药包称为加强抛掷爆破药包。

（3）减弱抛掷（又称加强松动）爆破漏斗（图 6-8c）。这种爆破漏斗的半径 r 小于最小抵抗线 W，即爆破作用指数 $1>n>0.75$，漏斗张开角 $\theta<90°$。

（4）松动爆破漏斗（图 6-8d）。形成松动爆破漏斗时，只使岩石产生了破裂，但几乎没有抛掷作用，不形成可见的爆破漏斗。此时的爆破作用指数 $n\leqslant0.75$。

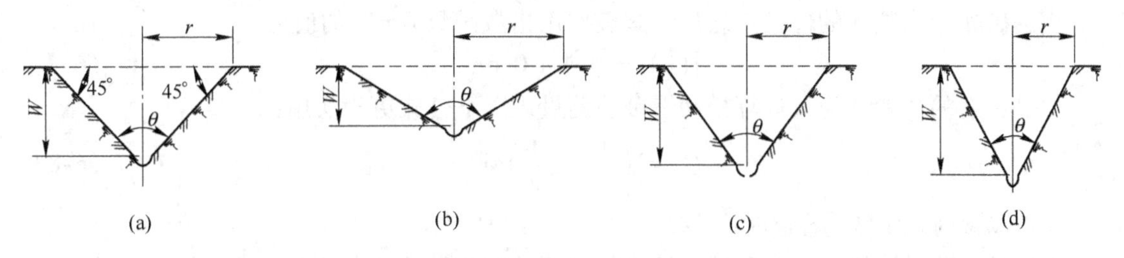

图 6-8 单自由面爆破漏斗

（a）标准抛掷爆破漏斗；（b）加强抛掷爆破漏斗；（c）减弱抛掷爆破漏斗；（d）松动爆破漏斗

6.3.3 基于爆破漏斗的装药量计算原理

在爆破工程实践中，确定药包的装药量是爆破设计工作的一项重要内容。在岩石（体）条件和炸药爆炸性能一定时，装药量的大小将直接决定着爆破破碎的效果、工程成本及爆破工程的安全性，并间接影响着后续的矿岩铲装、运输、（矿石）机械破碎三个工

序的生产效率与成本。

然而，尽管人们在装药量计算方法研究方面进行了大量工作，但由于矿岩条件的复杂性以及这种复杂性的多变性，迄今尚未给出一种合理确定装药量的既科学又可行的方法。目前普遍应用的是基于爆破漏斗的装药量计算原理。这一原理可表述为：在爆破漏斗的类型（性质）一定时，爆落岩石的体积与药包装药量成正比。对标准抛掷爆破漏斗，其装药量为

$$Q = qV \tag{6-3}$$

式中 Q——药包质量，kg；

V——标准抛掷爆破漏斗的体积，m^3；

q——单位体积岩石所消耗的炸药量，简称单位炸药消耗量，kg/m^3。

式（6-3）即为计算装药量的体积公式。

集中装药的爆破漏斗可视为倒立的正圆锥体，爆破作用指数 $n=1$，爆破漏斗底圆半径 $r=W$，则其体积为

$$V = \frac{1}{3}\pi r^2 W = W^3 \tag{6-4}$$

因此，按式（6-3），其装药量为

$$Q = qW^3 \tag{6-5}$$

实践表明，当岩石性质、炸药性能、最小抵抗线保持不变时，增加药量就会增大漏斗的底圆半径，使爆破作用指数 $n>1$，成为加强抛掷漏斗。反之，减少药量，就会减小爆破漏斗的底圆半径，使 $n<1$，成为减弱抛掷漏斗。由此可认为，药包药量 Q 是爆破作用指数 n 的函数，通常用 $f(n)$ 表示。药包药量 Q 的通用计算式可写为：

$$Q = f(n)qW^3 \tag{6-6}$$

式中 Q——药包的待定装药量，kg；

$f(n)$——爆破作用指数函数；

q——标准抛掷爆破漏斗的单位炸药消耗量，kg/t 或 kg/m^3。

当爆破作用指数 n 的值给定之后，爆破作用指数函数 $f(n)$ 的值为：

$$f(n) = 0.4 + 0.6n^3 \tag{6-7}$$

但是，有的学者认为，计算松动爆破装药量，以下公式更为实用：

$$Q_s = \left(\frac{1}{3} \sim \frac{1}{2}\right)qW^3 \tag{6-8}$$

岩石易爆时取 1/3，难爆时取 1/2。

上述的装药量计算原理，可视为计算集中药包装药量的基本原则，即当爆破漏斗的性质一经确定，其装药量的多少取决于预计要爆落岩石的体积。但是，以上给出的体积公式没有反映岩体的可爆性等因素的作用和影响，因此这些公式只可作为计算装药量大小的基本依据。与此同时，以上计算公式都针对单个自由面条件下单个集中药包的情况，而实践中更多是在不同自由面条件下采用多个柱状药包进行爆破，情况更为复杂。实践中确定炸药单耗和装药量大小，更多且更为可靠的做法是：（1）参考设计手册等技术资料中给出的炸药单耗定额；（2）采用工程类比法，参照相近或相似条件下的其他爆破工程；（3）在采用这两种或一种方法初步确定炸药单耗的基础上，实地进行爆破试验，根据实际的实验

效果对炸药单耗或装药量进行适当的调整。

6.4 利文斯顿爆破漏斗理论

美国科罗拉多矿业学院的利文斯顿（C. W. Livingston）在 20 世纪 50 年代提出了以能量平衡为准则的爆破漏斗理论。他根据大量的漏斗试验，从爆破过程中炸药能量转化的角度，对爆破漏斗的产生和演变进行了分析，用 $V/Q\text{-}\Delta$ 曲线作为变量，描述了爆破漏斗的几何形态。该理论认为：炸药爆炸给岩石的能量大小与速度，取决于岩石性质、炸药能量特性和药包的装药量。在一定埋深范围内，随着药包埋深的增加，爆破漏斗体积也随着增大。当埋深达到某一定值时，再增加深度，爆破漏斗体积又随着减小，最终将不出现爆破漏斗。

假定药包质量不变而减少药包埋藏深度，或者药包深度不变而增加药包质量，利文斯顿针对这种情况下提出了岩石破坏与变形状态的四个区域，即弹性变形区、弹性破坏区、破碎区和空爆区。

6.4.1 弹性变形区

在地表下很深处爆破一个球形药包，爆破后地表岩石不引起破坏，炸药的全部能量均消失在岩石中。当地表下一定炸药质量 Q 由深处向浅处移动到一定深度时，传给地表附近岩石的爆炸能量将随之增加，至一定程度时地表将开始破坏。根据岩石性质不同，脆性岩石将产生“破裂”，塑性岩石将产生“隆起现象”并伴有“裂隙”产生。此时药包埋藏的深度称为“临界深度” L_e。临界深度是地表附近岩石所能传递能量的最大值，临界深度 L_e 与炸药质量 Q 的关系可用下式表示：

$$L_e = E_b Q^{\frac{1}{3}} \tag{6-9}$$

式中 L_e——药包临界深度，m；

E_b——弹性变形系数；

Q——药包质量，kg。

上式中的 E_b 是岩石爆破性的一个指标，即在一定药量下，岩石表面开始破裂时，岩石可能吸收的最大炸药爆破能量。显然，对不同性质的岩石，在一定炸药质量 Q 的条件下，其临界深度也各不相同。

6.4.2 弹性破坏区

当药包从临界深度继续上移时，地表岩石发生片裂破坏，且这种片裂破坏的宽度及深度将随着药包埋深的减小而增大，直至形成爆破漏斗。随着药包的继续上移，在爆破漏斗的体积 V 达到最大值时，炸药的能量得到了最大限度的利用，即单位质量炸药爆落的岩石体积最大，此时的药包埋深称为最佳深度 L_j。L_j 与临界深度 L_e 之比值，称为最佳深度比 Δ_j。对于工程爆破，Δ_j 有十分重要的意义。

与最大岩石破碎量相对应的最佳药包埋深（即最佳深度）可用下式确定：

$$L_j = \Delta_j E_b Q_j^{\frac{1}{3}} \tag{6-10}$$

式中 Q_j——药包质量，kg；

其他变量的意义同前。

为了更全面地表示漏斗的特性并消除由于 Q 变化而引起的曲线变化，将单位质量炸药所爆下的岩石体积 V/Q 作为纵坐标，将药包埋置深度 L 与临界深度 L_e 之比 Δ（称为深度比）作为横坐标，对一定岩石可以得出图 6-9 所示的 $V/Q\text{-}\Delta$ 曲线。

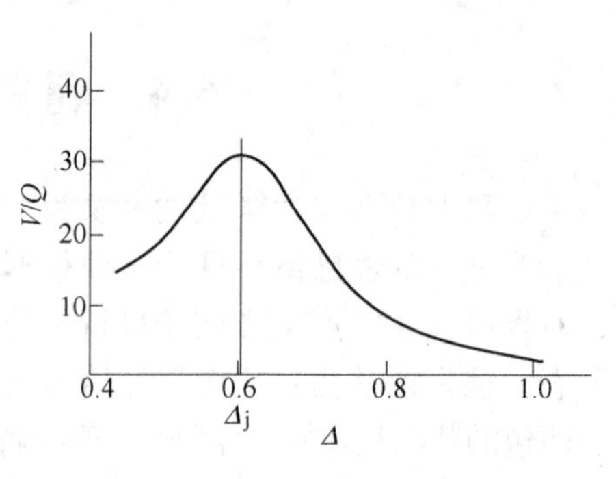

图 6-9 利文斯顿 $V/Q\text{-}\Delta$ 曲线

通过漏斗试验，可以求出 E_b 及 Δ_j。当现场所用药量 Q 为已知时，则可由式（6-10）求出最佳深度 L_j。以此作为爆破的最小抵抗线，爆破的效率最高。

对某一具体岩石来说，不管所用药量 Q 的数值大小，Δ_j 值均是一定的。但是，随着岩石性质不同，Δ_j 值差异很大，一般地，在脆性岩石中，Δ_j 值较小，约为 0.50 ~0.55；在塑性岩石中，Δ_j 值常常较大，甚至接近于 1.0。

6.4.3 破碎区

当药包埋深小于最佳深度 L_j 并继续向地表移动时，地表附近岩石将在上述片裂破坏的基础上发生进一步的破碎，形成破碎区。此时，爆破漏斗的体积 V 将随着药包埋深的减小而减小，炸药的爆炸能量一部分消耗于岩石的变形和破碎，另外有相当大的一部分则作用于周围大气，消耗于形成飞石和空气冲击波。在药包埋深减小到某一数值时，作用于周围大气的炸药能量超过作用于岩石的能量，这时的药包埋深称为转变深度。

6.4.4 空爆区

当药包埋深由转变深度继续减小时，进入空爆区。空爆区的上限是药包深度为零，即成为裸露药包，此时全部能量几乎都消耗给了大气，造成强烈的空气冲击波和噪声。

利文斯顿爆破漏斗理论是建立在一系列试验基础之上的，比较接近于实际，但由于试验过程工作量较大，故在爆破工程中应用较少。

习　题

6-1 简述爆破的内部作用和外部作用。

6-2 无限介质中的集中药包爆炸时可产生的破坏有哪些基本形式？简介其形成的机理。

6-3 简明表述岩石中集中装药条件下压碎区、弹性破坏区和震动区的形成机理。

6-4 简述自由面和自由空间在爆破过程中的作用。

6-5 以球状药包为例，表述并图示爆破漏斗的几何参数以及爆破漏斗的四种基本形式，同时说明各种形式的爆破漏斗的性质、爆破作用指数的概念和意义。

6-6 何谓最小抵抗线和底盘抵抗线，其意义各是什么？

6-7 简要说明利文斯顿爆破漏斗理论的基本原理。

6-8 简述计算炮孔装药量的基本原则与方法。

6-9 一般可影响爆破效果的因素主要有哪些？

7 台阶炮孔爆破

本章要点

台阶炮孔爆破是国内外应用最为普遍的一种爆破方式。因此，深入了解台阶炮孔爆破的工艺特点，扎实掌握相关的具体技术方法和爆破技术参数的确定方法，同时熟悉台阶炮孔爆破的现场施工工艺步骤，方可为较好地从事爆破工程技术工作奠定基础。本章内容的要点如下：

（1）台阶炮孔爆破的工艺特点；

（2）爆破技术参数及其确定；

（3）毫秒延时起爆技术；

（4）露天台阶控制爆破；

（5）台阶炮孔爆破工艺流程。

露天台阶爆破是在地面上以台阶形式推进的石方爆破方法。台阶爆破按照孔径、孔深不同，分为深孔台阶爆破和浅孔台阶爆破。通常将炮孔孔径大于50mm（目前我国应用最为普遍的有250mm和310mm），孔深大于5m（其中以12m和15m最为常见）的台阶爆破统称为露天深孔台阶爆破。由于台阶爆破是在台阶上或事先平整的场地上进行，爆破生产效率高，工程成本低。随着牙轮钻机等大型采矿设备和新型爆破器材的普遍应用，台阶炮孔爆破成为露天矿山最常用的矿产资源开采方法。据不完全统计，我国近年来采用台阶爆破进行露天开采的产量比例逐年增加，其中铁矿石开采占90%，有色金属矿开采占52%，化工原料开采占70.7%，建筑材料开采近100%。

由于爆破作业的地形条件和工程要求等原因，矿山日常爆破生产常用的爆破技术可分为清碴爆破、压碴爆破、掘沟爆破，有时还需要对一般爆破作业产生的不合格大块岩石和遗留的台阶根底进行二次爆破处理。在邻近边坡时，还需要采用控制爆破技术，以保护采场边坡的齐整和边坡岩体的稳固性。边坡控制爆破技术主要有四种，即预裂爆破、缓冲爆破、光面爆破、密集孔爆破。但在工程实践中应用最为广泛的是预裂爆破和缓冲爆破相结合的方法。对临时性的边坡，一般只进行缓冲爆破。

露天钻孔爆破工程一般是按爆区依次来进行的。由于地质的原因，每个爆区乃至一个爆区之内的岩石种类往往具有多样性，各类岩石的物理力学特性及岩体节理裂隙等地质结构构造的发育程度，往往具有不同程度的差异。为保证钻爆设计的合理性，有效控制爆破效果，需要首先准确了解岩石的物理力学特性及岩体的地质结构构造特征，科学分析地质条件对爆破的影响。另外，如图7-1所示，在露天矿山采矿生产正常进行过程中，采场地

图7-1 露天矿山采场典型的地形条件

表一般呈台阶状。在绝大多数情况下，由于矿体赋存几何特征与采矿生产等原因，台阶的平面几何形状一般都不太规则，台阶坡面角也往往会存在着一定的差异和变化，这种采场地形的不规则性对钻孔爆破的技术设计与施工及爆破效果都具有不可忽略的影响。

7.1 台阶炮孔爆破的技术类型

如图7-2所示，按爆破时的自由面条件，露天台阶炮孔爆破可分为清碴爆破、压碴爆破、掘沟爆破、邻近边坡的控制爆破（如预裂爆破和缓冲爆破等）。

清碴爆破是指爆区台阶坡面裸露，前方爆堆矿岩的铲运工作已经完成，即台阶坡面将是爆区前排炮孔的自由面。以图7-2a为例，爆破时台阶坡面裸露，爆区前方的爆堆也已清运完毕，所以此次爆破即为清碴爆破。

(a)

(b)

图7-2 露天台阶炮孔爆破的自由面条件

（a）清碴爆破；（b）压碴爆破

压碴爆破则是指爆破时爆区的台阶坡面被前方爆区的爆堆矿岩全部或部分覆盖。对图7-2b中正在进行钻孔作业的爆区，如果爆破时其前方的爆堆仍然存在，那么这次爆破就是压碴爆破。显然，与清碴爆破相比，此时的压碴必然会在爆破过程中阻碍前排孔抵抗线范围内岩体的移动，从而减弱爆堆矿岩的抛掷与松动，导致爆堆前冲距离小，隆起高度大，爆堆松散程度低。

掘沟爆破是指露天矿山向下挖掘形成一个新的台阶时的第一次爆破。掘沟爆破时，只有地表面作为炮孔的自由面。因此，其自由面条件比压碴爆破更差。

预裂爆破和缓冲爆破等为可在邻近边坡采用的控制爆破技术，目的在于保护边坡岩体的完整性和稳定性，其技术特点等将在本章第 7.6 节予以介绍。

7.2　台阶几何要素

露天台阶炮孔爆破是在露天矿场的台阶上进行的，每个台阶至少有水平和倾斜的两个自由面。在水平面上进行钻孔爆破施工作业，爆破岩石朝着倾斜自由面的方向崩落，然后形成新的倾斜台阶坡面。炮孔、台阶坡面及其几何要素如图 7-3 所示。

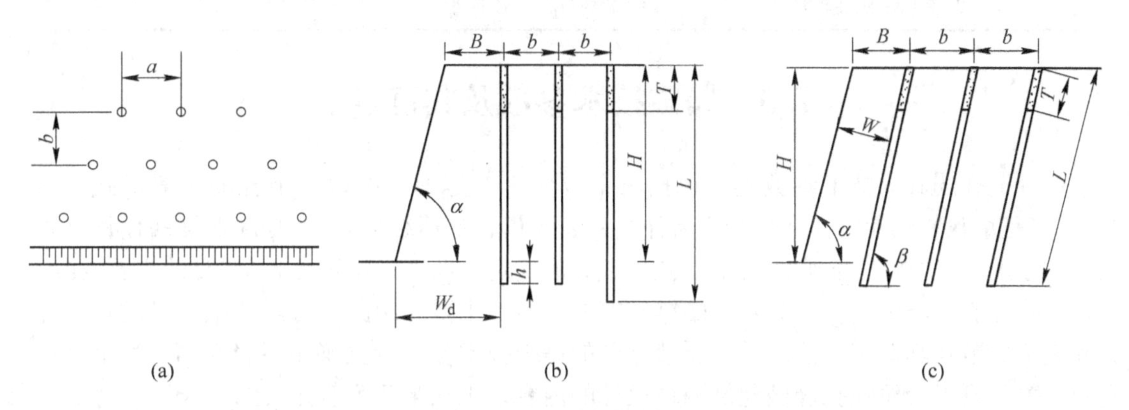

图 7-3　露天台阶炮孔爆破的台阶几何要素

（a）炮孔布置平面图；（b）垂直炮孔布置剖面图；（c）倾斜炮孔布置剖面图

在图 7-3 中，H 为台阶高度，h 为钻孔超深，H 与 h 之和为钻孔深度，L 为钻孔长度，T 为填塞长度，β 为炮孔倾角，α 为台阶坡面角，a 为炮孔间距，B 为前排孔的孔边距（满足钻机钻孔作业安全的需要），b 为排距，W_d 是前排炮孔的底盘抵抗线，即台阶第一排孔中心线到坡底线的水平距离，代表着爆破阻力最大的位置和方向。W 为炮孔与台阶坡面平行时前排孔的抵抗线。

炮孔超深也称超钻，其作用是用来克服台阶底盘岩石的夹制作用，使爆破后不留残根形成平整的底盘。超深选取过大，将造成钻孔和炸药的浪费，增大对下一个台阶顶盘的破坏，下台阶钻机钻孔时成孔难度大，容易塌孔；超深过大，也会增大爆破地震波的强度。超深不足，则可导致台阶坡脚处形成根底或抬高底盘标高。

露天台阶炮孔爆破有垂直炮孔和倾斜炮孔两种类型，而只有在极特殊的情况下才有可能采用水平炮孔。如图 7-3 所示，与垂直炮孔相比，倾斜炮孔具有以下优点：

（1）可以使抵抗线沿炮孔全长均匀分布，从而易使矿岩的爆破块度趋于均匀，大块少，特别是前排炮孔的底部抵抗线小，不易残留根底。

（2）易于控制爆堆矿岩的松散程度，利于提高矿岩铲装效率。

（3）后冲破坏小，易于保持台阶坡面的平整。

（4）易于保持钻机与台阶眉线之间安全距离，利于钻机前排孔钻孔作业时的安全。

垂直炮孔和倾斜炮孔二者的比较列于表 7-1。

表 7-1　垂直钻孔和倾斜钻孔对比

钻孔形式	优　点	缺　点	采 用 情 况
垂直炮孔	1. 适用于各种地质条件； 2. 炮孔角度容易控制，操作简单； 3. 钻孔速度比较快	1. 前排炮孔抵抗线不均匀，大块率多，底部易留根坎； 2. 顶部后缘常拉裂，台阶坡面稳定性差	应用广泛，特别是在大型矿山
倾斜炮孔	1. 抵抗线大小均匀，大块率和残留根底少； 2. 爆堆形态较好，利于提高采装效率； 3. 台阶稳定性较好	1. 钻孔操作技术比较复杂，精度控制难； 2. 易卡钻或塌孔； 3. 钻孔速度较慢； 4. 装药过程中易卡堵	中小型矿山、石材开采、水电、交通、港湾等开挖工程

7.3　爆破技术参数及其确定

台阶炮孔爆破的技术参数主要包括三个方面：一是炮孔参数（炮孔的布置形式与参数）；二是炮孔装药参数（炮孔的装药种类、装药量、装药结构）；三是起爆网络设计（炮孔起爆方式、起爆顺序与延期时间）。这些参数的确定，也是一般爆破技术设计的主要内容。

清碴爆破是露天矿山最为常用的爆破方式。本节主要介绍露天台阶清碴爆破的炮孔布置和装药参数及其确定方法。关于压碴爆破的爆破技术参数及其确定，将在第 7.4 节予以介绍。关于露天台阶炮孔爆破起爆网络设计的内容，则在第 7.5 节介绍。

7.3.1　炮孔布置形式

露天台阶爆破布孔方式主要有单排布孔和多排布孔两种。多排布孔又分矩形（含方形）和三角形（梅花形），如图 7-4 所示。

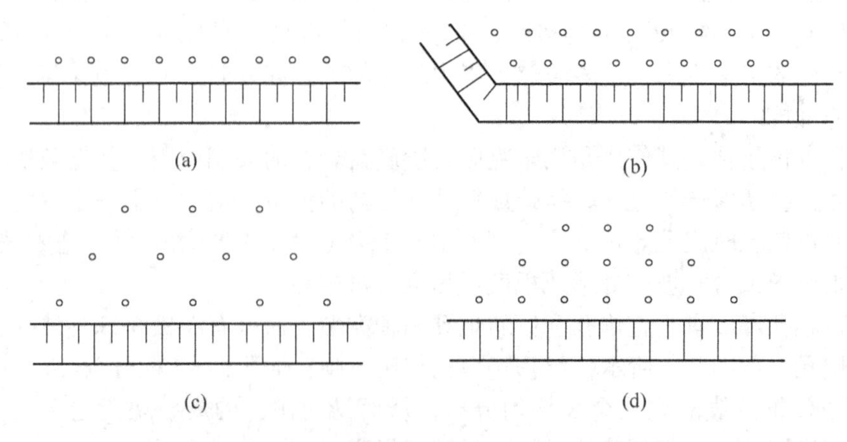

图 7-4　露天台阶炮孔爆破的炮孔布置形式

（a）单排孔；（b），（c）三角形（梅花形）布孔；（d）矩形布孔具体采用何种布孔形式，需要根据台阶地形条件和爆区范围要求，密切结合炮孔的起爆顺序来确定。一般情况下，尽量改善各个炮孔起爆瞬间的自由面条件，使炮孔起爆时刻的自由面最大、最多，各个炮孔起爆瞬间各方向上的抵抗线趋于均匀，是炮孔布置形式选择的一项基本原则。

由于前排炮孔爆落岩石对后排炮孔爆落岩石移动的阻挡作用，一般都需要控制爆区炮孔的排数。炮孔排数较多时，爆堆隆起高度相应增大，爆堆矿岩松散性下降，甚至导致后排炮孔爆破的大块率和根底率增大。

炮孔布置还应注意以下事项：

（1）炮孔布置形式的影响。采用钻机司机人工定位，矩形布孔比三角形布孔更容易定位，钻机的移动次数更少；但从炸药分布的均匀性考虑，三角形布孔更为理想。

（2）炮孔排数与各排炮孔的个数。如图7-4所示，采用多排孔爆破时，岩体对爆破的夹制性逐排增大。因此，炮孔排数不宜太多，一般为3～4排，最多不宜超过5排。另外，岩体对各排两端炮孔的夹制性较大，从前排到后排，炮孔的个数应逐排减少，以使各排的端部炮孔在起爆时能够具有较好的自由面条件。

（3）孔位调整。无论是三角形布孔还是矩形布孔，由于爆区台阶平面形状的不规则性，难以在几何的意义上做到完全准确地三角形布孔或矩形布孔，特别是对于前排孔，常常需要对孔位进行一定的调整。

（4）爆区边界和台阶坡面的控制。一次爆破形成的台阶坡面，也将是后部紧邻爆区的地形环境条件。因此，为形成采场爆破作业的良性循环，使先爆爆区为后爆爆区创造较为理想的地形条件，应在布置炮孔时尽量使爆区的边界规则、齐整，避免明显的凹进或凸出。

（5）相邻爆区的衔接。新爆区的炮孔布置必须充分考虑已爆相邻爆区的爆破效果及边界孔的位置。在钻孔爆破生产实践中，如果把新爆区边界孔布置在相邻爆区形成的虚碴中，不仅成孔困难，而且更重要的是浪费钻孔和炸药，甚至可能造成爆破事故。而当新爆区边界孔距离已爆相邻爆区边界孔的距离过大时，则容易在两个爆区之间形成严重的根底甚至形成岩墙。

7.3.2 炮孔参数

如图7-3所示，炮孔参数包括炮孔的直径、角度、深度及炮孔的平面布置参数。

（1）孔径。露天台阶炮孔爆破的孔径主要取决于钻机类型、台阶高度和岩石性质。当采用潜孔钻机时，孔径通常为100～200mm，牙轮钻或钢绳冲击钻，孔径为250～310mm，最大达380～420mm。一般钻机选型后，炮孔直径也就固定下来，孔径越大，越有利于炸药的稳定传爆和达到理想爆轰，有利于充分释放炸药能量从而提高延米爆破量。目前台阶炮孔爆破使用的炮孔直径大多不小于80mm，孔深10～15m甚至更大。

（2）钻孔角度。台阶炮孔爆破的钻孔形式一般分为垂直孔和倾斜孔两种。从爆破效果的角度考虑，倾斜孔好于垂直孔。采用倾斜孔，各炮孔在台阶上下不同位置的抵抗线大小基本一致，利于获得更为均匀的矿岩块度，也利于避免残留根底。但是，钻凿倾斜孔时，难以控制炮孔钻进的方向，技术操作较复杂。在台阶高度一定时，斜孔的长度比垂直孔大。由于炮孔角度的原因，斜孔在钻孔过程中和成孔后都易发生塌孔和堵孔现象。正是由于这些原因，在中大型露天矿山，垂直孔的采用更为普遍。

（3）孔深和超深。如图 7-3 所示，孔深为台阶高度和超深之和，为钻孔、爆破和铲装创造安全和高效率的作业条件，是确定台阶高度的基本原则。孔深一般是根据爆堆矿岩铲装设备的类型来确定。目前国内露天矿山的台阶高度多采用 10～15m，其中以 12m 和 15m 最为常见。

经验表明，超深可按下式确定：

$$h = (0.15 \sim 0.35) W_d \tag{7-1}$$

或

$$h = (10 \sim 15) \phi \tag{7-2}$$

式中 W_d——底盘抵抗线，m；

h——炮孔超深，m；

ϕ——孔径，m。

岩石难爆时取大值，岩石松软时取小值。如台阶底盘处有水平裂隙或软夹层等地质结构，甚至不用超深或取负值。

（4）底盘抵抗线 W_d。底盘抵抗线是指从台阶坡底线到最邻近炮孔中心轴线的水平距离。它是一个重要的爆破参数，底盘抵抗线过大时不易爆落台阶底部的岩石，从而可在爆破后残留根底，同时也容易产生大块，爆破后冲作用大；底盘抵抗线过小，则不仅增大钻孔工作量，浪费炸药，而且易产生飞石，不能保证爆破安全。

确定底盘抵抗线的大小，需要考虑的因素包括炸药威力、岩石可爆性、岩石破碎块度要求以及钻孔直径、台阶高度和台阶坡面角等。

一般是根据保证钻机前排孔钻孔作业安全的原则确定炮孔的底盘抵抗线：

$$W_d \geqslant H\cot\alpha + B \tag{7-3}$$

式中 H——台阶高度，m；

α——台阶坡面角，一般 $\alpha = 60° \sim 75°$；

B——从炮孔中心到坡顶线的距离，即保证钻机前排孔钻孔作业安全的距离。

当孔径 $\phi \geqslant 250$mm 时，$B \geqslant 2.5 \sim 3.0$m，岩体稳固取小值，反之取大值。

（5）孔距与排距。孔距 a 是指同排相邻两炮孔之间的距离。排距 b 是指多排孔爆破时，相邻两排孔之间的间距。

对前排孔，$a = mW_d$；对其他炮孔，$a = mb$。其中 m 称为炮孔邻近系数。

炮孔邻近系数 m 一般大于 1.0，即孔距一般都大于炮孔的排距。但是，特别是采用垂直炮孔时，第一排炮孔的底盘抵抗线往往较大，为克服孔间区域的台阶底盘岩体对爆破的抵抗作用，所以应选用较小的邻近系数。在炮孔排数较多时，考虑到后排孔爆破时的岩石夹制效应，可选择排距为 $(0.8 \sim 0.9) W_d$。

7.3.3 炮孔装药量

清碴爆破时，一般采用以下公式计算单排孔爆破及多排孔爆破时第一排炮孔的装药量：

$$Q = qa(B + W_d)H/2 \tag{7-4}$$

式中 q——单位炸药消耗量，简称炸药单耗，kg/m³；

a——炮孔间距，m；

H——台阶高度，m；

B——前排孔的孔口中心至台阶眉线（坡顶线）的距离，m；

W_d——底盘抵抗线，m。

其他排炮孔的装药量按下式计算：

$$Q = qabH \tag{7-5}$$

式中 b——炮孔排距，m；

其他符号的意义同前。

炸药单耗 q 的大小取决于多个因素，其中主要包括：

（1）矿岩的可爆性，即矿岩爆破的难易程度。显然，对难爆破的矿岩，达到同样的爆破破碎效果，就需要适当增大炸药单耗。

（2）爆破的初始自由面条件。爆破的自由面条件越好，爆破就越容易，消耗的炸药就越少。比如，为获得同样的破岩效果，压碴爆破炮孔的炸药单耗一般是清碴爆破炮孔的1.1～1.15倍。

（3）炸药的爆炸威力。单位质量炸药的爆炸威力越大，爆落单位质量（或体积）的岩石所需要的炸药就越少。

单位炸药消耗量的确定方法大致有三种：一是工程类比方法，如基于本地工程经验或参考他人在类似矿岩条件下采用的炸药单耗；二是通过爆破试验方法确定不同矿岩体的炸药单耗；三是应用某些公式计算方法初步确定炸药单耗，然后在实践中逐步调整。

但是，不论采用何种方法，矿岩体的爆破难易程度即可爆性是确定炸药单位消耗量最为基本的依据。根据经验，在选用2号岩石硝铵炸药时，可按表7-2中岩石的坚固性系数 f 选取单位炸药消耗量 q。

表7-2 单位炸药消耗量 q

岩石坚固性系数 f	0.8～2	3～4	5	6	8	10	12	14	16	20
炸药单耗 q/kg·m^{-3}	0.40	0.43	0.46	0.50	0.53	0.56	0.60	0.64	0.67	0.70

多排孔爆破时，后排孔应取表7-2中 q 值的1.1～1.3倍。

7.3.4 装药结构

装药结构是调节岩体中炸药分布进而控制爆破效果的一个重要手段。露天台阶爆破炮孔的装药结构可以分为以下几种：

（1）连续装药：装药在炮孔内连续装填，装药段之内没有间隔。

（2）间隔装药：装药在炮孔内分段装填，装药段之间用岩粉或气体隔开。

（3）耦合装药：装药直径与炮孔直径相同。

（4）不耦合装药：装药直径小于炮孔直径。

（5）不耦合间隔装药：同时使用不耦合装药和间隔装药。

各种装药结构形式如图7-5所示。

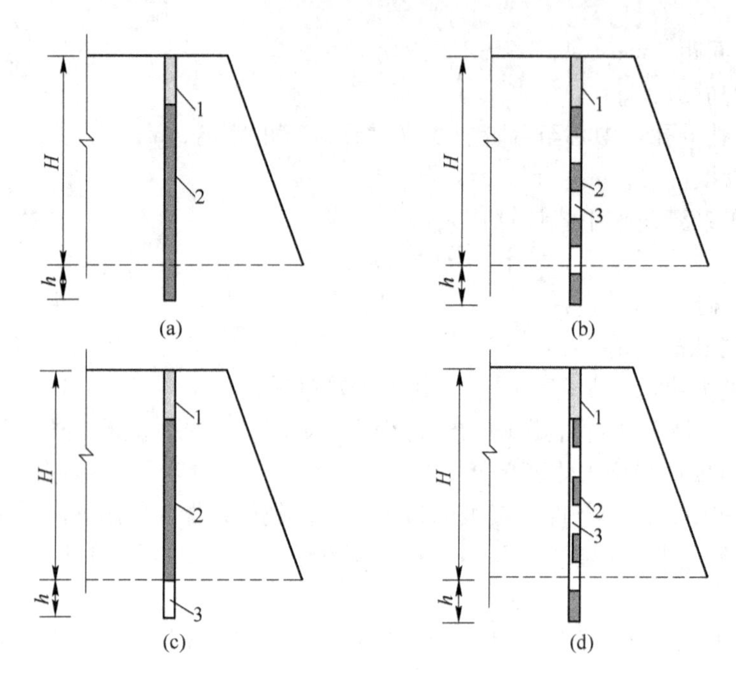

图 7-5　露天台阶爆破炮孔的装药结构

（a）连续装药；（b）间隔装药；（c）孔底间隔装药；

（d）孔底加强药卷 + 不耦合间隔装药

1—填塞；2—炸药；3—空气

7.3.4.1　连续装药

采用台阶炮孔爆破时，所谓的连续装药是指装药作业从孔底开始，直至装完设计给定的装药量之后，再进行孔口填塞。这种装药方法施工简单，但由于设计装药量一般只足以填满炮孔下部，特别是前排炮孔，炮孔上部不装药段即堵塞段的长度很大，台阶上部岩体大块产出率高，大块多，往往难以满足爆破破碎效果要求。

连续装药结构适用于台阶高度较小，上部岩石比较破碎或风化严重，上部抵抗线较小的炮孔爆破。

7.3.4.2　间隔装药

间隔装药是在钻孔中把炸药分成数段，目的是使炸药能量在岩石中的分布比较合理。对台阶炮孔爆破工程来讲，通过采用不同的装药结构与参数，可使炸药在炮孔中的分布与炮孔不同高度抵抗线方向上的岩体阻力大小相对应，起到控制爆破效果的作用。

如图 7-6 所示，间隔装药结构适用于特殊地质条件下的炮孔爆破，如所爆破的岩层中含有软弱夹层或溶洞时，通过堵塞物的使用，可将炸药仅布置在坚硬岩层中，既可以避免炸药能量的浪费，又可以控制爆破效果。另外，间隔装药的合理使用，也有利于减小飞石和空气冲击波等有害效应，保证爆破安全。

对于一般的岩体条件，特别是炮孔长度较大时，为了使炸药在岩体里的分布更为均匀而采用间隔装药，可采用孔间交错的间隔方式（图 7-7）。

采用间隔装药，主要是确定间隔段与装药段各自的位置、长度及间隔介质。一般认为，气体间隔的效果显著好于岩粉等其他材料。

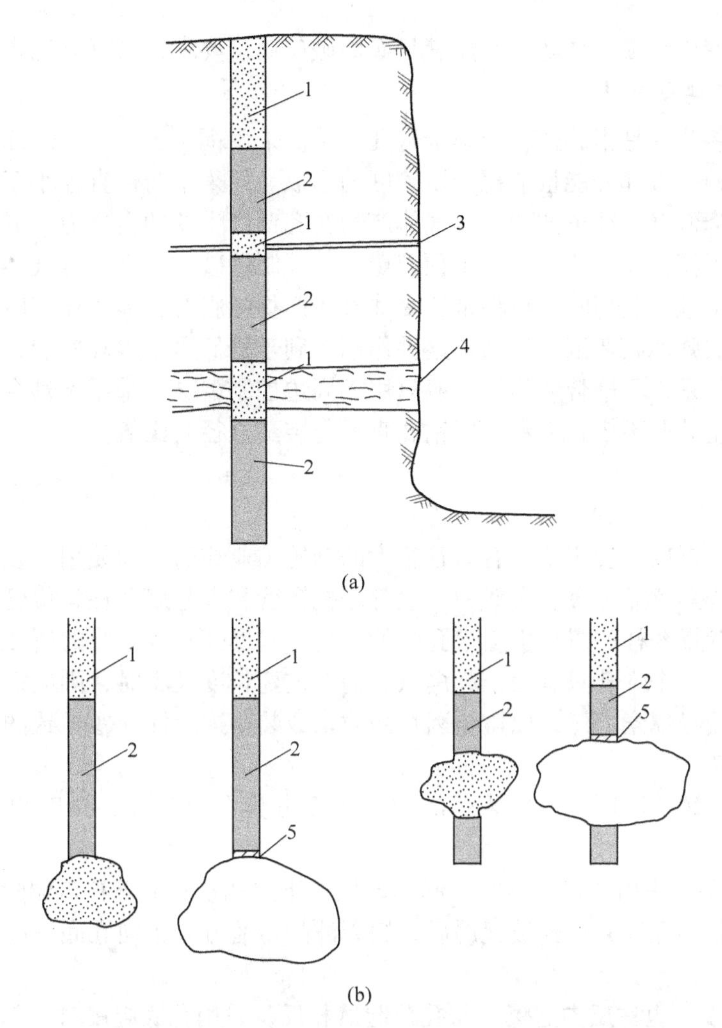

图7-6 台阶炮孔爆破间隔装药的间隔位置

（a）针对层状地质构造的间隔装药；（b）针对溶洞的间隔装药

1—间隔材料；2—炸药；3—张开裂隙；4—软弱夹层；5—间隔塞

7.3.4.3 混合装药

所谓混合装药，是指在同一炮孔内装入不同种类的炸药，一般是在炮孔底部装入高密度、高威力炸药，而在炮孔上部装入威力较低的炸药，其目的是发挥高密度、高威力炸药的作用，解决炮孔爆破中底部岩体阻力大、爆不开、易留岩坎根底的问题，同时又可避免上部岩石过度破碎或产生飞石。

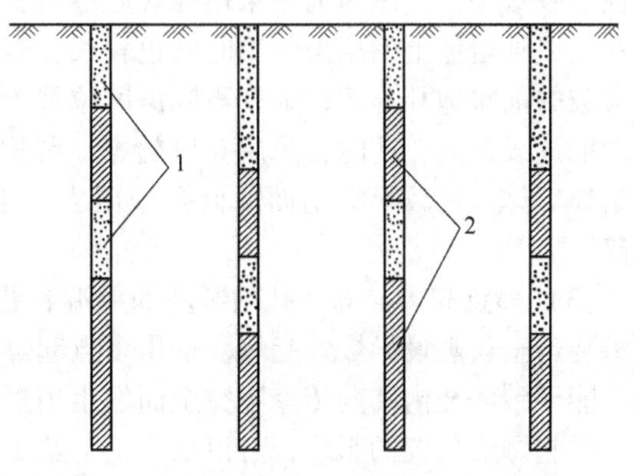

图7-7 炮孔长度较大时孔间交错间隔装药结构

1—沙土、岩粉；2—炸药

同时也应指出，高威力炸药的价格一般会高于铵油炸药等威力偏低的炸药。因此，在炮孔上部使用低威力炸药，既能满足爆破破碎质量要求，又可节省炸药成本。

7.3.4.4 不耦合装药

所谓不耦合装药，是指装药直径小于炮孔直径。采用耦合装药时，爆炸冲击波直接作用于孔壁，炸药的一大部分能量消耗于压碎区的形成。而采用药包直径小于炮孔直径的不耦合装药，则可降低爆炸冲击波和爆炸气体产物在孔壁产生的冲击压力，减小甚至不出现压碎区。因此，不耦合装药往往应用于预裂爆破等控制爆破。与空气等气体间隔装药时的情形类似，采用不耦合装药时，也将延长爆炸气体产物膨胀对岩体的作用时间，利于使炸药能量消耗于形成弹性破坏区。显然，这种作用有利于降低爆破震动效应，提高炸药能量的有效利用率。但是，不耦合装药，一般只用于周边控制爆破。采用不耦合装药，实践中至关重要的是确定装药不耦合系数，即钻孔直径与装药直径的比值。

7.3.5 起爆方式

露天台阶炮孔爆破多使用不具有雷管感度的钝感工业炸药，即使用一发 8 号工业雷管不能使炮孔里的炸药可靠起爆。实践中一般都是把雷管装入起爆药柱，雷管起爆后引爆起爆药柱，再依靠起爆药柱的爆炸引爆炮孔中的炸药。起爆药柱或雷管的所在位置称为起爆点。通常情况下，一个炮孔只有一个起爆点，但在装药长度较大时，则应设置多个起爆点或沿装药全长敷设导爆索起爆，以避免因炸药质量或装药连续性问题导致的药柱传爆不完全而发生拒爆现象。

根据起爆点位置的不同，炮孔装药的起爆主要分为孔口起爆、孔底起爆和多点起爆三种。

（1）孔口起爆。采用孔口起爆时，起爆药柱位于炮孔装药的近孔口端附近，起爆药柱中雷管的聚能穴朝向孔底，炸药被起爆后，爆轰波的传播方向指向孔底，故孔口起爆也称正向起爆。

（2）孔底起爆。也称反向起爆。与孔口起爆相反，采用孔底起爆时，起爆药柱接近炮孔底部，起爆药柱中雷管的聚能穴朝向孔口，爆轰波向孔口方向传播，故孔底起爆也称为反向起爆。

在一般情况下，与孔口起爆相比，孔底起爆更利于克服炮孔底部较大的抵抗线，利于保证爆破效果。这是因为在采用孔底起爆时，爆炸气体产物被密封在炮孔内的时间长，维持在孔壁外岩体上的压力作用时间也较长，有利于岩石特别是台阶底部岩石的破碎。以台阶爆破的前排炮孔为例，炮孔不同深度位置上的抵抗线随炮孔深度的增加而增加，孔底位置的抵抗线最大。此时若采用孔口起爆，台阶上部岩体早于台阶下部发生破坏和抛掷，导致爆炸气体产物较早溢出而降低孔壁压力，不利于台阶下部抵抗线范围内岩体的破坏和破碎。

（3）多点起爆。即在孔内装药的上端和孔底的附近甚至装药的中段分别设置起爆点，或沿装药全长敷设导爆索起爆。采用多点起爆，主要是为了避免因炸药质量或装药操作问题可能导致的孔内装药传爆不完全而发生拒爆现象。

对起爆点位置的影响，可以从理论上给出以下解释：

1）起爆点的位置决定着炮孔中炸药爆轰波的传播方向和岩体中应力波的传播方向（图 7-8）。

2）由于炮孔不同位置上的抵抗线大小差异的原因，起爆点位置对爆轰气体膨胀压力的作用时间长短具有重要影响。采用正向起爆时，若装药足够长，起爆后产生的应力波遇自由面产生的反射拉伸波形成的裂隙将使炮孔内的爆轰气体产物开始逸出，而此时炮孔底部炸药的爆轰反应可能刚刚结束，其产生的高温高压气体将易于向上膨胀并从炮孔口及附近逸入大气，导致孔壁压力急剧下降，保护气体膨胀压力的作用时间也将相应缩短，不利于炮孔下部分岩石的破碎。采用孔底起爆，则可以显著地避免这些现象。

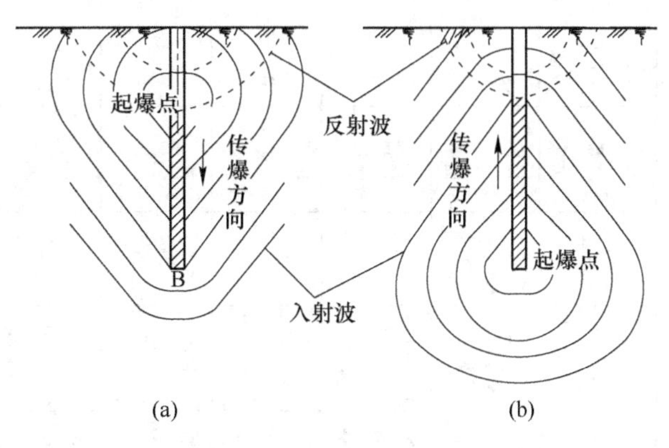

图 7-8　起爆位置与爆炸应力波的传播
（a）孔口起爆；（b）孔底起爆

另外，需要明确指出的一点是，在通过不同岩层时，应将起爆点布置在最难爆的岩层。

7.3.6　孔口填塞

用黏土、砂或土砂混合材料将装好炸药的炮孔封闭起来称为填塞。填塞长度是指炮孔装药段以上至孔口部分的长度。实践中大多是按炮孔直径确定炮孔填塞长度，一般取为孔径的 12 ~ 32 倍，具体视岩石和炸药性质而定。

填塞的作用主要包括：（1）在孔口方向上增强对孔内炸药爆炸反应的约束作用，利于提高炸药爆轰的质量，使炸药能量释放更为充分；（2）延迟爆炸气体产物从炮孔口溢出的时间，延长孔壁压力的持续时间，使炸药能量更多地转化为对周围岩石做机械功，提高炸药能量的有效利用率，使岩石得到更为充分的破坏和破碎；（3）抑制爆破飞石和空气冲击波现象。

图 7-9 表示在有填塞和无填塞的炮孔中，压力随时间变化的关系。从图中可以看出，有填塞和无填塞两种条件下对炮孔壁的冲击初始压力虽然没有明显的影响，但是填塞却大大增大了爆轰气体膨胀作用在孔壁上的压力和应力作用的时间，因此大大提高了它对岩石的胀裂和抛移作用。

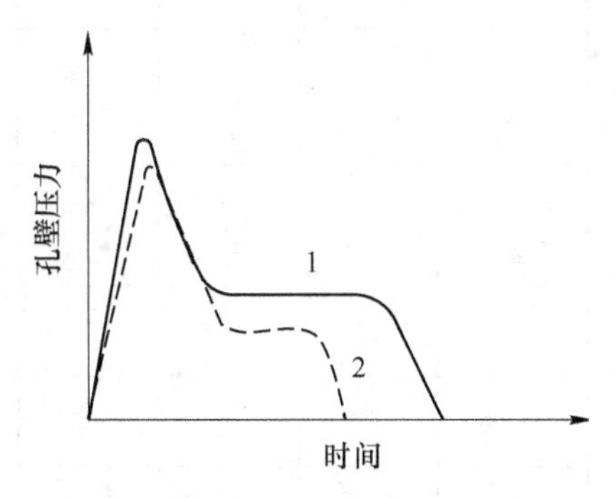

图 7-9　填塞对孔壁压力的影响
1—孔口填塞；2—孔口无填塞

填塞材料的性质和填塞长度是决定填塞效果的重要因素。填塞材料多为钻孔岩粉或粒度合适的碎石。但需要明确指出的是，对于有水炮孔，在装药段之上仍有水时，不宜使用岩粉作为填塞材料，这是因为岩粉与水混合后呈泥浆状，不能很好地起到填塞的作用，容易造成“穿炮”，使得大量爆轰气体从孔口逸出，其能量不仅没能有效地用于破坏和抛掷岩石，而且容易产生飞石和空气冲击波这两种有害效应。

作为参考，国内外若干露天矿山台阶炮孔爆破（清碴爆破）实际采用的技术参数分别列于表 7-3 和表 7-4。

表 7-3 国内若干露天矿爆破技术参数及有关指标

矿山名称	矿岩种类	岩石坚固性系数 f	孔径 /mm	段高 /m	底盘抵抗线 /m	排距 /m	孔距 /m	炮孔邻近系数前排/后排	孔深 /m	填塞高度 /m	后排孔药量增加系数	单位炸药消耗量 /kg·m^{-3}	延米爆破量 /t·m^{-1}	布孔方式	延时起爆方案	延迟时间 /ms
大孤山铁矿	磁铁矿 混合花岗岩	12～16 8～10	250	12	8～9 8～9	5.5～6.5 7～7.5	6～7 7.5～8	0.8/1.0 0.9/1.1	14.5～15.5 14～14.5	6.5～7 6.5～7	1.1 1.1	0.76 0.56	150.8 126.0	矩形及三角形垂直孔	排间或倾斜	25～50 50～75
眼前山铁矿	磁铁矿 角闪岩 闪长岩	15～17 8～12 8～12	250	12	7～9	5.5～6	6.5～6.8 7.3～8 7.3～8	0.8/1.2 1.0/1.4 1.0/1.4	15.5 14.5 14.5	6.5～7	1.3～1.4	0.7～0.8 0.45～0.55 0.45～0.55	108～118 125 125	三角形垂直孔	按排顺序	50～75
齐大山铁矿	难爆矿石 千枚岩	14～16 1～6	250	12	8 8～10	5.7 7～8	6.7 8～9	0.8/1.2 0.94/1.13	14～14.5 14～14.5	>6 6～7	1.2 1.2	0.7 0.5	110～125 115～120	三角形垂直孔	按排或倾斜	50～75
马钢南山矿	赤铁矿 辉长闪长岩 风化闪长岩	4～7 8～12 2～6	250	14～15	10～12 9～11 10～12	5.5～6.5 4.5～5.5 6～7	6～7 5～6 7～8	0.5/1.08 0.6/1.1 0.7/1.2	15.5～17 15.5～17 15.5～17	8	不增加	0.32～0.5 0.35～0.37 0.28	110 80 120～140	三角形垂直孔	按排顺序	25～50
大冶铁矿	砂卡岩大理岩 花岗闪长岩磁铁矿	8～12 10～12 10～14	170～200	12	6	3.5～4 3～3.5 3～3.5	3.5～4 4～4.5 3～3.5	0.6/1.2 0.5/0.8 0.5/1.0	14.5～15.5 14.5～15.5 14.5～15.5	7～8 7～8 7～8	1.3～1.5 1.3～1.5 1.3～1.5	0.5～0.6 0.5～0.6 0.8	37～40 37～40 37～40	方形或三角形倾斜孔	按排顺序	25～50
首钢水厂铁矿	块状磁铁矿 层状磁铁矿 混合花岗岩	>14 12～14 8～10	250	12	7～8 7～8 8～9	5～6 5.5～6 6～7	7.5～8.5 8～9 9～10	1.1/1.5 1.1/1.4 1.1/1.4	14～15 13.5～14.5 13.5～14.5	4.5～5.5 5.5～6.5 6～6.5	1.2 1.2 1.2	0.5～0.6 0.5～0.6 0.5～0.6	120～140 140～150 150	三角形垂直孔	按排顺序	25～75
大连石灰石矿	石灰岩	6～8	250	12～13	9～10	6～6.5	10～11	1.1～1.7	14.5～15.5	6～6.5	不增加	0.3～0.4	160～165	三角形直孔	按排	25～75
海州露天煤矿	页岩、砂页岩 砂岩 砂砾岩	4～6 7～8 9～10	180 180 180	9 8～9 8	7.0 6.5 6.0	 5.5 5.0	7.0 6.0 5.5	1.0 0.9/1.1 0.8/1.1	11 10.5～11.5 11	6.0 5.5 5.0	 1.2 1.3	0.2 0.30 0.35	96 70 54	三角形直孔	间隔孔按排	70 50 50
南芬铁矿	石棉矿 富矿 矽酸铁	16～20	200 250 310	12	7 10 12	4.5 5.5 6.5	3～5 4～5.5 5～6.5	1.43/1.1 0.4/1 1.42/1	14.5～15.5 14.5～15.5 14.5～15.5	4～5 5～6 6～7	1.15～1.2 1.15～1.2 1.15～1.2	0.9 1.0 1.2	117	三角形或矩形	按排顺序、斜线及楔形	25～75
	底盘块状 角闪岩 绿泥角闪岩	8～10	200 250 310	12	8 10 12	5.5 6.5 7.5	4～5.5 4.5～7 5.5～7.5	0.5/1 0.45/1.08 0.46/1.0	13.5～14.5 13.5～14.5 13.5～14.5	4～5 5～6 6～7	1.15～1.2 1.15～1.2 1.15～1.2	0.72 0.64 0.88				

续表 7-3

矿山名称	矿岩种类	岩石坚固性系数 f	孔径 /mm	段高 /m	底盘抵抗线 /m	排距 /m	孔距 /m	炮孔邻近系数前排/后排	孔深 /m	填塞高度 /m	后排孔药量增加系数	单位炸药消耗量 /kg·m^{-3}	延米爆破量 /t·m^{-1}	布孔方式	延时起爆方案	延迟时间 /ms
南京吉山铁矿	磁铁闪长岩	12～14	200	12	7	5	8	1.1/1.6	14	5.5～6.5	1.2	0.4	90	三角形斜孔	斜线	50～70
南京白云石矿	白云岩	6～8	150	12	6～7	4.0	6～7	1/1.6	14.0～14.5	4～5	1.2	0.4～0.5	50～60	三角形直孔	按排	25～50

表 7-4 国外若干露天矿爆破技术参数及有关指标

国家/地区	矿山名称	矿岩种类	孔径 /mm	段高 /m	超深 /m	排距×孔距/m	延米爆破量 /t·m^{-1}	单位炸药消耗量/kg·t^{-1}	炸药类型	大块率 /%	二次爆破方式
美国	明塔克铁矿	极硬的磁铁石英岩 火成岩	310 250	12 12	1.2 1.5	8.5×8.5 6×6		0.5（矿） 0.294（岩）	浆状铵油	<1.5	落锤（中7t）
美国	鹰山铁矿	坚硬的磁铁石英岩 软及中硬岩矿 坚硬的石英岩	170 250 350	13.5 13.5 13.5	4.5	(4.2×4.2)～(5.4×5.4) (5.4×5.4)～(8.4×8.4) 10.2×10.2		1.2kg/m^3	浆状 80% 铵油 20%		凿岩台车浅眼爆破
美国	雷乌铁矿	磁铁矿	240	10.5	1.1	7.8×7.8		0.23	浆状铵油		
美国	西雅里塔铜钼矿	含矿石英闪长岩	250	15	2.7	7.5×7.8			浆状铵油		
加拿大	斯卡利铁矿	矿岩	310 250	12 12	1.2 1.2	8.4×7.5 7.8×7.5	235	0.227	浆状 15% 铵油 85%		落锤（中6t）
加拿大	杰西铜矿	矿岩	250	10	1.5	7.5×7.5	172	0.14	浆状铵油		
加拿大	铜山铜矿	矿石 岩石	250 250	12 12		7.5×7.5 8×8	207 241	0.13	浆状铵油		凿岩台车浅眼爆破
加拿大	布伦达铜矿	矿岩	310	10		7.8×9	180～190	0.22	浆状铵油		
加拿大	基德湾铜锌铅矿	矿石 岩石	250 250	12 12		6.7×8.5 6×7.6	165 135	0.18～0.27	浆状铵油		落锤及浅眼爆破
澳大利亚	汤姆普赖斯铁矿	赤铁矿	310	15	3.8	7.6×7.6		0.38	铵油		
澳大利亚	纽曼山铁矿	矿岩	200	15	1.5	(4.5×4.5)～(6×6)			铵油为主		
澳大利亚	布干维尔铜矿	淡色石英闪长岩 安山岩	250 250	15 15	2 2	6.4×7.4 7.5×8.7	41.7m^3/m 57.8m^3/m	0.33 0.19	776 型浆状 616 型浆状		

7.4 压碴爆破

7.4.1 压碴爆破的特点

压碴爆破也称挤压爆破或留碴挤压爆破。如图7-10所示，压碴爆破与清碴爆破的区别在于爆区台阶坡面上覆盖有相邻爆区的爆堆矿岩，这种覆岩对本爆区前排孔抵抗线范围内矿岩的移动产生一定的阻力。

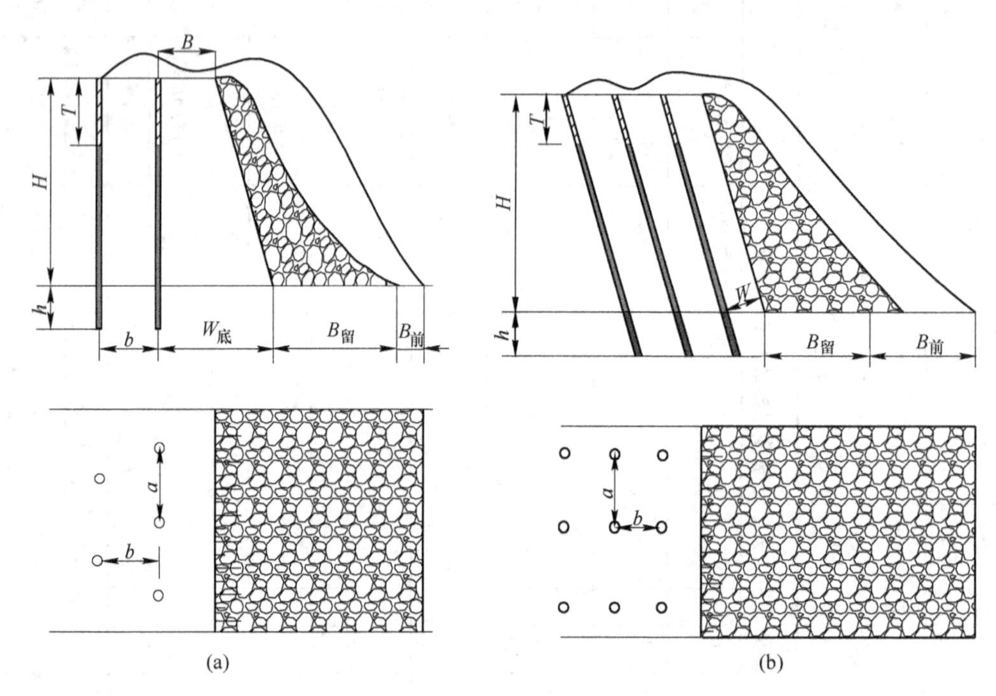

图7-10 压碴爆破示意图
(a) 垂直炮孔；(b) 倾斜炮孔

压碴爆破具有以下积极作用：

(1) 补充破碎。在压碴爆破过程中，本爆区破碎岩块会与压碴岩块产生机械碰撞和挤压，造成矿岩的二次破碎，从而可提高爆炸能量的有效利用率，减小爆破块度，降低大块率。

(2) 爆堆形状。由于压碴层的阻碍作用，爆堆将更为集中、规整。

(3) 飞石和空气冲击波。由于压碴层的阻碍作用，可显著减少飞石现象，降低空气冲击波强度。

(4) 生产管理。由于以上三种因素，可增大一次爆破量，减少矿山的爆破次数；无需清除完爆堆就可继续进行钻爆作业，从而可增加爆堆矿岩储量，利于提高电铲铲装作业的连续性。

但是，与清碴爆破相比，压碴爆破也有一些消极作用，具体包括：

(1) 一般情况下，压碴爆破爆堆矿岩的松散系数较低。

(2) 炸药消耗量较大。

（3）爆破震动较大。

在图7-10中，B为前排孔的孔边距，其大小需保证钻机钻孔作业的安全；H为台阶高度；T为炮孔口填塞长度；h为炮孔超深；a、b分别为炮孔的孔间距和排距；$W_{底}$为炮孔的底部抵抗线；W为炮孔的最小抵抗线；$B_{留}$和$B_{前}$分别为爆区前方爆堆的留碴厚度和前冲距离。留碴厚度有时也称为压碴厚度。

7.4.2 压碴爆破的技术参数

与清碴爆破相比，为获得预期的爆破破碎效果，需要在考虑压碴厚度影响的基础上对前排孔的底部抵抗线、超深、装药量三个参数进行一定的调整，而炮孔的装药结构、起爆位置、孔口填塞、起爆网络，一般都不受压碴条件的影响。

（1）前排孔抵抗线W与孔边距。压碴爆破炮孔的抵抗线一般取为孔径的26~28倍，或为清碴爆破时抵抗线的0.78~0.95倍。压碴爆破时，应尽量减小前排炮孔的孔边距。但是，为钻机钻孔作业安全和成孔质量考虑，一般不允许将前排孔布置在压碴区域以内。

（2）炮孔超深。采用倾斜钻孔时，压碴爆破前排孔超深一般可与其他排炮孔相同；采用垂直钻孔，则与清碴爆破类似，前排孔超深不小于其他炮孔的超深，具体装药取决于炮孔底部抵抗线的大小。

（3）前排炮孔的装药量Q。压碴爆破前排炮孔装药量Q一般为清碴爆破时的1.25~1.35倍。在普通条件下，其他炮孔的装药量是清碴爆破时的1.1~1.15倍，具体视炮孔抵抗线大小、矿岩可爆性、炸药性能和压碴层厚度等因素确定。实践中往往要通过试验确定。

（4）炮孔起爆延时。由于压碴层矿岩的阻力，爆区矿岩在爆破过程中的移动将比清碴爆破时更为缓慢。因此，炮孔之间的起爆延时应相应加大。

（5）留碴厚度。合理的留碴厚度应既不影响矿岩的破碎质量，又能控制爆破过程中爆堆矿岩的前冲距离。如能同时保证爆堆矿岩的松散性，也将利于提高铲装效率和作业安全。

留碴厚度过大，其对爆破的夹制作用相应增大，不利于岩石的破坏和移动，爆堆松散性变差；留碴厚度过小，将起不到压碴的作用。确定留碴厚度时需要考虑的因素包括：爆区炮孔排数、炮孔直径和孔网参数、炮孔抵抗线、岩石的可爆性、炸药爆炸性能及压碴层本身的松散系数。一般地讲，爆区炮孔排数越多，炮孔直径越大，炮孔抵抗线越小，岩石的可爆性越好，炸药爆炸威力越大，压碴层本身松散性越好，应取较大的压碴层厚度。在矿山爆破实践中，往往需要通过试验确定特定条件下的压碴层厚度。一些矿山经常使留渣厚度保持在10~20m左右，也有些矿山采取了提高能量利用率措施或选取小的孔网参数，使留碴厚度达到30~40m。若干矿山的压碴爆破留碴厚度等参数见表7-5和表7-6。

表7-5 露天矿留碴挤压爆破实例

矿山	岩石种类	台阶高度 H/m	留碴厚度 B/m	爆堆推移距离 S/m
大连石灰石矿	石灰岩$f=6\sim8$，三排孔	11~15	7~9 11~13 >15	13~9 7~5 <3

续表 7-5

矿山	岩石种类	台阶高度 H/m	留碴厚度 B/m	爆堆推移距离 S/m
大孤山铁矿	花岗石 $f=10\sim12$，孔径 250mm	12	8	14
			6	18
大冶铁矿	闪长岩 $f=8\sim12$，孔径 250mm、310mm	12	14~16	11~15
前苏联杜库长也夫斯克公司白云石矿	白云石和白云石化石灰岩，$f=8\sim10$			
	3 排孔	12~14	10~12	6~8
	6 排孔	12~14	14~16	4~6

表 7-6 清碴爆破与压碴爆破第 1 排孔抵抗线比较

矿山	孔径/mm	第 1 排抵抗线/m		其他排炮孔抵抗线	
		清碴	压碴	清碴	压碴
大连石灰石矿	230	9~9.5	7~8	$(39\sim41)\phi$	$(30\sim35)\phi$
歪头山铁矿	250	10~11	4~5	$(40\sim44)\phi$	$(16\sim20)\phi$
水厂铁矿	250	9~10	5~6	$(36\sim40)\phi$	$(20\sim24)\phi$
南芬铁矿	200	7~8	5~7	$(35\sim40)\phi$	$(25\sim35)\phi$
	250	9~11	6~8	$(36\sim44)\phi$	$(24\sim32)\phi$
	310	11~13	7~9	$(35\sim42)\phi$	$(22\sim29)\phi$
大冶铁矿	170	6~7	4~5	$(35\sim41)\phi$	$(24\sim29)\phi$

注：ϕ 为炮孔直径，m。

7.5 毫秒延时起爆技术

根据炮孔的起爆顺序，露天台阶炮孔爆破的起爆方式可归纳为两种：排间延时起爆和孔间延时起爆。按延时时间的长短，延时起爆又分为毫秒延时和秒延时两种。但是，目前国内外的露天矿山多采用多排孔孔间毫秒延时起爆。

孔间延时起爆也称为逐孔起爆。采用孔间延时起爆，不仅各排之间按时间先后顺序起爆，同时同排炮孔的起爆也是按时间先后顺序起爆。

与一排炮孔同时起爆相比，延时起爆（尤其是孔间延时起爆）的突出特点是先爆炮孔为相邻的后继起爆炮孔提供一个短时间内存在的自由面，从而改善炮孔在起爆时的自由面条件。其积极作用可包括：

（1）爆堆矿岩块度减小且更趋均匀、大块率低。

（2）爆堆集中，后冲作用小。

（3）提高炸药能量有效利用率，降低炸药单耗，孔网参数可有一定程度的增大，提高炮孔延米爆破量。

（4）在相同震级条件下，可增大一次爆破量，减少爆破次数，提高爆堆矿岩的装运作业效率。

（5）在同等药量条件下，地震效应减弱，减小爆破震动危害。

（6）利于减少飞石和降低空气冲击波强度。

7.5.1 毫秒延时起爆的作用原理

采用毫秒延时起爆，相邻炮孔以毫秒级的时间间隔先后顺序起爆。由于在爆破过程中先爆炮孔为相邻的后爆炮孔多创造一个自由面，其作用的原理可包括：

（1）瞬时自由面的产生及其作用。采用毫秒延时起爆，在先起爆炮孔形成爆破漏斗范围内的岩体刚刚与原岩分离即在二者之间形成一条裂缝时，后起爆炮孔起爆，这一裂缝即为后起爆炮孔创造了一个新的自由面。由于这一新自由面存在时间短暂，常称为瞬时自由面。例如在图7-11中，只要延时长短合适，起爆顺序为1的炮孔起爆后爆破漏斗的破裂面即为起爆顺序为2的炮孔的瞬时自由面。根据爆破漏斗的基本原理，这种自由面条件的改善，不仅将加强爆炸应力波的自由面反射拉伸作用，且使后起爆炮孔不同方向上的抵抗线大小更趋均匀，从而利于岩石破碎，提高爆破效率，改善爆破破碎质量。

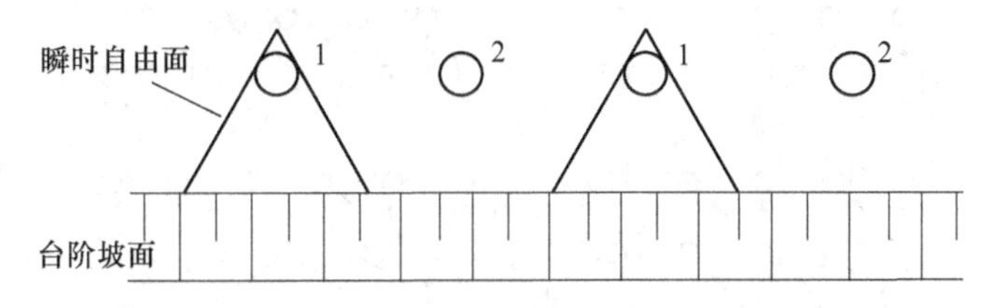

图7-11 孔间交替延时起爆时炮孔的自由面条件
1，2—炮孔起爆顺序

（2）应力场叠加效应。先爆孔内的孔壁压力下降，岩石回弹出现拉伸应力波时，再起爆相邻炮孔，先后相继起爆炮孔产生的应力场相互叠加，可使岩石得到更为充分的破坏。

（3）运动岩石的相互碰撞。采用毫秒延时起爆，相邻炮孔的起爆时差极短，且由于爆破后岩石的运动速度在其抛掷移动过程的中后期将很快下降，先后相继起爆炮孔爆落的岩块之间将会发生相互碰撞、冲击和剪切作用，可使岩石进一步破碎。

（4）在时间上分散地震波能量。当爆区炮孔个数和总药量一定时，采用毫秒延时起爆，同时起爆药量小，在时间上分散了爆破产生的地震波能量，从而可以降低爆破震动。

7.5.2 延时起爆的网络连接形式

延时起爆的网络连接形式有两类：一是排间延时起爆；二是孔间延时起爆。

由于目前雷管产品的延时精度大大提高，为实现多排孔精确延时起爆提供了基本充分的器材条件，能够较为方便和容易地实现孔间毫秒级精确延时起爆。正是由于这种原因，目前绝大多数的台阶炮孔爆破都是采用孔间毫秒延时顺序起爆，而排间延时起爆技术趋于淘汰。

7.5.2.1 排间毫秒延时起爆

排间延时起爆一般是指各排炮孔之间以毫秒级的时间间隔顺序起爆，而同排内各个炮孔同时起爆。排间延时起爆炮孔的排列形式则可有直线形和折线形两种，其中折线形有V形和波浪形。

在孔间延时起爆技术出现之前，采用三角形布孔和直线排间顺序起爆，应用最为广泛

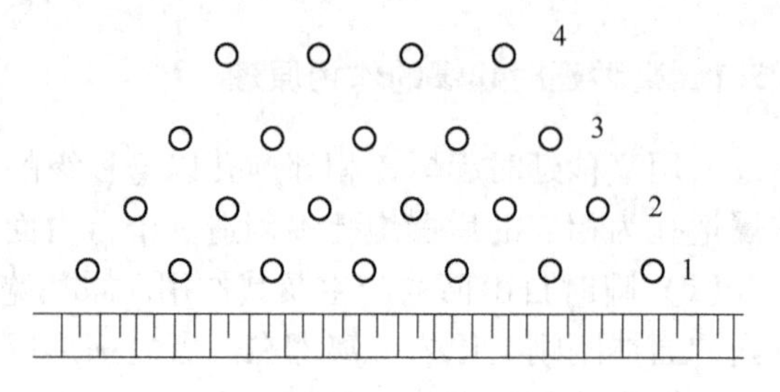

图 7-12 三角形布孔 + 直线排间顺序起爆
1 ~4—起爆顺序

（图 7-12）。按同时起爆炮孔排列方向与台阶坡顶线关系的不同，还有斜线顺序起爆（图 7-13a）、V 形起爆（图 7-13b）、波浪形起爆（图 7-13c）、楔形起爆（图 7-13d）及梯形顺序起爆（图 7-14）和斜线（对角线）顺序爆破（图 7-15）等。但是，在同排炮孔较多时，由于同排（同段）药量过大，爆破震动效应相应增大。

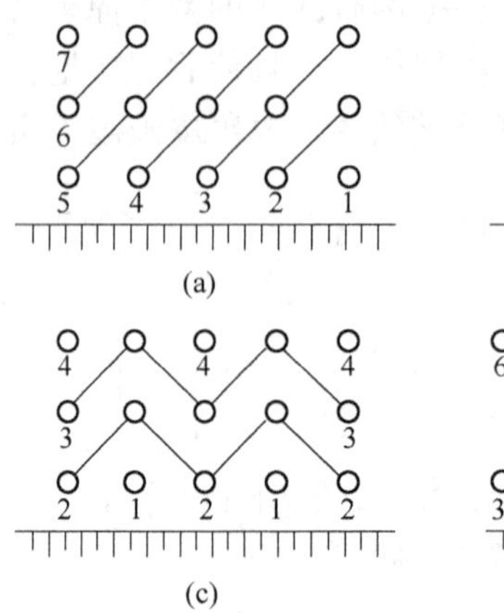

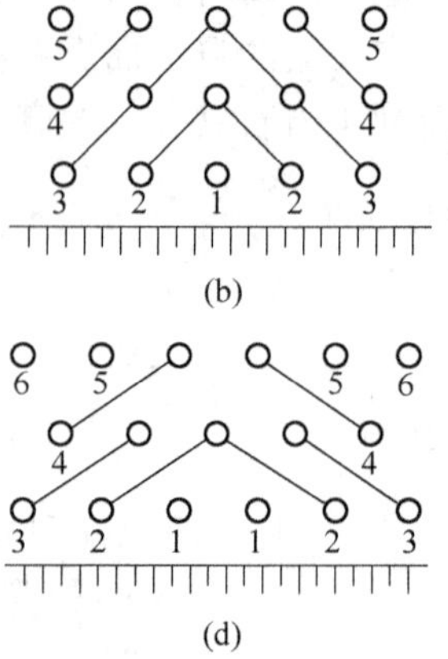

图 7-13 斜线起爆
（a）斜线顺序起爆；（b）V 形起爆；（c）波浪形起爆；（d）楔形起爆
1 ~7—起爆顺序

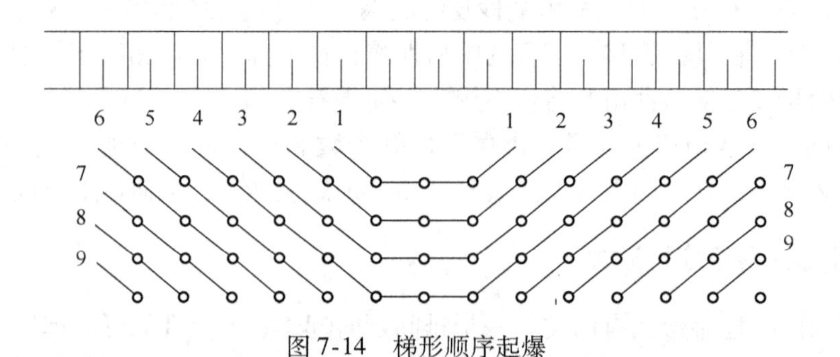

图 7-14 梯形顺序起爆

斜线起爆常用于台阶有侧向自由面的情况。利用这种起爆形式，前段爆破能为后段爆破创造较宽的自由面。V 形起爆多用于两种情况：一是掘沟爆破以形成新的台阶；二是新形成台阶上的第一次爆破。斜线起爆的优点包括：

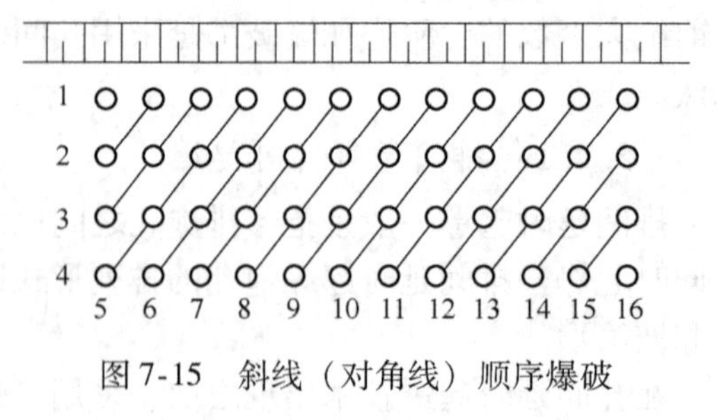

图 7-15 斜线（对角线）顺序爆破

（1）可正方形、矩形布孔，便于钻孔、装药、填塞机械的作业；可加大炮孔的邻近系数。

（2）由于分段多，每段药量少且分散，可降低爆破地震波的强度。

（3）后冲侧冲作用减弱，减小对爆区后部和侧部岩体的冲击破坏。

（4）正方形、矩形布孔时，炮孔的邻近系数加大，可加强岩块在爆破过程中的相互碰撞和挤压作用，有利于减小爆破块度。

（5）起爆网络联结形式灵活，易于满足各种不同的设计要求。

斜线起爆的缺点主要有：

（1）所需起爆雷管的段数较多，起爆材料消耗量较大。

（2）起爆网络施工及检查均较繁杂，容易出错。

（3）由于雷管分段较多，后排孔爆破时的夹制性增大，后排塌落沟浅，爆破后矿岩松散性较差。

7.5.2.2 孔间毫秒延时起爆

采用孔间毫秒延时起爆时，孔内采用同段别毫秒导爆管雷管（表7-7），孔外采用地表延时导爆管雷管（表7-8）。表7-9为普通高精度毫秒延时导爆管雷管的延期时间。

表7-7 长延时孔内用导爆管雷管标准延期时间

段别	1	2	3	4	5	6	7	8	9
延期时间/ms	25	100	200	300	400	500	600	700	800
段别	10	11	12	13	14	15	16	17	18
延期时间/ms	900	1000	1200	1400	1600	1800	2100	2400	2700
段别	19	20	21	22	23	24	25		
延期时间/ms	3000	3400	3800	4200	4600	5000	5500		

表7-8 地表延时导爆管雷管标准外观颜色与延期时间

延期时间/ms	9	17	25	42	65	100	150	200
颜色	绿色	黄色	红色	白色	蓝色	橘黄色	橘黄色	橘黄色

表7-9 毫秒导爆管雷管标准延期时间

段别 MS	1	2	3	4	5	6	7	8	9	10
延期时间/ms	25	50	75	100	125	150	175	200	225	250
段别 MS	11	12	13	14	15	16	17	18	19	20
延期时间/ms	275	300	325	350	375	400	425	450	475	500

孔外地表延时雷管用于控制炮孔的起爆顺序和孔间起爆时差。孔内延时雷管的延期时间一般都较长，其作用一是起爆炮孔中的炸药，二是保证当该炮孔中炸药爆炸时，相邻的后继起爆炮孔中的雷管都已经被“点燃”，保证先起爆炮孔周围岩体的移动和飞石现象尽管可能破坏地表起爆网络，但仍不会导致孔内起爆雷管拒爆。

孔内雷管的延期时间过短，不能可靠避免炮孔拒爆；延期时间过长，雷管产品的延期时间误差就相应增大，不利于准确控制炮孔间的起爆时差，影响爆破效果。我国大中型露天矿山采用逐孔起爆时，孔内雷管的延期时间一般为400ms。

逐孔起爆典型网络见图7-16和图7-17。图7-16中孔内均采用400ms，孔外分别采用

9ms、17ms 和 42ms 延时。图 7-17 中，孔外雷管的延期时间为 17ms 和 42ms 两种，孔内雷管的延期时间均为 400ms。

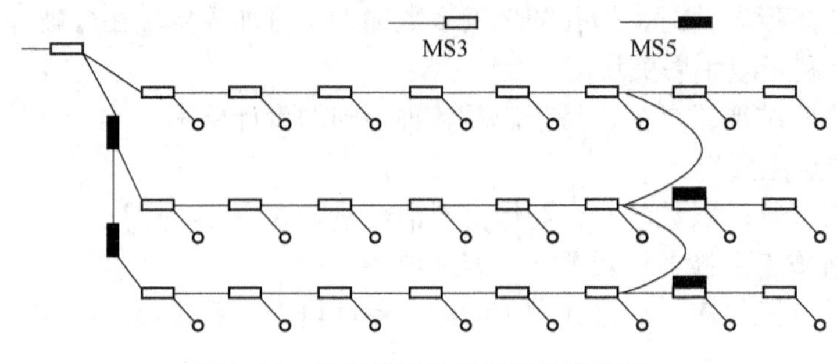

图 7-16 导爆管接搭起爆网络示意图

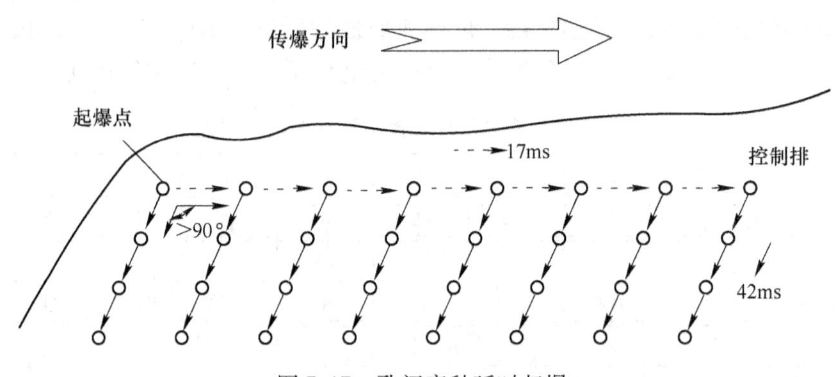

图 7-17 孔间毫秒延时起爆

7.5.3 延期时间的确定

合理确定毫秒延期爆破间隔时间，是保证爆破效果的关键因素之一。选择毫秒延期间隔时间，首先需要保证先爆孔不会破坏后爆孔的起爆网，其次需要考虑的因素包括岩体爆破难易程度、抵抗线大小及减震要求等。实践中多采用经验方法确定炮孔之间的毫秒延期时间 Δt，然后根据 Δt 选择适用雷管的段别。

（1）按产生应力波叠加。先爆孔内的孔壁压力下降，岩石回弹出现拉伸应力波时，再起爆相邻炮孔。照此原理计算，结果数值一般偏小。

（2）按形成瞬时新自由面所需时间。先爆炮孔刚好形成破裂漏斗，漏斗内破碎岩石已明显脱离原岩，此时起爆相邻炮孔。从起爆到岩石产生破坏和发生位移的时间，大约是应力波传到自由面所需时间的 5 ~ 10 倍。根据经验，按形成瞬时新自由面确定孔间延时 Δt（ms）为

$$\Delta t = KW \tag{7-6}$$

式中 W——炮孔的最小抵抗线，m；

K——据统计分析确定的系数，台阶炮孔爆破一般取 2 ~ 5。

对台阶炮孔爆破，一般取 $\Delta t = 20 \sim 100\text{ms}$。

（3）按降低地震效应的原则确定。

1）主震相刚好错开 30 ~ 50ms；

2）地震波相互干扰，以最大限度降低地震效应：

$$\Delta t = \left(n + \frac{1}{2}\right)t_1 \tag{7-7}$$

式中 t_1——振动周期，s；

n——自然序数，$n = 1, 2, 3, \cdots$。

但是，应予指出，这只是一种理想化的思想，因为地震波周期的大小会因地质地形条件的变化和距离而随时随地发生变化，因此难以正确地给出爆破地震波振动周期 t_1 的数值。

（4）经验公式

$$\Delta t = \frac{2W}{v_p} + K_1 \frac{W}{C_p} + \frac{S}{v} \tag{7-8}$$

式中 Δt——秒延期时间，s；

W——炮孔的最小抵抗线，m；

v_p——岩体中弹性纵波的传播速度，m/s；

K_1——系数，反映岩体受高压气体作用后在抵抗线方向裂缝发展的快慢，一般可取 $K_1 = 2 \sim 3$；

C_p——裂缝扩展速度，它与岩石性质、炸药特性以及爆破方式等因素有关，一般中硬岩石约为 1000 ~ 1500m/s，坚硬岩石为 2000m/s 左右，软岩在 1000m/s 以下；

S——破裂面移动距离，一般取 0.1 ~ 0.3m；

v——破裂体运动的平均速度，m/s，对于松动爆破而言，其值约为 10 ~ 20m/s。

或

$$\Delta t = t_d + \frac{L}{v_x} = KW + \frac{L}{v_x} \tag{7-9}$$

式中 t_d——从爆破到岩体开始移动的时间，ms；

K——系数，一般为 2 ~ 4ms/m，也可通过观测确定；

W——底盘抵抗线，m；

v_x——裂隙开裂速度，m/ms；

L——裂隙宽度，m，一般取 0.01m。

（5）考虑岩石性质和底盘抵抗线的经验公式

$$\Delta t = K_1 \cdot W(24 - f) \tag{7-10}$$

式中 Δt——延期时间，ms；

K_1——岩石裂隙系数，对于裂隙少的岩石，取 0.5；中等裂隙岩石取 0.75；对于裂隙发育的岩石取 0.9；

W——底盘抵抗线，m；

f——岩石坚固性系数。

计算延期间隔时间的方法虽然很多，但都不可能达到非常精确的程度。另外，由于雷管产品的段别有限，实践中尽管认为得出了合理的延期时间，但在应用上也必然会受到雷管产品的约束与限制。目前国内外高精度可设定延期时间电子雷管技术的发展，即将使孔间延期起爆时间的合理化与精确控制成为可能。

7.5.4 孔内分段延时起爆

孔内分段延时起爆是指在同一炮孔内进行分段装药，并在各分段装药间实行毫秒级延时起爆的方法，多用于间隔装药。显然，孔内分段延时起爆具有分段装药和延时起爆的双重特点。

孔内分段延时的起爆网络可以采用非电导爆管网络、导爆索网络，也可以采用电爆网络。孔内一般分为两段装药。就同一炮孔而言，起爆顺序有上部装药先爆和下部装药先爆两种，即有自上而下孔内分段延时起爆和自下而上孔内分段延时起爆两种方式。对于相邻两排炮孔来说，孔内分段延时的起爆顺序有多种排列方式，它不仅在水平面内，而且在垂直面内也有起爆时间间隔，关键是使炸药在岩体中的分布趋于合理，以利于可靠地控制爆破效果。

通常，露天深孔台阶爆破时，孔内毫秒延期的间隔时间为 15 ~ 75ms（多用 25 ~ 50ms），地表孔间（排间）延时雷管的间隔时间应更长，以避免后起爆炮孔中炸药的起爆早于先起爆炮孔中某一段炸药。换言之，先起爆炮孔中各个装药段的起爆时间须早于后继起爆炮孔中任意一段装药，是孔内分段延时起爆技术设计的一个基本原则。如若不然，由于装药段起爆瞬间自由面条件的影响，岩石的破碎质量（特别是根底现象）、爆堆形状与矿岩松散程度、爆破后冲及飞石的控制，都将难以得到保证。另外，炮孔离爆区初始自由面距离越远，岩体的夹制性越大，孔间的地表延时应相应增大。我国露天矿山多排孔挤压爆破排间时间间隔通常取 50ms 以上；在台阶高度为 12 ~ 15m 的坚硬岩石中使用威力较高的炸药时，孔内毫秒延期时间以 10 ~ 15ms 为宜；如果使用威力较低的铵油炸药，孔内毫秒延期间隔时间多选用 10 ~ 25ms。

孔内毫秒延期爆破两种起爆方式各有优缺点。自上而下起爆时，在孔内、孔间延期起爆时间选取合理的情况下，对同一炮孔而言，由于台阶上部的矿岩首先爆破，会出现上部岩体爆后脱离同一水平和下部矿岩，向自由面方向（向上、向前）抛掷，因而为下部后起爆药包创造了新的自由面。这种起爆方式的优点是爆破震动较小、爆堆松散；缺点是爆堆下部松散较差、对炮孔超深要求较严、不利于采场底板平整度的控制。自下而上起爆时，对同一炮孔而言，下部药包起爆时，药包远离上方的地表面，爆破时仅依靠前方的自由面为破碎厚度岩石提供膨胀空间，爆炸能量在被爆岩体内释放，矿岩破碎比较充分、松散度也较好。下部先起爆的药包为台阶上部的爆破创造了一个新的准自由面。上部后起爆药包爆破时，有前、上、下共三个自由面（显然，此时与上部药包相关的技术参数设计极为敏感）。采用这种方式起爆时，孔口的填塞高度可适当减小，炮孔中间的填塞长度可适当增加。自下而上的起爆方式有加强下段药柱对台阶底部的破碎作用，可使底板更平整，由此可适当减小炮孔超深，但与孔内自上而下的起爆方式相比，爆破震动更大。

7.5.5 台阶炮孔爆破效果及其控制

实践中任何一次爆破工程都对其效果有明确的要求。因此，作为爆破技术人员及工程管理人员，应明确在何种情况下需要使用哪些指标来反映爆破效果的好坏。另外，为达到预期的爆破效果要求，在何种情况下可考虑采取哪些技术措施，以求有效地控制爆破效果，也具有重要的实际意义。

7.5.5.1 台阶炮孔爆破效果的评价指标

台阶炮孔爆破工程的效果一般是指实际的爆破范围与方量、爆堆矿岩的破碎块度（含大块率和根底率）、爆堆形状（图7-18）和爆堆的松散系数等。但是，从整体上对一个爆破工程进行评价，还应包括爆破安全与钻爆工程成本（如炸药消耗量、钻孔工程量等）两个方面。反映爆破安全的指标一般包括意外爆炸事故的有无、爆破震动效应及其有害影响、飞石风险、有毒气体与扬尘的危害等。

图7-18 露天台阶炮孔爆破形成的爆堆

常用以下指标来评价工程爆破作业的效果：

（1）炸药单耗。炸药单耗是指爆破1m^{3}或1t岩矿所消耗的炸药质量，单位为kg/m^{3}或kg/t。它不仅是在技术经济水平上反映爆破工程的一个重要指标，也是影响爆破工程成本的一个重要因素。

（2）延米爆破量。指1m炮孔所能崩落的岩石（或矿石）的平均体积或质量，单位为m^3/m或t/m。延米爆破量反映了钻孔工程量的大小，其数值的高低是影响钻孔成本的一个主要因素，也是影响爆破工程成本的重要因素之一。

（3）大块率、根底率。分别指爆破区域内出现的不合格大块和根底在爆破矿岩量中的占比（%）。一般情况下，需要采用机械方法或二次爆破的方法对不合格大块和根底进行事后再处理，使之破碎成合格块度，利于铲运作业和选厂破碎作业。显然，大块和根底的出现会增加额外的工程成本。所以，大块率和根底率的高低是反映爆破效果的一个重要指标。

另外，在铅垂方向上，爆破破坏范围的深度与设计台阶水平的一致性，也是反映爆破效果好坏的一个重要指标。爆深不够，造成下台阶平面高于设计标高，或者爆深过大，造成超爆，致使下水平台阶高低不平，都会给下水平爆区炮孔布置、钻孔作业及孔深设计造成困难，也会给采场车辆行驶带来难度，增加车辆油耗和故障率。

（4）钻爆成本。它是指爆破1m^3（或1t）岩矿所消耗的与爆破作业有关的材料（包括炸药与起爆器材）、人工、设备及管理等方面的费用，也包括钻机钻孔作业的全部费用。

（5）爆堆松散度。一般用爆堆松散系数来表征爆堆矿岩的松散程度。露天台阶爆破形成爆堆的松散系数高，电铲铲装作业容易，铲装作业的效率高，矿车等待的时间短，利于提升采矿生产效率，同时降低矿岩铲运生产成本。

（6）爆堆几何形状与尺寸。主要指爆堆的前冲距离和隆起高度。一般情况下，爆堆的前冲距离小，隆起高度大，往往意味着爆堆松散度差。另外，爆堆隆起高度太大，也可能不利于电铲铲装作业的安全。前冲距离过大，一方面容易对采场道路和输电线路等造成影响；另一方面由于矿岩块散落分布范围大、厚度小，电铲难以装满铲斗，影响铲装作业效率，延长矿车等待时间。实践中对爆堆前冲距离过大的情况，一般都是先用推土机将爆堆集中，然后再进行电铲铲装作业。

（7）爆破破坏范围及其对外围岩体的影响。这包括爆破后形成新台阶的规整程度及爆破对爆区后部和侧部的冲击破坏作用（即后冲与侧冲现象）。如图 7-19 所示，后冲与侧冲小，新台阶坡面陡，矿岩稳固，台阶形状规整，则既利于新爆区的炮孔布置，又利于控制爆破效果，形成先后爆破区间的良性循环。图中 α 为爆区的台阶坡面角，H_C 和 H'_C 分别为图 7-19a 和图 7-19b 两个爆区的后冲距离，β 和 β' 分别为图 7-19a 爆区和图 7-19b 爆区将形成的新台阶坡面角，其中 $H'_C > H_C$，$\beta > \beta'$。显然，图 7-19a 所示爆区由于后冲距离小（后冲破坏范围小），形成的新台阶坡面较陡，将对后部爆区的炮孔布置和爆破效果更为有利。

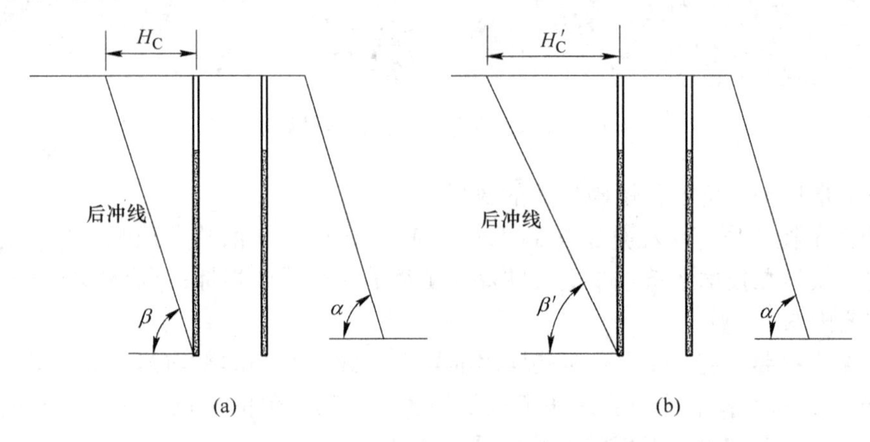

图 7-19　露天台阶炮孔爆破的后冲作用

（a）后冲作用较小；（b）后冲作用较大

（8）爆破震动和飞石现象等对环境的影响也是反映爆破效果的一个重要方面。爆破过程中发生的人身伤亡事故，多数是由飞石造成的。因此，在露天台阶爆破工程中，可靠控制飞石现象，避免飞石造成人身伤亡事故，可靠保护人员、电铲、车辆及供电线路免受飞石危害，是保证爆破安全的首要课题。另外，爆破震动经常会引发各台阶前沿位置的岩块滚落，重复的爆破震动必然会在一定程度上弱化边坡岩体的力学性能，在一定条件下诱发滑坡。高强度的爆破震动可使爆区附近的建构筑物产生一定程度的破坏，因此，如何将爆破震动控制在允许的范围内，也是反映爆破效果好坏的一个重要方面。

7.5.5.2　控制爆破效果的一般技术措施

为了获得预期的爆破效果，需要根据爆区的矿岩性质和自由面条件等因素，合理选用炸药品种，正确确定爆破技术设计参数，严格进行爆破施工。针对实践中容易出现的爆破质量问题，可考虑采取的技术措施分述如下。

（1）避免台阶几何形状不良采取的措施。台阶几何形状，即是本次爆破的地形条件，也是前次爆破的结果。台阶眉线（即台阶的坡顶线）保持平直，凹凸现象不显著，则下次爆破时的炮孔布置就变得简便，也可避免调整炮孔位置的麻烦，同时也降低了各炮孔装药量计算的难度，易于控制爆破效果。另外，台阶眉线平直，在钻机的钻孔作业过程中，钻机的走钻定位更为容易，易于控制孔位误差。

保持台阶眉线平直的主要措施是：

1）见图7-20，爆区后排孔尽量布置在一条直线上。

2）爆区左右两端的边界孔，都尽量位于一条直线上（图7-20）。

3）对远离台阶坡面的边界孔，自前至后逐排减少一个炮孔。这样做的目的在于避免各排的端部孔因自由面条件过差而影响爆破效果，造成形成的新台阶眉线不齐。

4）边界孔及其附近炮孔的装药量和起爆顺序及起爆延期时间合理。

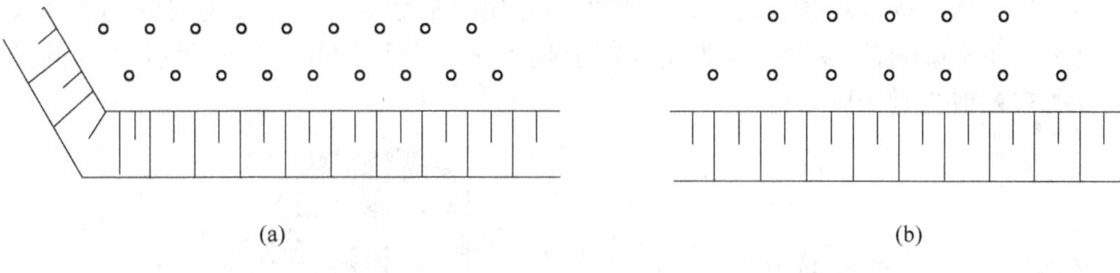

(a)　　　　(b)

图7-20　露天台阶炮孔爆破边界孔的布置

（2）避免不合格大块采取的措施。减少不合格大块的措施主要有：

1）炮孔直径与孔网参数。在其他条件不变时，炮孔直径越大，孔网参数必然加大；孔网参数大，意味着炸药在岩体中的分布越不均匀。特别是在图7-21所示的不连续岩体中，孔径大，孔网参数大，单位面积范围内的炮孔个数少，一个天然岩块遇到炮孔或者炸药的概率就小，即爆破后产生大块的可能性高。

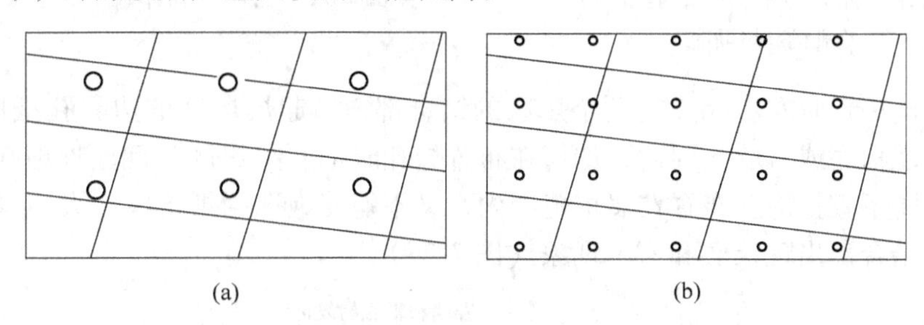

(a)　　　　(b)

图7-21　节理岩体中的炮孔直径和孔网参数

（a）孔径大，孔网参数大；（b）孔径小，孔网参数小

2）炮孔起爆时刻的最小抵抗线大小合适，且小于到相邻炮孔的距离；对于前排孔，在台阶底部的抵抗线较大时，适当增大超深，或在炮孔底部改用高威力炸药，尽量避免台阶下部岩体爆破不充分而出现大块。

3）炮孔装药量。炮孔装药量过小，矿岩块度主要取决于原岩节理裂隙的发育程度及这些节理裂隙的张开程度。因此，为减小大块产出率，应避免炮孔装药量过小。

4）炸药在炮孔长度方向上的分布。当炮孔长度较大而设计的炮孔装药量较小时，采用连续装药，将导致炮孔的孔口填塞长度过大，台阶上半部分岩体接受到的爆破作用过于微弱，因而容易产出大块。在此种情况下，采用间隔装药，适当改善炸药在炮孔中的分布，有利于减少大块。

5）炮孔的起爆顺序和延期时间合理。合理确定炮孔起爆的顺序，以新自由面刚好形成为原则确定炮孔起爆延期时间，对改善爆破块度、减少大块具有重要意义。另外，对地质结构构造显著的岩体，设计炮孔的起爆顺序时，应尽量使炮孔起爆瞬间的最小抵抗线方向与岩体主结构面走向垂直（图7-22），最大限度地减少爆轰气体产物过早沿结构面逸出，尽可能地提高炸药能量的有效利用率。

（3）避免根底及岩墙采取的措施。根底是指炮孔抵抗线范围内一部分岩体没能在炸药爆炸作用下充分破坏并与原岩分离（图7-23）。当根底的高度较大时，即形成岩墙。根底或岩墙现象大多出现在前排孔的抵抗线范围内，其原因主要是炮孔的抵抗线过大或炮孔装药量过小。当炮孔的抵抗线较大时，适当加大炮孔超深是经常采用且较为有效的重要技术措施。当然，在不影响钻机钻孔作业安全的前提下适度前移炮孔，减小炮孔底部的抵抗线，也应在布置炮孔时予以考虑。

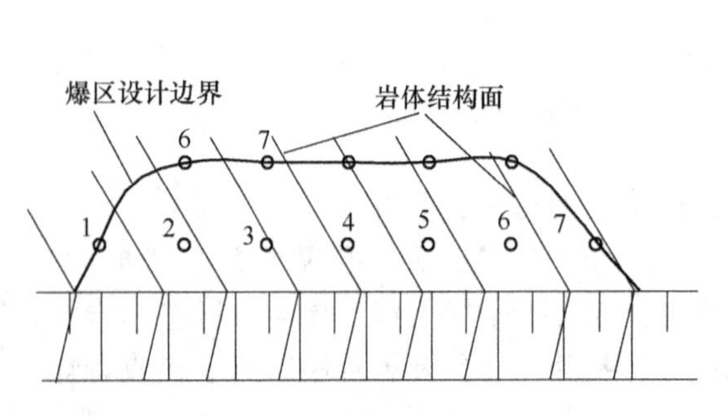

图7-22　含结构面岩体中炮孔的起爆顺序
1～7—炮孔的起爆顺序

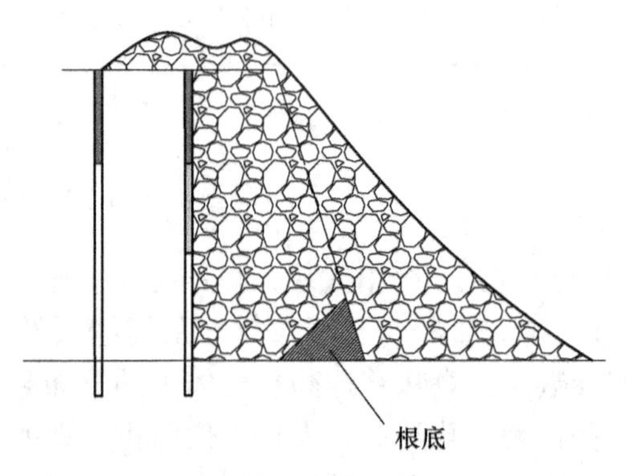

图7-23　台阶炮孔爆破中的根底现象

另外，在同一台阶左右相连的两个爆区的结合部，后起爆爆区的边界孔抵抗线过大，常常会导致出现根底或岩墙。因此，如何在布置炮孔时把“接爆区”问题处理好，合理布置炮孔位置，既不宜把炮孔布置在爆堆范围内，又不能使炮孔的抵抗线太大，以避免在新旧两个爆区的结合部出现根底和岩墙现象（图7-24）。

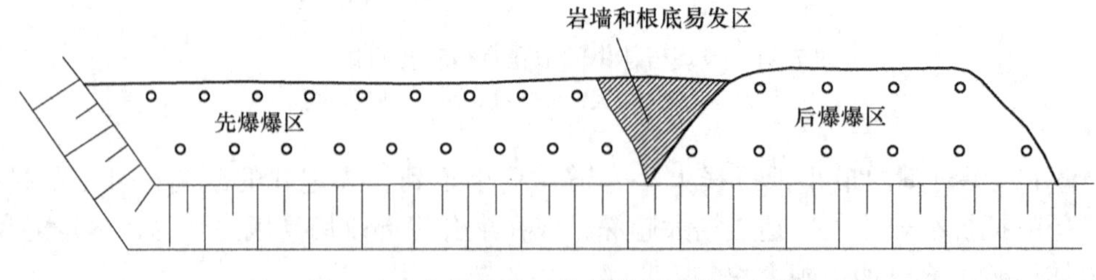

图7-24　布置炮孔时的相邻爆区衔接问题

（4）减小后冲现象采取的措施。在爆炸应力波和爆轰气体膨胀压力的冲击作用下，爆区后方和左右两侧一定范围内的岩石也将发生一定程度的破坏，并沿与炮孔最小抵抗线方向相反的方向移动，“后冲”即指这种现象。一般用图7-25所示的后冲距离 D_h 来反映后冲的强弱，它是指从爆区边界孔口到台阶平面上后冲破坏范围边界线的最小距离。后冲距离过大，将给后方爆区前排孔的布置造成以下困难：

1）后冲距离大，新爆区前排孔布置在后冲影响区域以外（图7-25a），炮孔的抵抗线因之增大，后冲距离范围内的爆破块度将可能受到影响，严重者则会形成根底或岩墙。

2）将新爆区的前排孔布置在后冲破坏范围内（图7-25b），由于岩碴在重力作用下的自然塌落容易造成堵孔，钻孔作业的成孔难度大，且在发生堵孔时装药难度大，甚至不能按设计把所有炸药装至炮孔的设计装药位置，最终影响爆破效果。

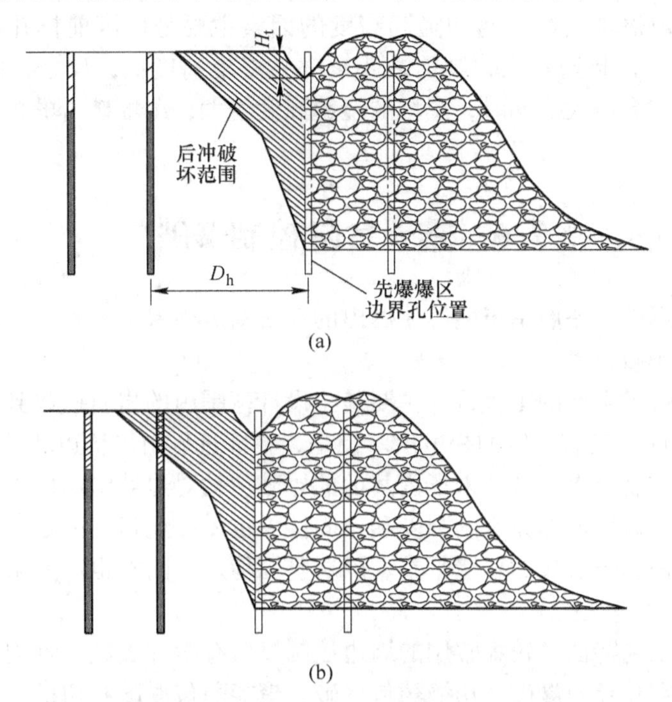

图7-25　后冲现象对后方爆区炮孔布置的影响

（a）后冲破坏区外布置后方爆区的前排孔；（b）后冲破坏区内布置后方爆区的前排孔

在台阶炮孔爆破工程实践中，后冲现象是无法彻底避免的，人们所能做的只是根据实际条件和需要尽量减小后冲范围。常用的技术措施有：

1）减小后排孔起爆瞬间的抵抗线。炮孔起爆瞬间的抵抗线小，抵抗线范围内的岩石发生破坏、爆轰气体膨胀压力释放得早，作用于炮孔后部岩体的压力作业时间将相对缩短，利于减弱后冲作用，减小后冲距离。

2）优化孔间起爆延期时间。通过优化孔间起爆延期时间，使后排孔起爆瞬间的自由面条件达到最佳，炮孔抵抗线范围内的岩石较快发生破坏，作用于炮孔后方的爆轰气体膨胀压力得以较早释放，从而起到减弱后冲、减小后冲距离的作用。

3）降低爆区后排孔的装药高度。降低爆区后排孔的装药高度，可以相应减小后冲距离。在不增加炮孔装药量的前提下，适当增大炮孔超深，或者适当减小后排孔的装药量，都可以起到降低炮孔装药高度的作用。

4）改变炮孔的起爆方向。在有条件的情况下，在平行于台阶初始自由面的方向上自左向右或自右向左顺序起爆各个炮孔，一般都会对减小后冲距离起到明显的作用。

（5）针对爆堆形状和爆堆矿岩的松散性采取的措施。爆堆形状主要指爆堆的前冲距离和隆起高度。一般情况下，爆堆的前冲距离小，隆起高度大，往往意味着爆堆松散度差。另外，爆堆隆起高度太大，也不利于电铲铲装作业的安全。相反地，前冲距离过大，一是矿岩在爆破过程中容易砸坏采场输电线路、覆盖采场道路；二是由于矿岩块散落分布范围大、厚度小，电铲难以装满铲斗，影响铲装作业效率，延长矿车等待时间。实践中对爆堆前冲距离过大的情况，一般都是先用推土机将爆堆集中，然后再进行电铲铲装作业。

一般地讲，影响爆堆前冲距离和隆起高度的因素主要是爆区前排孔的抵抗线和装药量。前排孔抵抗线小，装药量大，则前冲距离大，爆堆高度低；反之，前冲距离就会减小，爆堆隆起高度就会增大。同时，爆堆的隆起高度增大，爆堆矿岩的松散系数一般会随之减小。

7.6 露天台阶控制爆破

露天台阶控制爆破，一般是指能够使爆出的台阶新坡面保持平整且不会使边坡岩体产生明显破坏的一种爆破技术。

露天矿山日常爆破生产的工程目标主要是将设计范围内的岩石破碎到一定程度，并使爆破后的岩堆（爆堆）具有一定的松散度。但是，在邻近矿山采坑边坡还需要采用周边控制爆破技术以有效控制当次爆破及采场内其他的爆破活动对边坡壁面以外岩体的破坏与损伤，最大限度地保护边坡岩体原有的强度和稳固性。也需在此指出的是，在地下井巷和隧涵掘进工程中，为使爆破形成的岩壁平整、围岩坚固稳定，同样也需要采用周边控制爆破技术。

按技术特点和工艺特征，较为常用的周边控制爆破有缓冲爆破、预裂爆破、光面爆破三种。密集空孔、空孔导向爆破、切缝药包爆破、聚能药包爆破和切槽孔爆破也曾有研究和报道，但由于工程成本和技术难度等原因，尚未在实践中得到推广应用。

7.6.1 缓冲爆破

缓冲爆破是指能够显著减弱炮孔中装药爆炸产生的冲击破坏作用的一种控制爆破技术。

7.6.1.1 缓冲爆破的技术特点

缓冲爆破的技术特点主要是：

（1）缓冲爆破炮孔位于主爆区最后一排炮孔与设计边坡坡面或靠近设计边坡坡面的一排预裂炮孔之间，一般布置 1 ~3 排，其中尤以 2 排最为常用（图 7-26）。

（2）缓冲爆破炮孔的直径一般与主爆区炮孔相同，有条件时也可采用小直径炮孔。

（3）如图 7-26 所示，当主爆区和缓冲爆破都使用垂直孔时，缓冲孔的深度从主爆区到设计边坡逐渐减小，原则是保证缓冲孔孔底到边坡坡面保持有一定的距离，目的是避免缓冲孔装药爆炸时破坏边坡坡面。缓冲爆破使用倾斜炮孔时，则应尽量使炮孔的长度方向与边坡坡面平行。

（4）与主爆区炮孔相比，缓冲孔的孔距和排距均较小，且从前排到末排递减。

(5) 缓冲孔的炸药单耗低于主爆区炮孔。一般情况下，缓冲孔的装药量（炸药单耗）遵循从前排孔到后排孔逐渐递减的原则，目的是既能保证缓冲孔周围矿岩的破碎质量，又能够充分降低缓冲孔爆破对边坡岩体的冲击作用和地震动效应。

(6) 缓冲爆破炮孔与主爆区炮孔同时起爆。具体地说，缓冲爆破炮孔与主爆区炮孔同属一个起爆网络，只是前者以毫秒级时差晚于后者起爆。

如图 7-26 所示，实践中应用较多的是同时使用缓冲爆破和预裂爆破，即在预裂孔前面布置缓冲孔。

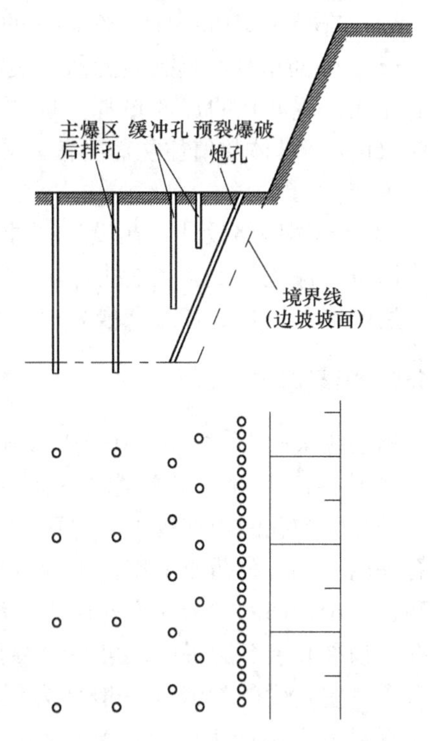

图 7-26　预裂 + 缓冲炮孔布置示意图

简单一点说，缓冲孔与主爆区炮孔相比，其主要特点有两个：一是孔网参数小；二是炮孔装药量小。这样做，一是使炸药在岩体中的集中度下降，可以降低各个炮孔爆破产生的冲击波强度，减弱后冲效应，降低后方岩体的震动强度，从而起到保护后方边坡岩体稳固性的作用；二是由于炸药在岩体中分布更为均匀，也可使爆破块度更为均匀。显然，与一般的主爆区炮孔相比，缓冲爆破的钻孔和爆破施工工程量都会有所增大，钻爆成本上升，故一般仅在邻近边坡时使用。

7.6.1.2　缓冲爆破的主要技术参数

缓冲爆破的主要技术参数及其确定方法如下：

(1) 孔径。在大中型露天矿山，缓冲孔直径一般与主爆区炮孔直径相同，有条件时可采用小直径炮孔。

(2) 孔网布置及参数。从主爆区最后一排孔往后布置缓冲孔，可以主爆区炮孔排距为基数采用递减方法确定缓冲孔的排距。最小的缓冲孔排距一般为主爆区炮孔排距的 0.5 倍。也有采用同一种排距的做法。缓冲孔的邻近系数一般与主爆区相同。但是，在缓冲爆破中不适宜采用宽孔距爆破技术。

缓冲孔和主爆区炮孔之间的排间距是影响主爆孔爆破效果及缓冲孔缓冲效果的重要因素。为了避免根底，同时减小震动，主爆孔和缓冲孔的排距不得大于缓冲孔计算的底盘抵抗线。按体积法计算底盘抵抗线，其公式为

$$W_d = \phi \sqrt{\frac{7.85\Delta\psi}{mq}} \tag{7-11}$$

式中　W_d——底盘抵抗线，m；

ϕ——缓冲孔孔径，dm；

Δ——装药密度，g/cm^3；

ψ——装药系数，装药长度与炮孔长度的比值，取 0.7；

m——炮孔密集系数，一般为 0.8～1.2；

q——炸药单耗，kg/m^3。

炮孔直径为250mm时，缓冲孔的底盘抵抗线一般可取4～5m。

(3) 炸药单耗与炮孔装药量。缓冲孔使用炸药种类一般与主爆区炮孔相同。与主爆区炮孔相比，缓冲孔的炸药单耗一般要下降10%～15%，每孔装药量大约为主爆区炮孔的50%～60%，具体数值往往需要按岩体的可爆性和各炮孔的负担面积（体积）等因素通过试验确定。

(4) 起爆网络设计。在设计缓冲孔的起爆网络时，一般是将缓冲孔视同为主爆区炮孔，即将缓冲孔与主爆区炮孔合并一同设计。换言之，缓冲爆破炮孔与主爆区炮孔同属一个起爆网络，只是前者以毫秒级时差晚于后者起爆。

7.6.2 预裂爆破

预裂爆破也是主要应用于露天矿山邻近边坡的位置。如图7-27所示，预裂爆破是在邻近边坡境界线布置一排孔径和孔间距都较小的炮孔（一般称为预裂孔），炮孔采用不耦合装药或采用低密度、低猛度、低威力的炸药，先于紧邻的主爆区炮孔起爆，然后再起爆主爆区炮孔。预裂孔装药起爆后，可在预裂孔之间形成连续贯通且有一定宽度的裂缝（一般称为预裂缝），而在预裂缝两侧岩体中不产生或只产生很小的破坏（图7-27）。但是，在完整性较差或很差的岩体中，一般难以形成这种裂缝，而只能沿预裂孔连线形成一条宽度更大的破碎带。预裂缝或破碎带的存在，可在较大程度上降低主爆区炮孔爆破对边坡岩体的冲击作用，对维持边坡岩体的稳固性、保持边坡稳定、减少边坡工程量，都具有直接和重要的积极意义。另外，预裂缝或破碎带的存在，也会降低采场内的爆破在边坡岩体内产生地震波的强度，因而也对保持边坡岩体的稳定性具有重要意义。但是，预裂爆破由于孔距小，炮孔个数多，不耦合装药操作比较麻烦，故钻爆施工消耗工时较多，成本较高。

图7-27 露天预裂爆破在岩体中形成的裂缝

实践中，预裂爆破往往与缓冲爆破结合使用，即在预裂炮孔与主爆区炮孔之间布置缓冲孔，以避免主爆区炮孔紧邻预裂孔而在爆破时破坏预裂爆破形成的岩壁。

7.6.2.1 预裂爆破的技术特点

预裂爆破的技术特点主要包括以下三个方面：

(1) 炮孔直径小。预裂爆破的目的不是破碎岩石，而只是在炮孔之间形成一条连续裂缝。因此，若使用大直径炮孔，孔距小则意味着炮孔甚至炸药的浪费；孔距随孔径增大，需要相应增大单孔装药量，孔壁岩石易发生破坏，而两相邻炮孔之间的中部则难以形成裂缝。因此，预裂爆破应尽量使用小直径炮孔。

(2) 孔距小。孔距越大，难以在炮孔之间的位置形成连续裂缝。因此，一般都需要在采用小直径炮孔的同时减小预裂孔的间距。

(3) 弱装药。为避免孔壁及附近岩石破碎，预裂爆破时往往需要采用不耦合装药结构或采用低密度、低爆速、低猛度的炸药，而不是像以破碎岩石为目的的炮孔爆破那样在炮孔的装药段满装药。不耦合装药有炮孔径向不耦合、轴向不耦合（所谓轴向不耦合装药也称间隔装药或分段装药）及径向加轴向不耦合三种装药方式。不耦合装药的目的在于尽可能地避免炸药爆炸产生的冲击波作用于孔壁，使孔壁岩石不致发生压缩发生破坏，而只在炮孔之间形成一条连续裂缝。

7.6.2.2 预裂爆破成缝机理

采用预裂爆破，在预裂孔之间形成一条连续裂缝的原因及这种原因的作用机理主要体现在以下四个方面：

（1）不耦合装药，孔壁岩石不发生压缩破坏。当采用耦合装药及装药直径等于炮孔直径时，除非炸药的威力足够小，一般都会在炮孔周围形成压缩破坏区和弹性破坏区。而在预裂爆破炮孔采用径向不耦合装药的条件下，由于药柱与孔壁之间空气层的存在，作用于孔壁的冲击波压力和爆轰气体膨胀压力都显著下降。试验研究表明，随着不耦合系数的增大，爆炸冲击波作用于孔壁的压力呈指数规律急剧下降。当不耦合系数为2.5时，孔壁上的压力峰值将下降为耦合装药时的1/16左右。如果炮孔装药的不耦合系数合适，孔壁径向压应力小于岩石的动载抗压强度，则孔壁岩石就不会发生压缩破坏，而只有可能在孔壁周围产生弹性破坏。

孔壁岩石不会发生压缩破坏，是最终沿预裂孔连线形成一个平整稳固岩面的首要条件。

（2）孔壁处的切向拉伸应力集中，使相邻孔连心线上的径向裂隙优先产生、发展。如图7-28所示，当源于一炮孔的径向压缩应力波与相邻炮孔相遇时，将在相邻孔连心线与孔壁的交点处产生切向拉伸应力集中效应，且这种拉伸应力集中会远比该点两侧其他位置更为强烈。当这种效应使得该点处的拉伸应力达到岩石的动载抗拉强度时，孔壁岩石即首先开始发生切向拉伸破坏，形成径向裂纹，并向相邻炮孔方向发展。在其他条件一定时，孔间距越小，孔壁处的切向拉伸应力集中效应就将越显著，在相邻孔连心线上形成一条连续贯通的径向裂隙的可能性就越大。

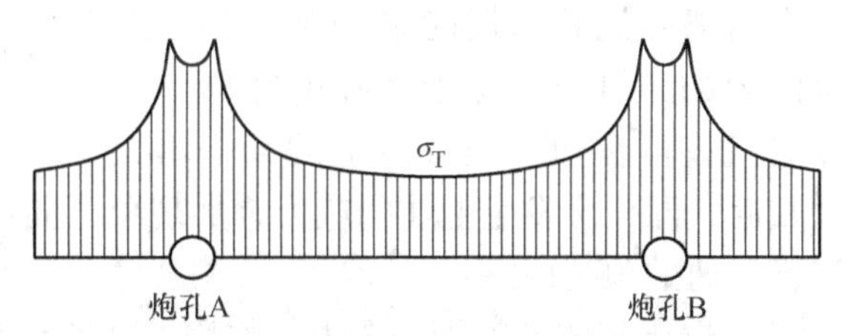

图7-28 预裂爆破孔间切向拉伸应力分布及孔壁切向拉伸应力集中现象示意图

实验的结果也表明，预裂缝是从相邻炮孔连心线上的孔壁处开始产生的。可以认为：源于一炮孔的径向压缩应力波与相邻炮孔相遇时在孔壁处产生的切向拉伸应力集中是在相邻炮孔间形成连续裂缝的关键因素。

（3）孔间径向压缩应力波的叠加效应。当相邻两炮孔同时起爆时，径向压缩应力波将恰好在两孔连心线的中点处相遇，并开始发生叠加（图7-29、图7-30），使该点处的径向压应力 σ_r 和切向拉应力 σ_T 都增大一倍。在径向压缩应力波继续传播的过程中，相邻炮孔连心线其他位置上的这种叠加效应也会继续存在，但强度逐渐减弱。如果岩石本身具有一定的弹性，则在发生压缩应力叠加效应的同时，相邻炮孔连心线上的切向拉压力必然会同比例增加，从而利于优先沿此连心线发生切向拉伸破坏，形成指向相邻孔的径向裂纹。与此相对照，在炮孔周围的其他方向其他位置上，由于源于相邻两炮孔径向压应力的作用方向斜交，这种叠加效应相应就会低得多。在其他条件一定时，预裂爆破的孔间距越小，由

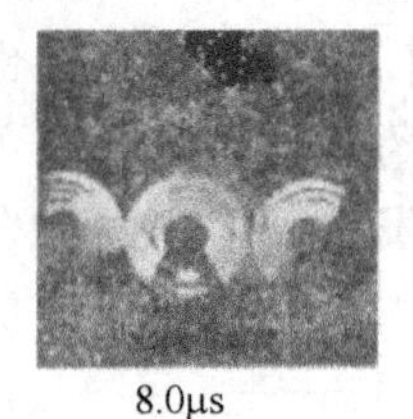

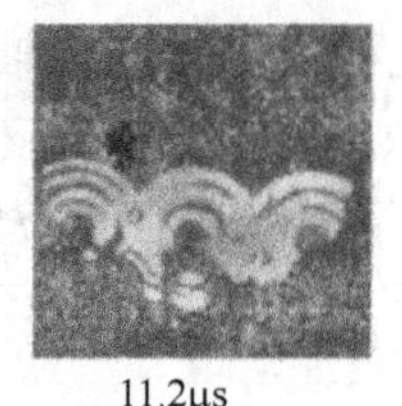

图 7-29 径向压缩应力波在炮孔连心线上的叠加效应

于孔间径向压缩应力波叠加效应的作用，在相邻孔连心线上形成连续贯通的径向裂隙的可能性就越高。

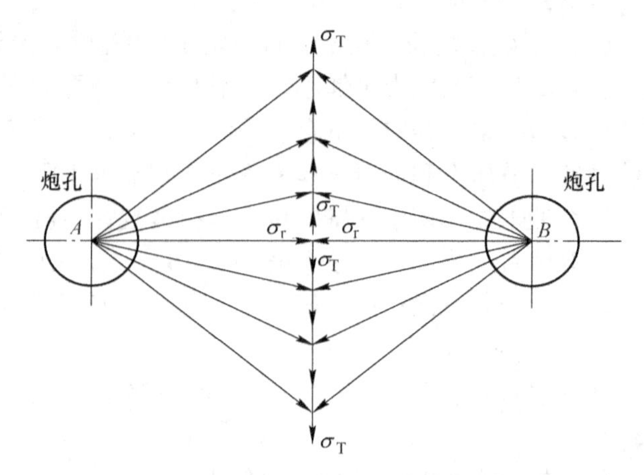

图 7-30 预裂爆破炮孔连心线中点处的应力波叠加效应示意图

需要指明的是，保证相邻两炮孔同时起爆，是使相邻炮孔的径向压缩应力波在其连心线中点相遇的必要条件。显然，由于无法保证起爆器材的起爆时间误差为零，因此这在实践中是无法实现的。反过来说，实践中也没必要追求相邻两炮孔精确地同时起爆。在相邻两炮孔起爆时差控制在一定范围内的条件下，源于两孔的径向压缩应力波可在两孔连心线上的某一点处相遇，同样会发生上述的应力叠加现象，同样利于沿此连心线产生切向拉伸破坏，形成连续贯通的预裂面。

（4）爆轰气体产物膨胀压力的作用。一般认为，爆轰气体产物膨胀压力的作用具有两个特点：一是在时间上迟于爆炸应力波；二是在不耦合装药条件下，作用于孔壁的爆轰气体产物膨胀压力与耦合装药时相比会相应下降。但是，当孔壁岩石在爆炸应力波的作用下沿炮孔连心线产生了径向裂纹的情况下，爆轰气体仍会在其膨胀压力作用下楔入这种径向裂纹并在其尖端产生拉伸应力集中效应。当这种效应在岩石中产生的拉伸应力达到岩石的抗拉强度时，就会使岩石继续产生拉伸破坏，促使裂纹向相邻炮孔进一步发展。另外，当相邻两个炮孔的间距足够小时，爆炸气体产物膨胀压力的作用也会在相邻孔径向裂纹尖端位置产生拉伸应力集中，同样有助于径向裂纹沿预裂线方向发展。

综合上述，可以认为：一是上述第（1）点即预裂爆破炮孔的不耦合装药，使孔壁岩石不发生压缩破坏，是最终沿预裂孔连线形成一个平整稳固岩面的首要条件；二是上述第（2）点和第（3）点即孔壁处的切向拉伸应力集中和孔间径向压缩应力波的叠加效应是导致径向裂纹优先在炮孔连心线上产生并在相邻两个炮孔之间相向发展，最终在预裂孔间形成一条连续裂缝的重要条件。而爆轰气体产物的膨胀压力，对孔间连续裂缝的形成也具有促进作用。

在其他条件一定时，预裂爆破的孔间距是决定预裂爆破效果的关键。相邻两个炮孔越接近，孔壁处的切向拉伸应力集中和孔间径向压缩应力波的叠加效应就会越显著。当孔距合适且两个相邻孔的起爆时差足够小时，径向裂隙将优先在相邻孔连心线方向上发生并相向延伸甚至相互连通，最终形成一个贯通的断裂面，即所谓的预裂缝（面）。

但是，上述关于预裂爆破成缝机理的解释更适用于岩石强度较高、岩体节理裂隙不很发育的情况。而在破碎岩体或风化严重的岩土介质中，虽然这些效应仍然存在，但由于介质本身的松散特性，一般难以形成一个平齐完整的预裂缝，而更可能沿预裂线形成一个具有一定宽度的破碎带。

7.6.2.3 预裂爆破的技术参数及其确定

预裂爆破的技术参数主要包括炮孔直径、孔间距、炮孔装药量与装药结构等。在岩体条件一定时，这些参数决定着预裂爆破的效果。此外，预裂爆破炮孔的起爆时差对爆破效果也具有一定的影响，因此在理论上要求预裂孔同时起爆。

实践中确定预裂爆破技术参数的方法，与其他爆破技术类似，目前仍主要是基于工程经验，或参照类似岩体条件下的实际工程经验，并通过试验最终确定。

（1）炮孔直径。在大中型露天矿山，预裂孔径一般为60～250mm。在钻孔设备条件具备时，应尽量使用小直径炮孔。

（2）炮孔倾角 α。实践中的预裂孔有倾斜孔和垂直孔两种。当钻孔角度与设计的边坡角度一致时，形成的预裂面与露天矿山的设计边坡坡面趋于一致，对保护边坡岩体的稳定性最为有利。因此，在钻孔设备条件具备时，应尽可能地选用倾斜孔，且使炮孔的倾向和倾角与设计边坡坡面一致。

（3）孔距 a。从施工速度和经济效益讲，孔距大、钻孔少、施工用时少，但随着孔距的增大，为在炮孔之间形成连续贯通的预裂面，就需要增大单位长度炮孔的装药量（即线装药密度），从而增大了在炮孔连心线以外岩石中形成弹性破坏区甚至压碎区的可能性，影响预裂爆破的效果。孔距小，则钻孔总长度增大，钻孔成本和装药施工工程量都会相应增加。

实践中一般按炮孔直径 ϕ 选取预裂孔的间距 a：

$$a = (7 \sim 12)\phi \tag{7-12}$$

岩体较难爆时取小值，易爆则相反。

（4）炮孔装药结构与不耦合系数 η。不耦合系数指炮孔直径 ϕ 与装药直径 ϕ_e 之比，即

$$\eta = \frac{\phi}{\phi_e} \tag{7-13}$$

但是，实践中多采用径向不耦合装药和分段间隔装药相结合的装药结构。

如表7-10所示，炮孔装药的径向不耦合系数一般取2.0～5.0，具体视炸药猛度和岩石动抗压强度而定。炸药猛度高，岩石动抗压强度低，应增大炮孔的装药不耦合系数。

表7-10 不耦合系数与岩石极限抗压强度的关系

矿山名称	岩石类型	岩石极限抗压强度/MPa	不耦合系数
南山铁矿	辉长闪长岩	94.1	3.75
	粗面岩	44.1	4.3
大冶铁矿	闪长岩	98～137.2	2～3.5
眼前山铁矿	闪长岩	96.2	3.1
	混合岩	81.2	3.5

对大直径预裂炮孔，一般是采用回填岩粉或使用气体间隔器实现分段间隔装药。预裂孔的装药结构如图7-31所示。

另外，为克服预裂孔底部岩体的夹制性，一般采用线装药密度加倍的底部加强装药。底部加强装药的长度一般为1.0～1.5m，孔口1.0～2.0m不装药。孔口不装药段应填塞，以延长爆轰气体产物膨胀压力的作用时间，对预裂缝（面）的形成有利。

预裂炮孔孔口不装药段的长度通常不大于8倍孔径。裂隙极发育时，孔口不装药长度可达孔径的15倍以上。

对充满水的预裂孔，来自不耦合装药的炸药爆炸能量可被水有效地传递到周围岩石中。在节理裂隙发育的岩石中，充满水的预裂孔极易在爆破过程中产生较严重的破坏。在类似条件下，进一步增大炮孔装药不耦合系数，缩小孔距和线装药密度，才有可能获得较为理想的预裂爆破效果。

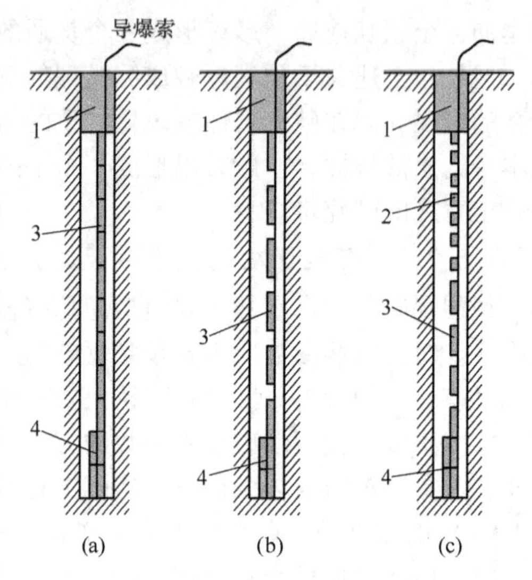

图7-31　预裂孔装药结构示意图
（a）不耦合装药；（b）不耦合+等距间隔（分段）装药；（c）不耦合+不等距分段间隔装药
1—填塞段；2—顶部减弱装药段；3—正常装药段；4—底部加强装药段

（5）线装药密度q_1。线装药密度指炮孔装药量Q与装药长度（即炮孔长度与填塞长度之差）l_e的比值，即

$$q_1 = \frac{Q}{l_e} \tag{7-14}$$

采用合适的线装药密度来控制爆炸能对新壁面的损坏。针对不同地点、不同工程应有不同的合理线装药密度值，可通过实地试验加以确定。线装药密度一般在0.6～3.5kg/m之间，具体取决于炮孔直径。在松散地层，炮孔上部的每线装药密度需要减少50%或更多，以便最大程度地减小孔口附近产生过大的后冲。

国内关于预裂爆破的若干技术参数分别列于表7-11。

表7-11　国内预裂爆破参数部分数据统计

孔径/mm	预裂孔距/m	线装药密度/kg·m^{-1}	孔径/mm	预裂孔距/m	线装药密度/kg·m^{-1}
40	0.3～0.5	0.12～0.38	125	1.2～2.1	0.9～1.7
60	0.45～0.6	0.12～0.38	127	1.5	1.3
76	0.9	0.5	150	1.5～2.5	1.1～2.0
80	0.7～1.5	0.4～1.0	152	2	1.4
89	1.2	0.7	200	2.6	3.3
100	1.0～1.8	0.7～1.4	251	3.3	5.3
102	1.3	0.8	270	3.6	6.1
114	1.4	1.1	311	4	17.8

（6）起爆方式。理论上预裂孔应同时起爆（图7-32）。但是，当预裂孔个数较多、累计装药量较大时，为控制预裂孔爆破产生的地震动效应及其对边坡岩体的破坏作用，可考虑沿设计预裂线将预裂孔分组，组内炮孔同时起爆，组间毫秒延时顺序起爆（延时一般取为50～100ms）。预裂孔的起爆时间一般超前主炮孔50～150ms。

预裂孔使用的起爆器材主要有两类：一是导爆索，即同时起爆炮孔间用导爆索连接，实现预裂孔的同时起爆；二是采用高精度雷管（电雷管、塑料导爆管雷管、电子雷管）起爆。

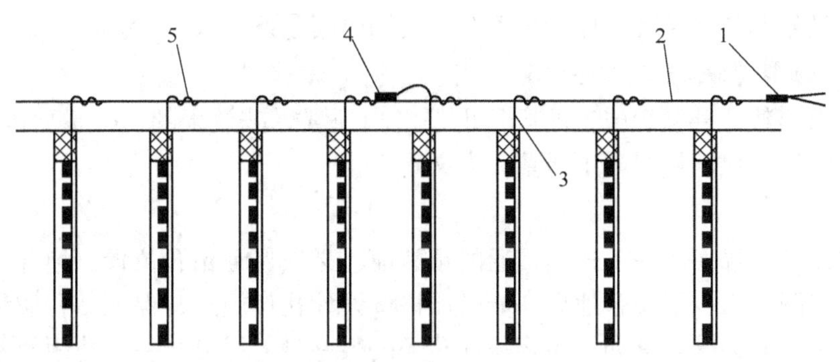

图7-32 预裂爆破导爆索起爆网络连接示意图

1—引爆雷管；2—敷设于地面的导爆索主线；3—由孔内药串引出的导爆索；
4—孔外接力分段雷管；5—孔内引出的导爆索与地面导爆索主线的连接点

当光面、预裂爆破规模大时，可以采用分段起爆。在同一时段内采用导爆索起爆，各段之间分别用毫秒雷管引爆。

7.6.2.4 预裂爆破效果的影响因素

影响预裂爆破效果的因素主要有地质条件、钻孔误差等爆破技术参数和钻爆施工质量。

A 地质条件的影响

地质条件是影响预裂爆破效果的最为重要的因素。岩石的物理力学性质、岩体的结构构造、岩石的风化程度，都会对预裂爆破的效果产生直接影响。一般情况下，岩石坚硬且完整性较好，利于形成一条连续且平整的裂缝，容易在预裂爆破后形成的岩壁上保留下预裂孔壁（半壁孔）。在这种条件下，一般都可以适当增大预裂孔的直径，同时增大孔距。而在地质结构构造复杂、节理裂隙发育、岩石风化较严重的部位，就难以保证预裂爆破的效果，此时则应适当缩小孔距，减小线装药密度，以利于光面的形成，即使没能留下半壁孔，也会减小对围岩的扰动与破坏。

B 钻孔误差的影响

钻孔误差是指孔位（孔口位置）误差和钻孔角度误差。在预裂孔设计合理的前提下，不能严格控制孔位误差和钻孔角度误差，炮孔没能处于设计确定预裂面上，必然导致爆破后的岩壁凹凸不平，影响爆破的效果。

C 预裂孔的装药

（1）为避免在预裂孔壁以外形成弹性破坏区甚至压碎区，应尽量选用低密度、低爆速、低爆力的炸药。

（2）采用不耦合装药，不耦合系数一般在2.0~5.0之间。

（3）线装药密度合理，防止过大或过小。

（4）采用间隔装药时，宜同时用导爆索连接一个炮孔内的各段装药，即尽量使孔内各段装药同时起爆。

（5）孔口宜填塞，且保证填塞的质量。

（6）同一排预裂炮孔最好采用齐发爆破，当需要考虑控制预裂爆破的爆破震动效应时，同时起爆且相邻的预裂孔不应少于5个，延期时间最好不大于25ms。

7.6.2.5　预裂爆破施工主要步骤

除爆破技术参数外，钻爆施工的质量也是影响预裂爆破效果的一个重要因素。因此，如何进行钻爆施工，保证钻爆施工质量，意义重大。

A　钻孔作业

为确保在设计位置形成一条连续贯通的预裂面，必须保证钻孔位置、炮孔角度与深度的误差在允许范围之内。不夸张地说，能否严格按设计孔位施工，保证钻孔质量，是决定预裂爆破效果好坏的关键。譬如，当相邻炮孔平度很差时，尽管孔径、孔距及装药量和装药结构等其他技术参数设计合理，最终也不可能保证预裂面的平齐完整。在露天矿山邻近边坡的预裂爆破施工中，炮孔偏离设计预裂面的偏差一般不应大于20~30cm。

B　装药操作

根据经验，使用ϕ32mm的药卷作为预裂孔装药时，实现“不耦合+分段间隔”装药，较为可靠，也比较容易进行操作。具体的做法一般是：

（1）准备宽度为6cm左右的竹条，竹条间搭接牢固，竹条全长大于预裂孔长度。

（2）在地面上将双股导爆索与竹条敷设在一起。

（3）按设计线装药密度沿竹条分布药包。

（4）将导爆索和各个药包牢固捆绑在竹条上。

（5）将药包放入预裂孔内。

另外，当炮孔装药量较小且炮孔为垂直孔时，也可考虑使用强度足够的索状材料悬吊炸药包，实现不耦合装药或分段间隔装药。

预裂爆破施工过程中需要注意的其他事项：

（1）预裂孔一般不设超深。

（2）采用不耦合装药结构时，药包应尽可能放置在炮孔中心。

（3）炮孔底部一段的线装药密度应增加1~3倍。

（4）孔口未装药部分是孔深的15%~30%，且应进行填塞。

（5）预裂孔应预先起爆或超前邻近主炮孔50~100ms起爆。

（6）预裂孔一般应同时起爆，但为了降低预裂孔爆破的地震动效应，亦可分段起爆。

7.6.2.6　预裂爆破效果的评价

评价预裂爆破效果的指标主要是预裂成缝质量。但是，在极破碎岩体中，一般难以形成清晰可见的预裂缝和半壁孔，而只能沿预裂孔连线形成一条破碎带。在降低主爆区炮孔爆破产生的后冲破坏和爆破震动效应方面，破碎带的作用一般要低于图7-27所示的预裂缝。

实践中可采用以下指标对预裂爆破的效果进行评价：

（1）预裂缝的宽度和贯通性。显然，预裂缝的宽度越大，贯通性越好，就说明预裂爆破的效果越好。

（2）半壁孔率。在预裂爆破效果较为理想时，往往会在岩壁上留有预裂孔的半个壁面，即所谓的半壁孔。而半壁孔率系指半壁孔累计长度与预裂孔累计长度之比。半壁孔率越高，表明预裂爆破的效果越好。

（3）预裂缝（带）的降震率。如图7-33所示，检验预裂缝降震率的方法是：在预裂爆破实施后，首先将测震传感器分别布置在预裂缝接近爆区和远离爆区的两侧，测得两点各自的地表质点振速峰值，然后按式（7-15）计算降震率的大小。

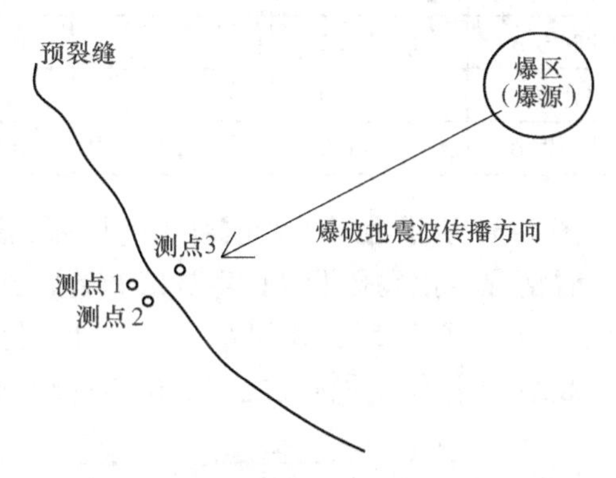

图7-33　预裂爆破形成预裂缝的降震测试试验布置示意图

$$\xi = \frac{v_1 - v_2}{v_1} \times 100\% \tag{7-15}$$

式中　ξ——降震率；

v_1——预裂缝近爆区一侧质点振动速度的最大值，cm/s；

v_2——预裂缝远离爆区一侧质点振动速度的最大值，cm/s。

7.6.2.7　工程实例

首钢水厂铁矿根据岩石物理力学性质（表7-12）采用的爆破技术参数分别见表7-13和表7-14。

表7-12　水厂铁矿岩石的物理力学性质

岩石名称	密度 /g·cm^{-3}	抗压强度 /MPa	抗拉强度 /MPa	纵波速度 /m·s^{-1}	横波速度 /m·s^{-1}	动弹性模量/GPa	动泊松比
混合岩A	2.16	53.04	5.79	5094	3073	67.73	0.214
片麻岩A	2.74	89.43	4.90	5026	2988	69.21	0.227
混合岩B	2.58	133.19	3.04	5412	3183	75.57	0.236
片麻岩B	2.66	89.13	5.77	5146	3044	70.44	0.231

表7-13　水厂铁矿干孔不耦合装药预裂爆破参数

岩石种类	孔距 a/m	孔底加强药包高度/m	线装药密度 /kg·m^{-1}	孔口余高/m	填塞高度/m	炸药
混合岩A	1.2~1.4	1.6	0.75	2.5~3.0	1.5	铵油
片麻岩A	1.1~1.2	1.6	0.65~0.7	2.5~3.0	1.5	铵油
混合岩B	0.9~1.0	1.6	0.6~0.65	2.5	1.5	铵油
片麻岩B	1.0~1.1	1.6	0.65~0.7	2.5	1.5	铵油

表 7-14 水厂铁矿水孔水耦合装药预裂爆破参数

岩石种类	孔距 a/m	孔底加强药包高度/m	线装药密度/kg · m^{-1}	孔口余高/m	填塞高度/m	炸药
混合岩 A	1.2～1.4	1.5	1.0～1.1	3.0	1.5	乳化
片麻岩 A	1.1～1.2	1.5	0.9～1.0	3.0	1.5	乳化
混合岩 B	0.8～1.0	1.5	0.7～0.8	2.5	1.3～1.5	乳化
片麻岩 B	0.9～1.0	1.5	0.8～0.9	2.5	1.3～1.5	乳化

图 7-34 所示为用倾斜预裂孔进行邻近边坡预裂爆破时预裂孔、缓冲孔与主爆区炮孔的布置情况。预裂孔沿设计境界线布置，孔径 150mm，孔深 24m，炮孔角度与台阶坡面角一致，向下倾斜 65°，孔间距 0.9m。预裂孔在主爆区炮孔之前 100～150ms 起爆。缓冲孔对预裂线与主爆区后排孔之间的矿岩起辅助破碎作用。

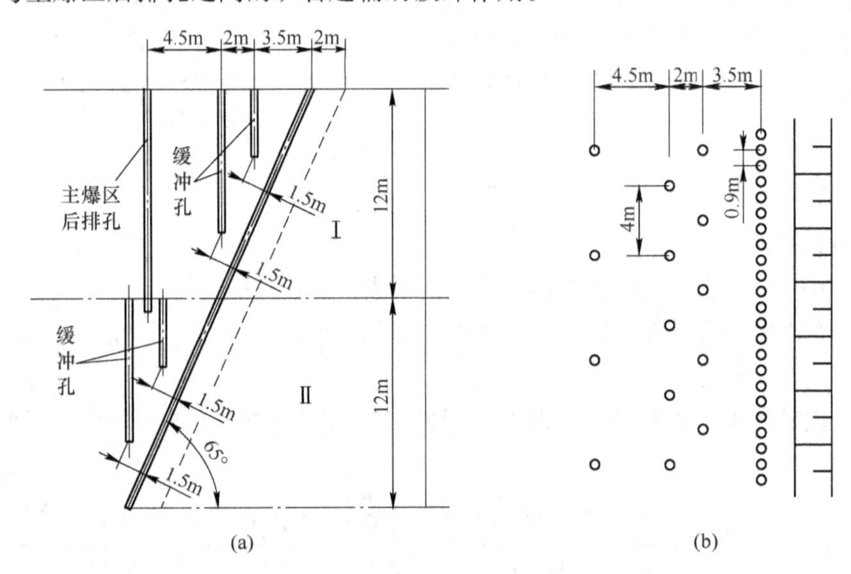

图 7-34 首钢水厂铁矿预裂爆破炮孔布置示意图

（a）剖面图；（b）俯视图

水厂铁矿在邻近边坡预裂爆破实践中得出的经验如下：

（1）在水耦合装药爆破中，由于水的增压作用，在多裂隙软岩及破碎型岩石中进行预裂爆破时，为使孔壁不被压碎，保持完整的半壁孔痕，不耦合系数要增大，并适当缩小孔距，减少药量，才能获得较好的预裂效果。

（2）缓冲孔和辅助缓冲孔的参数是影响预裂爆破效果好坏，甚至成功与否的关键参数。主要控制缓冲孔和辅助缓冲孔到预裂孔的孔底距离。孔底距离太大，容易产生伞岩和根底。

（3）在施工中，如果实际孔距大于设计孔距，应适当增加药量；遇到未成孔的情况，在未成孔周围的炮孔中要适当增加药量，有利于拉开平整的裂缝。孔距和药量是两个相关的参数。预裂面的平整度和裂缝的充分发展相关，裂缝的充分发展与裂缝扩展的绝对距离相关。

7.6.3 光面爆破

7.6.3.1 光面爆破的技术特点

所谓光面爆破，是在露天矿山邻近边坡处的主爆区炮孔起爆后或清碴之后，邻近设计开挖轮廓面平行布置一排较密集且减弱装药的炮孔，其孔间距小于抵抗线，再同时起爆，在爆落抵抗线范围内岩石的同时，应能沿炮孔连心线形成一个较为光滑齐整的岩面，从而起到显著降低爆破对边坡岩体原有稳固性的影响，达到爆后岩壁平整规则、轮廓线符合设计要求的目的。在岩石整体性差、节理裂隙多且岩石风化程度不一致，难以形成光面的地段采用光面爆破，也可获得较为平整的岩面。

由此可见，从炮孔布置和装药两方面的技术特征比较，光面爆破与预裂爆破这两种控制爆破技术极为近似，其主要的区别在于炮孔的起爆时间：预裂爆破的炮孔是先于主爆区炮孔起爆，而光面爆破的炮孔是在主爆区炮孔起爆之后再起爆。正是由于光面爆破与预裂爆破在炮孔布置和装药两方面具有类似的技术特征，采用光面爆破形成光面的机理与预裂爆破大致相同。

光面爆破技术多用于井巷工程和隧道工程，但在露天邻近边坡的岩土开挖工程中的应用也较为普遍。

7.6.3.2 光面爆破的主要技术参数及其确定

光面爆破的技术参数主要包括孔径、孔距 a、抵抗线 W、炮孔装药不耦合系数与线装药密度，其确定方法如下：

（1）钻孔直径 ϕ。公路、铁路与水电工程中的深孔爆破多取 $\phi=80\sim100$mm；在露天矿山采用大直径炮孔时孔径 $\phi=150\sim310$mm。但考虑到大直径炮孔既不利于获得良好的光面爆破（预裂爆破）效果，还会增加钻孔爆破的工程成本，目前在露天矿山大多取炮孔直径 $\phi=60\sim150$mm。浅孔爆破，一般取 $\phi=42\sim50$mm。

（2）炮孔超深 h。炮孔超深一般取 $h=0.5\sim1.5$m，孔深大和岩石坚硬完整时取大值，反之取小值。

（3）孔距 a。光面爆破时，一般是按炮孔直径 ϕ 确定孔距 a：

$$a=(10\sim20)\phi \tag{7-16}$$

在节理裂隙比较发育的岩体中应取小值，而对较为完整坚固的岩体应取大值。

（4）抵抗线 W。光面爆破炮孔的最小抵抗线是指炮孔至最近一排主爆区炮孔的距离。采用光面爆破时，既要使岩石能沿光面炮孔连线裂开，又要使抵抗线范围内的岩石破碎。一般应使孔距 a 不大于抵抗线 W，通常取两者的比值 a/W 小于或等于 0.8。在露天条件下采用光面爆破，可考虑按光面孔的直径确定其抵抗线 W，即

$$W=(8\sim16)\phi \tag{7-17}$$

（5）炮孔装药不耦合系数 η。不耦合系数与预裂爆破的相同或略为小些，一般取 $\eta=2\sim5$。

（6）线装药密度 q_1。采用合适的光面爆破炮孔线装药密度来控制对孔壁岩石的破坏。光面爆破炮孔的线装药密度与预裂爆破的相同或略大些，具体应针对岩石条件和工程要求

通过实地试验确定线装药密度的合理数值。线装药密度 q_1 一般在 0.6 ~ 3.5kg/m 之间，具体取决于炮孔直径。在松散岩体中，炮孔上部的线装药密度需要减少 50% 或更多，以便最大程度地减小孔口附近产生过大的后冲。

部分光面爆破实例及效果见表 7-15。

表 7-15　光面爆破参数及效果

岩石种类	岩石普氏系数	波阻抗 /kg·m^{-2}·s^{-1}	孔径 /mm	药包直径 /mm	不耦合系数	线装药密度 /kg·m^{-1}	孔距 /mm	抵抗线 /mm	效果
粗粒花岗岩	12 ~ 14	13.1×10^6	40 150	梯恩梯/20 梯恩梯/70	2 2.14	0.35 5.5	450 2500	500 ~ 600 2500	形成光面与孔内缓冲爆破并用，半壁孔出现率超过 80%
闪长岩	8 ~ 10	10.4×10^6	170	2 号岩石与铵油混合及水胶/80	2 ~ 2.13	5.5 ~ 9.3	2200 ~ 2500	3000 ~ 3500	坡面较平整
大理岩	6 ~ 8	12.7	170	水胶/80	2.13	6 ~ 8.25	2200 ~ 2400	2800 ~ 3000	坡面平整

7.6.3.3　光面爆破效果的评价

评价光面爆破效果的标准是：

(1) 形成的岩壁平滑规整。一般情况下，可以用岩壁上留下半壁孔（炮孔壁之半）的多少来反映光面爆破的效果好坏。半壁孔率越高，就说明光面爆破的效果越好。露天矿山邻近边坡采用较大直径炮孔时的半壁孔率可达到 50% 以上。

(2) 岩壁面位置与轮廓符合设计要求；壁面平整，凹凸度小，超欠爆（挖）量小。采用光面爆破，如爆破技术参数选取合理，隧道掘进超欠挖量一般不大于 5cm，露天矿山邻近边坡采用较大直径炮孔时的超欠挖量不大于 20cm。

(3) 岩壁面内的岩体（围岩）中不产生或者只产生很少的爆生裂隙，在很大程度上保持着原岩的完整性和承载能力，利于减少巷道的支护与维修费用。

7.6.4　密集空孔

所谓密集空孔是在开挖轮廓线上布置一排孔距很小的小直径炮孔，孔内不装药或只装填极少量的炸药。

在“密集空孔”不装药时，其前方的主爆区炮孔起爆后产生的冲击波和地震动传播到这一排“密集空孔”时，必然产生透射、反射和衍射效应，从而在一定程度上降低其对“密集空孔”另一侧岩体的破坏作用。

若“密集空孔”中装填有炸药，则与预裂爆破类似，同时起爆，从而沿密集空孔的连心线上形成一条贯通或者发育长度较高的裂缝，从而减弱主爆区爆破对“密集空孔”另一侧岩体的破坏作用。这一过程中的裂缝形成机理与预裂爆破大致相同。

采用密集空孔，一般取孔距为孔径的 2 ~4 倍。

由于“密集空孔”钻孔工作量很大，目前实践中已极少使用。

7.7 露天钻孔爆破工艺及流程

露天台阶炮孔爆破的工艺过程一般包括基础资料收集、爆破工艺方案制定、爆破技术设计、钻爆施工四个阶段。基础资料是制定爆破工艺方案、确定爆破技术参数的依据。爆破技术设计主要是确定炮孔布置方案与参数、炮孔装药量与装药结构及起爆网络设计三个部分，为钻爆施工提供依据。

7.7.1 基础资料收集与分析

该项工作的内容主要包括：

（1）爆破工程的任务目标与效果要求，如爆破的位置与范围、块度要求、对震动及飞石等爆破有害效应的控制要求等，这些都要在最初予以明确。

（2）爆区地质地形条件，主要指爆区内台阶的高度及其变化、台阶眉线与台阶坡面角及其变化、爆区前方侧方的自由面性质（清碴或压碴）、爆区周边环境（爆破影响范围内的建筑物、村庄、高压线路、铁路、公路等）及爆区内矿岩的种类及其分布和分类矿岩的可爆性。

（3）钻机钻孔能力，如孔径、钻孔角度范围及钻深能力。

（4）可选择使用炸药的种类及其性能参数，这些参数主要包括炸药的密度、爆速、起爆感度、猛度、爆力、抗水性等。

（5）雷管等起爆器材的种类及其性能参数。

对上述各种基础资料的收集与分析，是确定爆破工艺方案、确定爆破技术参数的基础。换句话说，这项工作对整个工程实际效果的好坏具有极为重要的意义。比如，资料不全或准确性低，将无法确保爆破技术参数选取的合理性和可靠性，从而也就无法保证获得预期的爆破效果。

7.7.2 爆破工艺方案的制定

在完成上述对基础资料的收集与分析之后，即可着手选择确定爆破工艺方案，如清碴爆破、压碴爆破、预裂爆破等。爆破工艺方案是之后进行爆破技术设计的重要依据之一。也就是说，爆破技术参数的选取将依爆破工艺方案的不同而不同。

7.7.3 爆破设计

所谓爆破设计，主要是指爆破技术参数的选取。爆破设计涉及的技术参数主要包括三个部分：一是炮孔布置形式与参数；二是炮孔装药量与装药结构；三是炮孔装药的起爆方式和起爆网络。爆破设计的具体步骤与设计内容包括：

（1）炮孔直径 ϕ 与钻孔角度 α。

（2）孔深 L 和超深 h。

（3）前排炮孔的孔边距 B 与底盘抵抗线 W_{d}。

（4）孔距 a 和排距 b。

（5）孔口填塞材料与填塞长度 T。

（6）单位炸药消耗量 q。

（7）单孔装药量 Q 与装药结构。

（8）起爆网络。

（9）爆破安全计算和校核。

（10）安全警戒范围的划定。

爆破设计文本应包含炮孔参数表、爆区炮孔平面布置图、起爆网络图、安全警戒范围图。有时还需要计算出爆破的直接工程成本。

爆破设计是实地钻爆施工的基本依据，也是考核钻爆施工质量的主要标准。

7.7.4 露天台阶炮孔爆破施工

露天台阶炮孔爆破施工的工艺流程如图 7-35 所示。因炮孔装药结构的特殊性，预裂爆破、光面爆破和缓冲爆破的施工工艺流程只在炮孔装药操作方面与台阶炮孔爆破有所不同。

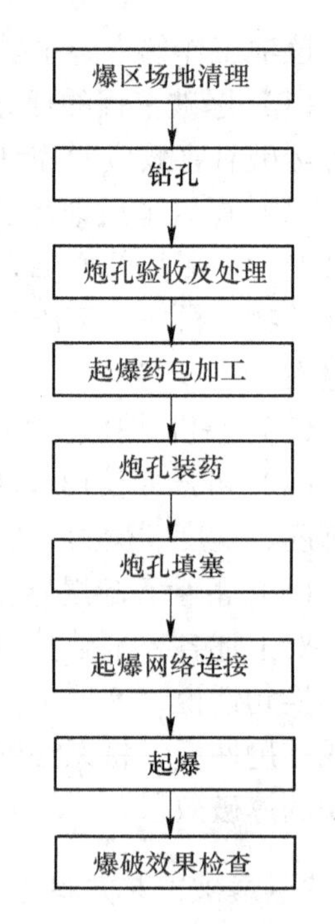

图 7-35 露天台阶炮孔爆破施工工艺流程

7.7.4.1 爆区场地清理

当爆区地表有植被、强风化岩层或土层或散落岩土覆盖层时，应先安排推土机等机械进行挖掘剥离至坚硬岩层，且尽量使爆区地表面平整，以便钻机行走和钻孔作业，同时为爆破施工创造良好的场地条件。

7.7.4.2 钻孔作业

为钻机作业安全考虑，钻机钻孔作业所处的平台需有足够的宽度。使用小型钻机时，平台宽度一般不得小于 6～8m，牙轮钻等大型钻机的平台宽度一般不应小于 20m。考虑到钻机钻孔作业的效率，一次布孔应尽量保证不少于 2 排。

钻机钻孔操作须遵循的基本原则是：“软岩慢打，硬岩快打”，随岩石硬度增加而增加钻杆轴压，合理掌握钻进速度，以延长钻头使用寿命，降低钻头消耗成本，减少钻机检修时间。

钻孔操作的基本方法是：

（1）炮孔位置的确定。在钻机进入爆区之前，需要按爆破设计给定炮孔布置图精准确定各个炮孔的位置。爆破设计给出的炮孔位置决定了炮孔布置参数的大小和炮孔布置形式。但是，这些只是钻孔施工的依据，而归根到底炮孔的实际间距、排距等参数取决于且仅仅取决于钻孔施工的结果。因此，在爆区实际给定各个炮孔的位置，确保孔位与爆破设计的一致性，对保证爆破效果具有十分重要的意义。特别是对于邻近边坡的预裂爆破和缓冲爆破，需要在进行钻孔操作之前通过准确的实地测量放线、布点，或通过钻机的卫星导航定位，精准布设孔位，以保证边坡按设计轮廓线开挖。

（2）钻机对位与调平。钻机的架设与调整须遵循“对位准确、角度精确”的原则，以控制钻孔位置和角度的精度。地面起伏不平处应先予平整，并根据平整后的地面调整炮孔深度。一般情况下，要求孔口位置偏差不超过 1 倍的炮孔直径，方向误差不超过 1°。

（3）炮孔开口。对于完整的岩面，应先吹净浮渣，给小风不加压，借助钻杆和钻头的自重慢速冲击岩面，在孔口位置打出孔窝后，旋转钻具下钻开孔。当钻头进孔后，逐渐加大风量至全风全压快速凿岩。对于表面有风化的碎石层或由于上层爆破使下层表面裂隙增多甚至松散的情况，应使钻头离地用高风压吹净浮渣，然后按“小风压顶着打，不见硬岩不加压”的要领开口，避免形成喇叭状开口，尽量减少碎石掉入孔内造成卡孔或堵孔等现象。在孔口容易发生坍塌现象时，可考虑采用泥浆护壁技术，即将黄泥浆注入孔内，旋转钻具下钻，将黄泥挤入孔壁石缝，如此可以起到将碎石黏结在一起的作用，在一定程度上降低塌孔的可能性。

（4）钻进。孔口开好后，进入正常钻进阶段。对于硬岩，应选用高硬度钻头，送全风加全压，但轴压和转速不宜过高，以免损坏钻头；对于软岩，应送全风加半压，慢打钻，排净渣，每进尺 1.0~1.5m 提钻吹孔一次，防止孔底积渣过多而卡钻；对于风化破碎层，应采用小风量低轴压，勤吹风勤护孔，且可考虑每进尺 1m 左右就用黄泥护孔一次，以最大限度地防止塌孔现象。一般情况下，炮孔深度误差不超过 ±2.5% 的炮孔深度。

（5）炮孔保护。钻完每个炮孔后，应对孔口周围的岩碴等碎石碎屑进行清理，使之远离孔口，以免其在炮孔装药之前掉落孔内。一般也可用木塞或塑料塞堵塞或用板状物密实覆盖孔口，防止因雨水冲刷和风吹使孔口附近的细碎砂石等杂物进入炮孔。

7.7.4.3 炮孔验收

所谓的炮孔验收，是指在向炮孔装药之前检验炮孔的实际尺寸与爆破设计要求相符的程度。炮孔验收的主要内容有：

（1）孔位。孔位是指炮孔口的位置。孔位验收是检验孔口的平面坐标位置是否与爆破设计一致。对于孔径为 250mm 或 310mm 的炮孔，孔位误差一般不应大于 0.5m。随着钻孔设备性能的提高和卫星导航定位技术的应用，目前可以比较容易地控制钻孔位置，孔位误差可控制在 10cm 以内。孔间距离明显小于设计值时，应适当减小炮孔装药量；孔间距离过大，则应考虑补钻炮孔。在补钻过程中，须保证不破坏附近的其他炮孔。

（2）孔深。用软尺（或测绳）系上重锤（球）测量并记录各炮孔的深度。孔深过小，必须“投孔”以使孔深达到设计要求；孔深过大，则需回填，回填材料一般是钻孔过程中从孔内排出的岩碴（钻屑）。

（3）前排炮孔的孔边距和底部抵抗线。复核前排各炮孔的孔边距（孔口至台阶眉线的距离）和底部抵抗线，为实际确定前排孔的炸药种类和装药量及企业的钻孔安全管理提供参考依据。

（4）孔内涌水情况。如发现孔内有水，需测量并记录各炮孔内的水深，为确定炮孔装药种类及相应的装药技术措施提供依据。

由于露天台阶炮孔爆破处于自然环境中，风、雨及采场其他区域的爆破活动和生产设备产生的机械振动，都不利于避免塌孔现象。因此，当一个爆区的钻孔作业完成后，应尽快实施爆破。

7.7.4.4 炮孔装药

装药量、装药结构和填塞质量是影响爆破效果的重要因素。

（1）炸药种类和装药量。在对各个炮孔进行装药施工之初，需明确炮孔使用炸药的种类和质量，保证准确无误。

（2）装药结构。一个爆区内不同的炮孔，其装药结构或有不同，因此，装药前需明确炮孔的装药结构要求。对设计采用间隔装药的炮孔，需按设计给定的间隔位置、间隔长度、间隔方法进行操作。一般爆破炮孔采用连续耦合装药，而对光面爆破和预裂爆破炮孔，则需按设计给定的装药结构参数与装药方法进行操作。

对于采用导爆索的预裂爆破和光面爆破炮孔，通常采用的装药方法有两种：一是使用一定直径的硬塑料管，在全管内装入一根导爆索，然后以连续装药方式将炸药装填于管内，导爆索大于孔长1.0m；二是将导爆索按延长敷于长竹片上，同时按一定间隔长度把小直径炸药卷与导爆索一起牢固捆扎在竹片上，形成药串（图7-36）。

图7-36 预裂爆破的炮孔装药

（3）起爆药包加工。起爆药包一般位于炮孔内药柱内的一定位置，因此需要在装药作业开始前完成起爆药包的加工。如图7-37所示，起爆药包的加工一般在爆破现场进行，在炮孔装药过程中的适当时刻将其放入炮孔。

（4）炮孔装药与填塞。炮孔装药前应对全部炮孔的深度、积水情况、是否有堵塞等情况进行查验，吹净孔内残渣和积水。对不能排干积水的炮孔，应采用乳化炸药等抗水炸药，或对装药采取有效的防水措施。对有水炮孔，起爆器材应有防水措施或具有足够的抗水性能。

图7-37 起爆药包的现场加工

装药方法主要有机械装药和人工装药两种装药形式。对于矿山等用药量很大的地方，一般采用机械装药。机械装药与人工装药相比，安全性好，效率高，也较为经济。露天深孔爆破所需炸药量大，一般均在几吨至几十吨，现场装药工作量很大，因此机械化装药技术已经得到了较为普遍的应用。按炸药种类，目前散装炸药的露天装药设备有多孔粒状铵油炸药混装车、乳化炸药混装车、重铵油炸药装药车。

所谓混装炸药，是指用炸药混装车把炸药的原材料运到爆破现场，在现场由混装车把这些原材料混合制备成炸药，然后直接用于爆破。露天爆破工程常使用铵油炸药和乳化炸药，与之对应的炸药混装技术在我国已经成熟。采用炸药混装技术，铵油炸药的原材料一般是多孔粒状硝酸铵和柴油，乳化炸药的原材料主要是乳胶基质、硝酸盐水溶液、乳化剂和敏化剂。乳化炸药混装技术主要由两部分组成：一是加工生产乳化炸药水相和油相的地面生产系统（简称地面站）；二是运输乳化炸药水相和油相及敏化剂的混装车。在地面站将这些原料分别装入混装车的相应储存罐内并运送到爆破施工现场，再通过操作混装车按设计给定的配比将炸药的各种成分自动混合，形成乳化炸药，最后经由输药管直接泵入炮孔，完成装药作业。铵油炸药混装车更为简单，只是由多孔粒状硝酸铵和柴油取代乳化炸药原材料，且一般不需要添加敏化剂。

相比于炸药厂生产炸药，混装炸药技术的应用，自然形成炸药的生产、配送和爆破作业的一体化，具有以下优点：1）从炸药生产工艺流程看，应用混装炸药技术，直接将炸药产品提供给爆破工程现场，可以省去炸药这种危险品的物流环节，减少了接触炸药的人数和机会，增加了安全性；2）从运输上看，彻底解决了工业炸药长途运输成本高、危险因素增加的问题；3）从仓库贮存管理上看，混装车炸药不存在储存问题，不存在炸药储存成本和储存安全问题；4）从满足矿山爆破需求看，采用混装炸药技术，可以保障及时供药，而且装药的机械化程度高，装药作业效率高，装药过程安全。

20世纪80年代末，我国从美国引进了具有世界先进水平的现场混装炸药车及地面配套设施，并在国内的一些大型露天矿山中成功应用，受到了业界的广泛认同。20世纪90年代，我国成功研制并生产的移动式地面站更让现场混装乳化炸药在水利枢纽工程、大中型露天矿山开采和土石方开挖工程中得到广泛推广。经过二十多年的发展，现场混装炸药的生产技术和设备已基本实现国产化、系列化，并向多功能化和智能化方向发展。近年来，随着民爆行业政策明确鼓励发展工业炸药现场混装生产方式，我国的现场混装炸药每年以约30%～40%的增幅快速增长，目前在工业炸药中所占比例约为20%，未来几年内其比例还会有很大幅度的提高。随着乳胶基质允许作为非炸药类危险品在公路上运输，乳胶远程配送系统与重铵油炸药装药车，已成为一个重要发展方向，其应用范围越来越广泛。

粒状铵油炸药混装车和乳化炸药装药车结构分别如图7-38和图7-39所示。

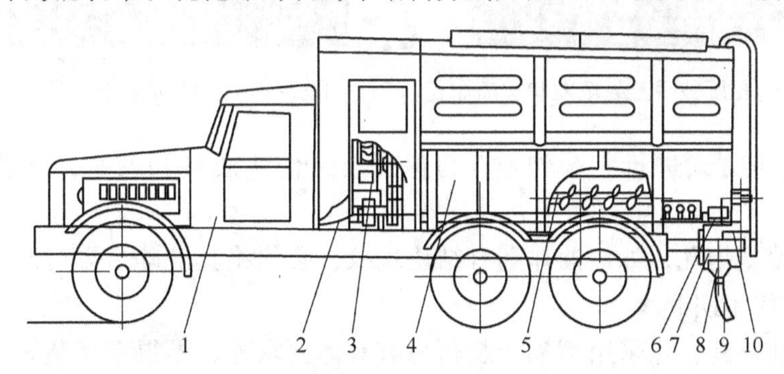

图7-38　粒状铵油炸药混装车结构示意图

1—汽车底盘；2—传动装置；3—压气机；4—料箱；5—螺旋输送装置；6—星形给料装置；7—混合室；8—喷油装置；9—输药管；10—计量与操控装置

使用炸药混装车装药，一般具有以下优点：

1）炸药生产工艺简单，现场装药操作简便，装药作业效率高。

2）同一台混装炸药车可以加工不止一种类型的炸药，且可以随时调整炸药的装药密度，以满足不同矿岩、不同爆破的要求。

3）炸药各组分分别储存在炸药混装车各自的料仓内，且均为非爆炸性材料，由混装车混合处理之后输出才形成炸药，

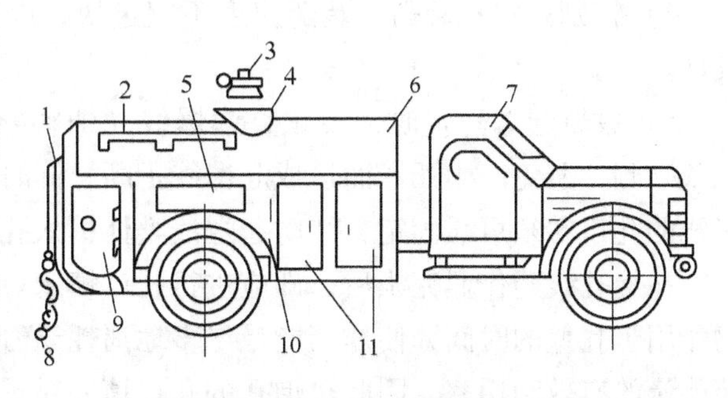

图7-39　乳化炸药装药车结构示意图

1—钢梯；2—扶手；3—装药口；4—呼吸阀；5—仪器箱；6—药罐；7—车体；8—接地链条；9—排管箱；10—右侧箱体；11—阀门箱

并随即进入孔内。因此，采用炸药混装车混装技术，免除了炸药的生产、运输环节，对安全极为有利。

4）由于炸药混装车装药效率高，所以能够为大规模爆破的预装药提供条件。

近年来随着乳胶基质视作硝酸铵水溶液，允许作为非炸药类危险品在公路上运输，乳胶远程配送系统与重铵油炸药装药车，已成为炸药服务的一个重要发展方向，其应用范围越来越广泛。目前，国外矿山爆破作业中比较广泛地推广预装药爆破技术，即在钻机钻孔的同时，利用装药车装填已钻好的炮孔，边钻孔边装填炸药。图7-40和图7-41分别为手工和混装车机械两种装药施工的现场照片。

图7-40 露天台阶炮孔爆破手工装填粒状铵油炸药

图7-41 粒状铵油炸药混装车装药作业

无论采用何种方式进行装药作业，为保证装药作业质量和安全，都需要注意以下事项：

1）为防止堵塞炮孔，如铵油炸药有结块现象，必须将其破碎后方可装入孔内，且破碎药块时不允许使用铁器。

2）袋装乳化炸药，除采用不耦合装药另有具体要求外，不得整袋装入炮孔，以防装药不连续甚至堵塞炮孔。

3）根据装入炮孔内炸药的多少估计装药位置。发现装药位置偏差很大时，须立即停止装药，并报爆破技术人员处理。

4）特别是水孔装药，装药速度不宜过快，以确保乳化炸药沉入孔底，保证装药的连续性。

5）放置起爆药包时，要顺直起爆线（塑料导爆管或雷管脚线等），轻轻拉紧并贴在孔壁一侧，避免产生死弯而造成起爆线折断，同时也利于减少炮棍捣坏起爆线的概率；起爆线的孔口端须可靠固定，严防起爆线整体掉入孔内。

在炮孔装药作业完毕后，即应进行孔口填塞。孔口填塞的作用是延长孔内爆轰气体产物作用于孔壁的时间，使炸药能量尽多地消耗于岩石的破坏和岩体的松散与抛移，提高炸药能量的有效利用率。因此，炮孔的孔口填塞对爆破效果具有重要的意义。

干孔的填塞材料一般采用钻屑、黏土、粗沙，装药作业完成之后填塞段有水时，则应使用粒度较小的碎石（粒度一般在1cm左右）作为填塞材料。实践中一般是事先将填塞材料堆放在孔口周围待用。

填塞时，应缓慢将填塞材料放入孔内。炮孔有水时，每填入 30 ~ 50cm 后用炮棍检查是否沉到位，待填塞物沉淀密实之后再继续进行填塞，避免因填塞物不密实、不连续而导致“冲炮”及飞石现象。如果使用孔口钻屑作为填塞材料，应在装填完炸药后等待孔内水位下降至药柱上端以下再进行填塞，这是因为钻屑与水混合后易形成泥状物，重度小，约束力差，往往不能起到良好的填塞作用，容易导致孔口“冲炮”和飞石现象，浪费炸药能量，影响爆破效果，不利于爆破安全。

填塞作业注意事项：

1）炮孔装药前应对全部炮孔进行查验，吹净孔内残渣和积水，排不干积水的炮孔爆破器材应有防水措施。

2）填塞料中不得含有尺寸过大的碎石或石块，以免形成飞石。当填塞物料因潮湿、黏性较大或表面冻结而呈大块状时，应采取措施使之破碎，之后再进行填塞，禁止将大块直接装入孔内。

3）填塞料中不得含有竹木、金属物、纤维织物、易燃材料。

4）填塞时避免挤压和拉扯孔内的起爆管线，并应保护引出线，避免破坏起爆网络。

5）在填塞过程中，不应捣固直接接触药包的填塞材料或用填塞材料冲击起爆药包。

6）应做好钻孔验收及爆破施工记录。

装药过程中发生堵孔现象时，应首先研究判定发生堵孔的原因，然后再有针对性地采取措施予以处理。发生堵孔的可能原因包括：

1）水孔中由于炸药在水中下降速度慢，装药过快易造成堵孔。

2）炸药块度过大，在孔内卡住后难以下沉。

3）装药时将孔口浮石带入孔内或将孔内松石碰到孔中间，造成堵孔。

4）水孔内水面因装药而上升，将孔壁松石冲到孔中间导致堵孔。

5）起爆药包卡在孔内某一位置，未装到接触炸药处，继续装药就造成堵孔。

堵孔的处理方法是：起爆药包未装入炮孔前，可采用木制炮棍（禁止用钻杆等易产生火花的工具）捅透装药，疏通炮孔；如果起爆药包已装入炮孔，严禁用力直接捅压起爆药包。

对预裂爆破和光面爆破炮孔，一般采用人工装药，多人将加工好的药串轻轻抬起，慢慢地放入孔内，应使竹片一侧靠在边坡等保留区一侧的孔壁上。药串到位后，用纸团等松软的物质盖在药柱上，然后用沙、岩粉等松散材料逐层填塞捣实。

7.7.4.5 起爆网络连接

爆破网络连接是爆破施工过程中的一个关键工序，且容易出现差错。爆破网络连接操作过程中，除网络连接操作人员外，其他人员应撤离现场。网络连接人员应能准确识别不同段别的起爆器材，并严格按照起爆网络设计进行具体操作。

在采用电爆网络时，如爆区规模大，一次起爆孔数较多，应采用分区并联方法进行网络连接，以减小整个爆破网络的电阻值。分区时要注意各个支路的电阻配平，以保证各雷管获得的电流强度基本一致。为保证爆区正常起爆，必须避免接头虚接、导线过细、导线质量低劣等问题，必须使用高质量绝缘胶布缠裹接头，避免接头触地漏电。在网络连接过程中，必须使用爆破专用的仪表测量网络电阻。网络连接完毕后，必须对网络所测电阻值与计算值进行比较，如果误差超出允许范围，应查明原因，排除故障。

采用非电起爆网络时，由于不能使用仪表检测网络连接的正确性和质量，故对网络连接技术人员操作的要求更高。如爆区规模大，一次起爆孔数较多，也应采用分区方法分别进行网络连接操作，然后连接分区间的起爆管线，以降低错连漏连的概率。在导爆管网络采用簇连（大把抓）时，应两人配合将雷管和导爆管捆好绑紧，并对雷管的聚能穴端进行适当处理，避免雷管飞片将导爆管切断，产生盲炮。在采用导爆索与导爆管联合起爆网络时，可用内装软土的编织袋覆盖导爆管，避免导爆索的冲击波破坏导爆管，造成盲炮。

7.7.4.6 起爆

起爆前须首先检查起爆器的充电电压、外壳绝缘性能是否完好正常，以保证其起爆功能正常。

对电起爆网络，在连接主线前必须对网络电阻进行检测；当警戒完成后，再次测定网络电阻值，确认网络总电阻值与设计值相符之后，才能将主线与起爆器连接，并等候起爆命令。起爆后，及时切断电源，将主线与起爆器分离。

7.7.4.7 爆后检查

露天炮孔爆破，爆后等待15min之后方准爆破工程技术人员对爆破现场进行检查，只有在检查完毕确认安全后，才能发出解除警戒信号，允许其他施工人员进入爆破作业现场。

爆后检查的内容为：

（1）发现残余爆破器材应收集上缴，集中销毁。

（2）爆堆是否稳定，有无危坡、危石和超范围塌陷。

（3）在爆破警戒区内公用设施及重点保护建（构）筑物等保护对象是否安全，发现爆破作业对周边建（构）筑物、公用设施造成安全威胁时，应及时组织抢险、治理，排除安全隐患。

（4）确认有无盲炮。

（5）爆区附近有溜井、隧道、涵洞和地下采矿场时，应对这些部位进行有害气体检查。

对影响范围不大的险情，可以进行局部封锁处理，解除爆破警戒。

7.7.4.8 盲炮处理

所谓盲炮，是指由于某种原因导致某个或某些已装药但没能发生爆炸的炮孔。盲炮处理的方法、步骤及注意事项如下：

（1）处理盲炮前应由爆破工程技术人员和相关责任人划定警戒范围，并在该区域边界设置警戒。处理盲炮过程中，无关人员不得进入警戒区。

（2）处理盲炮的爆破技术人员须具有足够的实践经验。

（3）电力起爆网络发生盲炮时，应首先切断电源，然后将盲炮电路短路。

（4）导爆索和导爆管起爆网络发生盲炮时，应首先检查导爆索和导爆管是否有破损或断裂，对所有破损或断裂处予以修复，之后复检整个起爆网络，最后重新起爆。

（5）起爆网络未受破坏，爆区环境条件无变化者，可重新连接起爆；爆区环境条件有变化者（如原为压碴自由面变化为清碴自由面），应重新验算爆堆前冲距离和爆破飞石与空气冲击波安全距离，重新确定警戒范围，再连接起爆网络进行起爆。

(6) 处理盲炮时，严禁强行拉出或掏出炮孔中的起爆药包。

(7) 处理单个炮孔的盲炮，可在距盲炮孔口 10 倍孔径以外另打平行孔装药起爆。爆破参数由爆破工程技术人员确定并经爆破领导人批准。

(8) 所用炸药为非抗水炸药且孔壁完好时，可先缓慢取出部分填塞物，然后向孔内缓慢注水使炸药失效，然后采取有效措施回收孔内的雷管。

(9) 盲炮处理后，应再次仔细检查爆堆，将残余的爆破器材收集起来统一销毁；在不能确认爆堆无残留的爆破器材之前，应采取预防措施。

(10) 盲炮处理完毕之后，解除警戒，并应由处理者填写登记卡片或提交报告，说明产生盲炮的原因、处理的方法、效果和预防措施。

7.7.4.9　安全警戒

安全警戒是保证爆破工程安全、防止发生人身伤亡和设备损坏的一个重要环节。爆破的安全警戒工作可包括以下内容：

(1) 装药警戒范围。装药警戒范围由爆破技术负责人确定，装药时应在警戒区边界设置明显标志并派出岗哨。

(2) 爆破警戒范围。爆破警戒范围由设计确定。在危险区边界，应设有明显标志，并设岗哨。

(3) 安全警戒工作。经公安机关审批的爆破作业项目，安全警戒工作由公安机关负责实施；其他爆破作业项目的安全警戒工作由施工单位负责实施。

(4) 警戒人员。执行警戒任务的人员，应按指令到达指定地点并坚守工作岗位。

(5) 水域警戒。靠近水域的爆破安全警戒工作，除按上述要求封锁陆岸爆区警戒范围外，还应对水域进行警戒。水域警戒应配有指挥船和巡逻船，其警戒范围由设计确定。

(6) 警戒信号。爆破警戒信号有以下几种：

1) 爆破预警声音信号：爆区装药连线工作完毕，爆破警戒范围内开始清场工作时，即发出爆破预警信号。

2) 起爆声音信号：起爆声音信号应在确认人员、设备等全部撤离爆破警戒区，所有警戒人员到位，具备安全起爆条件时发出。起爆信号发出并经指挥长确认下令后，方可起爆。

3) 解除警戒信号：安全等待时间过后，检查人员进入爆破警戒范围内检查、确认爆区的安全性之后，方可发出解除警戒的声音信号。在此之前，岗哨不得撤离，不允许非检查人员进入爆破警戒范围。

需要注意的是，各类警戒信号均应使爆破警戒区域及附近人员能清楚地听到或看到。

习　题

7-1　图示并简明解释露天台阶炮孔爆破的几何要素。

7-2　露天台阶炮孔爆破的工艺步骤主要有哪些？

7-3　露天台阶炮孔爆破的技术参数有哪些？

7-4　露天台阶炮孔爆破技术参数选取的方法主要有哪些，各自具有哪些优缺点？

7-5　孔口填塞和超深各自的作用是什么？

7-6　简述毫秒延时起爆（微差起爆）的基本原理，说明其作用。

7-7　台阶炮孔爆破的炮孔排列和起爆顺序一般有哪几种，应注意哪些问题？

7-8　计算炮孔装药量和装药结构时应考虑的因素有哪些，为什么？

7-9　什么是正向起爆和反向起爆，各自有什么影响？

7-10　在炮孔装药之前，必须要做的工作什么？

7-11　反映露天台阶炮孔爆破效果的指标主要有哪些？

7-12　在台阶炮孔爆破工程中，何种情况下容易出现以及如何才能减少或避免出现“根底”？

7-13　台阶炮孔爆破的哪些参数会对爆破震动具有显著影响？

7-14　简述光面爆破、预裂爆破的一般技术特点和光面（预裂缝）的形成机理。

7-15　什么叫不耦合装药，不耦合系数的大小对爆破效果有何影响？

7-16　孔口填塞的作用是什么？

8 井巷掘进爆破

本章要点

井巷掘进爆破是地下矿山和交通土建工程领域常用的一种爆破方式。深入了解井巷掘进爆破的工艺特点，扎实掌握相关的具体技术方法和爆破技术参数的确定方法，同时熟悉井巷掘进爆破的施工工艺步骤，是从事爆破工程技术工作的重要基础。本章要点如下：

(1) 巷道掘进工艺方法及其选择；

(2) 掏槽形式及参数；

(3) 爆破技术参数及其确定；

(4) 井巷掘进光面爆破；

(5) 井巷掘进钻爆施工工艺流程。

所谓井巷，是指地下矿山用以将人员、设备、材料送达地下矿体内部及将矿岩运输至地表的竖井和巷道。竖井多为垂直布置，也有斜井；巷道多为平巷（平硐），坡度较大者称为斜坡道。井巷工程的服务期限一般都比较长，因此其在服务期限内的安全可靠性对采矿生产的顺利进行，具有极为重要的意义。

矿山的井巷工程都是采用炮孔爆破的方式完成的。不同的地下工程需要采用不同的爆破开挖方法和技术工艺。由于行业和习惯的原因，有些名称略有不同，如煤炭行业所称立井，冶金等行业则称竖井，在冶金矿山所称的盲井、天井，煤炭矿山一般则称暗立井，但其爆破作业技术要求和工艺是一样的。

巷道掘进和隧道掘进在爆破技术和工艺形式上趋同，表面上看仅是断面大小的差别，但随着隧道断面的不断增大，隧道施工工艺和巷道掘进爆破存在一定差异，特别是在软弱围岩隧道、小净距隧道和地铁隧道的爆破中，对于围岩的维护和爆破振动安全的控制要求更高。由于隧道断面尺寸大，除可采用传统的钻爆法进行开挖掘进之外，还可使用隧道掘进机以机械方式开挖。采用钻爆法径向隧道掘进施工，对地质条件的适应性强，开挖成本低，特别适于坚硬岩石隧道、破碎岩体隧道及大量中短隧道施工，是隧道开挖最常用的施工方法。尽管岩石掘进机已经在国内外很多大长隧道中获得了应用，但在今后相当长的一段时间里，钻爆法仍将是岩石隧道掘进的主要手段，特别是坚硬岩石隧道，破碎岩石隧道和大量的中、短隧道的掘进施工。采用钻爆法掘进巷道或隧道，其共有的缺点是劳动强度大、施工环境较差，但随着岩石爆破技术的进步和机械化程度的提高，钻爆法的应用仍很普遍。

与巷道掘进爆破相比，竖井及斜井掘进爆破的不同点主要是作为爆破自由面的掌子面的方向及其对爆破的影响。

煤矿地下开采存在瓦斯和煤尘，爆破作业时应使用煤矿许用安全炸药和煤矿许用电雷管，并应遵守《煤矿安全规程》的规定。同样在放射性矿床开采爆破和高温高硫条件下的爆破亦须采取相应的安全技术措施。

本章主要针对平巷掘进爆破的有关内容进行具体介绍。虽然竖井、斜井、斜坡道、隧道的掘进爆破与平巷掘进爆破相比有一定的差异，但技术要素与爆破作用的基本原理没有实质性的差异。在井巷掘进爆破工程实践中，人们一般把炮孔称作炮眼。

8.1　井巷掘进爆破的基本特点

井巷掘进爆破的基本特点包括：

(1) 自由面少，往往只有工作面（也称掌子面）一个自由面，即巷道掘进爆破是在只有一个临空面的单自由面条件下的爆破，自由面条件差，因此岩体的夹制作用大，使岩石产生破坏和移动并最终形成松散的岩堆，比露天炮孔爆破更为困难。实践中井巷掘进爆破的规模与效果都会受到其断面尺寸的影响。井巷断面尺寸越小，单次爆破的设计进尺越大，爆破的难度就会越大。

(2) 炮孔（炮眼）的方向大多与自由面垂直或呈一定角度，岩石的夹制作用大，不利于破岩。

(3) 由于自由面小，因而炮孔的布置往往较密，装药量也较大，方能获得预期的爆破破碎效果。

(4) 不仅需要将岩石按设计要求的深度和断面形状与尺寸安全高效地爆破下来，控制超欠爆（挖），还要尽量保护围岩原有的稳定性，限制爆破对围岩可能造成的扰动和破坏。超爆将导致超挖，增大回填量，浪费水泥钢筋等回填料；欠爆导致欠挖，二次处理耗时费力，影响工期，提高工程成本。围岩受爆破的影响而产生的扰动和破坏效应会降低围岩原有的承载能力，而采取相应的支护工程措施，会增加工程成本；不采取措施或措施不当，就不能可靠保证井巷工程在其服务期内的安全可靠性。因此，井巷掘进爆破的技术要求一般比较高。

与平巷掘进相比，竖井掘进的主要特点是掘进工作面的朝向以及由此带来的炮孔方向、重力对爆破过程中的运动与抛掷作用的影响。较短的竖井常采用上向浅孔爆破法，即采用向上垂直的浅孔爆破法，爆破后直接借助岩石的重力清除岩碴，掏槽和崩落岩石的效果一般都会比平巷掘进时容易得多，但在进行钻爆施工时必须先进行“撬毛”，即清除工作面上可能存在的浮石，以保证钻爆施工人员的人身安全。上向掘进时的工作面向下，在重力作用下，钻孔时的岩粉也容易排出。达至地表的竖井长度往往很大，一般采用下向浅孔爆破法。

8.2　巷道掘进工艺方法及其选择

采用钻爆法进行巷道掘进施工，按巷道断面大小和钻孔设备的不同，常用的方法有全断面法、台阶法及导坑法。所谓全断面法，就是每次爆破都沿巷道的整个断面进行。在断面尺寸小或较小时就适宜采用全断面法。对大断面巷道和隧道，当岩层完整、岩石较坚硬时，因工作面空间大，可采用全断面爆破掘进。在巷道断面尺寸较大或特大时，如果凿岩设备因巷道断面的高度太大而难以钻凿断面上部的炮孔时，或巷道断面尺寸大且岩体稳固性较差时，都不宜采用全断面法，而需要采用台阶法或导坑法。实践中具体应选用哪一种工艺方案，需要综合考虑巷道断面尺寸、凿岩设备的施工能力及地质条件等因素来确定。

平巷掘进施工方案的制定，需要考虑的因素主要有以下几点：

（1）工程地质和水文地质条件。

（2）断面尺寸。

（3）支护类型。

（4）隧道长度与工期要求等。

8.2.1 全断面法

一般情况下，在Ⅰ、Ⅱ、Ⅲ级岩体中采用全断面法。如前所述，所谓全断面法，就是每次爆破都沿巷道的整个断面进行（图8-1）。

全断面法适用于以下条件：

（1）巷道断面尺寸小或较小。

（2）巷道（隧道）断面尺寸大或较大，但岩层完整、岩石较坚硬，具备钻爆施工所需的大型设备能够进行高位钻孔和装药等作业的条件。铁路和高速公路隧道的高度一般在8m左右，但由于施工单位具备这些条件，一般都可采用全断面法。

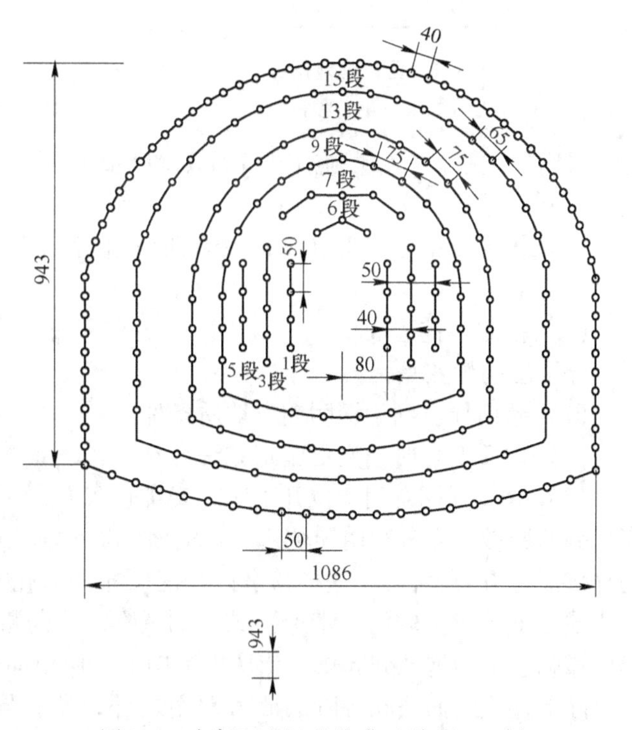

图8-1 全断面法掘进巷道（隧道）一例

8.2.2 台阶法

台阶法是将巷道断面分为上下两个或多个部分，各部分按一定顺序分次钻孔爆破（图8-2）。当上半断面掘进施工超前下半断面时，称为正台阶开挖法（图8-2），反之则为反台阶开挖法。在图8-2中，是把巷道断面分成上下两部分（即图中Ⅰ区和Ⅱ区），工人先站在巷道预留的岩碴上进行Ⅰ区的钻孔爆破，然后出碴使Ⅱ区的掌子面暴露出来，再站在巷道底板上进行Ⅱ区的钻孔爆破，如此循环往复，完成巷道的掘进工作。

当巷道（隧道）高度较大而又无大型凿岩台车时，可用台阶开挖法施工。在不太松软的岩层中采用正台阶法施工，相当安全且效率较高，平均日进尺可达10m。目前，我国约有70%的隧道开挖采用此法，多用于围岩能短期内处于稳定的地层。在Ⅳ、Ⅴ级围岩但不太松软的岩层中采用正台阶法施工，安全和效率都较高。

8.2.3 导坑法

当地质条件比较松软，涌水量较大或缺乏全断面开挖机具时，可用图8-3所示的导坑法。

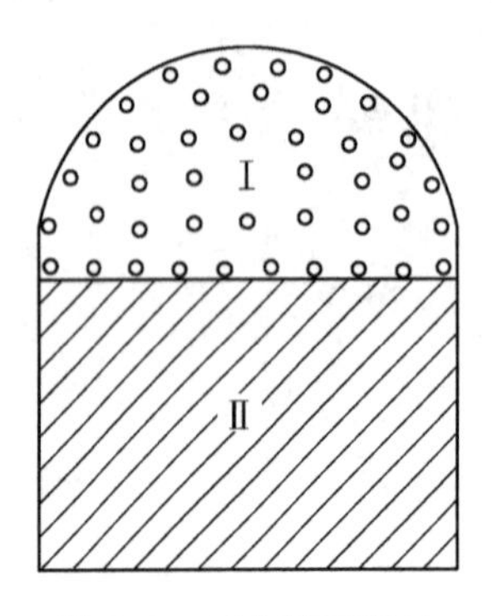

图8-2 正台阶开挖法

Ⅰ，Ⅱ—开挖顺序

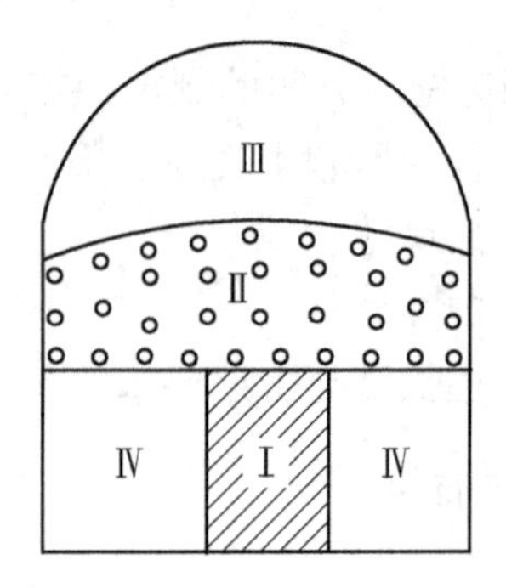

图8-3 下导坑二次开挖法及其开挖顺序

采用导坑法，其钻爆施工的工序如图8-3所示：

(1) 开挖导坑Ⅰ。

(2) 扩大刷帮Ⅱ、Ⅲ（采用反台阶法进行，即先钻爆Ⅱ，然后人站在爆堆上对Ⅲ进行钻爆施工）。

(3) 挖底、挖边墙Ⅳ。

导坑法的优点是：

(1) 超前导坑利于探明前方地质条件。

(2) 地质变化时，变更施工方法容易。

(3) 分步开挖有利于拉开工序，安排较多人力，加快施工进度。扩大刷帮和挖边墙这两部分的爆破要充分利用导坑这个临空面。扩大刷帮时，一般采用顺帮钻孔（所有炮孔都与导坑前进方向平行），这样易掌握开挖尺寸，钻孔方便，有利于流水作业，炮孔间距要大于最小抵抗线，避免“带炮”或“冲炮”，装药量为炮孔深度的1/3～1/2。起爆次序是：靠临空面的炮孔先起爆，依次由下向上，由里向外爆破。

除上述全断面法和台阶法最为常用之外，还有导硐超前预留光爆层法、侧壁导坑法（孔镜法）等。导硐超前预留光爆层法适用于Ⅰ、Ⅱ、Ⅲ级围岩地段且隧道断面较大的情况。侧壁导坑法多用于巷道（隧道）左右两部分岩层坚固性差异明显的地段，一般是将导坑布置在岩层坚固性较差的一侧。

8.3 炮孔分类

如图8-4所示，巷道掘进爆破工作面上的炮孔布置，按其位置和作用的不同，主要分为掏槽孔、崩落孔（也称辅助孔）和周边孔三大类。

掏槽孔的作用是在一个自由面（即工作面）的情况下首先爆出一个槽腔，为其他炮孔的爆破增加一个自由面和提供岩石膨胀补偿的空间，减小其他炮孔岩石爆破的夹制作用，以创造有利的爆破条件。

辅助孔布置在掏槽孔周围，包括掏槽孔和周边孔之间的所有炮孔，作用是利用掏槽孔所创造的自由面进一步扩大掏槽孔爆出的槽腔，并破碎和崩落掏槽孔和周边孔之间的岩石。

周边孔又称轮廓孔，又可细分为顶孔、帮孔和底孔（图8-4）。周边孔是最外一圈沿巷道周边布置的炮孔，其作用是控制巷道断面轮廓，使爆破后的巷道断面、形状和方向符合设计要求，且尽量降低围岩产生的扰动或破坏。

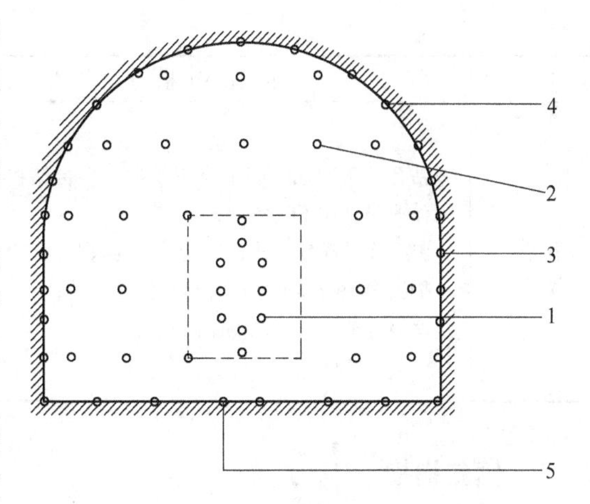

图8-4　掘进爆破的炮孔分类
1—掏槽孔；2—崩落孔（辅助孔）；3—帮孔；4—顶孔；5—底孔

8.4　掏槽形式及参数

巷道掘进爆破效果首先取决于掏槽孔的爆破效果；掏槽孔的炮孔利用率决定着巷道掘进的炮孔利用率。掏槽孔的效果差，形成的槽腔小，也就不能为辅助孔提供良好的自由面条件，进而影响辅助孔的爆破效果。掏槽孔的炮孔利用率低，形成的槽腔浅，也就无法保证辅助孔的爆深，最终导致该掘进爆破循环的进尺小。因此，合理选择掏槽方式及其爆破参数，使设计槽腔范围内的岩石完全破碎，是决定巷道爆破效果的关键。

所谓掏槽形式，指的是掏槽孔的布置形式。选择使用何种掏槽形式，需要考虑的因素主要包括：（1）巷道断面大小；（2）岩石性质和岩体的结构构造；（3）循环进尺要求；（4）凿岩设备。在平巷掘进中常用的掏槽方式，按掏槽孔的方向主要有斜孔掏槽和直孔掏槽两大类。此外，还有将二者结合使用的混合式掏槽。斜孔掏槽和直孔掏槽的特点如表8-1所示。

表8-1　斜孔掏槽和直孔掏槽对比

名称	斜孔掏槽	直孔掏槽
定义	掏槽孔与工作面按一定角度斜交布置	掏槽孔垂直于工作面，互相平行布置，并留有不装药的空孔
常见形式	单向掏槽、锥形掏槽、楔形掏槽、复式形掏槽	平行龟裂掏槽、角柱掏槽、螺旋掏槽
优点	适用于各类岩层的爆破，掏槽效果好； 槽腔体积较大，能将槽腔内的岩石全部或大部抛出，形成有效的自由面，为崩落孔爆破创造有利的破岩条件； 槽孔的位置和倾角的精确度对掏槽效果的影响较小	炮孔垂直于工作面，炮孔深度不受巷道断面限制，便于进行中深孔爆破； 掏槽参数可不随炮孔深度和巷道断面改变，只需要调整装药量； 易于实现多台钻机平行作业和采用凿岩台车钻孔，有利于施工机械化； 爆堆集中而有利于装岩；抛掷距离小，不易崩坏设备

续表 8-1

名称	斜孔掏槽	直孔掏槽
缺点	钻孔的角度在空间上难以掌握，多台钻机同时作业时互相干扰较大； 斜孔掏槽深度受巷道掘进宽度的限制； 掏槽参数与巷道断面和炮孔深度有关； 爆堆分散，岩石抛掷距离较大	炮孔数目多，占用雷管的段数多； 装药量大，炸药消耗量高，掏出的槽腔体积较小； 槽孔的间距较小，对槽孔的间距和平行度要求高； 在有瓦斯和煤尘爆炸危险的掘进工作面使用空孔掏槽爆破，存在着安全隐患

8.4.1 倾斜掏槽

倾斜掏槽是指炮孔的长度方向与巷道掌子面成一定角度，可细分为楔形掏槽、锥形掏槽及单向掏槽三类。

8.4.1.1 楔形掏槽

楔形掏槽由两排（或两排以上）倾斜炮孔对称成楔形布置，爆破后形成一个楔形槽。有水平楔形掏槽和垂直楔形掏槽两种形式。除在特殊岩层条件下采用水平楔形槽外（如当工作面的岩层为水平层理时），一般采用垂直楔形掏槽。

楔形掏槽孔数依断面大小及岩石性质而定，一般取 4～8 个。常用的楔形掏槽炮孔布置如图 8-5 所示，主要参数如表 8-2 所示。岩石越硬，炮孔间距 L_2 和 α 角的值越小，孔底距 $d=100\sim200$mm，掏槽孔超深 200mm。楔形掏槽孔倾斜角度（掏槽角）与岩性和巷道断面积有关，一般为 60°～75°。

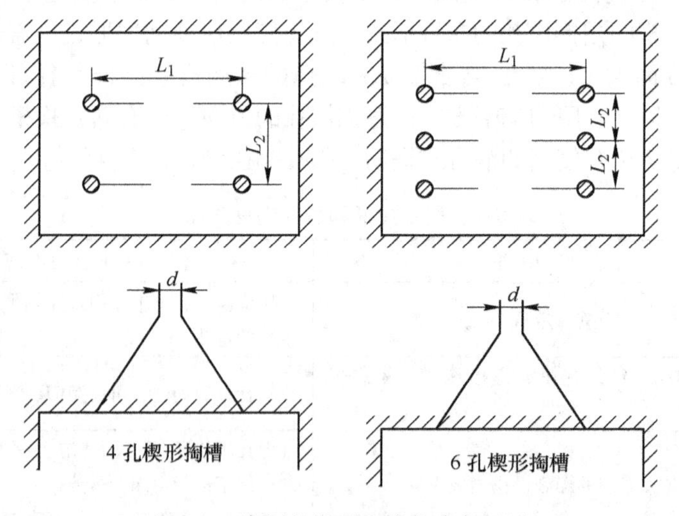

图 8-5　常用的楔形掏槽炮孔布置图

大断面巷道或隧道采用楔形掏槽时，应尽量加大第一级掏槽孔之间的孔口距离，同时缩小掏槽角，控制孔深，以保证第一级掏槽孔的掏槽效果，为第二级掏槽孔创造尽量好的自由面条件。

表 8-2 常用楔形掏槽主要参数

岩石坚固性系数 f	炮孔与工作面的夹角 α/(°)	炮孔间距离 L_2/m	炮孔数目/个	炮孔水平距离 L_1/m
2 ~ 6	75 ~ 70	0.6 ~ 0.5	4	$L_1 = 2L\cos\alpha + d$
6 ~ 8	70 ~ 65	0.5 ~ 0.4	4 ~ 6	
8 ~ 10	65 ~ 63	0.4 ~ 0.35	6	
10 ~ 12	63 ~ 60	0.35 ~ 0.3	6	
12 ~ 16	60 ~ 58	0.3 ~ 0.2	6	
16 ~ 20	58 ~ 55	0.2	6 ~ 8	

楔形掏槽炮孔深度大于 2.5m 时，底部 1/3 炮孔长度加强装药或装高威力炸药；填塞长度一般为炮孔长度 L 的 20%，但不少于 40cm；楔形掏槽应使用毫秒延时爆破，每级掏槽孔尽量同时起爆，各级之间时差以 50ms 为宜。

对较为坚硬难爆的岩石，可采用双楔形掏槽或复式多重楔形掏槽。

8.4.1.2 锥形掏槽

锥形掏槽各掏槽孔以相等或近似相等的角度向工作面中心轴线倾斜，孔底趋于集中但相互不贯通，爆破后形成锥形槽。掏槽孔数多为 3 ~ 6 个，通常排成三角锥形、四角锥形或圆锥形等形式（见图 8-6），其中四角锥形使用较多。锥形掏槽适用于中硬以上（$f \geqslant 8$）坚韧岩石，且不易受层理、节理和裂隙的影响，但孔深受到巷道断面的限制，故多用于凿岩比较困难的断面大于 $4m^2$ 的平巷掏槽和圆形断面的井筒掘进。锥形掏槽孔的参数视岩石的坚固性而定，可参考表 8-3 选取。

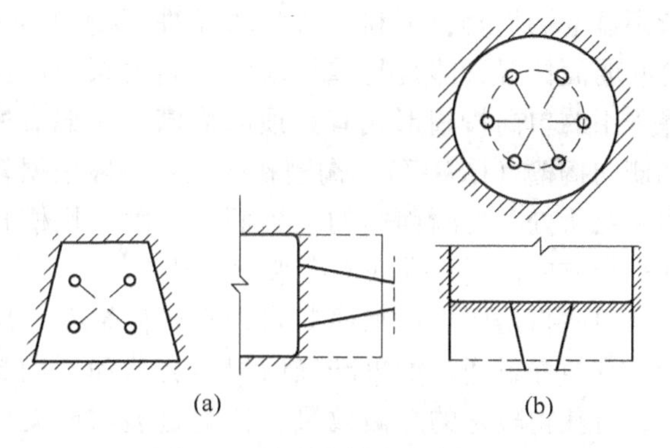

图 8-6 锥形掏槽炮孔布置图
(a) 四角锥形；(b) 竖井六棱锥形

表 8-3 常用锥形掏槽孔主要参数（直径约 40mm）

岩石坚固性系数 f	炮孔倾角 α/(°)	孔底间距/m
4 ~ 6	75 ~ 70	0.4
6 ~ 8	70 ~ 68	0.3
8 ~ 10	68 ~ 65	0.2
10 ~ 13	65 ~ 63	0.2
13 ~ 16	63 ~ 60	0.15
16 ~ 18	60 ~ 58	0.10
18 ~ 20	58 ~ 55	0.10

锥形掏槽的主要优点是：

(1) 适用于任何岩石，并能获得较好效果。

(2) 能将槽洞内的碎岩石全部或大部分抛出，形成有效自由面为后继炮孔的爆破创造有利条件，掏槽面积较大，适用于较大断面的巷道。

(3) 槽孔位置和倾角的精度对掏槽效果的影响不是很大。

锥形掏槽有以下缺点：

（1）钻孔方向难以掌握，要求钻工具有较熟练的技术水平，掏槽形式和参数也全凭经验。

（2）当巷道断面和炮孔深度变化时，必须相应修改掏槽爆破的几何参数，不可能设计出适用于任何断面和炮孔深度的标准掏槽方式。

（3）掏槽深度受巷道断面的限制，循环进尺同样受到限制。

（4）全断面巷道爆破下岩石的抛掷距离较大，爆堆分散，因此，除给清道和装岩造成困难外，还容易崩坏支护和设备。

锥形掏槽炮孔的装药、起爆方式与楔形掏槽基本一致。

8.4.1.3　单向掏槽

单向掏槽由数个向同一方向倾斜且构成一个平面的炮孔组成，适用于掌子面部分区域为软岩或夹层、层理、节理和裂隙等主结构面发育程度特别显著的场合，可利用这些弱面进行掏槽。按这些弱面位置，即其与掌子面的空间关系，可选择采用的单向掏槽形式有：顶部掏槽、底部掏槽和侧向掏槽（图8-7）。掏槽孔的位置一般根据软弱夹层所处巷道断面内的位置而定。由于掏槽孔朝一个方向倾斜，孔底不会彼此相遇。

单向掏槽要求仔细地凿岩，不要使炮孔与层理、裂隙面贯通。如果准确凿岩、装药和延期起爆，可获得较好的爆破效果，特别是裂隙或夹层出现在巷道底部或一侧时效果更好。这种掏槽方法适用于掘进小断面平巷。

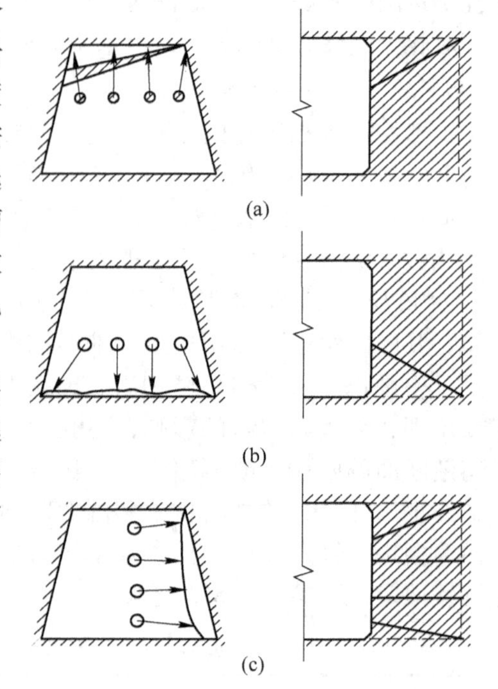

图8-7　单向掏槽形式

（a）顶部掏槽；（b）底部掏槽；（c）侧向掏槽

8.4.2　直孔掏槽

直孔掏槽所有的掏槽孔都垂直于工作面，且互相平行，炮孔间距小，并留有不装药的空孔。其炮孔布置形式很多，按槽腔形状可分为龟裂掏槽、角柱或桶形掏槽、螺旋掏槽等几类。

垂直掏槽的特点是，所有掏槽孔都平行于平巷中心线（即垂直于工作面），钻凿炮孔的深度不受限制，所以它广泛地用于小断面巷道的掘进。

在垂直掏槽中，严格平行并且在合理间距上钻凿全部炮孔是比较困难的，要求操作工要有较高的技术水平。掏槽炮孔一般靠近工作面中心，炮孔很密，爆破时容易产生带炮或拒爆，所以掏槽区留有残药的可能性是存在的，并且较难发现。钻凿时应严格清理工作面，交替变换每次爆破掏槽孔的位置。

垂直掏槽的结构取决于岩石的性质、炸药品种和炮孔直径。爆破时，一切岩石都具有随其块度而变化的碎胀性质。垂直掏槽的结构必须为这种岩石碎胀留出空间。一般地讲，掏槽孔爆破最少需要有15%的空间，这对成功地破碎和清除槽腔中的岩石是必不可少的；

当然，碎胀系数随着岩石性质而变化。为岩心碎胀所提供的空间越大，炮孔组越能成功地将炮孔全部深度上的岩石崩落下来。

在生产实践中，用1～2个同直径的中心炮孔不装药，提供自由面和补偿空间，能获得明显的效果。

为了将槽子中破碎的岩石抛出，可在空孔底部装填1～2个炸药卷，借助它的爆炸抛掷岩碴，可获得更好的效果。

垂直掏槽的形式很多，大致可分为缝形掏槽、桶形掏槽和螺旋形掏槽三类：

（1）缝形掏槽（或称龟裂掏槽）。掏槽孔布置成一条直线，各孔的轴线相互平行（图8-8a）；掏槽孔间距常取1～2倍的空孔直径。空孔与装药孔的间距相同，利用空孔作为两相邻装药孔的自由面和破碎岩石的碎胀空间，这种方法适用于坚固或中等坚固的脆性岩石和小断面巷道。装药孔可采用瞬发雷管同时起爆，爆后掏出一条不太宽的槽子如同一条裂缝，故称缝形掏槽。

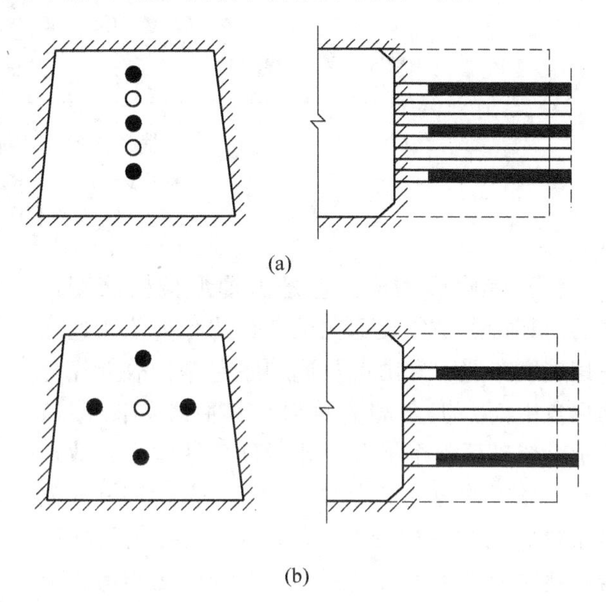

图8-8　缝形和桶形掏槽
（a）缝形掏槽；（b）桶形掏槽
●—装药孔；○—空孔

掏槽孔数目与巷道断面大小、岩石坚固性有关，常用3～7个。空孔直径可以与装药孔直径相同，也可采用直径为50～100mm的大直径孔。当岩石为单一均质时，通常将槽孔布置在工作面中部；有软夹层或接触带时，可利用它们进行掏槽，爆破效果更好。由于缝形掏槽体积较小，在许多矿山已被桶形掏槽所替代。

（2）桶形掏槽。又称角柱形掏槽，它的各掏槽孔（药孔与空孔）间成互相平行又呈对称式排列。空孔直径与装药孔直径相同或采用较大直径（75～100mm）以增大人工自由面，如图8-8b和图8-9所示。大直径空孔人工自由面大，爆破效果好，但施工困难，需要用两种规格的凿岩设备，如果风压不够，则凿岩速度慢；小直径孔则相反。这种掏槽方法在中硬岩心中应用效果好。桶形掏槽体积大，钻孔技术也容易掌握，所以在现场应用普

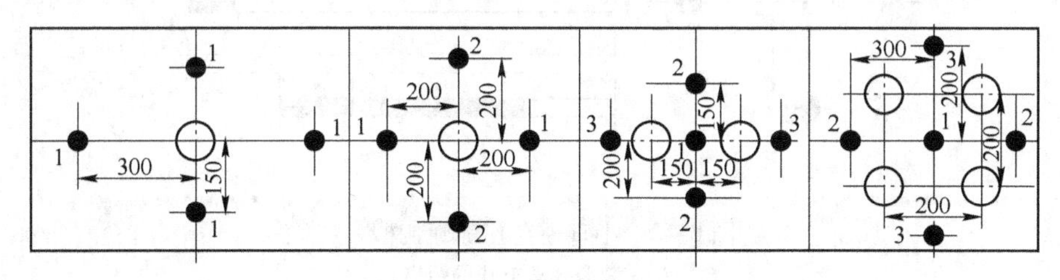

图8-9　大直径空孔角柱形掏槽
●—装药孔；○—空孔
1～3—起爆顺序

遍。工程实际施工中的工人和技术员创造出了许多高效的桶形掏槽变形方案，图 8-10 所示为可参考的几种方案。

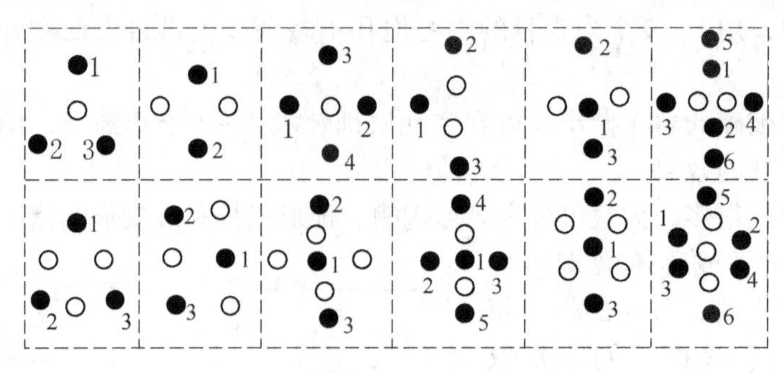

图 8-10　桶形掏槽的几种变形方案
●—装药孔；○—空孔
1～6—起爆顺序

（3）螺旋形掏槽。它是由桶形掏槽演变而来的，其特点是各装药孔至空孔的距离依次递增呈螺旋线布置，并由近及远顺序起爆，故能充分利用自由面，扩大掏槽效果，其原理如图 8-11 所示。爆破后整个槽洞为非对称角柱体形，故也称其为非对称角柱形掏槽。小直径空孔掏槽的典型布置炮孔方案如图 8-12 所示。空孔数目根据岩石性质而定，一般用一个，遇到坚韧难爆、节理发育的岩石时，可增加 1～2 个，如图中虚线所示。螺旋形掏槽爆破后，槽子中往往存留压实的岩碴，因此，通常将空孔加深 300～500mm，并在孔底装少量炸药（200～300g）并充填 100mm 炮泥，紧接掏槽之后反向起爆，以利抛碴。

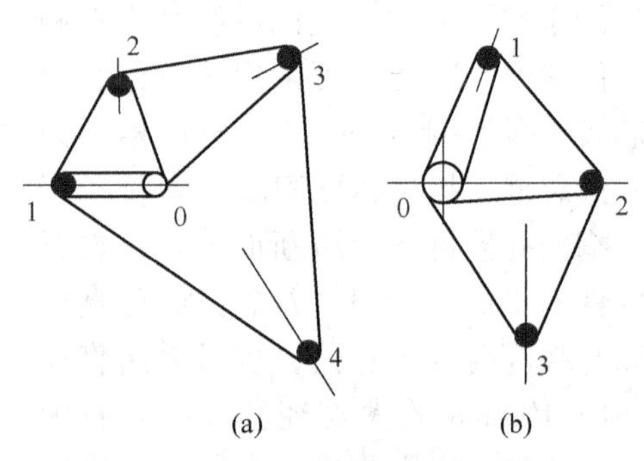

图 8-11　螺旋形掏槽原理示意图
（a）小直径空孔；（b）大直径空孔
1～4—起爆顺序

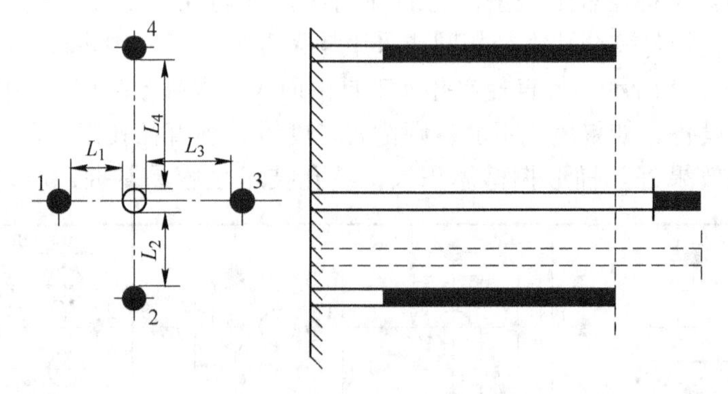

图 8-12　小直径空孔螺旋掏槽
L_1～L_4—装药孔至空孔的距离；
1～4—起爆顺序

小直径空孔螺旋掏槽的各装药孔的距离可按炮孔直径的大小用下式计算确定，当岩石坚韧难爆时取上限值，易爆时取下限值。

$$L_1 = (1 \sim 1.8)d;\ L_2 = (2.0 \sim 3.5)d;\ L_3 = (3.0 \sim 4.5)d;\ L_4 = (4.0 \sim 4.5)d \tag{8-1}$$

大直径空孔螺旋掏槽布眼尺寸见图 8-13。

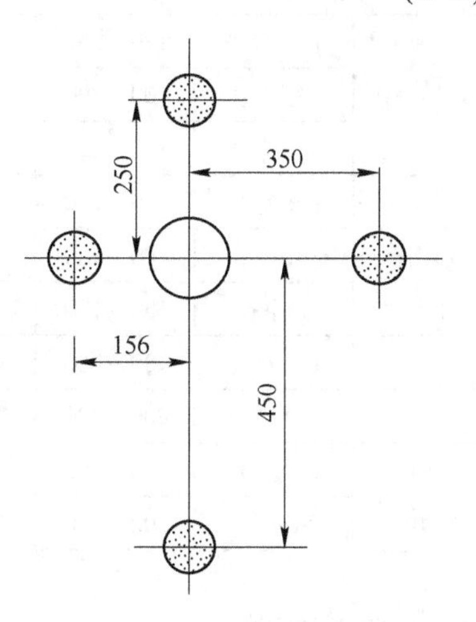

图 8-13 大直径空孔螺旋掏槽一例

综上所述可看出，垂直掏槽的破岩不是以工作面为主要自由面，而是以空孔为主要自由面。装药孔起爆后，对空孔产生强烈挤压爆破作用，致使槽内岩石被破碎，尔后借助爆生气体的余能将已经破碎的岩石从槽内抛出，达到掏槽的目的。从这里可以明显看出，空孔一方面对爆炸应力和爆破方向起导向的作用，另一方面使受压碎的岩石有必要的碎胀补偿空间。因此，空孔在垂直掏槽中的作用是极其重要的。

实验资料表明，空孔数目、空孔直径及其与装药孔的间距，对垂直掏槽的爆破影响很大。垂直掏槽要获得良好的效果，必须使空孔与装药孔的距离落在破碎区或压缩区内，否则将造成爆破效果不良。当空孔直径一定时，若孔距太大，爆后只产生塑性变形，即出现“冲炮”现象；若孔距过小，爆破时会将相邻炮孔中的炸药“挤死”，使之因密度过大而拒爆，或者产生“带炮”。在不同的岩石中合理的孔距必须经反复实验确定。

与倾斜掏槽相比，垂直掏槽的优点是：孔深不受巷道断面的限制，可进行较深炮孔的爆破，增大一个循环的进尺；爆后掏槽体内外大小较一致，使其相邻和辅助炮孔首尾的最小抵抗线近似相等；爆落的岩石块度较均匀；岩块不会抛掷太远而损坏支架、设备等，同时也有利于装岩。垂直掏槽的缺点是：掏槽孔数目较多，掏出槽体体积较小（特别是缝形掏槽），掏槽孔之间的平行度要求较高，凿岩较难控制。

龟裂掏槽为单排孔直线布置，最适用于工作面有较软的夹层（如薄煤层、碳质泥、页岩）或接触带相交的情况，正常情况下很少采用。目前常用的多为角柱或桶形掏槽以及螺旋掏槽等，掏槽孔的布置形式主要有：三角形、菱形、五星、四角柱状掏槽和螺旋掏槽等。螺旋掏槽的炮孔布置及适用条件如表 8-4 所示。几种典型的桶形掏槽形式的炮孔布置参数见表 8-5。

表 8-4 螺旋掏槽的炮孔布置参数及适用条件（装药炮孔直径约 40mm）

掏槽形式	空孔描述	装药孔与空孔之间的距离/mm					适用条件（岩石硬度、巷道断面）
		a	b	c	d	e	
螺旋	小空孔	60 ~ 100	80 ~ 150	130 ~ 180	170 ~ 250	200 ~ 300	中硬以下、中小断面
	大空孔	100 ~ 150	170 ~ 200	200 ~ 270	250 ~ 300	300 ~ 350	中硬及以上、中大断面
简易螺旋	小空孔	50 ~ 100	100 ~ 150	150 ~ 200	200 ~ 250		中硬以下、中小断面
	大空孔	80 ~ 130	130 ~ 170	170 ~ 250	250 ~ 300		中硬及以上、中大断面

表 8-5　几种常用桶形掏槽炮孔布置参数（装药炮孔直径约 40mm）

掏槽形式	空孔描述	装药炮孔与空孔之间的距离/mm				适用条件（岩石硬度、巷道断面）
		a	*b*	*c*	*d*	
三角形掏槽	1 个空孔	170～250				较软、小断面
	大空孔	200～300				中硬、中小断面
	3 个空孔	150～220				中硬以下、中小断面
菱形掏槽	1 个空孔	120～150	170～200			较软、小断面
	2 个空孔	100～150	150～200			中硬以下、中小断面
	大空孔	130～170	200～250			中硬、中型断面
五星掏槽	1 个空孔	180～280	180～280			中硬以下、中小断面
	4 个空孔	200～280	200～280	200～260		中硬、中型断面
四角柱状掏槽	1 个空孔	180～260	180～260	250～300	250～300	中硬、中型以上断面
	大空孔	200～280	200～280	280～320	280～320	中硬以上、中大断面

8.4.3　混合掏槽

这种掏槽方式是指两种以上的掏槽方法在同一个工作面混合使用，主要是用于坚硬岩石或巷道掘进断面较大的情况下；图 8-14 所示是混合掏槽的两种形式。在实践中可根据实际情况采用多种组合的混合掏槽方式，目的在于加大槽腔深度和体积，确保掏槽效果。

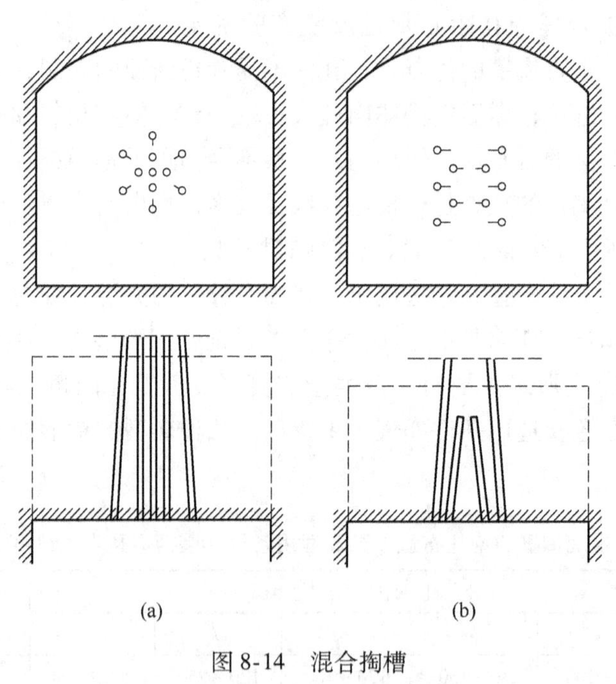

图 8-14　混合掏槽
（a）桶形和锥形；（b）复式楔形

混合掏槽的炮孔布置形式非常多，一般均为直孔的桶形掏槽和斜孔的锥形或楔形掏槽相结合的形式，弥补斜孔掏槽深度不够与直孔掏槽槽腔体积较小的不足。常用的和效果较好的混合掏槽形式有：菱形＋楔形、三角柱＋楔形、直线龟裂＋楔形和五星＋锥形等。

如图8-15所示，对竖井掘进来讲，当竖井的横截面较小时，由于炮孔倾角受到工作面空间的限制，一般只能用垂直掏槽或单向掏槽，而难以采用大角度的楔形或锥形掏槽。只有在大断面竖井掘进时，方可考虑采用倾斜炮孔掏槽（图8-16）。

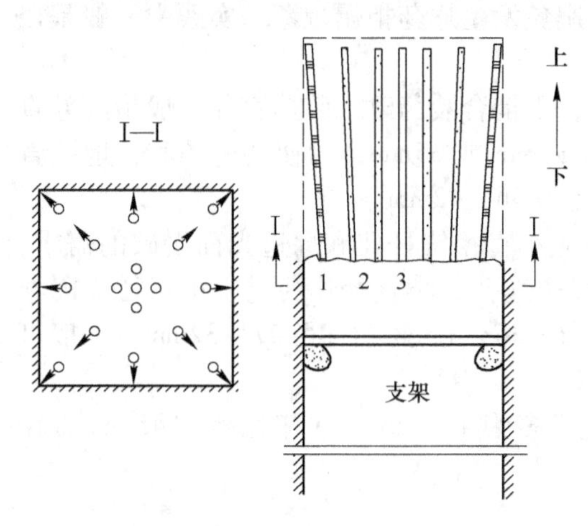

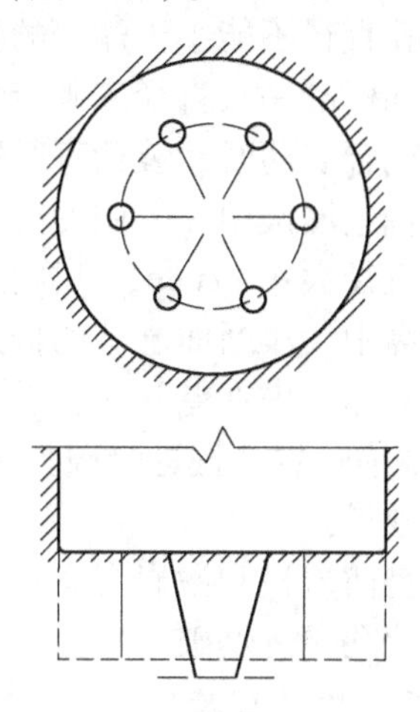

图8-15　小断面竖井上向掘进炮孔布置

图8-16　大直径竖井掘进锥形掏槽炮孔布置

8.5　爆破参数及其选取

与露天炮孔爆破相同，井巷掘进爆破的技术参数主要包括设计循环进尺、掏槽形式和炮孔布置参数（炮孔直径、炮孔深度、抵抗线、炮孔间距和数目）、单位炸药消耗量、装药直径与炮孔装药量、炮孔起爆顺序与起爆延期时间。合理的爆破参数不仅要考虑工作面空间条件、岩层地质条件及巷道施工要求，而且还要考虑各参数间的相互关系及其对爆破效果的影响。

钻凿炮孔是为在岩石中一定的位置或者范围内装填一定质量的炸药，是巷道掘进爆破技术设计的一项重要内容。炮孔布置是否合理，将对爆破效果产生决定性的影响。炮孔布置的具体内容包括：炮孔的直径与深度，炮孔的抵抗线与间距，巷道断面上的炮孔个数。

井巷掘进爆破的装药参数主要指每个作业循环的总装药量、炸药单耗（崩落单位岩石消耗炸药的质量）和不同炮孔的装药量。

起爆参数包括炮孔装药的起爆方式、炮孔起爆顺序与起爆延期时间。

8.5.1　循环进尺

隧道掘进的循环进尺主要受钻孔设备能力、工程进度要求和岩石特性等影响，需要综合考虑确定。从经济效益考虑，循环进尺宜取大值，但还要综合考虑钻孔机械的最大钻进深度、钻孔的效率，以及与之配套装运机械设备的装运能力、岩体所能承受的爆破振动强度、循环作业能力等因素。

8.5.2　炮孔参数

8.5.2.1　炮孔直径

炮孔直径的大小直接影响钻孔速度、工作面的炮孔数目、单位炸药消耗量、爆落岩石的块度和巷道轮廓的平整性等。大炮孔直径可使炸药能量相对集中，炮孔附近的岩石更容易破碎，但炮孔间的中点附近区域岩石的块度会相应增大，而且钻孔速度将随炮孔直径的增大而下降。此外，炮孔直径越大，岩壁的平整程度和围岩的稳定性都更容易受到影响。相反地，炮孔直径小，发生这些问题的可能性会相应降低。但是，从保证炸药传爆的稳定性考虑，炮孔直径不能小于炸药的临界直径，以避免发生炸药拒爆现象。实践中一般是根据药卷直径和标准钻头直径来确定炮孔直径。

当采用耦合装药时，装药直径即为炮孔直径；不耦合装药时，装药直径一般指药卷直径。在平巷掘进爆破中，采用的标准药卷直径为32mm或35mm，为使装药顺利，炮孔直径要比药卷直径大4～7mm，匹配的标准钻头直径为36～42mm。

为了提高中、小断面岩巷的掘进速度，并适应小直径锚杆孔和周边光面爆破的需求，可结合工程实际考虑在巷道掘进爆破中采用小直径炮孔、小直径炸药卷、小直径锚固卷“三小”光爆锚喷岩巷掘进爆破技术，炮孔直径32～36mm，药卷直径27～32mm，一般可取得较好的效果。

采用重型凿岩机和凿岩台车钻孔时，炮孔直径多为45～55mm，采用40～45mm直径的药卷进行深孔掘进爆破。

8.5.2.2 炮孔深度

炮孔深度直接决定着每个循环的进尺量，也即决定着掘进中的钻孔和装岩等主要工序的工作量和完成各工序所需要的时间，是确定掘进循环劳动量和工作组织的主要钻爆参数。

确定炮孔深度时需要考虑的因素主要有：岩石坚固性、炸药性能、巷道断面和凿岩设备的性能。合理的炮孔深度有助于提高掘进速度和炮孔利用率，随着凿岩、装渣运输设备的改进，应考虑加大炮孔深度，以减少循环作业的次数，提高巷道掘进工程的效率，加快工程进度。

（1）按巷道掘进全长和工期要求确定炮孔深度：

$$L = L_0/(TN_mN_sN_x\eta) = \frac{l}{\eta} \tag{8-2}$$

式中 L——炮孔深度，m；

L_0——巷道掘进全长，m；

T——完成巷道掘进任务的月数；

N_m——每月工作日，一般为25d；

N_s——每天工作班数，3或4；

N_x——每班完成循环数；

η——炮孔利用率；

l——每掘进循环的计划进尺数，m。

（2）按掘进循环各工序的时间分配确定炮孔深度：

$$L = T_0/[K_pN/(K_dv_d) + \eta S/(\eta_mP_m)] \tag{8-3}$$

式中 T_0——每循环用于钻孔和装岩的小时数；

K_p——钻孔与装岩的非平行作业时间系数，一般小于1；

N——每循环钻孔总数；

K_d——同时工作的凿岩机台数；

v_d——每台凿岩机的钻孔速度，m/h；

S——巷道掘进断面积，m^2；

η_m——装岩机的时间利用率；

P_m——装岩机的生产率，m^3/h；

其他符号意义同前。

炮孔深度与凿岩机的性能和巷道断面有关，采用气腿式凿岩机钻孔时的炮孔深度参考值如表 8-6 所示。

表 8-6 炮孔深度参考值

岩石坚固性系数 f	巷道掘进断面积/m^2		
	4～8	8～12	>12
	炮孔深度/m		
1.5～3（煤）	1.8～2.2	2.0～3.0	2.5～3.5
4～6	1.6～2.0	1.8～2.2	2.2～2.5
7～9	1.4～2.0	1.6～2.2	1.8～2.2
10～20	1.2～1.8	1.4～2.0	1.8～2.0

8.5.2.3 炮孔抵抗线与间距

一定直径装药的最小抵抗线不仅与炸药性能和岩石性质相关，还与自由面的大小有关。研究表明，在无限大单个自由面条件下，形成标准爆破漏斗的最小抵抗线为 W，则在自由面宽度 $B=2W$ 时，形成的破碎漏斗已经接近标准爆破漏斗；对于一般的崩落孔（自由面的宽度大于 $2W$ 时），崩落孔的最小抵抗线可用下式计算或参考表 8-7 的经验数值选取。

$$W = r_e\sqrt{\frac{\pi\rho_e\Psi}{mq\eta}} \tag{8-4}$$

式中 W——崩落孔的最小抵抗线，m；

r_e——装药半径，m；

Ψ——装药系数，通常为 0.5～0.7；

ρ_e——炸药密度，kg/m^3；

m——炮孔密集系数；

q——单位炸药消耗量，kg/m^3；

η——炮孔利用率，应达到 0.85 以上。

表 8-7 崩落孔最小抵抗线参考数值

岩石坚固性系数 f	炸药爆力/mL		
	300～345	350～395	≥400
	W/m		
4～6	0.66～0.72	0.72～0.82	0.82～0.90
6～8	0.60～0.66	0.66～0.72	0.72～0.82
8～10	0.52～0.58	0.62～0.68	0.68～0.76
10～12	0.45～0.55	0.55～0.62	0.62～0.68
12～14	0.44～0.50	0.52～0.60	0.60～0.65
≥14	0.42～0.44	0.45～0.50	0.50～0.60

装药受夹制的程度可用自由面不受限制条件下装药的最小抵抗线与自由面宽度的比值表示，当自由面的宽度 $B<2W$ 时，装药的最小抵抗线可用下列经验公式计算：

$$W_{b} = \left(d_{e}\frac{1.95e}{\sqrt{\rho_{r}}} + 2.3 - 0.027b\right)(0.1b - 2.16) \tag{8-5}$$

式中 W_b——夹制条件下装药的最小抵抗线，cm；

d_e——装药直径，cm；

e——炸药换算系数，当爆力为360mL时，换算系数 $e=1$；

b——自由面宽度，cm；

ρ_r——岩石密度，kg/m³。

8.5.2.4 炮孔数目

炮孔数目的确定，主要取决于岩石性质（裂隙率、坚固性系数）、巷道断面尺寸、炸药性能和药卷直径、装药密度、炮孔深度等因素。合理的炮孔数目应当保证有较高的爆破效率（一般要求炮孔利用率85%以上），爆落的岩块和爆破后的轮廓均能符合施工和设计要求。

（1）按巷道断面和岩石坚固性系数估算

$$N = 3.3\,(fS^{2})^{1/3} \tag{8-6}$$

式中 N——巷道全断面炮孔总数，个；

f——岩石坚固性系数；

S——巷道掘进断面积，m²。

（2）按每循环所需总装药量和每个炮孔的装药量估算

$$N = \frac{Q}{Q_{i}} \tag{8-7}$$

式中 Q——每循环所需总装药量，$Q=qV$，kg；

q——平均单位炸药消耗量，kg/m³；

V——循环爆破体积，m³；

Q_i——一个炮孔平均药量，kg。

炮孔数目的准确值需要在工作面炮孔布置完成后方能确定：

$$N = N_{1} + N_{2} + N_{3} \tag{8-8}$$

式中 N——炮孔数目，个；

N_1——掏槽孔数目，个；

N_2——崩落孔数目，个；

N_3——周边孔数目，个。

8.5.3 炮孔装药量计算

对巷道掘进爆破来讲，涉及炮孔装药的技术参数一般有三个：一是单位炸药消耗量；二是每个掘进循环的总药量；三是不同炮孔各自的装药量。

从总体上讲，炸药用量不够，不会获得预期的爆破破碎效果；反之，药量过大，则有可能因爆炸冲击而使巷道围岩产生严重破坏，且使这种破坏的范围变大。因此，炮孔装药是巷道掘进爆破技术设计的重要内容之一。

8.5.3.1 单位炸药消耗量

爆破$1m^3$原岩所消耗的炸药量称为单位炸药消耗量。单位炸药消耗量的大小取决于炸药性能、岩石性质、巷道断面、炮孔直径和炮孔深度等因素，对于给定岩石，巷道的单位炸药消耗量的确定主要有两种方法：一是用经验公式进行计算，再将计算值通过试验进行修正；二是依据有关定额选取和工程类比法确定。

A 经验公式方法

（1）按岩石普氏系数和巷道掘进断面积。该方法按岩石的坚固性系数和巷道掘进断面积来确定单位炸药消耗量：

$$q = 1.1k_0\sqrt{\frac{f}{S}} \tag{8-9}$$

式中 q——单位炸药消耗量，kg/m^3；

f——岩石坚固性系数；

S——巷道掘进断面积，m^2；

k_0——系数，$k_0=525/P$，其中P为爆力，mL。

（2）明捷利公式。除考虑岩石坚固性、断面和炸药爆力外，明捷利还通过大量试验，研究了装药直径、炮孔深度和装药密度对单位炸药消耗量的影响，并在试验基础上提出了下列经验公式：

$$q = \left(\sqrt{\frac{f-4}{1.8}} + 4.8\times10^{-0.15S}\right)Ck\varphi e \tag{8-10}$$

式中 C——考虑装药直径的系数，见表8-8；

k——考虑炮孔深度的系数，见表8-9；

e——炸药换算系数，当爆力为360mL时，换算系数$e=1$；

φ——装药密度的换算系数，在通常的装药条件下$\varphi=0.7\sim0.8$。

表8-8 装药直径对单位炸药消耗量的影响系数 *C*

装药直径/mm	32	36	40	45
换算系数 C	1.0	0.94	0.88	0.85

表8-9 炮孔深度对单位炸药消耗量的换算系数 *k*

岩石坚固性系数 f	炮孔深度 L/m			
	1.5	2.0	2.5	3.0
	k			
3~4	1.0	0.8	0.77	0.91
4~5	1.0	0.8	0.85	—
8~10	1.0	0.9	1.00	—
>10	1.0	1.06	1.11	—

B 按工程定额与经验值

在实际应用过程中，应根据国家定额或工程类比法选取单位炸药消耗量数值，通过在工程实践中不断加以调整，确定合理的使用值。

表8-10为岩石坚固性系数与巷道断面决定的每米巷道炸药消耗量经验值；表8-11为原煤炭工业部制定的平巷与平硐掘进炸药消耗量定额值。

表8-10 巷道掘进：每米巷道炸药消耗量经验值

巷道掘进断面积/m^2	岩石坚固性系数 f			
	2~4	5~7	8~10	11~14
	巷道炸药消耗量/$kg \cdot m^{-1}$			
4	7.28	9.26	12.80	15.72
6	9.30	12.24	16.62	20.58
8	11.04	14.80	19.92	24.88
10	12.06	17.20	23.00	28.80
12	14.04	19.32	25.80	32.40
14	15.40	21.42	28.70	36.12
16	16.64	23.36	31.04	39.36
18	17.82	24.38	33.66	42.30

表8-11 平巷与平硐掘进：单位炸药消耗量定额值

岩石坚固性系数 f	巷道断面积/m^2									
	<4	<6	<8	<10	<12	<15	<20	<25	<30	>30
	平巷与平硐炸药消耗量/$kg \cdot m^{-1}$									
煤	1.2	1.01	0.89	0.83	0.76	0.69	0.65	0.63	0.60	0.56
<3	1.91	1.57	1.39	1.32	1.21	1.08	1.05	1.02	0.97	0.91
<6	2.85	2.34	2.08	1.93	1.79	1.61	1.54	1.47	1.42	1.39
<10	3.38	2.79	2.42	2.24	2.09	1.92	1.86	1.73	1.59	1.46

8.5.3.2 爆破循环总药量

巷道爆破一个循环的总装药量 Q 为掏槽孔装药量 Q_1、崩落孔装药量 Q_2 和周边孔装药量 Q_3 之和，即：

$$Q = Q_1 + Q_2 + Q_3 \tag{8-11}$$

掏槽孔和崩落孔的单孔药量通过装药系数调整，计算公式为：

$$Q_i = q_1 L \psi \tag{8-12}$$

式中 Q_i——单孔药量，kg；

q_1——每米炮孔的线装药密度，kg/m，且 $q_1 = \frac{1}{4}\pi d_e^2 \rho_e$；

L——炮孔深度，m；

ψ——装药系数见表8-12及表8-13；

其他符号意义同前。

表8-12 装药系数 ψ 值

装药直径/mm	装药系数 ψ 值	
	$f=4\sim8$	$f=9\sim20$
25，27	0.35~0.70	0.65~0.80
32，35	0.40~0.75	0.70~0.80
40	0.40~0.60	0.60~0.70

表 8-13 不同强度岩石的装药系数 ψ

炮孔	岩石单轴抗压强度/MPa					
	10~20	30~40	50~60	80	100	150~200
	ψ					
掏槽孔	0.50	0.55	0.60	0.65	0.70	0.80
崩落孔	0.40	0.45	0.50	0.55	0.60	0.70

周边孔采用光面爆破时，单孔药量 Q_{zh} 为：

$$Q_{zh} = q_{1光}L \tag{8-13}$$

式中 $q_{1光}$——光面爆破孔线装药密度，kg/m。

8.5.3.3 炮孔的药量分配

目前大多采用的方法是，先用装药量体积公式计算出一个循环的总装药量，然后再按炮孔布置和不同类型的炮孔进行分配，经爆破实践检验和修正，直到取得良好的爆破效果为止，即：

$$Q = qV \tag{8-14}$$

式中 Q——掘进每循环所需总炸药量，kg；

q——每米巷道炸药消耗量，kg/m，见表 8-10；

V——1 个循环进尺所爆落的岩石总体积，$V = SL\eta$，m^3；

S——巷道掘进断面积，m^2；

L——炮孔平均深度，m；

η——炮孔利用率，一般 $\eta = 0.8 \sim 0.95$。

如前所述，巷道掘进爆破炮孔分三类，不同炮孔的装药量是不一样的。

（1）掏槽孔的装药量 Q_t 为：

$$Q_t = 1.25 \times \frac{Q}{N_1} \tag{8-15}$$

式中 N_1——掏槽孔个数。

（2）顶孔和帮孔的平均装药量与式（8-13）中的 Q_{zh} 相同。

（3）底孔的装药量 Q_d 为：

$$Q_d = (1.1 \sim 1.2)\frac{Q}{N} \tag{8-16}$$

式中 N——巷道全断面炮孔总数。

（4）崩落孔装药量 Q_b 为：

$$Q_b = \frac{Q - Q_1 - Q_2}{N_2} \tag{8-17}$$

式中 N_2——崩落孔个数；

Q_1——掏槽孔装药量；

Q_2——周边孔装药量。

8.5.4 起爆方式

掏槽孔的首段应采用正向装药起爆，其他孔采用反向装药起爆。

8.5.5 炮孔起爆顺序与延期时间

为保证爆破过程中各个炮孔都能获得较好的瞬时自由面条件，同时尽可能充分地利用工作面这个初始自由面，隧道掘进工作面炮孔的起爆顺序是：

（1）使用低段别雷管（如瞬发雷管）最先起爆掏槽孔。掏槽孔起爆后形成且短时间存在的新表面即可作为后继起爆的扩槽孔或崩落孔的新自由面，起到改善这些炮孔爆破效果的作用。

（2）崩落孔（包括扩槽孔）一般采用由内向外的排间顺序起爆。最先起爆者一般采用1段或2段毫秒延时雷管；外侧相邻排扩槽孔使用雷管的段别顺序增加1或2段，其他排扩槽孔使用雷管的段别依此类推。

（3）最后起爆周边孔。按周边孔所处位置的不同，采用毫秒延时起爆：巷道侧墙周边孔（帮孔）先同时起爆，然后再同时起爆顶板周边孔（顶孔），最后同时起爆底板周边孔（底孔）。帮孔使用雷管的段别低于最晚起爆的崩落眼1~2段；依此类推，直至底板周边孔起爆。底孔最后起爆，可以使爆堆矿岩更为松散，使后续的矿岩铲装作业更为容易，提高铲装生产效率。

确定掘进爆破炮孔的起爆时差，其原则是保证爆破过程中各个炮孔都能获得较好的瞬时自由面条件。从降低爆破震动的角度考虑，每段起爆时差不应小于50ms，但每段起爆间隔时间又不宜过长，间隔时间过长，先爆炮孔不能为后爆炮孔提供可以利用的瞬时自由面。经验表明，掏槽爆破段间时差为50~75ms，后续起爆炮孔段间时差一般可取为100ms，最大可达200~300ms。

在光面爆破中，周边孔的起爆时差对光爆效果的影响很大。实际应用时，应尽可能地选用同厂、同段、同批次的雷管，以减小周边孔的起爆时差。

8.6 井巷掘进光面爆破

采用钻孔爆破的方法掘进巷道，实践中对爆破的效果都有一定的要求。这些要求主要包括以下几个方面：

（1）岩壁平整，凹凸小、少，岩壁轮廓的形状与尺寸符合设计要求，误差（超挖、欠挖）控制在允许范围之内。

（2）爆破对井巷围岩的破坏小，且这种破坏的范围小，以减少围岩支护和维护的工程量，降低维护管理成本，保证井巷在使用期内的稳固性和安全性，使井巷的使用寿命满足工程设计要求。

但是，如第6.2节所述，采用普通的爆破技术，将会在炮孔周围依次形成压碎区和弹性破坏区。因此，在井巷掘进爆破中使用普通的爆破技术，将会导致井巷岩壁凹凸严重，容易造成超挖和欠挖，而且会使围岩破碎和松动，即使用普通的爆破技术，一般都很难满足上述对井巷掘进爆破的要求。将光面爆破技术应用于井巷掘进工程中，一般都能很好地达到设计预期的工程效果。换言之，在巷道掘进爆破中，周边孔的爆破效果决定了最终形成巷道的断面尺寸与形状及爆破对围岩稳固性的影响，因而周边孔爆破效果的好坏具有特别重要的意义。

井巷掘进光面爆破在技术上与露天环境中应用的光面爆破相类似，主要的不同是：露天光面爆破钻爆施工往往是在主爆区的爆堆岩石挖运完毕之后进行，而井巷掘进过程中的光面爆破炮孔与其他炮孔一次性起爆，只是利用起爆雷管的毫秒级起爆时差使光面爆破炮孔的起爆稍晚于其他炮孔。换言之，井巷掘进光面爆破是沿井巷的设计轮廓面布置较为密集的炮孔，炮孔装填低威力炸药或在使用普通炸药时采用不耦合装药结构，在辅助孔（崩落炮孔）起爆后以毫秒级时差起爆巷道的周边光爆炮孔。当井巷断面较小，光面孔较少时，光面孔同时起爆，而在井巷断面较大，光面孔较多时，也可以在帮孔、顶孔、底孔之间采用毫秒延时顺序起爆。

关于井巷掘进光面爆破的作用机理，因其与露天台阶炮孔爆破的预裂爆破和光面爆破都类似，为避免重复，请参阅第 7.6.2.2 节。

8.6.1 技术参数

光面爆破的主要参数有炮孔直径、炮孔间距与排距、炮孔装药量、炮孔起爆顺序与微差起爆时间等。光面爆破炮孔宜采用低猛度、低爆速、低密度、爆轰稳定性好的光爆专用炸药，采用不耦合装药。一般情况下，炮孔直径和间距应尽量减小。当采用空气间隔装药结构来实现光面爆破时，炮孔内应使用导爆索传爆。

8.6.1.1 炮孔直径

在炮孔装药种类与装药结构等其他条件不变时，炮孔的线装药密度一般会随炮孔直径的增大而增大；线装药密度大，则炮孔周围岩石的破坏程度与范围也会相应增大，不利于保护巷道围岩的稳固性。因此，在现场条件允许时，应尽量选择使用小直径炮孔，以求精确控制井巷周边孔的爆破效果，减小爆破可能对围岩产生的冲击破坏，提高井巷围岩的稳固性。大多数情况下，井巷掘进光面爆破炮孔的直径在 40mm 左右。

8.6.1.2 周边孔间距

为了避免在炮孔最小抵抗线方向上形成爆破漏斗，确保周边孔炸药能量消耗于周边孔之间贯通裂隙的形成，保证光面爆破的效果，周边孔间距不宜大于光爆层厚度。根据经验，一般取周边孔的邻近系数为 $m=0.6\sim0.8$。因此，周边孔的间距 a 可取为

$$a=(0.6\sim0.8)W \tag{8-18}$$

式中 W——周边孔的最小抵抗线，m。

据经验，周边孔的间距 a 也可按炮孔直径估算：

$$a=(10\sim15)\phi \tag{8-19}$$

式中 ϕ——炮孔直径。

在节理裂隙比较发育的岩体中应取小值，而对较为完整坚固的岩体应取大值。

8.6.1.3 抵抗线 W

光面爆破炮孔的最小抵抗线是指炮孔至最近一排主爆区炮孔的距离。采用光面爆破时，既要使岩石能沿光面炮孔连线裂开，又要使抵抗线范围内的岩石破碎。一般应使孔距 a 不大于抵抗线 W，通常取两者的比值 a/W 小于或等于 0.8。

8.6.1.4 炮孔装药不耦合系数 η

不耦合系数与预裂爆破的相同或略为小些，一般取 $\eta=2\sim5$。

8.6.1.5 线装药密度 q_1

光面爆破炮孔的线装药密度与预裂爆破的相同或略大些，在孔径为100~170mm时，一般取 $q_1=0.9\sim6$kg/m。

采用合适的线装药密度来控制对孔壁岩石的破坏。应针对具体岩石条件和工程要求通过实地试验确定线装药密度的合理数值。线装药密度 q_1 一般在0.6~3.5kg/m之间，具体数值取决于炮孔直径。在松散岩体中，炮孔上部的线装药密度需要减少50%或更多，以便最大程度地减小孔口附近产生过大的后冲。

8.6.1.6 炮孔装药量与装药结构

周边孔的装药量一般用线装药密度来计算，而线装药密度又与周边孔间距和最小抵抗线及炸药单耗有关：

$$Q_{线}=qaW \tag{8-20}$$

式中 $Q_{线}$——光面爆破炮孔的线装药密度，kg/m；

q——炸药单耗，约为0.15~0.25kg/m³，软岩取小值，硬岩取大值；

a——周边孔间距，m；

W——周边孔的最小抵抗线，m。

周边孔常用的装药结构见图8-17。

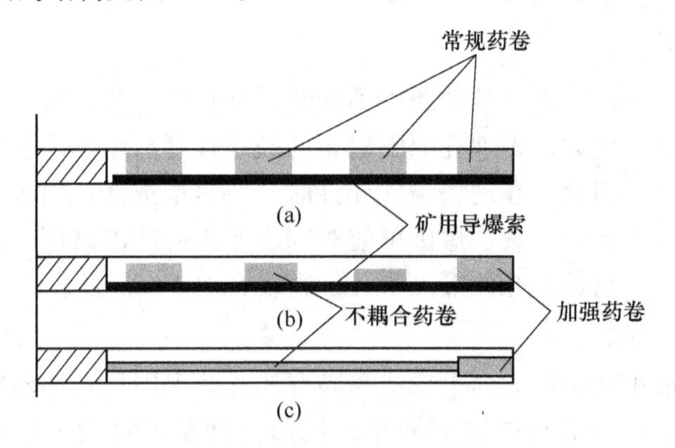

图8-17 光面爆破周边孔装药结构示意图

(a) 空气间隔装药；(b) 空气间隔不耦合装药；(c) 不耦合装药

在采用图8-17b所示的空气间隔不耦合（轴向连续径向不耦合）装药结构时，不耦合系数一般为2.0~5.0。

工程中常用线装药密度作为光爆设计参数，炮孔的装药量则为线装药密度乘以装药长度，炮孔底部通常有加强药包。常用的光面爆破参数见表8-14。

表8-14 马鞍山矿山研究院提供的光爆参数

岩体情况	开挖部位及跨度/m		光爆参数				
			炮孔直径/mm	炮孔间距/mm	最小抵抗线/mm	炮孔密集系数	线装药密度/kg·m⁻¹
整体稳定性好	顶拱	<5	35~45	600~700	500~700	1.0~1.1	0.20~0.30
		>5	35~45	700~800	700~900	0.9~1.0	0.20~0.25
	边墙		35~45	600~700	600~700	0.9~1.0	0.20~0.25

续表 8-14

岩体情况	开挖部位及跨度/m		光爆参数				
			炮孔直径/mm	炮孔间距/mm	最小抵抗线/mm	炮孔密集系数	线装药密度/kg·m^{-1}
整体稳定性一般或欠佳，中硬到坚硬岩石	顶拱	<5	35~45	600~700	600~800	0.9~1.0	0.20~0.25
		>5	35~45	700~800	800~1000	0.8~0.9	0.15~0.20
	边墙		35~45	600~700	700~800	0.8~0.9	0.20~0.25
节理裂隙很发育破碎、岩石松散	拱顶	<5	35~45	400~600	700~900	0.6~0.8	0.12~0.18
		>5	35~45	500~700	800~1000	0.5~0.7	0.12~0.18
	边墙		35~45	500~700	700~900	0.7~0.8	0.15~0.20

8.6.1.7 周边孔的起爆

在光面爆破中，周边孔的起爆时差对光爆效果的影响很大，实际操作时应尽可能地选用同厂、同段、同批次的雷管，减小周边孔的起爆时差。

为了减小对围岩不必要的破坏，同一段别雷管起爆的总药量要小于计算的最大单段允许用药量；此外，周边孔爆破和底板炮孔爆破引起的质点振动速度最大，多数情况下有必要将周边孔和底板孔分为几个段位来爆破。正确的起爆顺序应是：先掏槽孔，而后扩槽孔、崩落（掘进）孔、二台孔、内圈孔、底板孔，最后周边孔光面爆破。

全断面一次光面爆破时光面爆破孔和开挖主爆孔用延时雷管一次分段顺序起爆，光面爆破炮孔一般需滞后主爆孔 150~200ms，而预留光爆层爆破主要是应用于巷道断面较大且岩体稳固或较稳固的巷道。

在计算选取光面爆破的技术参数时，也应注意以下事项：

（1）炸药性能。不同品种的炸药，其爆破效果不一样，应根据工地实际使用的炸药品种进行必要的换算。

（2）线装药密度。指炮孔每延长米平均装药量，在实际装药过程中，应根据不同装药结构进行处理。采用分段装药时，即底部为加强装药段、中部为正常装药段、顶部为减弱装药和填塞段，在保证填塞长度条件下，一般取底部加强装药段长度为 0.2 倍的孔长，取中部正常装药段长度为 0.5 倍的孔长，其余为顶部减弱装药和填塞段。

（3）炮孔直径与孔深关系。一般条件下，炮孔深度浅，孔径小；炮孔深度大，孔径大。浅孔爆破取孔径 $\phi=45\sim50$mm，深孔爆破取 $\phi=80\sim100$mm 或更大。

（4）孔径和孔距的关系。采用不耦合装药，不耦合系数不宜小于 2。

国内部分矿山巷道光面爆破参数如表 8-15 所示。

表 8-15 国内部分矿山巷道周边孔光面爆破参数

工程名称	岩石分类	孔间距 a/cm	最小抵抗线 W/cm	邻近系数 m	线装药密度 q/kg·m^{-1}	坑道断面/m
琅琊山铜矿	硬岩	40~50	50~60	0.8~0.83	0.15~0.20	
梅山铁矿	中硬	50~70	70~90	0.7~0.9	0.20~0.25	10.3×13.29
攀枝花 520 工程	中硬	80~100	60~100	0.8~1.0	0.30	31

续表 8-15

工程名称	岩石分类	孔间距 a/cm	最小抵抗线 W/cm	邻近系数 m	线装药密度 q/kg·m^{-1}	坑道断面/m
镜铁山铁矿	硬岩	60~70	70~80	0.8~0.9	0.20~0.30	13.4×8
金山店铁矿	硬岩	50~60	60~70	0.8~1.0	0.20~0.25	11.8×4.5
牟定铜矿	硬岩	50~60	70	0.7~0.8	0.12~0.14	21
张家洼铁矿	中硬	50~60	70~90	0.6~0.7	0.15~0.20	35

部分光面爆破参数及效果见表 8-16。

表 8-16　光面爆破参数及效果

岩石种类	岩石普氏系数	波阻抗 /kg·m^{-2}·s^{-1}	孔径 /mm	药包直径 /mm	不耦合系数	线装药密度 /kg·m^{-1}	孔距 /mm	抵抗线 /mm	效果
粗粒花岗岩	12~14	13.1×10^6	40 150	梯恩梯/20 梯恩梯/70	2 2.14	0.35 5.5	450 2500	500~600 2500	形成光面与孔内缓冲爆破并用，半壁孔出现率超过80%
闪长岩	8~10	10.4×10^6	170	2 号岩石与铵油混合及水胶/80	2~2.13	5.5~9.3	2200~2500	3000~3500	坡面较平整
大理岩	6~8	12.7×10^6	170	水胶/80	2.13	6~8.25	2200~2400	2800~3000	坡面平整

8.6.2　光面爆破施工技术设计

8.6.2.1　技术设计内容

光面（预裂）爆破工艺整体设计审批后，每次爆破均应做爆破施工技术设计，施工技术设计应包括以下内容：

（1）炮孔位置、编号、钻孔方向及倾斜角度与深度。

（2）炮孔的爆破技术参数。

（3）炮孔装药结构及填塞方法。

（4）起爆方法、起爆网络图。

（5）爆破器材用量。

（6）安全技术措施及所需防护材料用量。

（7）施工质量要求和注意事项。

8.6.2.2　光面（预裂）爆破炮孔装药设计

光面（预裂）爆破炮孔装药结构设计包括以下内容：

（1）光面（预裂）爆破的炮孔均应采用不耦合装药，不耦合系数宜为 2~5。

（2）装药结构。光面（预裂）爆破宜采用普通炸药卷和导爆索制成药串进行间隔装药，也可用光面（预裂）爆破专用炸药卷进行连续装药。

（3）光面（预裂）爆破炮孔的整体装药结构宜分为底部加强装药段、正常装药段和上部减弱装药段，可将减弱装药段减少的药量和孔口填塞段应计药量移至加强装药段。减弱装药段长度宜为加强装药段长度的1～4倍。

（4）当采用周边预裂爆破时，周边孔应该采用即发雷管正向起爆。

（5）当爆破对隧道周围设施有影响时，按受影响设施的最大允许振动速度值确定最大单段允许炸药量：

$$Q_m = R^3 \left(\frac{v_m}{K}\right)^{3/\alpha} \tag{8-21}$$

式中　Q_m——最大单段允许炸药量，kg；

v_m——受影响设施的安全允许振速，cm/s；

R——受影响设施与爆破点的距离，m；

K，α——系数。

8.6.2.3　起爆顺序与起爆网络连接

为了减小爆破震动可能对围岩造成的破坏，同一段号起爆的总药量要小于计算的最大单段允许用药量；此外，在其他因素一样时，周边孔爆破和底板孔爆破引起的质点振动速度最大，故在炮孔个数较多时，应考虑将周边孔和底板孔分为几个段别顺序起爆；正确的起爆顺序应为先掏槽孔，而后扩槽孔、掘进孔、二台孔、内圈孔、底板孔，最后周边孔分段顺序起爆。而在预裂爆破周边孔时，在掏槽孔爆破之前起爆周边孔，其他炮孔则仍按上述顺序进行。

光面（预裂）爆破起爆网络宜用导爆索连接，组成同时起爆或多组接力分段起爆网络，当环境不允许设孔外导爆索网络时，可用相应设计段别的电雷管或非电导爆管雷管直接绑于孔内药串上起爆。

8.6.2.4　光面（预裂）爆破施工流程

光面、预裂爆破施工流程如图8-18所示。

8.6.3　光面爆破效果的影响因素

影响光面爆破效果的因素主要包括以下几方面：

（1）岩体质量影响。岩体质量是影响光面、预裂爆破效果的首要因素。岩石的力学特性、岩体的地质结构、岩石的风化程度，都将直接影响光面爆破的工程效果。一般情况下，硬岩、中硬岩、岩石完整性较好的岩体，有利于形成光面，可考虑增大光面炮孔的直径和间距。而在地质条件复杂、岩体节理裂隙发育和风化程度较严重的部位，应适当缩小孔距，减小线装药密度，这样有利于光面形成，即使没有留下半壁孔，但对围岩扰动也较小。

（2）钻孔精度的影响。钻孔精度的影响主要体现在以下两方面：

1）钻孔误差的大小直接决定了光面爆破形成巷道壁面的几

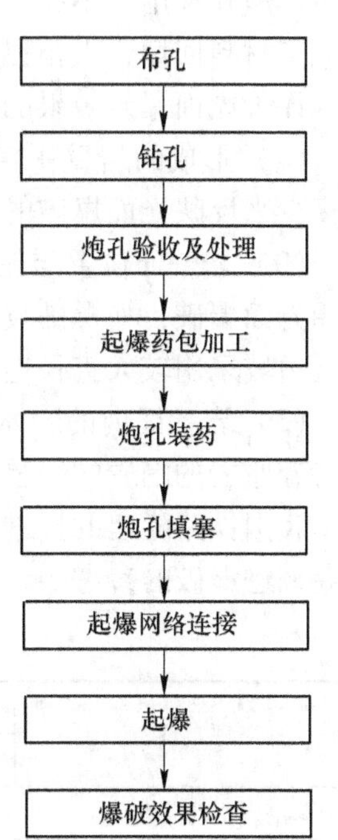

图8-18　光面（预裂）爆破施工主要工艺流程

何特征。换言之，如果钻孔误差大，尽管炮孔的装药与起爆两方面都尽善尽美，也不能期望获得良好的光面爆破效果。因此，尽量减小布孔时的测量放线误差、开孔作业时的孔位偏差、钻孔角度误差，精确控制钻孔外插角度和外插量，是保证光面爆破轮廓面平整、减少超欠挖、保护围岩原有稳固性的首要前提。

2）合理确定光面炮孔间距和光爆层厚度，一般取炮孔间距为光爆层厚度的 0.8 倍。如前所述，如果光爆层厚度偏小，比如小于炮孔间距，则光面炮孔爆破时容易沿其最小抵抗线方向（即光爆层厚度方向）形成爆破漏斗，不利于炸药的爆炸能量用于光面孔之间贯通裂隙的形成，从而不能获得光面爆破的预期效果。

（3）爆破技术和施工工艺。从改善光面爆破效果的角度着想，在爆破技术和施工工艺方面应尽量考虑采取以下措施：

1）选择低密度、低爆速的炸药。

2）采用不耦合装药，不耦合系数在 2.0 ~ 5.0 范围内。

3）线装药密度合理，防止过大或过小。

4）不耦合间隔装药采用导爆索连接，防止装药太集中，确保填塞质量。

5）光面、预裂爆破最好采用齐发爆破，需要控制爆破震动效应时，齐发炮孔的数量不应小于 5 个，段间的雷管起爆延期时间以小于 25ms 为宜。

8.6.4　光面爆破效果的评价

井巷掘进爆破的质量直接影响整个工程的施工安全、推进速度及经济效益指标。爆破时，围岩的破坏范围过大，将威胁到施工安全；石碴块度过大，将会影响装运速度；孔底不平，炮孔利用率不高，会影响掘进速度；光爆效果不好，超挖过大，则需要使用混凝土等人工材料回填，大幅提高工程成本。

评价光面爆破效果的一般标准是：

（1）形成的岩壁平滑规整。一般情况下，可以用岩壁上留下半壁孔（炮孔壁之半）的多少来反映光面爆破的效果好坏。半壁孔率越高，说明光面爆破的效果越好。

（2）岩壁面位置与轮廓符合设计要求；壁面平整，凹凸度小，超欠爆（挖）量小。采用光面爆破，如爆破技术参数选取合理，隧道掘进超欠挖量一般不大于 5cm，露天矿山邻近边坡采用较大直径炮孔时的超欠挖量不大于 20cm，半壁孔率可达到 50% 以上。

（3）岩壁面内的岩体（围岩）中不产生或者只产生很少的爆生裂隙，在很大程度上保持着原岩的围岩的完整性和承载能力，利于减少巷道的支护与维修费用。

我国铁路隧道的掘进爆破一般采用表 8-17 所示的质量标准。这种标准可以作为矿山井巷掘进爆破的参考。

表 8-17　隧道爆破质量标准

项　目	岩　性		
	软弱	中硬	硬
围岩扰动深度/m	1	0.8	0.5
平均线性超挖/cm	15	15	10
最大线性超挖/cm	25	25	20

续表 8-17

项　目	岩　性		
	软弱	中硬	硬
两炮孔衔接台阶最大尺寸/cm	15	15	15
局部欠挖/cm	5	5	5
炮孔残痕率/%	≥50	≥70	≥80
炮孔利用率/%	100	95	90
岩壁	爆后围岩稳定，无剥落现象		
石碴块度	大块一般不宜超过 30cm，大型装碴机允许 50 ~ 60cm，最大块小于 100cm，碴堆集中，最大抛距 20m，双线隧道深眼爆破时为 30m		

8.7 井巷掘进钻爆施工

巷道掘进爆破一般采用小孔径的钻孔爆破，其钻孔、装药、堵塞、爆破等施工操作具有以下特点：

（1）由于滴水、潮湿空气、照明、通风和硐内气温、噪声、粉尘等的影响，钻孔爆破作业条件差；加之它与支护、出碴运输等工作交替进行，致使爆破工作面受到限制，增加了爆破的施工难度，必须合理设计爆破施工，保证爆破循环的正常进行。

（2）爆破的临空面少，岩石的夹制作用大，耗药量大，不能充分发挥爆破效果。

（3）对钻孔爆破质量要求较高。既要使巷道（隧道）方向正确，满足精度要求，又要使爆破后断面形状与尺寸达到设计标准，超挖和欠挖都不能过大。超欠挖部分的处理费力、耗时、成本高，对工程的工期和成本指标都有显著的不利影响。

（4）爆破时要预防飞石崩坏支架、风管、水管、电线等，爆落岩石块度要均匀，便于装碴运输。

（5）巷道（隧道）维修和养护时常需中断，影响其使用，因此在施工中必须确保良好的工程质量，以求最大限度地减少维修工程量。

（6）为充分利用围岩自身的承载能力，要求施工中尽量减少爆破对围岩的扰动，确保围岩完整。

竖井掘进爆破一般是自下而上进行的上向独头掘进，此种条件下的掘进爆破施工普遍存在以下问题：

（1）工人要在爆破工作面底下临时搭设的工作台上进行凿岩和装药。如果爆破后发现有浮石，必须进行处理，以防浮石坠落，导致人身安全事故的发生。

（2）工人处在工作面下作业（凿岩、装药和架设临时支架及工作台等），不仅安全性差，而且湿式凿岩时的岩浆下喷或地下水喷淋，工作环境差；设备搬运和风、水管拆卸及支架架设的劳动强度大。

（3）上向独头掘进工作面自然通风的能力极差，即爆破产生的炮烟不能自行排出，所以必须用风机或压气机来清除炮烟。

随着竖井钻机技术的发展，近年来垂直竖井的掘进可用钻机以机械方式完成，即在竖井的顶部向下钻一个导向孔，并且将一个扩孔钻头向上牵引，在牵引的同时扩孔钻头不断地旋转，把岩石压切破碎，使竖井扩大到最终直径。采用这种方式实现竖井掘进，就可以基本避免以上所述的三方面问题。

巷道掘进爆破设计施工的主要步骤如下所述。

8.7.1　工作面（掌子面）测量

对工作面的三维形状与尺寸进行全面准确的测量，目的是为爆破设计特别是炮孔布置设计提供必要的依据，因此也是巷道掘进爆破施工的第一个步骤。

8.7.2　岩体分级

在巷道掘进爆破过程中，首先需要对巷道的工程地质条件和水文地质条件进行评价。爆破工程地质勘察人员，必须懂得和掌握爆破岩体工程地质力学原理，切实完成爆破工程地质勘察所赋予的各项任务和要求，提出有针对性的可靠的爆破工程地质勘察报告，以作为爆破设计和施工的科学依据。爆破设计和施工人员必须懂得和掌握爆破岩体工程地质力学原理，深刻理解和认真贯彻爆破工程地质勘察报告中对爆破设计与施工所提出的各项技术建议和要求，以使爆破设计和施工更具有针对性，从而有效地控制炸药能量与岩体介质的相互作用，减轻和避免爆破工程地质问题，切实做到确保爆破效果、爆破工程量、爆破环境安全等方面的要求。

8.7.2.1　岩体工程地质评价

爆破岩体工程地质评价是对岩体进行分级的主要标准，从而为爆破技术参数的选取提供参考依据。首先要对爆破工程区域的岩体结构类型进行划分和评价，具体是根据爆破工程地质勘察获得的现场岩体地层岩性、地质结构，特别是结构面的发育程度、规模、产状、岩体破碎或完整程度等资料，对照爆破岩体分类表对岩体进行综合分析和类别划分，然后给出不同类型岩体的炸药单耗量 q 值；预测可能产生的爆破效果、爆破块度、爆破裂隙发育状况、爆破岩体的稳定性等。在此基础上，结合爆破工程的技术要求，进一步对爆破设计提出相应的技术要求和建议。

若岩体中不存在控制性结构面时，则该岩体在岩性和结构上是完整的独立体，其爆破作用可近似为连续介质，因而可按一般的爆破理论和方法进行设计与施工。当岩体中存在控制性结构面时，应进行以下两方面的分析、评价：

（1）要对控制性结构面及其组合分别进行爆破工程地质分析和评价。首先，要对各控制性结构面进行岩体稳定性分析，得出每条控制性结构面及其组合对岩体稳定性的影响程度，从而指出哪些结构面对岩体稳定有利、如何合理利用；哪些结构面对岩体稳定不利，应采取什么措施以减小或避免其不利影响。同时，要对各控制性结构面与药包位置关系进行分析，论证其是否可能产生爆破事故，并建议相应的防护措施。

（2）按岩体结构面控制理论和方法，针对控制性结构面对岩体切割形成的岩块形状、大小和分布组合等特点，进行爆破工程地质评价。对控制性结构面与爆破裂隙的形成机制及其发育规律的关系进行评价，特别要指出哪些结构面有可能进一步形成规模较大的爆破裂隙，并根据其位置、产状和规模等预测爆破后是否导致岩体失稳、崩塌、滑坡等地质灾害，并据此对爆破设计和施工提出相应的技术要求和建议。

另外需要指出的是，在岩溶发育地区对岩溶的爆破工程地质勘察与评价具有特别重要的意义。其中最关键的有三点：一是药包至溶洞之间是否存在破裂通道；二是药包至岩溶壁的最小距离与药包最小抵抗线 W 长度相比的大小关系；三是岩溶体的稳定性。第一、第二点主要表现为在爆破工程范围内岩溶与爆破药包能量作用之间的关系，可通过物探及药室和导硐挖掘来探明；第三点主要表现为爆破振动作用可能对溶洞产生坍塌破坏现象，这可通过对现场踏勘、调查及物探等查明。在对岩溶的地质地貌条件及其与药包关系已明确的基础上，再对其与爆破作用的关系和可能产生的后果做出明确的爆破工程地质评价。

8.7.2.2 水文地质条件评价

在岩体爆破工程中，还应注重水文地质对爆破工程的影响，为爆破施工前的准备工作提供工程依据，也为预估和分析爆破过程中可能出现的问题确定爆破设计原则提供依据。

在进行爆破区域水文地质勘察和资料收集整理的基础上，结合该地区地下水类型、含水层厚度、工程所在区域含水层结构、地下水位或承压水位、药包中心至含水层顶板的最小距离、含水层的渗透性和涌水量、水质等内容，评价地下水对爆破工程的具体影响，包括对地下水对炸药性能的影响、药室和巷道的渗透稳定性、爆破破坏含水层而产生涌水及含水层疏干事故等方面的评价，以及爆后岩体稳定性和渗漏问题的评价与预测等。

8.7.3 爆破设计

井巷掘进爆破设计是具体实施巷道掘进爆破工程和事后检查工程质量的依据，同时也是对相关工程技术信息数据全面记录并对整个工程进行分析总结的技术文件。

井巷掘进爆破设计的内容主要包括：

（1）原始资料。包括掘进巷道的名称、用途、位置、断面形状与尺寸、地质条件（含水文地质等）及周围环境。

（2）选用的爆破器材与凿岩机具。包括炸药与雷管的类别及品种，凿岩机具的型号、性能、起爆电源等。

（3）爆破参数的计算选取。包括掏槽方式、炮孔布置（掏槽孔、辅助孔和周边孔的直径、数目，各炮孔的起爆顺序和炮孔布置图）、炮孔装药设计（各炮孔药量与填塞长度、装药结构和起爆药包位置及其草图）、起爆网络设计。

（4）预期爆破效果。炮孔利用率、每循环进尺、每循环炸药消耗量、每循环爆破实体岩石量、单位炸药消耗量、单位雷管消耗量、单位炮孔消耗量等。

（5）爆破采取的安全技术措施。

（6）爆破作业循环图表。为具体准确地指导钻爆施工，爆破设计说明书中需包含爆破作业循环图表，包括炮孔布置图、装药结构、炮孔布置参数、装药参数表格、预期的爆破效果和经济指标等。表 8-18 为掘进一断面为 2.5m×2m 的平巷作业循环图表，共布置 20 个炮孔，炮孔深 2.2m，炮孔利用率为 90%，岩石碎胀系数为 1.25。

表 8-18 井巷掘进的作业循环图表示例

工程名称	工作量	效率	所需时间/h	进度/h														
				0.5	1.0	1.5	2.0	2.5	3.0	3.5	4.0	4.5	5.0	5.5	6.0	6.5	7.0	7.5
准备工作			0.5															
凿岩	44m	22m/h	2															
装药爆破			0.5															
通风			0.5															
出渣	12.5m^3	5m^3/h	2.5															
铺轨接线	2m		1.5															

8.7.4 炮孔布置

炮孔布置是指为保证达到良好的爆破效果，施钻前，应由专门人员根据爆破设计布孔图在巷道工作面具体布置和标记炮孔的位置，必须标出掏槽孔和周边孔的位置，方可进行钻孔施工。炮孔布置工作的基本原则如下：

（1）先布置掏槽孔，其次是周边孔，最后布置辅助孔。掏槽孔一般应布置在开挖面中央偏下部位，其深度应比其他孔深 15cm～20cm。为爆出平整的开挖面，除掏槽孔和底孔外，其他炮孔的孔底应落在同一平面上。底部炮孔深度一般与掏槽孔相同。

（2）周边孔应严格按照设计位置布置。断面拐角处应布置炮孔。为满足机械钻孔需要和减少超欠挖，周边孔设计位置应根据设计进尺考虑适当的外插斜率，并应使前后两排炮孔的衔接台阶高度（即锯齿形的齿高）最小为佳。此高度一般要求为 10cm 左右，最大也不应大于 15cm。

（3）辅助孔的布置主要是解决炮孔间距和最小抵抗线的问题，这可以由施工经验决定，一般抵抗线 W 约为炮孔间距的 60%～80%，并在整个断面上均匀排列。当采用 2 号岩石铵梯炸药、孔径为 40mm 左右时，W 值一般取 0.6～0.8m。

（4）当炮孔的深度超过 2.5m 时，靠近周边孔的内圈辅助孔应与周边孔有相同的倾角。

（5）当岩层层理明显时，炮孔方向应尽量垂直于层理面，如节理发育，炮孔应尽量避开节理，以防卡钻和影响爆破效果。

隧道开挖面的炮孔，在遵守上述原则的基础上，可以有以下几种布置方式：

（1）直线形布孔：将炮孔按垂直方向或水平方向，围绕掏槽开口呈直线形逐层排列，如图 8-8a 所示。这种布孔方式，形式简单且易掌握，同排炮孔的最小抵抗线一致，间距一致，前排孔为后排孔创造临空面，爆破效果较好。

（2）多边形布孔：这种布孔是围绕着掏槽部位，由里向外，将炮孔逐层布置成正方形、长方形、多边形等。

（3）弧形布孔：顺着拱部轮廓线，逐圈布置炮孔。此外，还可将开挖面上部布置成弧形，下部布置成直线形，以构成混合型布置。

（4）圆形布孔：当开挖面为圆形时，炮孔围绕断面中心逐层布置成圆形。这种布孔方式，多用在圆形隧道、泄水峒以及圆形竖井的开挖中。

8.7.5 钻孔

在布置好炮孔位置之后，即可进行实际的钻孔作业。为保证达到良好的爆破效果，施钻前，应由专门人员根据设计给出各个炮孔的设计深度、角度，然后即可严格按照炮孔的设计位置、深度、角度和孔径进行钻孔。如钻孔出现偏差，须由现场施工技术人员确定其取舍，必要时应废弃重钻。

8.7.6 炮孔验收

炮孔验收是指在炮孔装药前检验其实际尺寸与爆破设计要求相符的程度。炮孔验收的主要内容包括：

（1）孔位。对于直径为 40～80mm 的炮孔，孔位误差一般不应大于 5cm。当炮孔间距明显小于设计值时，应适当减小炮孔装药量；孔间距离过大，则应考虑补钻炮孔。在补钻过程中，须保证不破坏附近的其他炮孔。

（2）孔深。测量并记录各炮孔的深度。孔深过小，应补钻以使孔深达到设计要求；孔深过大，则需用炮泥回填。

（3）炮孔涌水情况。如发现炮孔内有水，须准确测量并记录，为确定其装药种类提供依据。

8.7.7 装药

在炸药装入炮孔前，应将炮孔内的残碴、积水排除干净，并仔细检查炮孔的位置、深度、角度是否满足设计要求，装药时应严格按照设计的炸药量进行装填。爆破中常采用的装药结构有连续装药、间隔装药及不耦合装药等。连续装药结构按照雷管所在位置不同又可分为正向起爆、反向起爆和双向起爆三种起爆形式。

实践表明，反向起爆有利于克服岩石的夹制作用，能提高炮孔利用率，减小岩石破碎块度，爆破效果较正向起爆为好。但反向起爆较早装入起爆药卷，可能会影响后续装药质量，且在有水情况下，起爆药卷可能会因受潮而引起拒爆。反向起爆时还容易发生损伤起爆引线的现象；机械化装药时，易产生静电而可能引起早爆。

周边孔的装药结构一般宜选用小直径连续装药或间隔装药结构。当岩石很软时，可用导爆索作为周边孔的装药；孔深小于 2m 时，可采用空气柱间隔装药结构。

8.7.8 炮孔堵塞

每个炮孔装药完毕时，即应进行孔口堵塞。炮孔堵塞使用的材料一般为砂子和黏土的混合物，其比例大致为砂子 50%～40%，黏土 50%～60%。炮孔的堵塞长度为：

（1）当炮孔直径为 25mm 或 50mm 时，堵塞长度分别不小于 18cm 和 45cm。

（2）堵塞长度通常不能小于最小抵抗线。

（3）一般采用分层捣实法实施堵塞。

8.7.9 起爆网络及其连接

起爆网络是巷道爆破效果好坏的关键之一。起爆网络必须保证每个药卷按设计的起爆顺序和起爆时间起爆。在有瓦斯与煤尘爆炸危险的场合必须采用电雷管起爆网络，而在其他情况下，一般采用非电塑料导爆管起爆网络。

8.7.10 安全警戒

安全警戒是保证爆破工程安全、防止发生人身伤亡和设备损坏的一个重要环节。巷道掘进爆破的安全警戒工作可包括以下内容：

（1）装药警戒范围。装药警戒范围由爆破技术负责人确定，装药时应在警戒区边界设置明显标志并派出岗哨。

（2）爆破警戒范围。爆破警戒范围由设计确定。在危险区边界，应设有明显标志并设岗哨。

（3）警戒信号。爆破警戒信号有以下几种：

1）爆破预警声音信号：爆区装药连线工作完毕，爆破警戒范围内开始清场工作时，即发出爆破预警信号。

2）起爆声音信号：应在确认人员、设备等全部撤离爆破警戒区，所有警戒人员到位，具备安全起爆条件时发出起爆声音信号。起爆信号发出且经指挥长确认下令后，方可起爆。

3）解除警戒信号：安全等待时间过后，检查人员进入爆破警戒范围内检查、确认爆区的安全性，之后方可发出解除警戒的声音信号。在此之前，岗哨不得撤离，不允许非检查人员进入爆破警戒范围。

需要注意的是，各类警戒信号均应使爆破警戒区域及附近人员能清楚地听到或看到。

8.7.11 起爆

在确认人员、设备等全部撤离爆破警戒范围且发出起爆信号并经爆破工程指挥长确认并允许起爆时，即可起爆。

8.7.12 爆破效果检查

在起爆后，需按爆破工程的类型和等级，等待我国爆破安全规程规定的时间，并确认爆区安全后，方可进入爆破区域对爆破效果进行检查。爆破效果检查的内容主要包括：

（1）盲炮的有无。如发现有盲炮，须仔细观察，确认盲炮的类型，为盲炮处理提供依据。

（2）爆破效果。爆破效果指爆堆形状尺寸及岩碴块度、大块产出情况、岩碴前冲距离、爆破循环进尺与围岩超欠挖情况、围岩及顶板的稳定性（其中特别是顶板是否有危石）。

8.7.13 盲炮的预防与处理

如果发现有盲炮，其处理须严格按爆破安全规程进行，确保安全。

每次爆破后都必须清查工作面的情况，检查是否有盲炮产生。若发生盲炮，应由原装药工人在当班处理；如果不可能时，装药人应将盲炮的装药情况、装药量、起爆药包位置和雷管聚能穴方向等情况详细介绍给处理人员。未处理的盲炮要设置标志。处理盲炮的方法有：

（1）如果炮孔外的电线、导火索、导爆管经检查完好，可重新起爆。

（2）可用木制或竹制工具将堵塞物慢慢掏出，另装起爆药包重新起爆。此时，绝对禁止拔出或拉导火索或雷管脚线，以及掏炸药内的雷管。

（3）如孔内系硝铵炸药，可以消除堵塞物后向炮孔内灌水，使炸药溶解；若确认孔内雷管已爆，只是炸药未爆，可用高压水冲洗。

（4）在清楚掌握炮孔方向的情况下，可以在距盲炮近旁（60～40cm）处另凿一平行炮孔装药爆破，殉爆盲炮。如果盲炮方向不明，或附近可能有其他盲炮和残药时，则禁止采用此方法。

习　题

8-1　井巷掘进爆破的炮孔可分为哪几类，各类炮孔分别起什么作用?

8-2　井巷掘进爆破时需要确定哪些参数，确定这些参数的方法主要有哪些?

8-3　反映井巷掘进爆破效果好坏的指标有哪些?

8-4　井巷掘进爆破各类炮孔应采用什么样的起爆顺序，为什么?

8-5　井巷掘进爆破的掏槽形式主要有哪些，各自的优缺点是什么?

8-6　井巷掘进爆破周边炮孔外插的作用是什么?

8-7　底孔最后起爆，其作用是什么?

8-8　掏槽孔为什么需要有超深?

8-9　井巷掘进爆破施工步骤主要有哪些?

9 地下落矿爆破

本章要点

地下落矿爆破是矿石资源开采的一种重要方式。了解地下落矿爆破的技术分类及各自的工艺特点，扎实掌握其技术参数的确定方法，对较好地从事爆破工程技术工作具有重要意义。本章要点如下：

（1）地下浅孔落矿爆破；

（2）地下深孔落矿爆破；

（3）上向扇形中深孔爆破。

所谓地下落矿爆破是指在地表以下以回采矿石为目的的爆破工程。和露天炮孔爆破相比，地下落矿爆破与井巷掘进爆破相类似，爆破作业的自由面少，自由空间小，自由面条件较差。为获得同样的爆破效果，地下落矿爆破往往需要钻凿更多的炮孔，消耗更多的炸药。

地下落矿爆破的技术特征与技术参数，均与工程现场所采用的采矿方法密切相关。按采矿过程中矿石采出后形成空区的处理方法，可将采矿方法划分为充填采矿法、空场采矿法、崩落采矿法三大类。在采用充填采矿法和空场采矿法时，多采用浅眼爆破落矿，部分采用深孔爆破方法。崩落采矿法则是一种采用成组布置的上向扇形中深孔爆破以爆落矿石的采矿方法。

地下落矿爆破与露天爆破相比，其明显的特点是工作空间比较狭小，爆破规模小，爆破频繁。地质条件对地下工程影响更大，在施工过程中，岩体的性质和构造是选择开挖方式、开挖程序、爆破方式与支护手段的基本依据。地下采矿爆破所采用的凿岩、采掘机械由于受作业空间的限制，与露天矿山相比，其生产能力小，自动化程度较低。

目前在地下矿山应用较为广泛的落矿爆破方法主要包括浅眼爆破、深孔爆破、中深孔特别是上向扇形中深孔爆破。VCR 爆破法作为一种较为特殊的爆破方法，也有采用。但是，在这些爆破方法中，上向扇形中深孔爆破在我国目前地下矿山的应用最为普遍，故本节将对此种爆破方法进行更为全面的介绍。

对地下落矿爆破的质量一般要求是：爆破作业安全、每米炮孔的崩矿量大、大块少、二次爆破量小、粉矿少、矿石贫化和损失小、材料消耗量低。

9.1 地下浅孔落矿爆破

地下浅孔落矿爆破，是地下采矿场中崩落矿石的主要手段，主要用于开采采幅不宽、矿量不多、地质条件复杂或较厚矿体的分层回采。与井巷掘进爆破相比，具有下列一些特征：具有两个以上的自由面和较大的补偿空间，爆破面积和爆破量都比较大。所以每次爆破炸药量大，起爆网络复杂，炸药单耗低。通常井下浅孔崩矿要求：爆破作业安全，每米炮孔崩矿量大，回采强度高，大块少，二次破碎量要小，矿石贫化率、损失率低，材料消耗少。

9.1.1 炮孔排列形式

炮孔排列的原则是：尽量使炮孔排距等于最小抵抗线 W；排与排之间尽量错开使其分布均匀，让每孔负担的破岩范围近似相等，以减少大块；多用水平或上向孔，以便凿岩；炮孔方向尽量与自由面平行。

井下浅孔落矿的炮孔排列方向，有上向和水平倾斜两种（图 9-1），其中上向浅孔落矿应用较广泛。如图 9-2 所示，炮孔在工作面的排列形式有平行排列和交错排列之分。平行排列适用于矿石坚硬，矿体与围岩接触界线不明显，采幅较宽的矿脉。交错排列炸药在矿体内部分布均匀，崩落矿石也较均匀，在矿山生产中，使用非常广泛，当采幅宽度较窄时，其效果更为显著。

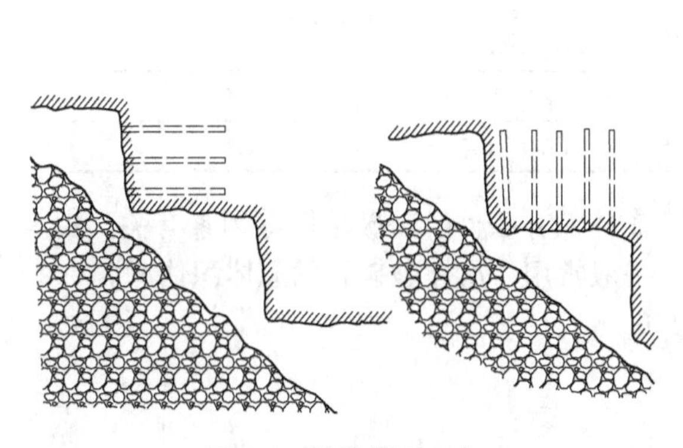

图 9-1 浅孔排列方向

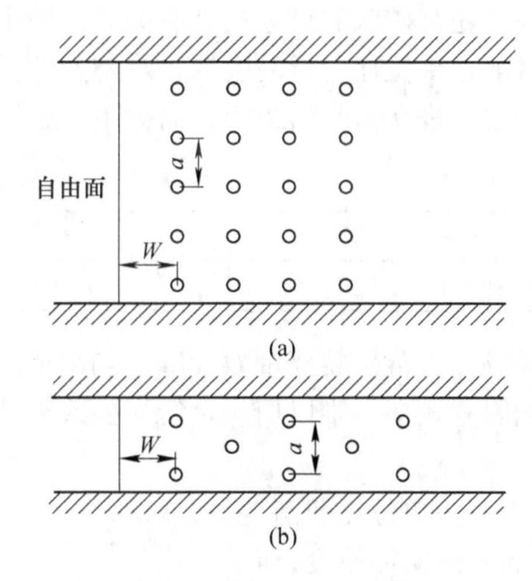

图 9-2 崩矿的炮孔排列
（a）平行排列；（b）交错排列

9.1.2 炮孔直径和深度

（1）炮孔直径除了与井巷掘进中介绍的一些影响因素有关外，还与矿体的赋存条件有关。我国浅孔落矿广泛使用的药包直径为 32mm，其相应的炮孔直径为 38～42mm。这些年来，不少有色金属矿山曾试用 25～28mm 的小直径药卷爆破，在控制采幅、降低损失贫化率方面取得了比较显著的效果。同时，使用小直径炮孔还可以提高凿岩效率和矿石回收率。当开采薄矿脉时，尤其是开采稀有金属和贵重金属矿床时，特别适宜使用小直径炮孔爆破。

（2）炮孔深度与矿体、围岩的性质，矿体厚度及其规则性等因素有关。井下落矿常用孔深为 1.5～2.5m，有时达 3～4m。当矿体较薄，矿岩不稳固和形状不规则时，应选取小值；相反时选取较大值。

9.1.3　最小抵抗线和炮孔间距

井下浅孔落矿，若平行排孔时，最小抵抗线与炮孔排距通常用同值，而炮孔间距 a（指同排炮孔之间的距离）值的大小对爆破效果影响很大。一般地说，最小抵抗线和炮孔间距取用值偏大时，会影响爆破质量，大块增多；相反，如果取值偏小时，则矿石会被过分破碎，既浪费爆破材料，又给易氧化、易黏结、易自燃的矿石装运和放矿工作带来困难。

通常，最小抵抗线 W(m) 和炮孔间距 a(m) 可按下列经验公式选取。

$$W = (25 \sim 35)d \tag{9-1}$$

$$a = (1 \sim 1.5)W \tag{9-2}$$

式中　d——炮孔直径，mm。

9.1.4　单位炸药消耗量

单位炸药消耗量的大小除与所崩落的矿石性质、所使用炸药的性能、炮孔直径、孔深有关外，还与矿床的赋存条件有关。一般来说，矿体厚度小、孔深大时，单位炸药消耗最大。目前，单位耗药量的选取，除与井巷掘进单位炸药消耗量的方法一样外，还可根据经验来确定。表 9-1 所列经验数据适用于硝铵类炸药，可供参考。

表 9-1　井下浅孔落矿单位耗药量

矿石坚固性系数 f	<8	8 ~ 10	10 ~ 15
单位炸药消耗 q/kg · m^{-3}	0.26 ~ 1.0	1.0 ~ 1.6	1.6 ~ 2.6

采场一次落矿装药量 Q（kg）与采矿方法、矿体赋存条件、爆破范围等因素有关。由于影响因素较多，难以用一个统一公式来计算，一般常用一次爆破矿石的原体积估算。

$$Q = qmL'L_{cp} \tag{9-3}$$

式中　q——单位炸药消耗量，kg/m^3；
　　m——矿体厚度，m；
　　L'——一次落矿总长度，m；
　　L_{cp}——炮孔平均深度，m。

9.1.5　装药和堵塞

装药和堵塞是爆破工作的一道重要工序，其质量的优劣直接影响爆破效果。

回采落矿炮孔的装药结构、装药方法、起爆药包位置的设计原理与第 7 章中所述的台阶炮孔爆破基本相同，在此不再一一细述。

国内外实践证明，反向起爆能提高炮孔利用率，能充分利用炸药的爆炸能量，改善爆破质量，增大抛渣距离和降低炸药消耗量。此外，只要进行一定堵塞，冲炮现象大大减少，同时处理盲炮较安全，因为可掏出炮泥后重新装入起爆药包起爆。

为什么反向起爆时爆破效果会好呢？这是由于反向起爆时，爆轰波的传播方向与岩石抛掷运动方向一致，使得在自由面反射后能形成强烈拉伸应力，从而提高了自由面附近岩石的破碎效果；同时孔底起爆，起爆药包距自由面有一定距离，爆生气体不会立即从孔口冲出，因而爆炸能量得到充分利用，增大了孔底部的爆炸作用力和作用时间，有利于提高爆破效果。另外，在软岩和裂隙较发育的岩石中，孔底反向起爆可以避免相邻炮孔相互间的带炮和孔底留有残药的现象。

目前，反向和中部双向起爆应用较广泛，而正向起爆多用于过去小型矿山小型爆破工程的导火索、火雷管起爆法中。

炮孔装药后是否堵塞，对于爆破效果有较大影响。堵塞是为了提高炸药的密闭效果和有效利用爆轰气体压力。良好的堵塞可以提高炸药的爆轰性能，主要是阻止爆轰气体过早地从装药空间冲出，保证炸药在炮孔内反应完全和形成较高的爆压，充分发挥炸药的能量，从而提高爆破效果。

提高和保证堵塞效果的办法，主要是选择堵塞材料和必需的堵塞长度，以达到堵塞物与炮孔壁之间有一定的摩擦阻力。常用的堵塞材料有沙子、黏土等。炮孔爆破常用砂子与黏土以3:1 的比例混合配制成炮泥。堵塞长度应视装药量的多少、炸药性能、岩石性质和炮孔直径等因素综合考虑。一般情况下若炮孔直径为25 ~50 ~70mm 时，堵塞长度相应地为18 ~45 ~50cm。

采场浅孔崩矿爆破起爆操作与掘进时基本相同，主要问题在于合理安排起爆顺序。起爆顺序安排的原则是：近自由面先爆，每段雷管最好起爆一排炮孔。

9.1.6 炮孔起爆顺序及微差时间

在浅孔落矿爆破时，确定炮孔起爆顺序所需遵循的原则与台阶炮孔爆破相同，一是要充分利用工作面的自由面条件，靠近自由面的炮孔先爆；二是后爆炮孔能够充分利用先爆炮孔在爆破过程中形成的瞬时自由面，以利于矿石的破碎和松散，为出矿作业创造良好的条件。

另外，与台阶炮孔爆破一样，浅眼落矿爆破炮孔的起爆延期时间与炮孔的最小抵抗线大小成正比，具体则需要参考类似工程的经验初步确定，并通过试验具体确定。

9.2 地下深孔落矿爆破

地下采矿深孔爆破可分为中深孔爆破和深孔爆破两种。国内矿山通常把钎头直径为51 ~75mm 的钻机钻凿的炮孔称为中深孔，而把钻头直径为95 ~110mm 的钻机钻凿的炮孔称为深孔。实际上，随着凿岩设备、凿岩工具的改进，二者的差异有时并不显著。通常把孔径大于50mm、孔深大于5m 的炮孔统称为中深孔或深孔。与浅孔爆破法比较，炮孔直径越大，孔网参数随之加大，每米炮孔的崩矿量大、一次爆破规模大、劳动生产率高、矿块回采速度快、开采强度高、作业条件和爆破工作较安全、成本较低等，但大块率一般也会相应增大。

深孔爆破多用于地下金属矿山的中厚矿床回采、矿柱回采和空区处理等，适用的采矿方法包括阶段崩落法、分段崩落法、阶段矿房法、深孔留矿法等。深孔爆破目前在我国地下矿山应用最多的是扇形深孔爆破。

9.2.1 炮孔布置形式

深孔爆破的炮孔布置形式有平行布孔和扇形布孔两种。

9.2.1.1 平行布孔

平行布孔是炮孔布置在同一排面内且相互平行，孔间距在炮孔的全长上保持相等（图9-3）。深孔排面的方向可有水平、垂直、倾斜3种，具体取决于矿体的几何特征和采矿方法。平行布孔的基本特点如下：

（1）凿岩巷道工程量较大。为了给钻孔机械提供钻孔作业空间，需要使凿岩巷道的长度足够大。

（2）钻孔作业较容易。由于同一排面内的炮孔相互平行，控制钻孔角度和深度的难度较小。

（3）爆破破碎效果的控制较容易。由于孔间距和炮孔排距沿炮孔的全长不变，可以使炸药在矿体中的分布趋于均匀，利于控制爆破块度的大小及其均匀程度。

对于矿体形状较规则和要求矿石很均匀的场合，宜采用平行深孔。

9.2.1.2 扇形布孔

扇形布孔是深孔在同一排面内排列成放射状，孔间距自孔口到孔底逐渐增大（图9-4），且同一排面内各个炮孔的长度可以不同。与平行布孔相比，由于扇形炮孔的孔口距小，故为钻孔（凿岩）施工而需要开掘的巷道（即凿岩巷道）工程量可明显减少，凿岩设备的移动次数也相应较少。另外，采用扇形布孔时，人们可以根据实际需要设计炮孔的角度和长度，炮孔的布置灵活。然而，由于扇形深孔呈放射状，孔口间距小而孔底间距大，故其崩落矿石块度的均匀度一般要比采用平行深孔时差，炮孔的有效利用率也较低。

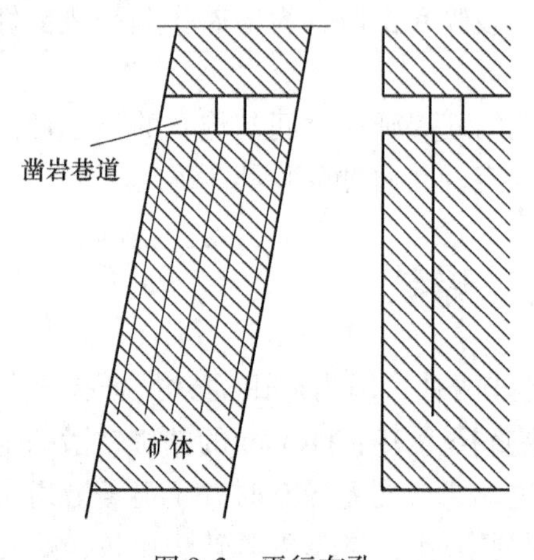

图9-3 平行布孔

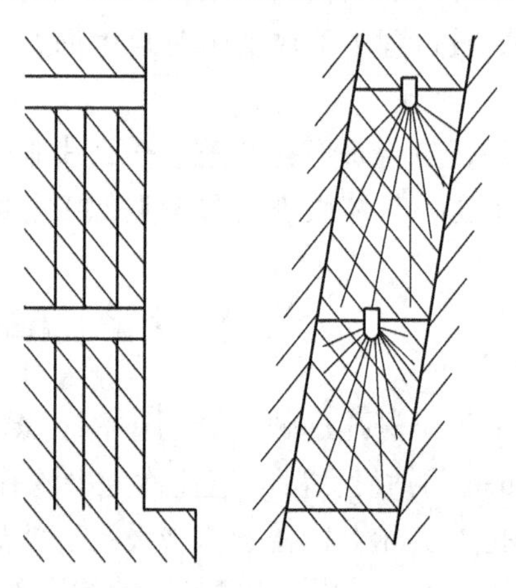

图9-4 扇形布孔

A 垂直扇形深孔排列

垂直扇形深孔的排面为垂直或近似垂直的，按照深孔方向不同，可分为上向扇形深孔排列和下向扇形深孔排列。上向扇形孔在我国应用较为普遍。

B 倾斜扇形深孔排列

倾斜扇形深孔排列用于矿体倾角大于25°，厚度为6～25m，矿岩中等以上稳固，采用重力法运矿的采矿法。深孔排面与上盘垂直或成钝角，见图9-5。

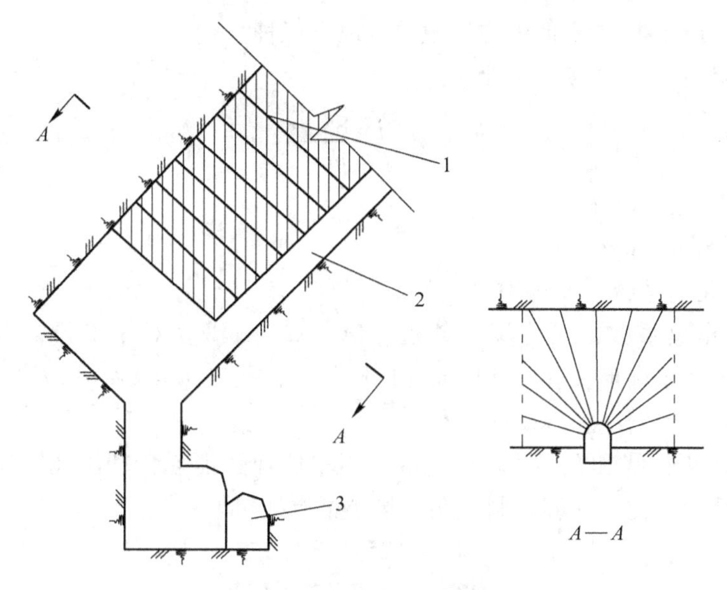

图9-5 倾斜扇形深孔布置

1—深孔；2—凿岩天井；3—出矿巷道

C 水平扇形深孔排列

水平扇形深孔排列，其排面近似于水平方向，为了便于排粉，炮孔均上扬6°~8°的倾角。

实践中具体选择采用哪种炮孔排列形式，应综合考虑矿体赋存的几何特征、矿岩性质、采场结构和凿岩设备类型等因素。

9.2.2 钻孔参数

钻孔参数主要包括炮孔直径、孔深、炮孔的最小抵抗线和孔间距。

9.2.2.1 炮孔直径

深孔直径的大小直接影响每米炮孔崩矿量、炸药消耗量、大块率、凿岩速度、凿岩爆破工作的劳动生产率和爆破效果。所以，在选取孔径时，必须考虑凿岩和装载设备的生产能力、炸药的性能和矿岩的性质。采用接杆凿岩时，孔径主要取决于连接套直径和必需的装药体积，一般为50~75mm，以55~65mm较多。采用潜孔凿岩时，因受冲击器的制约，孔径较大，为90~120mm，以90~110mm较多。在矿石节理裂隙发育、炮孔容易变形的情况下，采用大直径深孔则是比较合理的。

9.2.2.2 炮孔深度

炮孔深度对凿岩机速度、凿岩质量和采准工作量影响很大，炮孔深度主要取决于凿岩机类型、矿体赋存条件、矿岩性质、采矿方法和装药方式等因素。目前，使用YG-80、YGZ-90和BBC-120F凿岩机时，孔深一般为10~15m，最大不超过18m；使用BA-100和YQ-100潜孔钻机时，一般为10~20m，最大不超过25~30m。

9.2.2.3 最小抵抗线 W

目前确定炮孔最小抵抗线 W 的方法主要有以下三种。

（1）当平行布孔时，可按下式计算：

$$W = d\sqrt{\frac{7.85\Delta\tau}{mq}} \tag{9-4}$$

式中 d——炮孔直径，dm；

Δ——装药密度，kg/m^3；

τ——深孔装药系数，0.7～0.8；

m——深孔密集系数，又称深孔邻近系数，$m=\alpha/W$。对于平行深孔，$m=0.8\sim1.1$；对于扇形深孔，孔底 $m=1.1\sim1.5$，孔口 $m=0.4\sim0.7$；

q——单位炸药消耗量，kg/m^3。

（2）根据最小抵抗线和孔径的比值选取。当单位炸药消耗量和深孔密集系数一定时，最小抵抗线和孔径成正比。实际资料表明，最小抵抗线可取：

坚硬矿石： $W=(25\sim30)d$

中等坚硬矿石： $W=(30\sim35)d$

较软矿石： $W=(35\sim40)d$

式中 d——炮孔直径，m。

（3）根据矿山实际资料选取。目前，矿山采用的最小抵抗线数值见表9-2。

表9-2 水平扇形深孔的布置参数

炮孔直径 d/mm	炮孔最小抵抗线 W/m	炮孔直径 d/mm	炮孔最小抵抗线 W/m
50～60	1.2～1.6	70～80	1.8～2.5
60～70	1.5～2.0	80～120	2.5～4.0

9.2.2.4 炮孔间距 a 及密集系数 m

炮孔间距也称孔间距。对于平行排列的炮孔，炮孔间距是指相邻两孔间的轴线距。炮孔扇形排列时，孔间距又分为孔底距和孔口距。孔底距是指由装药长度较短的深孔孔底至相邻深孔的垂直距离；孔口距是指由填塞较长的深孔装药端至相邻深孔的垂直距离，见图9-6。

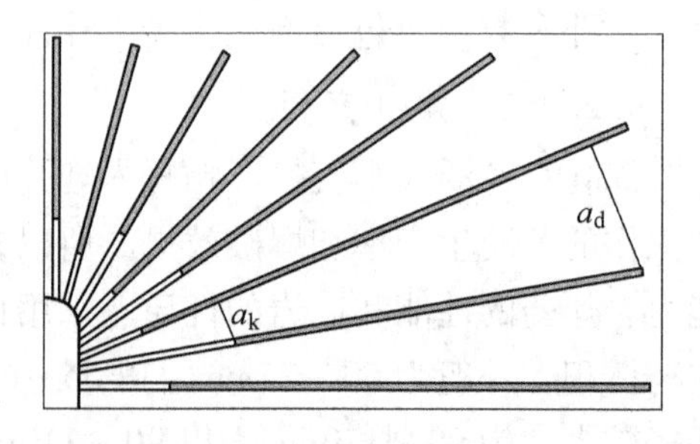

图9-6 扇形深孔的孔间距

a_d—孔底距；a_k—孔口距

在设计和布置扇形深孔排面时，为使炸药在矿石中分布均匀一些，用孔底距 a_d 来控制孔底深度的密集程度，用孔口距 a_k 来控制孔口部分的炸药分布，以避免炸药分布过多及爆后造成粉矿过多。关于孔间距 a 的确定，可采用以下公式进行计算，对于扇形孔的孔底距

$$a_d = (1.1\sim1.5)W \tag{9-5}$$

矿石坚硬取小值，反之则取大值。

炮孔的密集系数 m 为孔间距与最小抵抗线的比值，即

$$m = \frac{a}{W} \tag{9-6}$$

式中 m——密集系数；

a——孔间距，m；

W——最小抵抗线，m。

按炮孔的密集系数 m 和最小抵抗线 W，可知

$$a = mW \tag{9-7}$$

密集系数的选取常根据经验来确定，通常平行孔的密集系数为0.8～1.1，以0.9～1.1较多。采用扇形布置炮孔时，孔底密集系数一般取1.1～1.5，以1.0～1.3较多；孔口密集系数为0.4～0.7。选取密集系数时，当矿石愈坚固，要求的块度愈小，应取较小值；否则，应取较大值。

9.2.3 炮孔装药参数

炮孔装药参数主要包括炸药单耗、炮孔装药量。除特殊情况外，深孔落矿爆破炮孔一般都采用连续装药结构。

炸药单耗指爆破单位岩石消耗炸药的质量大小，一般用 q 表示。炸药单耗对爆破效果有着直接的重要影响。确定炸药单耗 q 的值，需要考虑的因素主要包括岩石的可爆性、炸药的爆炸性能及爆破的性质。通常，可参考表9-3选取炸药单耗 q，也可通过爆破漏斗试验来确定。

表9-3 地下采矿深孔爆破单位炸药消耗量

岩石坚固性系数 f	3～5	5～8	8～12	12～16	>16
一次爆破 单位岩石炸药消耗量 q/kg·m^{-3}	0.2～0.35	0.35～0.5	0.5～0.8	0.8～1.1	1.1～1.5
不合格大块二次爆破 单位岩石炸药消耗量所占比例/%	10～15	15～25	25～35	35～45	>45

平行深孔每孔装药量 Q 为：

$$Q = qaWL = qmW^2L \tag{9-8}$$

式中 L——深孔长度，m；

m——密集系数；

a——孔间距，m；

W——最小抵抗线，m；

q——单位炸药消耗量，kg/m^3。

地下深孔爆破的炮孔装药结构与起爆顺序等具体参数的选取基本原则与露天深孔爆破基本相同，只是地下炮孔爆破的自由面条件和自由空间远不及后者，多为挤压爆破，故在其他条件不变时，孔网参数要适当减小，同时适当提高炸药单耗。

9.3 上向扇形中深孔爆破

由于分段崩落法在我国目前的地下金属矿山特别是黑色金属矿山应用较多，所以上向扇形中深孔爆破落矿是本书重点介绍的内容之一。

上向扇形中深孔爆破多用于图9-7所示的分段崩落法采矿。实践中采用分段崩落法落矿使用的炮孔直径多在40~100mm，故常称为扇形中深孔。如图9-7和图9-8所示，在一般情况下，扇形炮孔的上方和前方都是事前形成的崩落岩石（可有一部分残留矿石）。换言之，上向扇形中深孔爆破是在覆岩下爆破以崩落矿体，所以在绝大多数情况下，上向扇形中深孔爆破是一种挤压爆破。

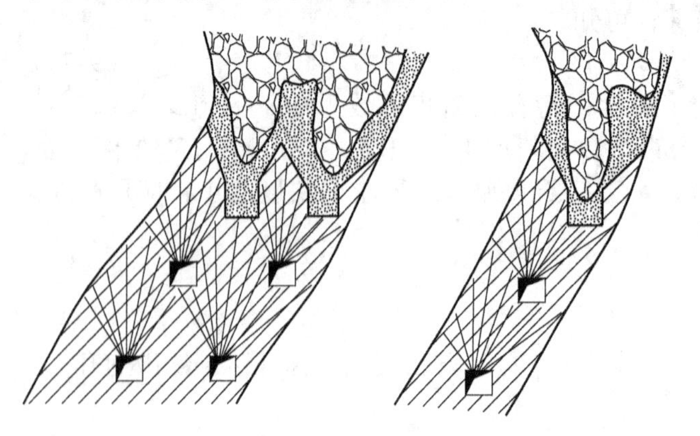

图9-7 上向扇形中深孔布置示意图

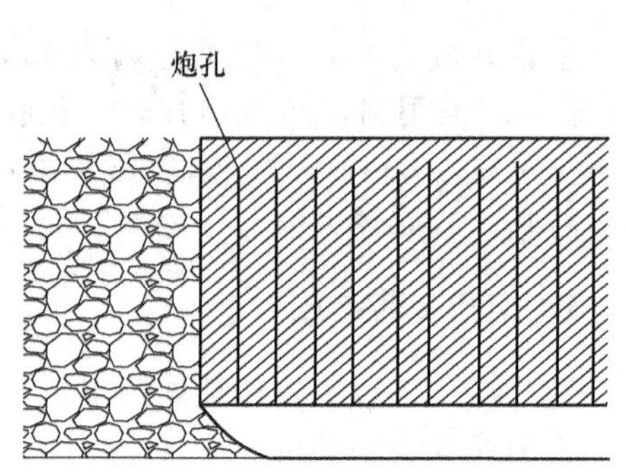

图9-8 上向扇形中深孔与前方覆岩的关系示意图

分段崩落法爆破的炮孔多是布置在矿体内，各排炮孔分别处于一个垂直或接近于垂直的扇形排面上。根据矿体倾角等条件，有时也采用缓倾斜和水平扇面的炮孔布置。采用扇形布孔，凿岩作业过程中炮孔布置灵活，凿岩设备的移动次数较少，可以相对减少凿岩巷道，因而巷道掘进工程量小。但是，由于扇形炮孔呈放射状，自孔口到孔底的孔间距逐渐变大（图9-9和图9-10），往往存在崩落矿石块度均匀性较差和炮孔利用率较低两个问题。

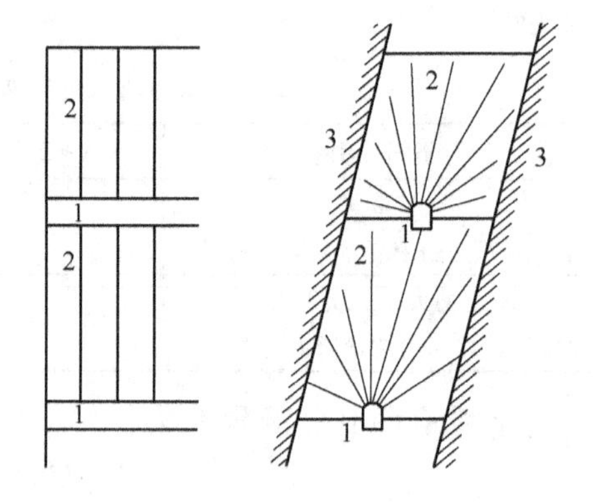

图9-9 回采巷道沿矿体走向时的上向扇形中深孔布置
1—凿岩巷道；2—炮孔；3—矿体围岩

上向扇形中深孔爆破具有以下基本特征：

（1）各个炮孔的深度不一。

（2）各个炮孔的角度不同。

（3）孔口位置炮孔密集，孔底稀疏，孔口距显著小于孔底距。

（4）钻孔精度（包括孔口、孔底位置，即孔位、孔深、钻孔角度的精度）要求高。

（5）上向、斜上向装药施工的难度大。

（6）每个回采进路，除进路端部第1次爆破为有补偿空间外，其余均为压渣挤压爆破。

（7）挤压爆破时单次爆破的规模需予控制，爆破炮孔排数不能太多（即崩矿步距小）。

9.3.1 爆破参数

如以上介绍，与其他类型的爆破技术相比，上向扇形中深孔爆破具有一定的独特性，因而其技术参数的种类也有一定差异。

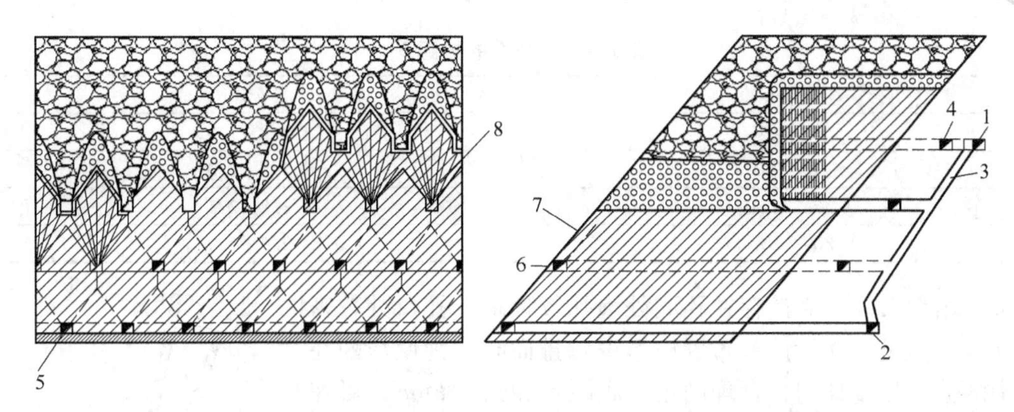

图9-10 回采巷道垂直矿体走向时的上向扇形中深孔布置

1，2—上下阶段沿脉运输巷道；3—矿石溜井；4—分段运输平巷；5—回采巷道；6—分段切割平巷；7—切割天井；8—上向扇形炮孔

9.3.1.1 炮孔直径

炮孔直径的大小直接影响凿岩速度、凿岩爆破工作的劳动生产率、每米炮孔崩矿量、炸药消耗量、大块率等指标，因此在选择炮孔直径时必需考虑凿岩和装载设备的能力、炸药的临界直径等性能和矿体性质三方面因素。具体的炮孔直径取决于矿山的凿岩设备。

9.3.1.2 炮孔深度

采用上向扇形中深孔爆破，每排炮孔各个炮孔的深度大小不一，一般是中间孔的深度最大，边孔最小。一般地讲，炮孔深度对凿岩机速度、凿岩质量和采准工作量影响很大。具体的炮孔最大深度主要取决于凿岩机类型、采矿设计和装药方式等因素。目前，使用YG-80、YGZ-90和BBC-120F凿岩机时，最大孔深一般为10～18m；使用潜孔钻机及凿岩台车时，一般为10～20m，最大不超过25～30m。

9.3.1.3 炮孔排距 b 与最小抵抗线 W

按矿石性质，炮孔排距 b 一般取1.5～2.0m；一般可约按 $b/\phi=30$ 计算。

最小抵抗线 W 可按炮孔直径 ϕ 选取：

坚硬岩 $W=(20\sim30)\phi$

中硬岩 $W=(30\sim35)\phi$

松软岩 $W=(35\sim40)\phi$

排间微差爆破时，$W=b$；排内孔间顺序起爆时，需具体根据炮孔布置的几何形式与参数计算得出。

炮孔排距 b 太小，前排炮孔爆破时，容易破坏后排炮孔；b 太大，矿石破碎效果差。如孔间距小，爆破工程中容易首先在炮孔之间击穿，进而产生大块和爆破立槽。炮孔排距 b 的确定应与最优崩矿步距 L 相配合。

根据矿山实际资料，目前，矿山采用的排距数值见表9-4。

9.3.1.4 孔距（孔底距 a、孔口距 a'）

扇形深孔排列时，孔间距分为孔底距和孔口距。孔底距 a 是指由装药长度较短的深孔孔底至相邻深孔的垂直距离；孔口距 a'是指由填塞较长的深孔装药近孔口端至相邻深孔的垂直距离，见图9-11。

表 9-4 扇形孔的排距 b

ϕ/mm	b/m
50~60	1.2~1.6
60~70	1.5~2.0
70~80	1.8~2.5
80~120	2.5~4.0

采用扇形布孔，必然存在孔底处炮孔较稀疏、孔口处较密集的问题。但是，在设计和布置扇形深孔排面时，为使炸药在矿石中的分布尽量均匀，合理确定孔底距 a 和孔口距 a'，可在一定程度上控制孔底和孔口位置炮孔的密集程度。其中，孔口距 a'的大小对近孔口区域炸药分布的密集程度具有重要影响。孔口距过小，炸药分布过于密集，会造成爆后粉矿过多，既浪费炸药，又容易污染工作面环境。在一般条件下扇形孔的孔底距 a 可采用以下公式：

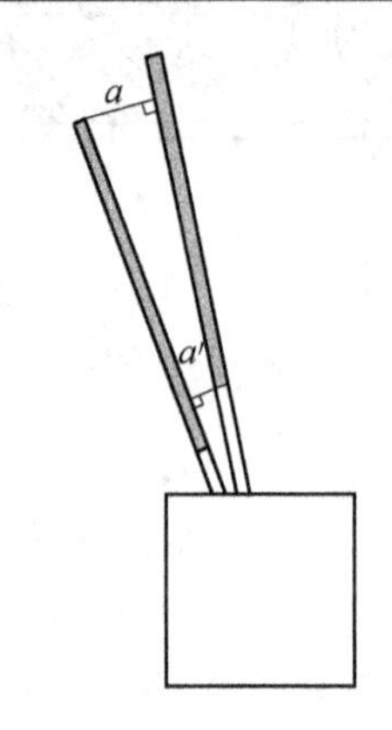

图 9-11 扇形炮孔的孔口距和孔底距示意图

$$a = kW \tag{9-9}$$

式中 k——取决于岩石性质的系数，$k = 1.1 \sim 1.5$，对于坚硬矿石取小值，反之取大值。

9.3.1.5 炮孔扇面倾角（端壁倾角）β

炮孔扇面倾角 β 指扇形炮孔排面与水平面之间的夹角（图 9-12）。

按炮孔扇面倾角，扇形炮孔分为垂直扇面炮孔与前倾扇面炮孔两种。前倾布置时，常用 $\beta = 70° \sim 85°$的倾角。一般认为，前倾布置的扇形孔可在一定程度上延迟上部废石中的细块掺入矿石，而且不容易发生矿堆堵塞孔口现象，利于炮孔装药。在矿体的稳固性较差时，扇形孔前倾布置，也利于减少或避免眉线破坏。

炮孔扇形面垂直布置时，炮孔方向易于掌握，但垂直孔装药难度会相对更大一些。当矿体稳固、围岩块度较大时，大多采用垂直布置方式。

9.3.1.6 崩矿步距

崩矿步距是指一次爆破崩落矿石层厚度，具体取决于一次爆破炮孔的排数和排距（图 9-13）。

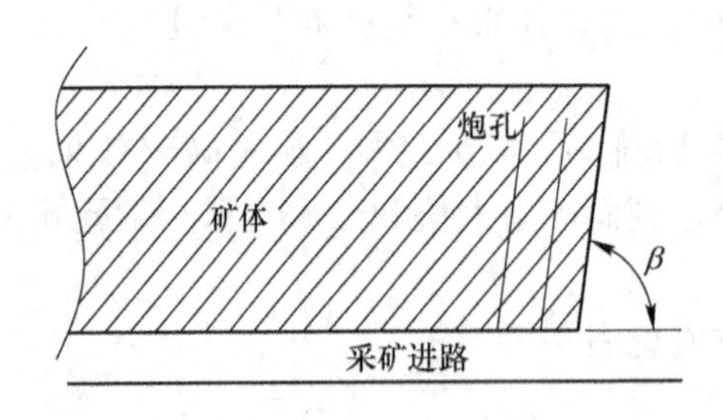

图 9-12 上向扇形中深孔爆破的炮孔扇面倾角

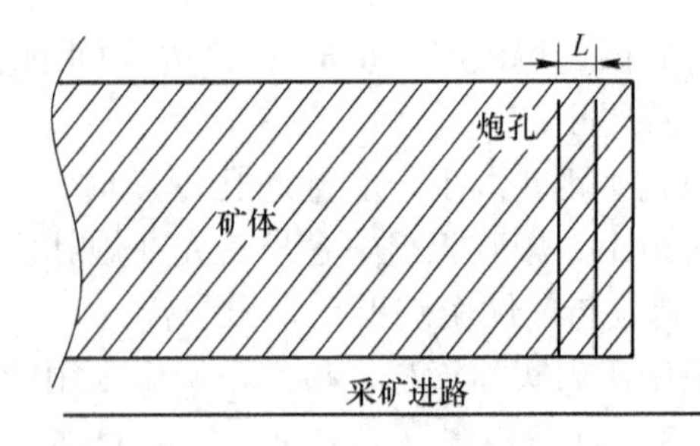

图 9-13 上向扇形中深孔爆破的崩矿步距

确定崩矿步距，首先要考虑前方压碴矿石的松散性，即前方已崩落矿石能否在这些炮孔的爆破挤压作用下产生足够的位移，为这些炮孔爆落矿石的位移提供足够的空间。

9.3.1.7　边孔角

边孔角是指同一排扇形孔中最边缘的炮孔与水平面之间的夹角（图9-14）。

边孔角过小，会使边孔底部附近的崩落矿石处于放矿移动带之外，难以甚至不能从出矿巷把这些矿石采出。另外，在爆破时这里容易产生过挤压现象，矿石的松散性和流动性变差。过挤压现象也有可能使边孔发生拒爆。

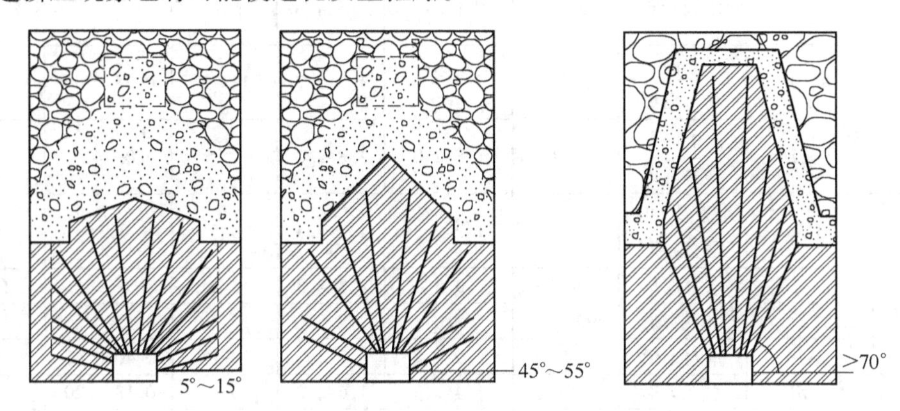

图9-14　上向扇形中深孔爆破的边孔角

在实践中，边孔角小于45°时，边孔孔口容易被矿堆掩埋，给装药带来困难（爆破前清理矿堆的工作量大且不安全）。与之相反，加大边孔角，炮孔长度相应增大，可以避免产生这类问题。

根据放矿时的矿岩移动规律，边孔角最大值以放出漏斗的边臂角为限。目前多用45°～55°或更大的边孔角。在矿体稳固的条件下，增大进路宽度和分段高度，还可以进一步加大边孔角。目前国外有的矿山已有采用70°以上孔边角的实践，其进路宽度达5～6m，形成所谓“放矿槽”，崩落能够全部采出，在放矿槽的边壁上不残留矿石。如能实现沿回采巷道全宽均匀出矿，对降低矿石的损失与贫化极为有利。

9.3.1.8　炸药消耗量

炸药消耗量的大小直接影响爆破效果，其值大小主要取决于矿石的可爆性、炸药的爆炸性能和炮孔布置参数。通常可采用工程类比法按开始的坚固性系数选取单位炸药消耗量，也可通过爆破试验确定。

扇形深孔每孔的装药量因其孔深、孔距的差异而不相同。通常先求出每排孔的装药量，然后按每排炮孔的累计长度和总填塞长度，求出炮孔每1m长度的装药量，然后分别确定每孔装药量，并通过实践进行修正。每排孔的装药量为：

$$Q_p = qWS \tag{9-10}$$

式中　Q_p——每排深孔的总装药量，kg；

q——单位炸药消耗量，kg/m^3；

W——最小抵抗线，m；

S——每排深孔的崩矿面积，m^2。

我国冶金、有色金属矿山的一次炸药单耗，一般为0.25～0.6kg/t；二次炸药单耗为

0.1～0.3kg/t，二次炸药单耗较高的矿山反映其大块产出率较高，个别矿山甚至超过一次炸药单耗，属于不正常现象。表9-5为我国部分矿山地下深孔爆破主要参数。

表9-5　我国部分矿山地下深孔爆破参数

矿山名称	矿石坚固性系数f	深孔排列方式	深孔直径/mm	最小抵抗线/m	孔底距/m	孔深/m	岩石炸药消耗量/kg·t^{-3}	深孔崩矿量/t·m^{-1}
胡家峪铜矿	8-10	上向垂直扇形	65-72	1.8-2.0	1.8-2.2	12-15	0.35-0.40	5-6
篦子沟铜矿	8-12	上向垂直扇形	65-72	1.8-2.0	1.8-2.0	<15	0.442	5
铜官山铜矿	3-5	水平及上向垂直扇形	55-60	1.2-1.5	1.2-1.8	3-5	0.25	6-8
红透山铜矿	8-12	水平扇形	90-110	3.5	3.8-4.5	10-25	0.21	15-20
狮子山铜矿	12	水平扇形	90-110	2.0	2.5	15-20	0.45-0.50	11-12
狮子山铜矿	12-14	垂直扇形	90-110	2.0-2.2	2.5	10-15	0.40-0.45	11-12
红透山铜矿	8-10	水平扇形	50-60	1.4-1.6	1.6-2.2	6-8	0.18-0.20	4-5
青城子铅矿	8-10	倾斜扇形	65-70	1.5	1.5-1.8	4-12	0.25	5-7
金岭铁矿	8-12	上向垂直扇形	60	1.5	2.0	8-10	0.16	6
程潮铁矿	2-6	上向垂直扇形	56	2.5	1.2-1.5	—	0.218	8
河北铜矿	8-14	水平扇形	110	2.5	3.0	<30	0.44	—
大庙铁矿	9-13	上向扇形	57	1.5	1.0-1.6	<15	0.25	—
华铜铜矿	8-10	上向扇形	60-65	1.8-2.0	2.5-3.3	5-12	0.12-0.15	—
杨家杖子岭前矿	10-12	上向扇形	95-105	3.0-3.5	3.0-4.0	12-30	0.30-0.40	—

9.3.1.9　装药结构

采用扇形中深孔落矿，一般是采用炮孔连续满装药。经验表明，由于扇形中深孔孔口附近范围内炮孔的密集程度远比孔底高，故在各个炮孔均采用满装药时，该范围局部的炸药单耗远高于设计单耗值，极易产生过破碎现象和采矿巷眉线破坏现象。为此，可以采用图9-15所示的隔孔减弱装药方案。该方案的特点是：边孔和扇面中央炮孔满装药，其余炮孔减弱装药，具体的装药长度按炸药分布均匀原则通过试验确定。一般情况下，在较易、难爆矿体中非满装药炮孔的装药长度大约为炮孔实际长度的1/3和1/2。

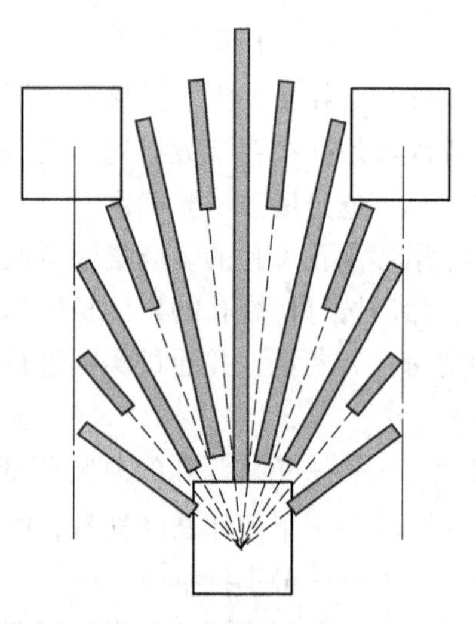

图9-15　上向扇形中深孔爆破隔孔满装药方案

9.3.1.10　起爆方式

起爆方式是指炮孔装药中起爆点的位置和起爆雷管的方向。实践中多采用孔底反向起爆方式，即雷管位于近孔底处，雷管聚能穴朝向孔口。采用反向起爆时，雷管端部的聚能穴产生的聚能作用（冲击压力）指向孔口，利于保证孔内药柱的起爆与传爆质量。由于雷管位于近孔底处，近孔底炸药的爆炸早于近孔口的炸药，爆轰气体产物的膨胀压力作用于孔壁的时间长，利于提高炸药能量有效利用率，保证爆破效果。相反地，如果采用正向起爆，即雷管位于近孔口的装药端附近，孔底炸药爆炸时孔口附近的矿石/岩石已经破坏甚至发生位移，则炸药爆轰气体产物很快逸入工作面环境大气中，其膨胀压力下降快，有效作用时间相应变短，不利于提高炸药能量有效利用率和爆破效果。

9.3.1.11 起爆方案

起爆方案系指炮孔的起爆顺序与时间。在高精度毫秒延期雷管产品问世之前，单排孔同时起爆、排间延时起爆的起爆方案应用普遍。在同排炮孔同时起爆时，孔间剪切作用小，不利于破碎矿石，且爆破震动较大，在某些情况下还容易形成直墙和立槽。

随着高精度毫秒延期雷管产品的出现，孔间毫秒延时起爆技术在目前已经得到了普遍应用。在目前的上向扇形中深孔爆破实践中，多采用单孔或双孔顺序微差起爆一排或者两排的起爆方案。其优点是：孔间剪切作用增大，利于矿石的破碎，不易形成直墙和立槽；爆破震动小。

在上向扇形中深孔爆破实践中，一般是每次爆破1~2排炮孔，单孔或双孔顺序微差起爆（图9-16）。

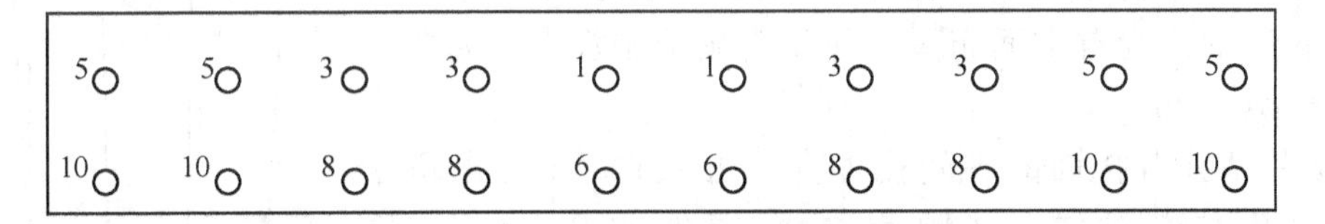

图9-16 上向扇形中深孔爆破的炮孔起爆顺序示例

9.3.2 切割槽及其形成方法

上向扇形中深孔爆破一般是向进路壁面前方崩落散体挤压，从而使爆落矿石得到松散。但在各个分段的首次爆破，凿岩巷道尚未与上方崩落体通连，即上向扇形炮孔周围还不存在崩落散体。因此，为了给各个分段的首次爆破提供矿石破坏欲松动的补偿空间，一般都需要事先形成与上向扇形炮孔所在扇面基本平行且具有足够尺寸大小的切割槽（也称切割立槽或切槽）。实践中形成切割立槽的方案一般有两种：一是有切割井垂直扇面扇形孔拉槽方案；二是无切割井变角扇形孔拉槽方案。但需要强调指出的是，切割槽槽腔到位、容积足够，是保证后续扇形中深孔爆破作业效果的一个十分重要的因素。

9.3.2.1 有切割井垂直扇面扇形孔拉槽方案

该方案是先在分段凿岩平巷的端部向上钻孔爆破形成切割井，之后从切割巷道钻凿上向炮孔，以切割井为自由空间进行拉槽爆破，最终形成切割立槽。以下用一工程实例说明切割立槽的形成方法与步骤及其技术特征。

（1）切割井。切割井钻爆技术方案如图9-17。具体说明如下：

1）切割巷断面尺寸与回采进路同，即5m×4m。

2）初始切割井与切割巷远端帮壁齐，掘进采用YSP-45型凿岩机凿岩、浅眼爆破成

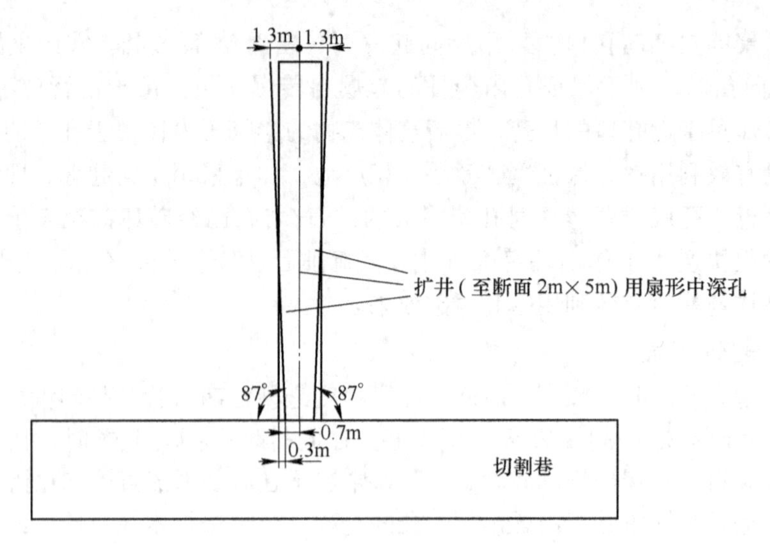

图9-17　切割井扩井钻孔布置

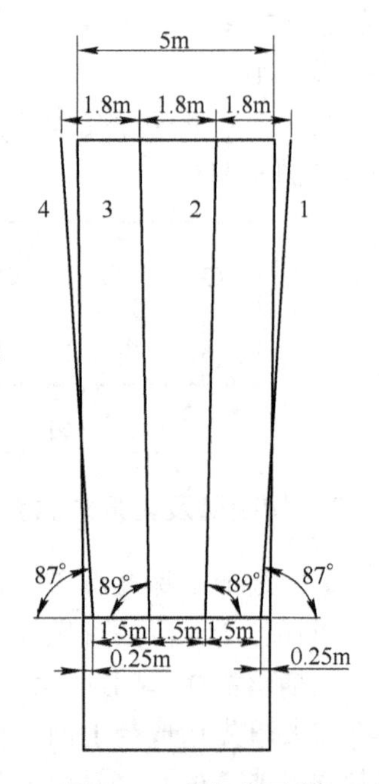

图9-18　有切割天井垂直扇形炮孔布置

井，水平断面尺寸2m×2m；高度14.5m，其中超深0.5m，以保证切割井爆高满足要求。

3）扩井钻孔：扩井后的切割井断面尺寸为2m×5m，采用Simba-1845型采矿台车凿岩，孔径60mm；垂直于切割巷方向以2m×2m切割井为自由面布置3排垂直扇形中深孔，每排3个炮孔，排距1.0m。

4）扩井钻孔各排面的中间孔垂直，孔深14.5m（含超深0.5m）；边孔左右对称，外倾86°，孔底外插0.3m，孔长14.7m，孔口距0.7m，眼边距0.3m，孔底距均为1.3m。

5）扩井爆破：各个炮孔满装药（2号岩石炸药或乳化炸药），孔口填塞2.0m；孔底反向起爆；排间微差延时50～100ms。

（2）拉槽钻爆技术设计。在切割井形成后，钻凿垂直扇形炮孔，以切割井为自由空间爆破，逐渐拉大槽腔，形成完整的切割立槽。拉槽钻爆技术方案如图9-18所示，具体说明如下：

1）切割巷道断面尺寸为5m×4m。

2）扩井后的切割井断面尺寸2m×5m，切割井高度14.5m。

3）设计切割槽宽5m、高18.3m。

4）采用垂直扇形中深孔爆破，孔径60mm，每排4个炮孔，排距1.5m，孔深14.3m（含超深0.3m）。

5）同排炮孔孔口距1.5m，边孔口距帮壁0.25m。所有边孔底外插0.2m。炮孔角度如图9-18所示。孔底距1.8m。

6）爆破：每次爆破切割井左右各4排炮孔（微差爆破），各个炮孔满装药（2号岩石炸药或乳化炸药），孔口填塞2.0m；孔底反向起爆；排间微差延时50～100ms。

有切割井垂直孔拉槽方案的优点是拉槽爆破效果易于控制，不宜受到地质因素和施工误差的影响，缺点是需要首先掘进2m×2m 的初始切割井，再扩大切割井至5m×2m，切割井施工（特别是初始切割井）难度较大。

9.3.2.2　无切割井变角扇形孔拉槽方案

如图9-19 和图9-20 所示，该方案的特点是不需切割井，而是直接钻爆形成切割立槽。

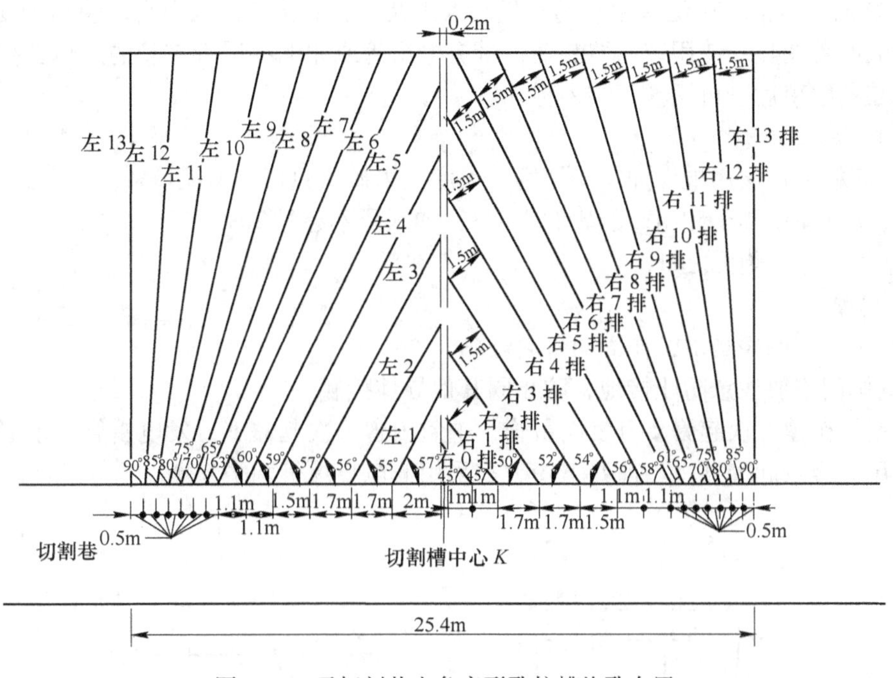

图9-19　无切割井变角扇形孔拉槽炮孔布置

（1）切割巷道断面尺寸与回采进路同，即5m×4m。

（2）设计切割槽宽5m，高18.3m。

（3）拉槽爆破采用变角排面似扇形中深孔，在切割槽中心 *K* 左右非对称布置；孔径60mm；炮孔垂直深度14.3m（含超深0.3m）。

（4）每排4个炮孔，排面内孔底距1.8m；孔底排距1.5m。边孔底均外插0.2m。

（5）起爆：所有炮孔均采用孔底反向起爆。

（6）爆破：

1）第1次爆破：起爆右0排和左右各3排炮孔。

2）其他次爆破：分别起爆左右各3排炮孔。

3）每次爆破均采用排间微差爆破，排间微差延时50～100ms。

无切割井变角扇形孔拉槽方案的优点是无需掘进切割井，但突出的缺点是变角扇形孔钻孔精度要求高，拉槽效果易于受地质因素和施工误差的影响。

9.3.3　上向扇形孔爆破施工工艺步骤

上向扇形孔爆破的施工工艺步骤主要包括：

（1）验孔。爆破前对深孔位置、方向、深度和钻孔完好情况进行验收，发现有不合设计要求者，应采取补孔，重新设计装药结构等方法进行补救。

（2）作业地点、安全状况检查。包括装药、起爆作业区的围岩稳定性，杂散电流，通道是否可靠，爆区附近设备、设施的安全防护和撤离场地，通风保证等。

（3）爆破器材准备。按计算的每排深孔总装药量计，将炸药和起爆器材运输到每排的装药作业点。

（4）装药。目前已广泛采用装药器代替人工装药，其优点是效率高，装药密度大，对爆破效果的改善明显。使用装药器装药，带有电雷管或非电导爆管雷管的起爆药包，必须在装药器装药结束后，再用人工装入炮孔。

（5）填塞。

1）有底柱采矿法用炮泥加木楔填塞；无底柱采矿法只可用炮泥填塞。

2）合格炮泥中黏土和粗砂的比例为1:3，加水量不超过20%。

3）木楔应堵在炮泥之外。

（6）起爆。

1）网络连接顺序是由工作面向着起爆站。

2）电爆网络要注意防止接地，防止同其他导体接触。

桃林铅锌矿曾一次起爆2万发电雷管，中条山曾一次起爆1万发电雷管。前者用工业电，后者用大容量起爆器。当前井下爆破多采用非电导爆管网络起爆。

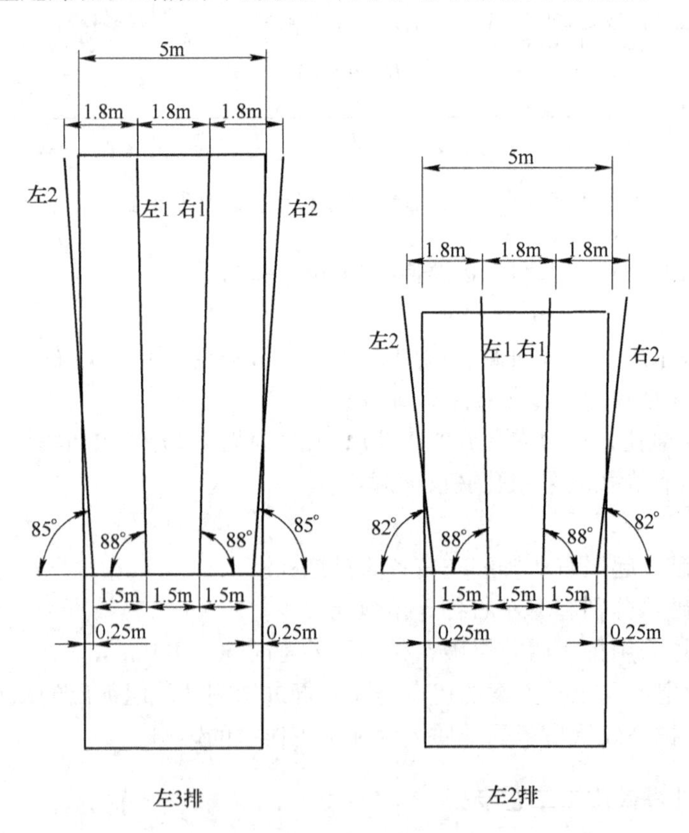

图9-20 无切割井变角扇形孔拉槽排面炮孔布置示例

9.3.4 扇形中深孔爆破效果及其控制

如前所述，与其他类型的爆破方法相比，扇形中深孔爆破在空间条件和技术特征两方面都具有显著的特殊性。那么，了解如何对扇形中深孔爆破的效果进行评价，进而掌握对爆破效果进行控制的一般方法，具有重要意义。当然，从广义的意义上考虑，安全性和经济性是评价所有爆破工程效果的重要方面，但在此仅从技术上对相关问题进行介绍和探讨。

扇形中深孔爆破效果的评价指标，应能充分反映爆破效果的好坏。这些指标主要包括以下几个方面：

（1）矿石块度。矿石块度是反映爆破效果的首要标准。反映矿石块度的指标具体包括矿石块度的大小及其均匀性、不合格大块率及粉矿率。一般地讲，矿石块度小且均匀，其松散性和流动性相应改善，出矿容易，出矿作业的效率高。与之相反，块度大，不合格大块多，铲运设备操作困难，难以保证出矿作业的效率。更为敏感的是，不合格大块往往需要通过二次爆破的方法进行破碎，不仅费时费力，增加生产成本，影响出矿生产，而且存在如何保证二次爆破安全的问题。所以，尽量将矿石块度控制在合理范围，尽量降低大块率，对矿山采矿生产的顺利进行十分重要。

（2）眉线的完整性。所谓的眉线，是指进路端部的上部边沿线。在图 9-21 中，图 9-21a 表示眉线附近的局部区域在前方炮孔爆破的作用下没有受到破坏的情况，图 9-21b 则表示在前方炮孔爆破的作用下，眉线附近的矿体发生了严重的破坏而崩落，构成了崩落矿体的一部分。从图 9-21b 可以看到，此时待爆的炮孔口已被爆堆矿石散体掩埋，只有设法使炮孔口暴露出来，才能继续进行炮孔装药和爆破作业。需要在此明确和强调的是，实践中实际解决这种因眉线破坏凿穿的孔口掩埋问题，往往难度极大，费时费力，对采矿生产的顺利进行极为不利。因此，在上向扇形中深孔爆破实践中，必须极力避免这种现象的发生。

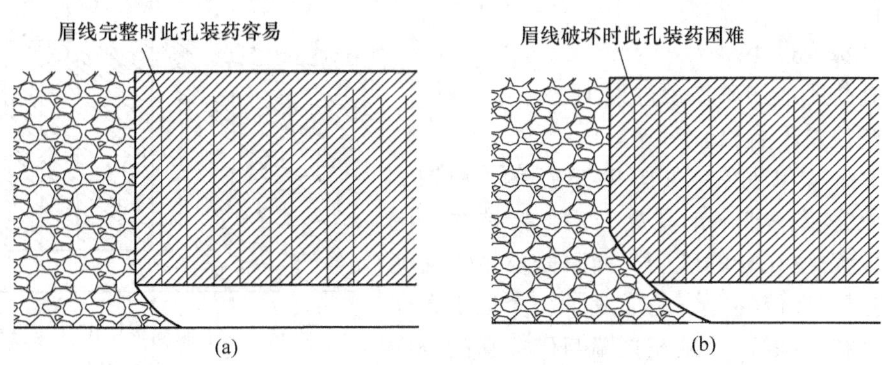

图 9-21 上向扇形中深孔爆破的眉线破坏现象
（a）眉线无破坏；（b）眉线破坏明显

在矿体的可爆性一定时，避免眉线破坏的常见措施主要包括：

1）适当控制孔口距和炮孔排距。孔口距和排距越小，就越容易破坏眉线。

2）同排炮孔的相邻炮孔都采用满装药，孔口填塞长度小，导致眉线附近区域的炸药分布过于密集，就很容易破坏眉线。如图 9-15 所示，同排炮孔的左右两个边孔和最中间的炮孔满装药（孔口填塞段长度较小），其他炮孔则按“满装药炮孔和减弱装药炮孔相互间隔布置”的原则进行装药设计，利于保护眉线的完整性，同时使矿石块度趋于均匀。

3）同排炮孔采用孔间毫秒延时顺序起爆，也利于保持眉线的完整性。

（3）后冲破坏。所谓后冲破坏，主要是指爆破对后排炮孔孔壁的破坏。这种现象与上述的眉线破坏相类似，都是由前方炮孔爆破产生的冲击作用造成的。显然，孔壁发生明显破坏和变形后，将给炮孔的装药施工带来极大困难，难以保证装药施工的质量，最终影响爆破效果。

在矿体的可爆性和炮孔装药等一定时，适当增大排距，减弱作用于后排炮孔孔壁的冲击作用，是避免孔壁破坏现象的主要手段。

另外，爆破孔的抵抗线过大，前方已崩落矿石的松散性差，也会加强爆破孔装药爆炸对后排炮孔的冲击破坏作用。因此，将各排炮孔的排距控制在合理范围，同时保证崩落矿石的破碎质量，也是降低后冲破坏作用的重要手段。

（4）悬顶现象。如图9-22所示，在上向扇形中深孔爆破之后，近孔口的下段矿体被崩落，但上段没能崩落下来而形成“悬顶”。这种现象的处理，由于接近悬顶的难度往往很大，且危险性高，因此悬顶部分矿体的崩落总是一种十分棘手的问题。因此，实践中须尽量避免悬顶现象的发生。

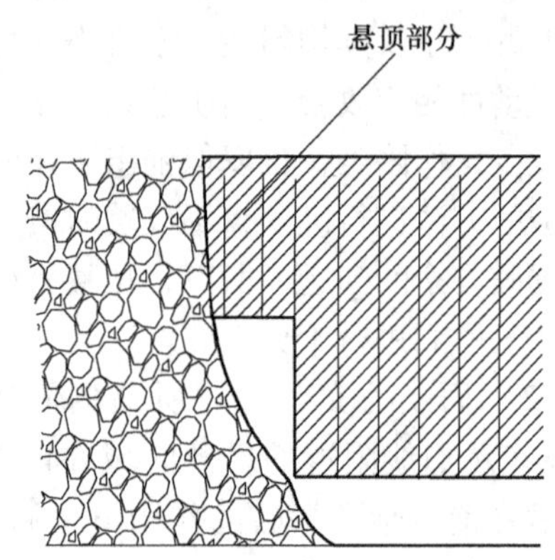

图9-22　上向扇形中深孔爆破的悬顶现象

造成悬顶现象的原因一般包括：

1）炮孔上段装药连续性差、密实度不够，炸药爆炸做功的能力不足，甚至于发生拒爆。

2）炮孔超钻，孔底至上水平进路的距离过小甚至凿穿，孔内炸药爆炸时气体产物过早过快地从孔底逸出，炸药爆炸的一部分能量没能用于破碎炮孔周围的矿石。

3）炮孔深度过小。

4）炮孔排距或崩矿步距过大。

5）炸药质量不合格。

（5）直墙/立槽现象。如图9-23所示，所谓直墙/立槽现象是指一排扇形孔爆破后，抵抗线范围内的矿体没能产生充分的破碎，而只是发生了向崩落体方向的整体性位移，一是形成了一个近于直立的墙体即所谓的直墙，二是在直墙与矿体新的端面之间形成一个具有一定宽度的缝隙即所谓的立槽。发生这种现象后，由于直墙不具有松散性和流动性，但会在其自身重力作用下下移而堵塞出矿进路的出矿工作面，致使出矿作业无法进行。因此，如何避免这种现象，是上向扇形中深孔爆破工作的一个极为重要的问题。

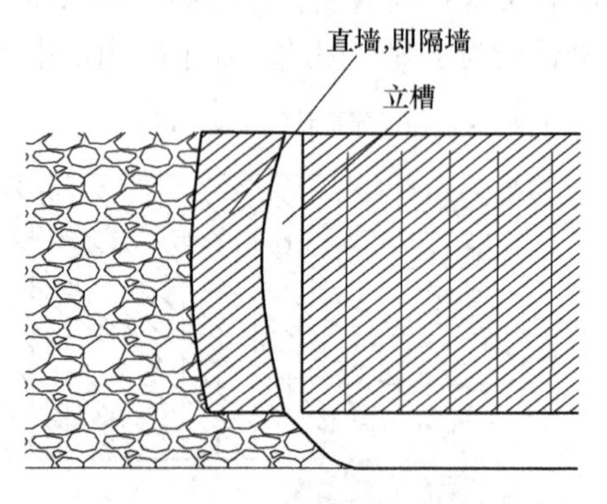

图9-23　上向扇形中深孔爆破的直墙/立槽现象

导致直墙/立槽现象的可能原因主要是排距或崩矿步距偏大且孔距偏小。与孔间毫秒延时起爆相比，同排炮孔同时起爆更容易导致这种现象的发生。

也应指出，矿体的塑性较强，容易促使直墙/立槽现象的发生。而在节理裂隙较发育的脆性矿石中，则不易发生这种现象。

（6）爆破震动效应。爆破震动总是一种无法彻底消除的有害效应。但是，在扇形中深孔爆破中，为保持巷道的稳定性和已钻炮孔的形状，需要尽量降低爆破震动。

一般地讲，单次爆破的最大单段药量和炸药消耗总量及炮孔排距，特别是崩矿步距，是影响爆破震动大小的主要因素。采用孔间毫秒延时起爆，可以将最大单段药量降到最低。减小炮孔排距或崩矿步距，也能在一定程度上降低爆破震动效应。

9.4 VCR 爆破法

VCR（vertical crater retreat mining）是垂直深孔球状药包后退式崩矿方法的简称，它是在利文斯顿爆破漏斗理论基础上研究创造的以球状药包爆破方式为特征的一种采矿方法。其特点是在上切割巷道内按一定孔距和排距钻凿下向大直径深孔到下部切割巷道，崩矿时自顶部平台分次向炮孔内装药，药包的长度不大于炮孔直径的 6 倍而构成理论上的集中装药，然后沿采场全长和全宽按分层自下而上逐层崩落矿石。也就是说，对一个炮孔而言，采用的是分次装药分次爆破，且以下部切割槽为自由面（即爆破的自由面朝下）和自由空间进行爆破，矿石在爆破作用下产生的抛移与其自身重力的方向一致，利于改善爆破破碎效果和崩落矿石的松散性。在采用 VCR 法采矿，下部切割巷道也将用于出矿，其典型矿块的结构如图 9-24 所示。

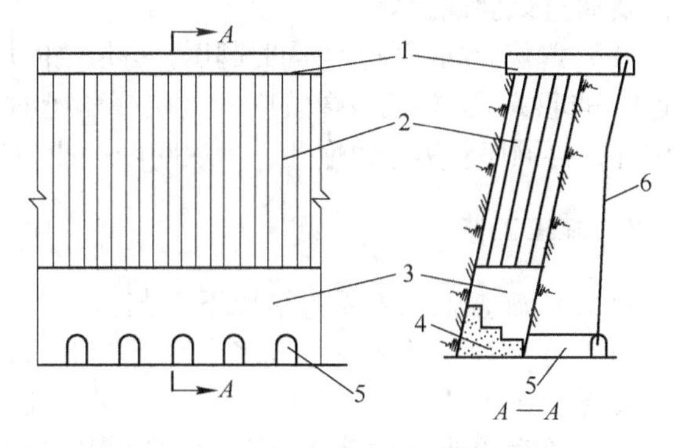

图 9-24　VCR 法采场结构示意图
1—凿岩巷道；2—大直径下向深孔；3—拉底空间；4—充填体；5—出矿巷道；6—联络井

VCR 法主要用于中厚以上的垂直矿体、倾角大于 60°的急倾斜矿体的回采。VCR 法深孔排列采用平行排列，一般垂直向下（图 9-25），也可钻大于 60°的倾斜孔，但是在同一排面内的深孔应互相平行，深孔间距在孔的全长上相等。

采用 VCR 法爆破时，炮孔上下两端都暴露，故每次爆破时都要在药包上下采用堵孔措施，下部堵塞的作用是将药包固定在炮孔内预定的位置上。与一般炮孔的孔口堵塞一样，上部堵塞的作用是避免爆轰气体产物过早逸出。所以，装药是 VCR 爆破法的关键操作步骤之一。

9.4.1 爆破参数

VCR 法的爆破参数包括：

（1）炮孔直径。炮孔直径一般采用 160 ~ 165mm，个别为 110 ~ 150mm。

（2）炮孔深度。炮孔深度一般为 20 ~ 50m，有的达到 70m；钻孔偏差必须控制在 1% 左右。

（3）孔网参数。排距一般采用 2 ~ 4m；孔距 2 ~ 3m。

（4）最小抵抗线和崩落高度。最小抵抗线即药包埋深，一般为 1.8 ~ 2.8m，崩落高度 2.4 ~ 4.2m。需要注意，VCR 法的药包最小抵抗线不是炮孔的排距方向，而是药包中心到下部自由面的最小距离。

（5）药包质量。各个药包的长径比以不超过 6 为宜，即只要须近似为集中药包。药包质量一般为 20 ~ 37kg。所用炸药一般应是高密度、高爆速、高爆热的三高炸药。

（6）爆破分层。每次爆破分层的高度一般为 3 ~ 4m，具体取决于炮孔直径和矿体的可爆性能等因素。为提高爆破作业的效率，可采用单分层或多分层爆破，最后一组爆破高度为一般分层的 2 ~ 3 倍，采用自下而上的起爆顺序。但是，多分层爆破的分层数不宜太多，以避免因分层药包间的相互影响而导致爆破效果不佳。

（7）单位炸药消耗量。在中硬矿石条件下，即 $f = 8 \sim 12$，单位炸药消耗量一般平均为 0. 34 ~ 0. 5kg/t。实践中往往需要通过试验确定。

（8）起爆。同层药包可同时起爆，分层之间用 50 ~ 100ms 延迟时间起爆；为降低地震效应，同层毫秒延时起爆，先起爆中部，再顺序起爆边角炮孔，延迟时间一般为25 ~ 50ms。

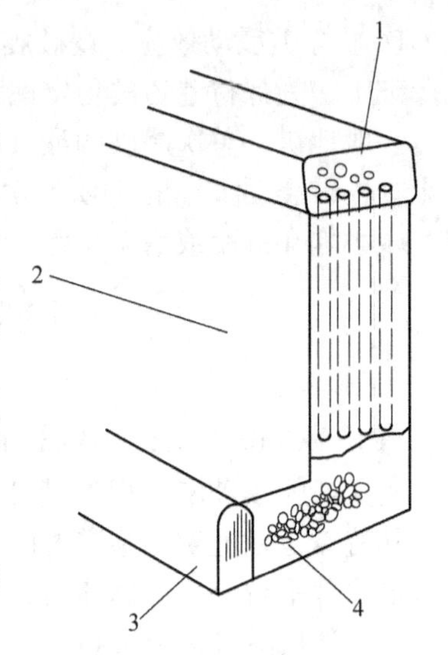

图 9-25 VCR 法分段爆破崩矿示意图

1—凿岩巷道；2—矿柱；3—运输巷道；4—出矿巷道

9. 4. 2 施工工艺

VCR 法爆破施工主要包括以下工艺：

（1）在矿块中钻凿一个或多个平行的下向大直径炮孔，孔底距下部拉底空间顶板的距离为要爆的最小抵抗线。

（2）在每个炮孔中装入一个大球状药包或近似球体的药包并填塞。

1）用绳将孔塞放入孔内，按设计位置吊装好；

2）在孔塞上按设计长度装填一段砂或岩屑（如孔塞到位亦可不填）；

3）装下半部药包；

4）装起爆药包；

5）装上半部药包；

6）按设计长度进行上部填塞；

7）联网起爆；

8）多层同时爆破时，上部填塞到位后重复装药、填塞。

（3）药包爆炸时，借助于气体压力破碎岩石，在矿体中形成倒置漏斗。

（4）从矿房运出漏斗中的破碎矿石。

9. 4. 3 工程实例

试验和应用的结果表明，矿石的破碎质量非常好，平均块度一般为 100 ~ 120mm，大于 500mm 的块度在 1% 以下，一次炸药单耗为 0. 35 ~ 0. 45kg/t。良好的破碎质量为保证出矿的效率和提高采场生产能力创造了条件。

金川镍业公司、凡口铅锌矿、大冶铜绿山、金厂峪金矿、狮子山铜矿、草楼铁矿等矿山分别进行了 VCR 采矿法的研究与应用，部分取得了良好的效果。

国内外部分矿山应用 VCR 法的实例及参数见表 9-6。

表 9-6 国内外部分矿山 VCR 法应用实例及技术参数

序号	矿山名称	孔径 /mm	埋置深度 /m	布孔方式	孔网尺寸 /m	柱状药包质量 /kg	爆破层厚度/m	填塞高度 /m	采场规格（长×宽×高） /m×m×m	孔深 /m	每米孔爆破量 /t·m^{-1}	炸药单耗 /kg·t^{-1}
1	Levack（加拿大）	165	1.8	垂直孔	4.6×3	34	3.9～4.2		49×6×(20～26)			
2	Lerack West（加拿大）	165			3.33×3.33	34	3.33					
3	Birchtree（加拿大）	152	约2.5	扇形孔	3×3	23	3.60		38×(3～9)×34	32		
4	Strathcona（加拿大）	165	1.8	垂直孔	3×3	37.5	3～3.60	1.8～2.0	(107～122)×67×61	56		
5	Rabiales（西班牙）	165	约2.6	扇形孔	3×3	25	3.0	1.0	25×15×70	55	33.0	0.34
6	Carr Fort（美国）	156	2.0	扇形孔	2.5×2.5 或 3×3	34	3.0	3.0		40～45	18.6～21.6	0.330
7	Almaden（西班牙）	165	1.79		2×2	18	2.46	2.0	30×45×44	40	13	0.650
8	Fobian（瑞典）		1.80		2×2							
9	Clere land（澳大利亚）	158	2.4～2.8	垂直孔	3.7×3	37.5 或 12.5	3.0		40×6.1×45	35		
10	凡口铅锌矿（中国）	165	2.25	垂直孔	2.7×2.7	25	3.86	1.75～2.5	38×8×32.2	32	24.8	0.280
11	金川二矿（中国）	165	2.21～2.45	垂直孔	(2.5～3.0)×(≥6)	20～25	2.8～3.7	1.0	22.5×6×50	50	14.7	0.47
12	铜绿山矿（中国）	165	1.8～2.0	垂直孔	2.5×2.5/2.5×3	37.5	3.0	1.8	(40～50)×10×50	46	20	0.6
13	狮子山铜矿（中国）	170	2.5	垂直孔	2.5×2.5	30	3.0	1.8	26×12×36	30	16	0.6
14	金厂峪金矿（中国）	165	2.7	垂直孔	2.5×3.2	25	3.6	1.5	30×8×36	30	13.2	0.4
15	草楼铁矿（中国）	165	2.0	垂直孔		30	2.5～3.0	1.4	50×16×50			

习　题

9-1 与露天台阶炮孔爆破相比，地下落矿爆破具有的工程特点是什么？
9-2 地下落矿爆破时，平行炮孔和扇形炮孔各有什么特点？
9-3 地下落矿爆破需要确定哪些参数，确定这些参数的方法主要是什么？
9-4 反映上向扇形中深孔爆破效果好坏的指标主要有哪些？
9-5 如何确定上向扇形中深孔爆破的崩矿步距？
9-6 上向扇形中深孔爆破的炮孔装药结构应该如何确定？
9-7 影响上向扇形孔爆破效果的主要因素是什么？
9-8 眉线破坏可能会产生什么影响？
9-9 为避免悬顶、眉线破坏等现象的发生，可考虑采取的技术措施有哪些？
9-10 VCR 法的基本技术特点和作用原理各是什么？

10 拆除爆破

本章要点

我国目前的基本建设事业处于快速发展的阶段，故拆除爆破技术得到了较为广泛的应用。因此，掌握拆除爆破的基本知识与技能具有积极意义。本章要点如下：

(1) 拆除爆破的一般原理；

(2) 楼房、厂房拆除爆破的常见方案；

(3) 烟囱等高耸建（构）筑物拆除爆破的常见方案；

(4) 水压爆破。

拆除爆破的工程对象是楼房、工业厂房、建筑基础及烟囱和水塔等各种各样的建（构）筑物。所谓拆除爆破，就是将爆破技术应用于这些建筑物的拆解。与以岩石为工程对象的各种其他爆破技术相比，拆除爆破工程对象的结构与力学性质均有显著差异，工程的环境条件与要求，以及对爆破效果的要求，都会产生一定的变化。因此，从事拆除爆破，如何选择爆破的方法，科学制定爆破方案，合理选取爆破技术参数，都是需要学习和讨论的问题。

一般地讲，与机械等其他方式相比，用爆破的方式拆除建构筑物，可以缩短工期，成本低，安全可靠性高，且适用范围广。

10.1 拆除爆破的一般特点

拆除爆破的对象都是人工建构筑物。与岩体开挖爆破相比，拆除爆破的特点主要体现在两个方面；一是工程所处的环境；二是爆破对象物自身的结构与力学性质。前者对爆破安全提出了更高的要求，飞石和震动等爆破有害效应必须控制在可以接受的程度，而后者则对爆破方法及爆破技术参数的选取提出了要求。

10.1.1 拆除爆破的环境特点

与矿山爆破相比，拆除爆破的对象往往是位于城镇或工业厂区。在城镇或工业厂区内进行爆破作业，必须充分考虑爆破对周围环境内的人身财产安全的影响及可能对环境产生的消极影响，这些影响可包括：

(1) 飞石。所谓飞石是指爆破可能产生的砖石和混凝土碎块在爆破作用下的飞散、抛散现象。飞石现象是爆破作业导致人身伤亡事故和设备设施、建构筑物破坏的首要因素。因此，拆除爆破，特别是在人口密集区，必须极力避免出现飞石现象，并在爆破时划定足够大的警戒区。除必要的爆破工程技术及相关人员外，其他人员须在爆破警戒期间疏散至警戒区外。

（2）爆破震动。爆破震动可对一定距离范围内的建构筑物造成某种程度的破坏，且这种震动效应可对周围人造成惊扰和不适。

特别是在邻近医院、学校和居民区等较敏感区域，爆破震动尤其容易引起人们的反感和抱怨。但是，一般无法彻底避免爆破震动。为避免或降低爆破震动使人（尤其是心脏病人等对突然的震动和声响敏感的人群）产生的不适，应在实施拆除爆破之前若干天将准确的爆破日期和时间书面通知相关单位，并予确认。必要时，须在实施爆破之前若干小时当面知会医院、学校、教堂等对突然的震动和声响敏感的人群。当然，这些工作并不能取代起爆前的鸣笛示警等其他安全警戒措施。

（3）噪声。噪声是拆除爆破时无法真正避免的另一有害效应。与震动类似，特别是在邻近医院、学校和居民区等较敏感区域，噪声也很容易引起人们的反感和抱怨。

（4）烟尘与有害气体。拆除爆破过程中一般很难避免烟尘与有害气体的产生，而烟尘和有害气体对周围环境都是有害的，会对周围一定范围内人们的工作和生活产生有害影响。因此，拆除爆破时也须尽量减少烟尘与有害气体的生成量，将其对周围环境的危害降低到最低程度。

（5）落地冲击效应。当待拆对象具有一定高度时，爆落物将在自重作用下落地，且伴有一定程度的水平向运动。爆落物落地瞬间将对地表产生一定的冲击力，若此时此处的地表以下有涵管、线缆等地下设施，即有可能对这些设施造成破坏。爆落物的水平向运动，则有可能使紧邻的建构筑物产生破坏。

总之，在拆除爆破工程实践中，准确全面地获取待拆对象一定距离范围内的地表与地下各种建筑与设施的相关信息和数据，对实现安全爆破和人性化爆破，具有极为重要的意义。

10.1.2 爆破对象的结构特点

拆除爆破工程的对象一般是人造的墙、柱、梁、筒等结构体。与矿山爆破时的矿体和岩体相比，这些结构体的几何特征与力学性质一般都是可知的，这一点对拆除爆破十分重要，利于爆破技术方案的科学制定和技术参数的准确计算，利于实现对爆破效果的精确控制。换句话说，在拆除爆破工程实践中，准确全面地获取待拆对象本身的结构特点和物理力学性质，是科学进行爆破设计和严格控制爆破效果的重要前提。

10.2 拆除爆破的一般原理

如前所述，各种建构筑物作为拆除爆破的对象，其结构的几何要素和材料的物理力学性质往往都是基本准确、具体、全面和可知的。因此，相对于岩体爆破，拆除爆破可以做到基本的准确量化，实现所谓的“精确爆破”。而在拆除爆破实践中真正实现精确爆破，需要在爆破设计与施工中科学运用以下原理。

10.2.1 最小抵抗线原理

最小抵抗线是指药包中心到自由面的最小距离。最小抵抗线的方向则是该药包爆破时周围介质破碎后发生抛掷的主导方向。

在设计药包位置和确定药量大小时合理和充分地利用最小抵抗线的作用，其目的有两个：一是控制爆破破坏和抛掷的方向与范围；二是避免最小抵抗线指向需保护的目标，保证爆破安全。

10.2.2 等能原理

在设计的爆破破坏范围内，炸药量的大小与实际需要相符，既能保证介质的破碎充分，同时尽量减小或避免飞石、震动、噪声、烟尘等有害效应。换言之，所谓的等能原理，是指药包爆炸产生的能量正好与药包抵抗线范围内介质破坏所需要的能量相等。

10.2.3 分散化原理

所谓分散化，是指炸药在爆破范围内尽量分散，尽量“多钻孔，少装药”。且鉴于介质的均质性，均布药包和药量，使炸药能量的分布更为均匀。其作用有二：一是保证范围内介质的破碎均匀，破坏范围边界规整，利于实现精确爆破；二是利于减小飞石等有害效应。

10.2.4 失稳原理

在建筑物的承重部位钻孔爆破，之后利用建筑物的自重使之失去原有的稳定性，在自重作用下倾倒坍塌，最终触地解体，达至拆除爆破的效果。

显然，在进行拆除爆破时，准确判定建筑物的承重部位，合理确定布孔范围，是确保获得预期爆破工程效果的重要根本。

10.2.5 缓冲原理

拆除爆破，特别是具有一定高度的建构筑物的拆除爆破，其主要特征之一是建筑物本身在自重作用下以一定速度与地表发生碰撞冲击而发生一定程度的解体效应。当地表坚硬平整时，触地瞬间的冲击作用可极为强烈，从而可能引起若干块体的飞溅，导致触地震动和飞石两种现象的发生，不利于周围其他建构筑物、设备设施及人身的安全。因此，实践中一般需要在预定倾倒坍塌的范围内采取相应的缓冲措施，用以减弱塌落体与地表的碰撞冲击作用，降低震动和减弱块体飞溅，保证爆破安全。

10.3 楼房、厂房拆除爆破

随着城市现代化建设的日速发展，需要改建和扩建原有的城市，因此，楼房和厂房的拆除工程日益增多。这些要拆除的楼房和厂房的环境条件往往很复杂，具体表现在：

（1）要拆除的楼房和厂房大多位于闹市区、居民区、厂区，有的还邻近交通要道。

（2）与需要保留或需要保护的建筑物毗邻，甚至在结构上相互连接在一起。

（3）在拆除工程的地面、地下或邻近区域，有各种市政管道（如水管、燃气管、风管和暖气管道等）和线路（如电力线、照明输电线和通信线路等）等设施。

（4）在要拆除的楼房和厂房附近有易燃、易爆气体的管道或危险品储存设施等。

在这样复杂的环境中对楼房和厂房进行爆破拆除，就必须能够对其倒塌方向和塌落范围进行严格的限制和控制。因此，在大多数情况下，楼房和厂房拆除爆破的技术设计难度大，施工技术要求高，安全防护要求严格，震动、飞石、烟尘等安全危害和环境有害效应都要严格控制在可接受的程度。

鉴于上述，在进行楼房和厂房拆除爆破时，必须首先详细和准确全面地了解要拆除楼房的结构特点，可靠分析结构各部位的受力状态，掌握梁、柱等结构的几何尺寸和力学性能参数及结构体内的布筋参数，详细勘察场地周围的环境条件，明确允许楼房倒塌的方向和范围，为之后爆破拆除方案制定和爆破设计与施工提供可靠依据。

楼房和厂房爆破拆除的基本原理是利用炸药爆炸释放的能量，破坏楼房关键受力构件的强度，使它失去承载能力，然后在自重作用下失去整体的稳定性而倒塌，在倒塌与地面碰撞的过程中，使楼房的结构进一步解体和破碎。

10.3.1 常见方案及其选择

用爆破拆除楼房时，楼房的倒塌方式有各种各样的方案，各种方案都有其适用条件。在方案确定之前，必须首先开展系统的工程勘查工作，对楼房周围的环境条件和它本身的结构特点做详细的调查研究以后，才有可能选择确定一种合理可行的安全可靠的爆破拆除技术方案。为此，在确定方案的过程中除了要考虑达到一般的控制爆破要求外，还需要就以下问题仔细开展相关的工程勘察工作：

（1）拆除楼房的结构类型、外形几何尺寸以及承重构件的特征。

（2）拆除部分与保留部分之间结构上的相关关系，包括构件的连接性质和方法。

（3）拆除楼房与周围被保护的建筑物、设施之间在空间和位置上的关系，包括坍塌场地的大小，地面与地下的设施和地形条件等。

（4）爆破扰民的程度和影响范围。包括周围住宅结构分析和密度分布、道路车流和人流统计资料的分析，特别应了解近区的医院、学校、幼儿园、电影院以及其他娱乐场所的位置及活动情况。

（5）爆破近区是否有易燃、易爆、有毒和危险品的仓库和工厂。

在调查了解和综合分析了以上这些复杂的因素以后，才能在整体上确定出爆破拆除方案。爆破拆除方案主要包括以下几方面的内容：

（1）爆破倒塌方式、方向和堆积范围。

（2）建筑物关键部位的技术处理。

（3）爆破安全的特殊防护处理。

根据拆除爆破的经验，爆破拆除方案可以归纳划分为以下几种。

10.3.1.1 原地坍塌方案

对于一般矮层楼房和厂房建筑物，无论是砖结构或者是钢筋混凝土框架结构的爆破拆除，原地坍塌是常用的拆除方案。当建筑物的高宽比小于1.0，楼房至周围场地边界的水平距离小于楼房高度的二分之一，没有任何一方具有开阔的场地时，最适宜采用原地坍塌方案。

对于砖砌结构的楼房而且楼板又是预制构件的，只要将最下一层的所有承重墙和承重柱炸毁相同高度，则整个楼房必然在重力作用下，原地坍塌解体。此炸毁的高度称炸高。对于钢筋混凝土框架结构的建筑物，则采取切梁断柱的办法，在四周和内部承重柱的底部布设相同炸高的炮孔，在立柱顶部与梁、柱连接部位也布设炮孔，同时起爆后，就可将框架建筑物原地炸坍，如图 10-1 所示。

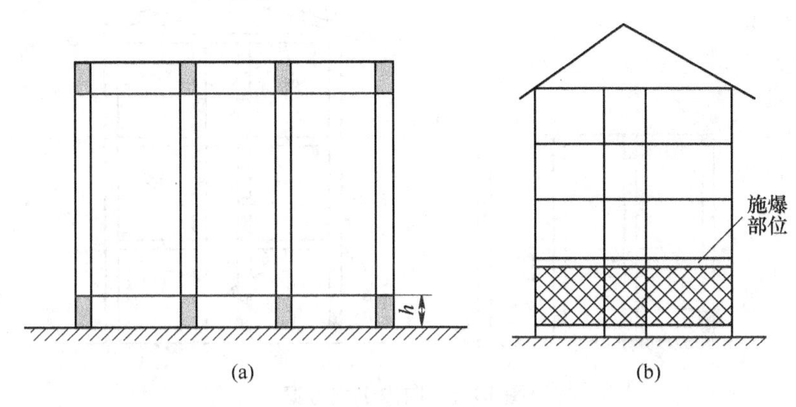

图 10-1 原地坍塌方案

（a）厂房；（b）楼房

这个方案的优点是：设计和施工都比较简单，拆除的效率高，坍塌所需的场地小。它的缺点是对于整体浇灌的楼板，或者承重墙有钢筋混凝土圈梁的楼房，容易出现上层楼房结构整体下坐而不倒塌的现象，即两层的楼房变为一层的平房。为了克服上层楼房整体垂直下坐，事前应在楼板或圈梁的关键部位布设炮孔，使圈梁失效，楼板炸毁。

10.3.1.2 定向倒塌方案

定向倒塌方案是让整个建筑物绕定轴转动一定倾角后，使其失稳，向预定方向倾倒，冲击地面而解体。当楼房建筑物的高宽比大于 1.0，而周围场地有一个方向的水平距离（指楼房的边界至场地边界距离）大于 2/3 ~ 3/4 楼房的高度，可供堆积物堆积时，就可采用此方案。

定向倒塌是通过在倾倒方向的承重墙和承重柱之间布置不同的炸高，并用不同的起爆顺序来实现的。如图 10-2 所示，炸高 h_1 大于 h_2，h_2 大于 h_3，而 h_3 又大于 h_4；起爆顺序侧按 1、2、3、4 的顺序起爆。在设计时，对于钢筋混凝土承重立柱应炸掉足够的高度并使它充分破坏，失去它的强度和刚度，然后整个楼房或框架建筑物在重力作用下形成倾覆力矩，向一个方向倾倒。

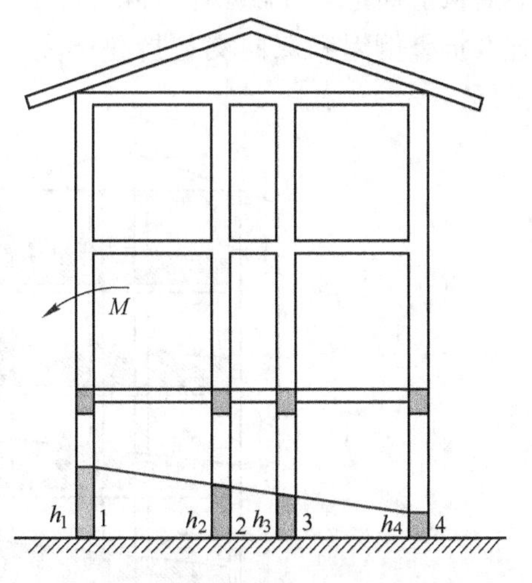

图 10-2 楼房单向倒塌方案示意图

h_1 ~ h_4—炸高；1 ~ 4—起爆顺序

这个方案的主要优点是钻孔爆破的工作量相对较小，倒塌彻底，拆除效率高。只要按照预定方向布设不同炸高的炮孔和按照规定的顺序起爆，就能达到预期的定向倒塌效果。

10.3.1.3 向内倒塌方案

该方案是让楼房中间部分首先炸塌，周围部分随后向已倒塌的中间部分合拢而实现全楼倒塌，如图10-3所示。这个方案实际上是原地坍塌与定向倒塌的结合。实现这个方案的关键是严格按照设计规定的起爆顺序起爆，即先上后下，先内后外。

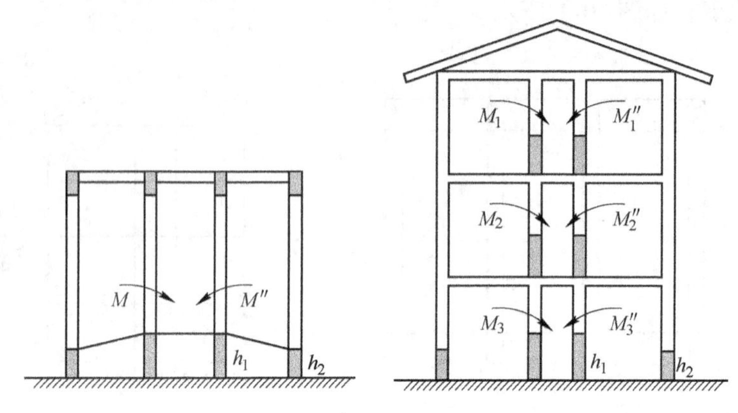

图10-3 向内倒塌方案

h_1，h_2—炸高

这个方案的优点是在四周场地非常狭小的条件下，能够爆破拆除高层建筑物，而且对框架结构的建筑物来说，破坏更彻底。它的缺点是施工和起爆要复杂些。

10.3.1.4 折叠倒塌方案

当拆除楼房的高宽比比较大，而周围的空场狭窄，不能采用整体定向倒塌方案来拆除高层建筑物时，可采用折叠倒塌方案。这个方案的实质是沿整个楼房的高度分为若干段，然后从上而下，分段顺序拆除，即上一段向下一段折叠。根据折叠的方式不同，分为单向连续折叠倒塌和双向交替折叠倒塌，见图10-4。这种倒塌方式大大缩小了楼房的坍塌范围。

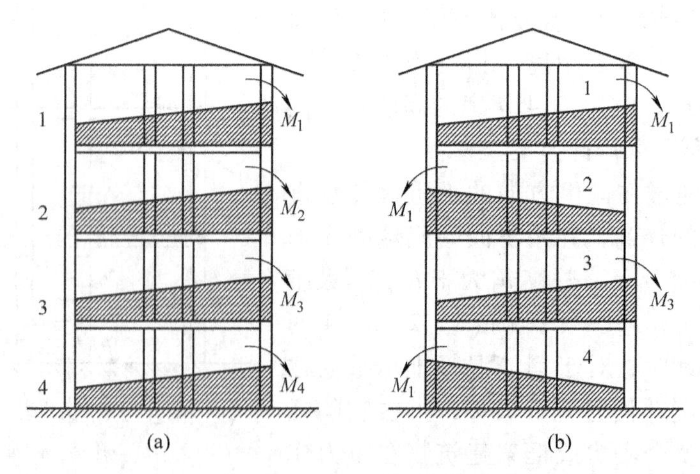

图10-4 折叠倒塌方案示意图

（a）单向连续折叠倒塌；（b）双向交替折叠倒塌

10.3.2 建筑物倾倒倒塌的基本条件

从倒塌原理来说，定向倒塌是楼房倒塌形式中一种最基本的形式，下面以定向倒塌为例来分析楼房倒塌的基本条件。

以图10-5所示的厂房定向倒塌方案为例，用爆破法按定向倒塌方案拆除厂房时，必须将厂房底层的承重墙和承重柱的底部，用爆破的方法炸出一定高度的缺口，而且靠近倾倒一侧的缺口高度要比远离倾倒一侧的缺口高度要更高。由于两侧缺口产生的这种高差，使得整个建筑物在重力 G 作用下产生一个重力偏心距 M，促使厂房向预定方向倾倒。现在用图10-6来分析厂房类建筑物定向倾倒的条件。

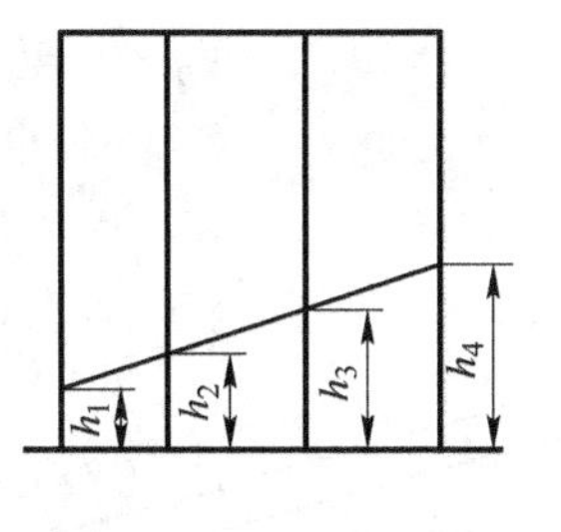

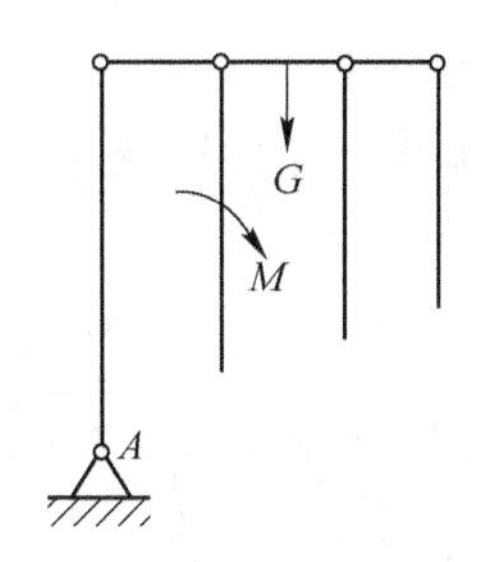

图10-5 厂房定向倒塌过程中的倾倒力矩 M

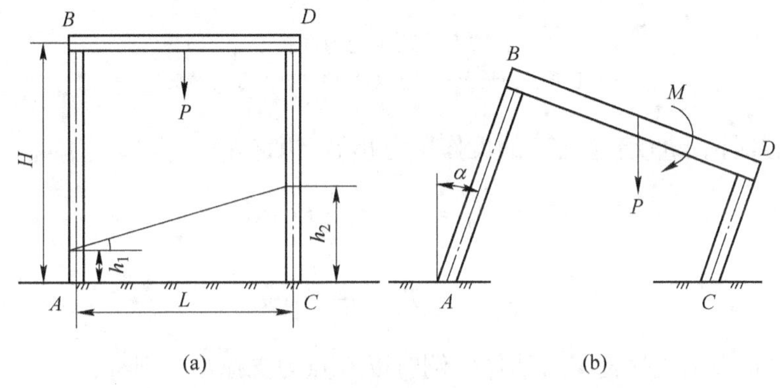

图10-6 厂房定向倒塌力学分析简化模型

（a）计算模型；（b）倾倒瞬间

设楼房底层的高度为 H，墙（柱）间跨度为 L，承重墙（柱）上部的载荷为 P，设计厂房向 DC 侧倾倒，墙 AB 与 CD 的爆破缺口相对高度为 $h = h_2 - h_1$，其中墙 AB 与 CD 的爆破缺口高度分别为 h_1 和 h_2。在图10-6b所示时刻，厂房倾倒的一瞬间所产生的重力偏心距为：

$$M = eP \tag{10-1}$$

$$e = H\tan\alpha \approx \frac{Hh}{L} \tag{10-2}$$

因此，倾倒力矩可变为：

$$M = \frac{Hh}{L}P \tag{10-3}$$

由公式（10-3）可知，若楼房底层高度 H，上部载荷 P 和爆破缺口相对高度 h 越大以及跨度 L 越小，则倾覆力矩 M 也越大，楼房完全倾覆的可能性也越大。

然后再用图10-7分析楼房倒瞬间构件的受力情况。楼房底层上部的载荷为 P，N_B 和 N_D 为承重墙（柱）的反作用力，T_B 和 T_D 为接合面的剪切力或推力（有时表现为摩擦力），由力的平衡条件得：

$$N_B + N_D = P\cos\alpha \tag{10-4}$$

$$T_B + T_D = P\sin\alpha \tag{10-5}$$

$$N_D \cdot L = P\cos\alpha \cdot \frac{L}{2} \tag{10-6}$$

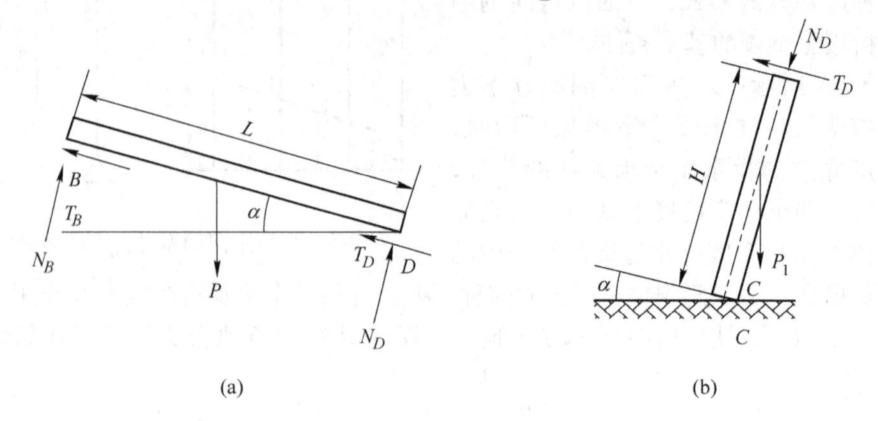

图 10-7 结构受力简析

（a）顶盖受力情况；（b）承重墙（柱）受力情况

设楼房倾覆时两承重墙（柱）的反作用力相等，则有：

$$N = N_B = N_D = \frac{1}{2}P\cos\alpha \tag{10-7}$$

$$T = T_B = T_D = \frac{1}{2}P\sin\alpha \tag{10-8}$$

再对墙体 CD 取力矩平衡，若墙体倾倒时以 C 点为支撑点，则有：

$$P_1\sin\alpha \times TH = P_1\cos\alpha \times \frac{d}{2} + \frac{d}{2}N \tag{10-9}$$

$$\tan\alpha = \frac{d}{H}\left(\frac{1}{2} + \frac{P_1}{P}\right) \tag{10-10}$$

式中 d——墙体厚度；

P_1——承重墙自身荷重。

又由 $\tan\alpha \approx \frac{h}{L}$，代入上式，则可得到爆破缺口相对高度为：

$$h \geqslant \left(\frac{1}{2} + \frac{P_1}{P}\right)\frac{dL}{H} \tag{10-11}$$

式（10-11）即为楼房定向倒塌的基本条件。若上部荷载 P 很大，即当 $P >> P_1$ 时，上式可简化为：

$$h \geqslant \frac{Ld}{2H} \tag{10-12}$$

由式（10-12）可以看出，对于高度比很大，支撑构件为薄窄的结构，爆破缺口的相对高度可以取小值；反之，对于跨度大，荷载较轻的轻型建筑物则可取大值。

10.3.3 楼房拆除爆破的技术设计

10.3.3.1 设计原则

在拆除方案确定后，下一步要着手进行钻孔爆破的技术设计，在设计中应遵循下列一些原则：

（1）在用爆破法拆除楼房和厂房时，应当着重分析建筑物的结构特点，抓住受力的要害部位，破坏它的强度和刚度，使它失去支承能力，即在承重墙和承重柱与梁的受力关键部位上要布置炮孔。

（2）对钢筋混凝土承重主梁，要在梁的两端与立柱的连接部位布置少量炮孔，即将梁的两端炸掉一小段，以达到“切梁”的目的，从而使上层结构因自重的作用，随着梁的切断而塌落下来。对于立柱，要在柱底离地面一定高度内和顶部与梁结合的部位分别布置炮孔，将立柱的顶、底部位炸毁，立柱便会失稳而倒塌。梁、柱这种炸毁方式，称为“切梁断柱”。

（3）对于能影响钢筋混凝土框架整体倒塌的柱间的拉梁、联系梁和承重墙等，要认真分析结构特征，布置一定数量的炮孔，事先一一加以破坏，使其与主体结构脱离，或者在整个框架爆破前，用即发雷管先起爆这些部位的炮孔，以便主体框架不受阻碍地顺利倒塌。

（4）对于砖墙结构的建筑物，要在外墙与外墙间的承重柱，在门和窗、窗与窗之间的墙体和柱体中布孔。下排炮孔与窗台齐平，一般要布置3~5排炮孔，使其爆破缺口的高度达到承重墙厚度的1.5~3.5倍。也就是说，炸开0.6~1.5m高度的缺口，就可确保砖墙的倒塌。

（5）室内和地下室中的辅助承重构件，包括隔墙、楼梯和电梯间，应预先彻底炸毁。它们可以与楼房同时起爆，也可以超前起爆。地下室超前起爆有利于缩小上层建筑物的堆积范围，且可利用上层建筑物塌落的碎块，充填地下室的空间。

（6）为确保周围建筑物的安全，应以爆破振动速度的安全值来控制一次起爆的规模。必要时，采用微差起爆形式以减轻振动效应。

10.3.3.2 爆破设计

拆除爆破技术设计涉及的技术参数主要包括炮孔的布置与装药参数及起爆网络。

A 炮孔而置

（1）墙体炮孔布置：在楼房、厂房的拆除爆破中，一般都是采用水平方向的炮孔。对于墙体，由于布孔范围比较大，多采用多排炮孔爆破，炮孔的排列一般都采用梅花形的排列方式。为了减少炮孔的数量而又能增大爆破缺口的高度，在实践中总结出一种名为分离式布孔方法。分离式布孔法又分为条式布孔法和岛式布孔法两种，见图10-8。所谓分离式布孔法，就是在上、下两条缺口之间，留下一条墙体不布置炮孔，这样至少可以省掉一排炮孔，分离体的宽度B'视墙体的强度、厚度和钻孔施工条件而定，一般可按下式确定：

$$B' = 2b \quad 或 \quad B' = 2B \tag{10-13}$$

式中 B'——分离体的宽度，m；

b——炮孔排距，m；

B——墙体厚度，m。

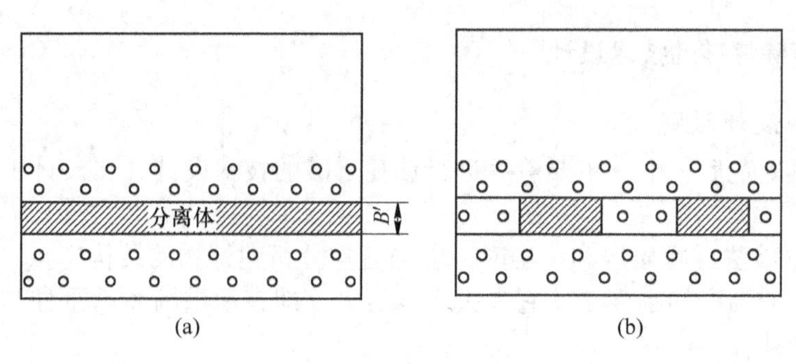

图 10-8 分离式布孔法
（a）条式布孔法；（b）岛式布孔法

上面介绍的是墙体本身的布孔方法，但是墙体的拐角地方和墙与墙相交地方的布孔往往容易被人们所忽视。因为这些部位的结构较墙体本身更坚固，如果不布孔或布孔不当，爆破后这些部位往往不能完全破坏，仍然起着支承作用，使楼房不能倒塌或倒不彻底。这些部位的布孔如图 10-9 所示。

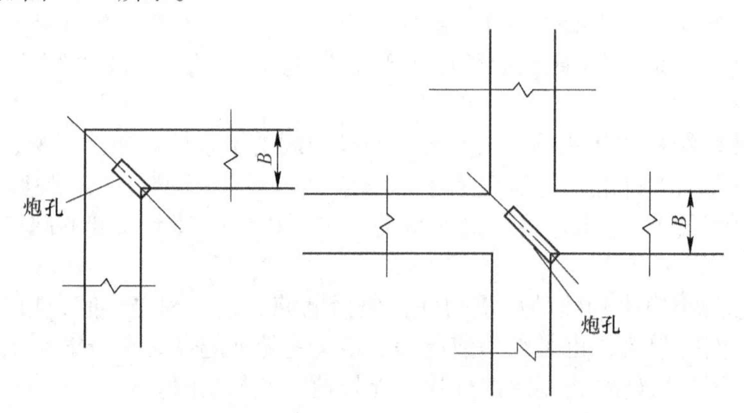

图 10-9 墙角拐角或相交处的布孔

炮孔布置范围通常取决于爆破拆除方案。采用原地坍塌方案时，须将楼房底层四周的外承重墙（柱）和内部隔墙与柱炸开相同高度的水平爆破缺口。缺口的高度应大于墙厚的二倍，在此缺口内布置炮孔。采用向中间倒塌方案时，内承重墙布孔的排数应比外承重墙多一排或一排以上，使得炸开的爆破缺口的高度，由内向外逐渐减小，如内墙的缺口高度为 3.5 倍墙厚，那么外墙的缺口高度则为 1.5 倍墙厚。采用定向倒塌方案时，倒塌方向一侧的缺口高度要比相对侧的要高些，炮孔排数也要多一些。

（2）柱、梁的炮孔布置。柱和梁是一种横截面面积较小和长度较长的结构物。在梁上布置炮孔主要是依靠爆破的破坏作用，切断它们与柱的连接。因此，炮孔主要布设在与柱连接的两端，布孔的范围较小和孔数较少，所以布孔较简单。柱主要起支承楼房的作用，它的顶端与梁连接，只要布设少量炮孔就可切断与梁的连接。它的下端要根据爆破缺口高度的要求来确定布孔范围，对于小截面的立柱，一般只沿轴线布设一排炮孔（图 10-10）。

对于大截面的钢筋混凝土承重立柱，为了使炸药分布更合理和使混凝土破碎得更均匀，一般可沿立柱轴线方向布设三排炮孔。一排炮孔布设在轴线上，另两排炮孔均匀地布设在轴线的两侧，如图 10-11 所示。

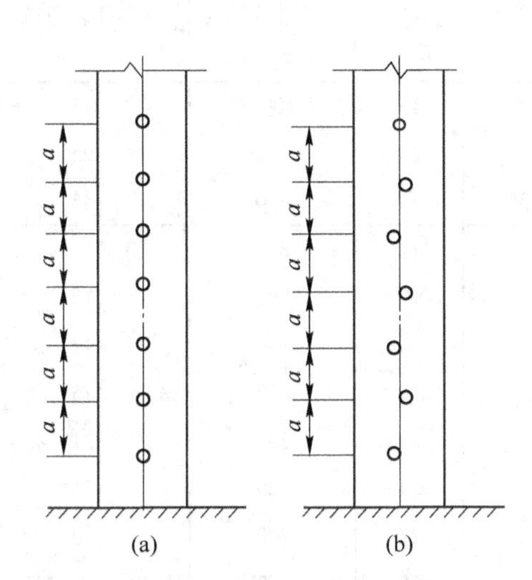

图 10-10 单排炮孔布置方式
（a）沿轴线布孔；（b）与轴线相切布孔

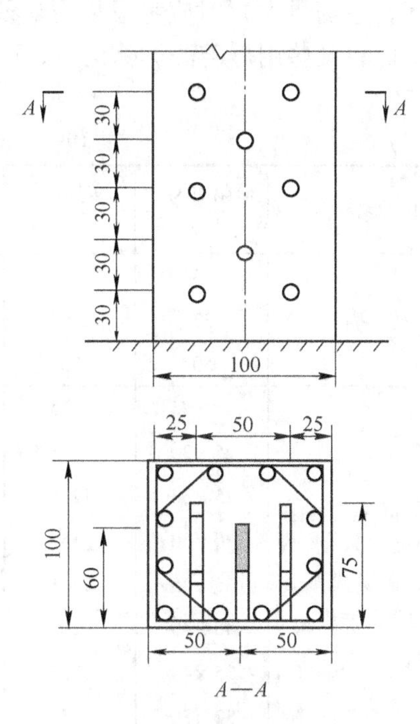

图 10-11 大截面立柱炮孔布置（尺寸：cm）

B 爆破参数

（1）最小抵抗线 W。在楼房、厂房拆除爆破中，最小抵抗线的确定取决于构件的材质、结构特征、自由面的多少、构件尺寸和清碴的要求。

对于墙、梁和柱的拆除爆破，最小抵抗线一般为：

$$W = \frac{1}{2}B \tag{10-14}$$

式中 B——墙体厚度或梁、柱截面最小边长。

（2）炮孔间距 a：对于混凝土、钢筋混凝土的梁、柱和板等构件：

$$a = (1.2 \sim 2.0)W \tag{10-15}$$

对于砖墙：

$$a = (1.5 \sim 2.5)W \tag{10-16}$$

（3）炮孔排间距 b：

$$b = (0.8 \sim 1.0)a \tag{10-17}$$

（4）炮孔深度 l；炮孔的深度原则上应使装药中心位于墙体、梁和墙的厚度或最小边长的中点上。因此，炮孔深度应为：

$$l = 0.6B \tag{10-18}$$

（5）单孔装药量 Q：根据拆除爆破的要求，只需将结构体破碎和解体，而不允许碎块抛掷。因此拆除爆破的装药量只能根据松动爆破的原则来计算。

C 拆除爆破炮孔的起爆网络

拆除爆破的规模一般都很小，小型爆破的炮孔一般可采用同时起爆，大型爆破（炮孔个数多，总药量大）时应考虑采用毫秒延时起爆。

下面将某些用爆破法拆除楼房、厂房工程中所采用的爆破参数列于表10-1，以供设计时参考。

表10-1 砖混结构楼房拆除爆破参数

构件名称	横截面尺寸或墙厚/cm	最小抵抗线 W/cm	孔距 a/cm	排距 b/cm	孔深 l/cm	单位体积耗药量/g·m^{-3}	单孔装药量/g
砖 墙	24	12	25	25	15	1000	15
	37	13.5	30	30	23	750	25
	50	25	40	35	35	650	45
钢筋混凝土柱子（四面临空），水平炮孔，在横截面上的短边面上钻孔	25×25	12.5	18		17	890	10
	25×30	12.5	18		19	890	12
	25×38	12.5	18		24	880	15
	30×30	15	20		19	830	15
	35×35	17.5	25		21	700	21
	40×40	20	30		24	520	25
	35×45	17.5	20		27	740	20
	30×80	15	20		65	652	30（15/15）①
钢筋混凝土梁（梁顶面与楼板浇灌一起）炮孔垂直于梁顶面	20×35	10	15		22	950	10
	20×50	10	15		40	1070	16（8/8）①
	25×60	12.5	18		48	740	20（10/10）①
	30×73	15	20		55	710	30（15/15）①
	50×75	18.5	25		56	580	40（20/20）①
	50×90	12.5	18		75	750	30（10×3）②
	35×95	17.5	25		78	660	55（15/20/20）②

①分两段装药；②分三段装药。

10.3.4 楼房拆除爆破的施工和安全防护

楼房拆除爆破施工与安全防护的工艺、方法和技术要求与一般的控制爆破基本相同，本节仅就楼房拆除爆破的特殊之处予以阐述。

（1）用爆破法拆除楼房时，为了能使楼房顺利倒塌，爆破前宜将门窗拆除。对于阻碍或延缓楼房倒塌的隔墙、楼梯、楼梯的承重柱、梁和墙以及电梯间都应在爆破前加以爆破破坏。

（2）采用炮孔法爆破时，炮孔直径不宜小于38~40mm，以利于提高装药集中度和相对增加堵塞长度。

（3）为了有利于安全和防护，钻孔时最好是在室内向外钻孔，这样有利于控制由于冲炮和飞石所造成的危害，同时也可使防护与起爆网络的连接互不干扰。

（4）在砖墙上钻孔，最好采用电钻，用电钻钻孔，不仅能源方便，而且轻便、灵活，同时还可避免用风动凿岩机凿岩时造成的粉尘污染。特别是爆破法拆除危险和破损的楼房时，用电钻钻孔产生的震动小，有利于安全施工。

（5）若拆除的楼房有地下室时，宜将地下室的承重构件，如筋、柱及顶板的主梁等予以彻底炸毁。炸毁这些构件可与整个楼房拆除爆破同时进行，也可超前进行。这样可使上部结构的部分坍塌物充填于地下室的空间内，有利于缩小楼房的坍塌范围。

（6）在闹市区或居民密集区，用爆破法拆除楼房时，应根据具体情况在楼房的一侧或数侧设置围挡防护排架。

（7）楼房内的空间充满空气，当楼房爆破倒塌时，空气急剧受压形成喷射气流，引起尘土飞扬。如条件许可，宜在楼房倒塌时进行喷水，以消灭灰尘。如条件不具备，则应发出安民告示，做好防患准备。

（8）楼房倒塌后，有时个别梁、板等构件仍未完全塌落，必须在其倒塌稳定后，方可进入现场检查。经过全面检查，确认安全无误后，其他施工人员才能进入现场。

10.3.5 楼房拆除爆破工程实例

10.3.5.1 工程实例一：原地坍塌方案

某工厂区内有一座库房，因工厂改建需要拆除。

（1）库房结构和四周环境。库房为砖混结构，长 39.94m，宽 31.18m，高 7 ~ 10m，建筑面积为 1245m^2。房顶现场浇灌的钢筋混凝土厚 10cm，由网格状钢筋混凝土梁支承着。梁的两端搭接在内、外墙的墙间砖柱上，且由房内砖柱支撑。内、外墙厚 0.37m，外墙中有 40 个砖柱。内墙中有 16 个砖柱，砖柱截面均为 0.5m × 0.6m（其中外墙有 4 个砖柱截面为 0.84m × 0.84m）。库房内有独立的 8 个砖柱，砖柱的截面为 0.5m × 0.5m。其结构尺寸见图 10-12。

库房一侧 2m 处有一电线杆，另一侧 2m 处有一排树，上面临时架设有通信电缆，库房周围 7 ~ 14m 处有楼房和平房，其四周环境参见图 10-13。

（2）爆破拆除方案的确定。库房宽 31.18m，高 7 ~ 10m，高宽比为 0.23 ~ 0.33，库房相当稳定，故只适宜采用原地坍塌方案。

（3）爆破设计。

1）按常规的爆破方法设计：由于房内、外墙均为主要承重墙，窗户又被堵住，按照常规布孔原则，沿内、外墙的边长都要布孔。墙厚 0.37m，设计炮孔间距 $a = 0.5$m，排距 $b = 0.5$m。按梅花形布置三排炮孔，见图 10-14，跨度为 2.4m 的墙布置 14 个炮孔，这样的墙面有 32 处；跨度 3.2m 的墙布置 20 个炮孔，这样的墙面有 16 处；跨度 7.38 的墙面布孔 47 个，这样的墙面有 2 处。墙体布孔总数为：

$$14 \times 32 + 20 \times 16 + 47 \times 2 = 862(\text{个})$$

56 个墙中砖柱，每个砖柱布孔 4 个，8 个房内独立砖柱，每个砖柱布孔 3 个，砖柱布孔总数为：

$$4 \times 56 + 3 \times 8 = 248(\text{个})$$

墙体和砖柱的布孔总数为 1110 个。

每个炮孔的装药量按 $Q = f(q_1 A + q_2 V)$ 计算。

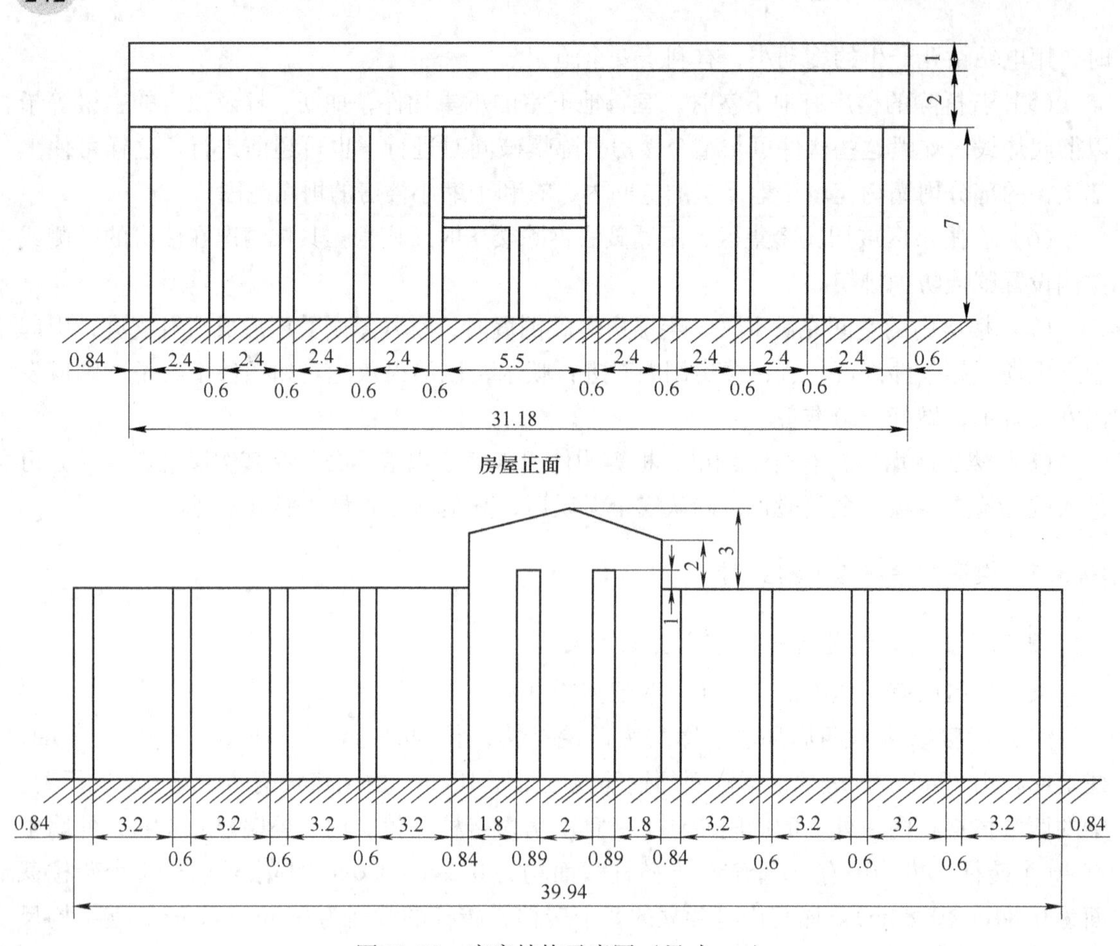

图 10-12 库房结构示意图（尺寸：m）

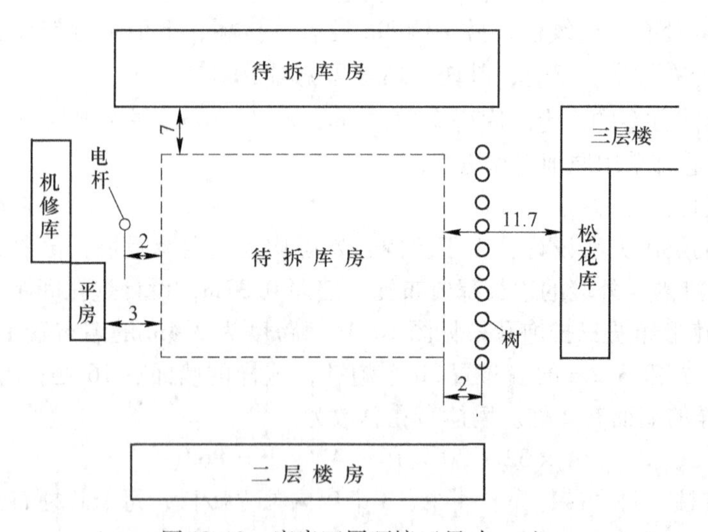

图 10-13 库房四周环境（尺寸：m）

每个炮孔的装药量按 $Q=f(q_1A+q_2V)$ 计算。式中 f 为临空面系数，临空面为 1 ~4 个自由面的 f 值分别为 1.15、1.0、0.85/0.75；q_1 为剪切单位面积介质的用药量，g/m^2；A

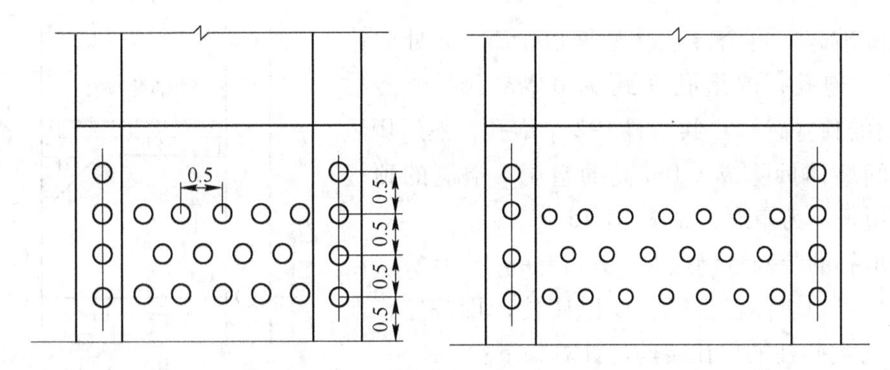

图 10-14 墙体炮孔布置（尺寸：m）

为单个炮眼爆破时的剪切面积，m^2；q_2为破碎单位体积介质的用药量，g/m^3；V为单个炮眼爆破破碎介质的体积，m^3。

墙体和砖柱两面临空，取$f=1.0$，$q_1=35/W$；$q_2=100$。

墙体炮孔的装药量：

$$W=\frac{B}{2}=\frac{0.37}{2}=0.185\mathrm{W}$$

$$Q=1\times\left(\frac{35}{0.185}\times0.5\times0.37+100\times0.5\times0.37\times0.5\right)=44.25\mathrm{g}$$

实际取45g。

截面为0.5m×0.6m的墙中砖柱炮孔装药量：

$$W=\frac{B}{2}=\frac{0.5}{2}=0.25\mathrm{m}$$

则 $$Q=1\times\left(\frac{35}{0.25}\times0.5\times0.6+100\times0.5\times0.6\times0.5\right)=57\mathrm{g}$$

实际取55g。

截面为0.84m×0.84m的墙角砖柱炮孔装药量：

$$W=\frac{B}{2}=\frac{0.84}{2}=0.42\mathrm{m}$$

则 $$Q=1\times\left(\frac{35}{0.42}\times0.84\times0.84+100\times0.84\times0.84\times0.5\right)=94.08\mathrm{g}$$

实际取95g。

房内截面为0.5m×0.5m的独立砖柱炮孔装药量：

$$W=\frac{B}{2}=\frac{0.5}{2}=0.25\mathrm{m}$$

则 $$Q=0.75\times\left(\frac{35}{0.25}\times0.5\times0.5+100\times0.5\times0.5\times0.5\right)=35.6\mathrm{g}$$

实际取35g。

总共装药量为：

$$45\times862+55\times208+95\times16+35\times24=52.6\mathrm{kg}$$

2）按爆破与风镐破碎相结合的设计：根据尽量减少炮孔的原则，只在砖柱上布孔，墙体用风镐破碎。每个砖柱从地面以上0.5m处起往上布置3个炮孔，取炮孔间距为0.5m，64个砖柱（包括房内的独立砖柱）共布置192个炮孔，然后用风镐将砖柱间墙体拆除成1.0m高的空洞，空洞的顶板为拱形，顶板下为矩形，见图10-15。

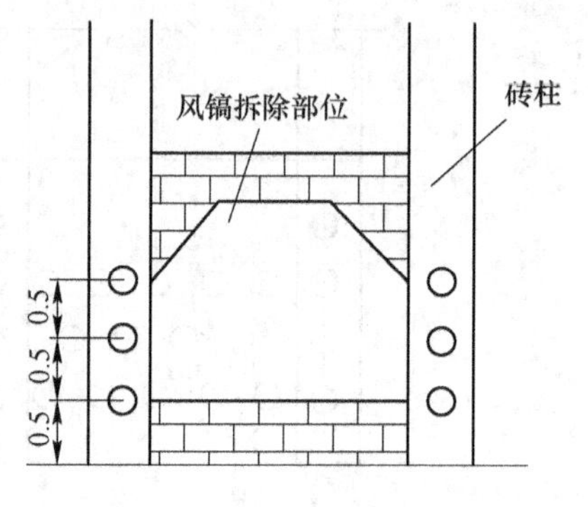

图10-15　用风镐拆除墙体后的形状

每个炮孔的装药量仍按 $Q=f(q_1A+q_2V)$ 计算。由于将砖柱之间的墙体已拆除，所以砖柱四面临空，取 $f=0.75$，每类砖柱的单孔装药量计算如下：

截面为0.5m×0.6m砖柱的炮孔装药量为：

$$Q=0.75\times\left(\frac{35}{0.25}\times0.5\times0.6+100\times0.5\times0.6\times0.5\right)=42.75\text{g}$$

实际取40g。

截面为0.84m×0.84m，砖柱的炮孔装药量为：

$$Q=0.75\times\left(\frac{35}{0.25}\times0.84\times0.84+100\times0.84\times0.84\times0.5\right)=70.56\text{g}$$

实际取70g

截面为0.5m×0.5m砖柱的炮孔装药量为：

$$Q=0.75\times\left(\frac{35}{0.25}\times0.5\times0.5+100\times0.5\times0.5\times0.5\right)=35.6\text{g}$$

实际取35g。

总共装药量为：

$$Q=40\times156+70\times12+35\times24=7.92\text{kg}$$

两个设计方案比较，后方案的炮孔数比前方案减少了908个炮孔，只为前方案的17.3%，后方案的炸药总量比前方案减少44.68kg，只为前方案的14.08%。两方案比较结果，决定采用后方案。

3）起爆网络：采用导爆管起爆，由于柱间墙体已拆成空洞，砖柱四面临空，故全部192个炮孔均装即发雷管起爆药包。为了使相对墙体在爆破时有“扯动”作用，在通向三面墙体的网络连接处安放一个8段毫秒雷管（延期为250ms），进行孔外微差爆破。如图10-16所示，整个起爆网络每个炮孔只装一个即发雷管，每个砖柱上三个炮孔所引出的导爆管与两个即发雷管（起传爆作用的雷管）簇联，然后用连通管和导爆管将它与区域导爆管连接起来，组成簇串并联的复式

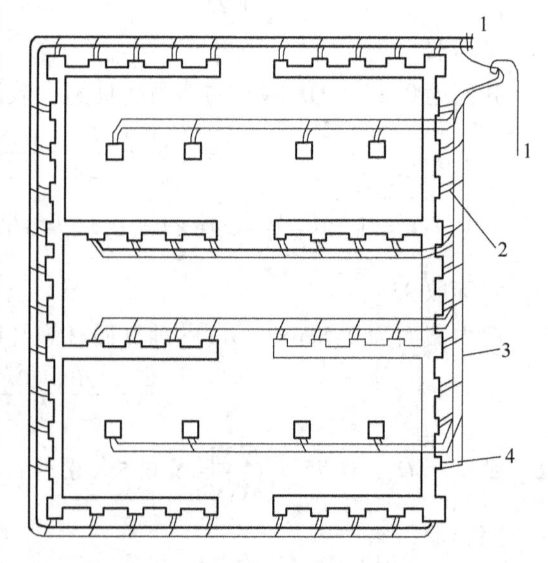

图10-16　起爆网络

1—8段毫秒雷管；2—连接雷管；3—区域导爆管；4—连通管

起爆网络，最后用击发枪起爆。

10.3.5.2　工程实例二：定向倒塌方案

广州市省府招待所五层大楼的爆破拆除。

（1）工程概况和周围环境。招待所大楼全长72.8m，宽16.6m，高20.2m。楼房共五层，建筑面积为5900m²，主要是砖砌拱和砖与钢筋混凝土的混合结构。大楼实际上是由四个独立单元组成的联合体。东、西两边配楼与中间主楼之间，墙间间隔只有15cm，而中间主楼又分为南、北两部，中间各走廊以砖砌拱相连接，见图10-17。

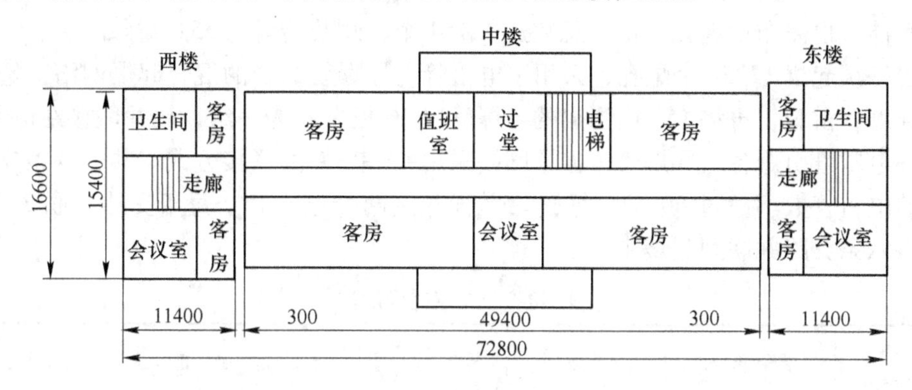

图10-17　招待所楼房平面图（尺寸：mm）

楼中各层均为砖砌承重墙，一、二层砖墙厚40cm，三层以上为24cm，层间楼板是20cm厚的现浇钢筋混凝土，由断面为60cm×25cm的钢筋混凝土梁及外墙圈梁分别将各层质量分布到承重墙上。东、西配楼和中间主楼北大厅均有钢筋混凝土框架及楼梯，中间主楼尚有框架结构的电梯间，构成一座坚固的建筑物。

招待所两侧15m全为旧房，并紧邻省政府大门，距离重要的文物保护区中山纪念堂不到200m；东距15层粮食大楼仅有13m，南面距主要交通干线东风中路人行道5m，与隔街相望的12层物资楼相距60m；只有北面58m外是宿舍楼，距离稍远，其中间部位为空场，足以容纳大楼坍塌后的废碴堆放，但距东北角37.5m处的危房不允许损坏。

（2）爆破拆除方案的选择。此楼的高度为20.2m，宽为16.6m，高宽比大于1.0，宜采用定向倒塌办案。根据四周环境，北侧有空场，故确定选用向北倾倒的方案。

（3）爆破设计要点。爆破后为了使楼房充分解体和尽量减小对东侧几层高楼的影响，决定在以下部位实施爆破：

1）一、二层所有承重墙和柱。

2）东配楼三、四层的西墙及中间的承重墙，仅保留北、东和南三方的外墙。

3）楼梯和电梯间炸至三楼。

根据倒塌方向与范围的设想，同时考虑毫秒雷管器材的既有条件，炮孔起爆顺序见表10-2，整个大楼共分为8段起爆：

1）要使东楼三、四层首先起爆，并解体东楼的上部，以减小东楼可能向东倾斜的危险。即使该大楼不能按设计要求向北倾斜坍塌，也会就地塌落破碎。

2）电梯间是钢筋混凝土的框架结构，强度很高，必须超前爆除，以防止由于钢筋的作用，在倒塌过程中发生时间上的迟滞。

3）北楼北墙的起爆时间稍迟于北楼隔墙，目的是防止爆破的碎块向北飞出。尤其是电梯间梁柱的强度较大，装药量较多，增加了碎块飞出的危险，北墙迟爆起着防护作用。

4）全楼南墙最后起爆，除了防止碎块向南面大街飞出以外，还是保证大楼向北倒塌的必要措施。

由于大楼内的所有隔墙都是砖砌承重墙，因此每个隔墙都需布设炮孔，另外为了使楼板和梁解体，也需布设炮孔，炮孔总数达12754个，总装药量为354.28kg。

为了一次起爆12754个炮孔，采用了电雷管与导爆管结合的混合起爆网络，炮孔内全部采用导爆管雷管，再将炮孔内引出的导爆管以20根左右为一组，簇并联接在电雷管上，由炮孔外电雷管引爆各组导爆管。电爆网络采用并-串-并的联接方式。共分六条支路，每条支路的电雷管数不超过60个。每簇导爆管并接两个电雷管，每条支路串联30对电雷管，再将六条支路并联到起爆主线上。

表10-2　起爆时间顺序

起爆延期时间/ms	装药量/kg	炮孔数/个	爆　破　部　位
25	20.13	1804	东楼三、四层
75	—	—	中楼一、二层，北楼隔墙，楼梯和电梯二、三层梁
100	—	—	东、西楼一、二层北墙，北房隔墙、东西外墙、北墙
150	42.00	1803	（中楼一、二层）
175	56.50	1841	中楼一、二层的走廊墙
250	45.16	1532	东、西楼一、二层走廊墙，楼梯混凝土梁
275	27.25	565	中楼一、二层南房隔墙
390	15.34	534	东、西楼一、二层的南房中南北墙，二、三层楼梁全楼南墙
合计	354.28	12754	

（4）防护措施：

1）所有一、二层需爆破的外墙用草袋、草帘和尼龙绳网包裹牢固。

2）所有一、二层，中楼东部二楼，东三、四层的窗户挂草帘、草袋、尼龙绳网封墙。

3）一楼东、西边门和二、三层楼梯间的窗户用草袋填土封堵。

4）东楼东侧用草帘、草袋、铁丝网防护，在15层的粮食局大楼外，紧靠该楼的西墙设置一排栅栏。

5）为了降低地震效应，最大一响装药量限制在80kg。

（5）爆破效果。爆破后大楼倒塌范围完全达到设计的要求，北侧塌宽15m，南侧塌至5m远的人行道围墙根，东、西两侧各塌宽2.0m。附近没有发现个别飞石，周围房屋的玻璃窗没有任何损坏。

10.3.5.3　工程实例三：双向折叠倒塌方案

上海市四层框架大楼的爆破拆除。

（1）工程概况及周围环境。上海市商业储运公司北苏州路仓库甘三分库，是一座四层

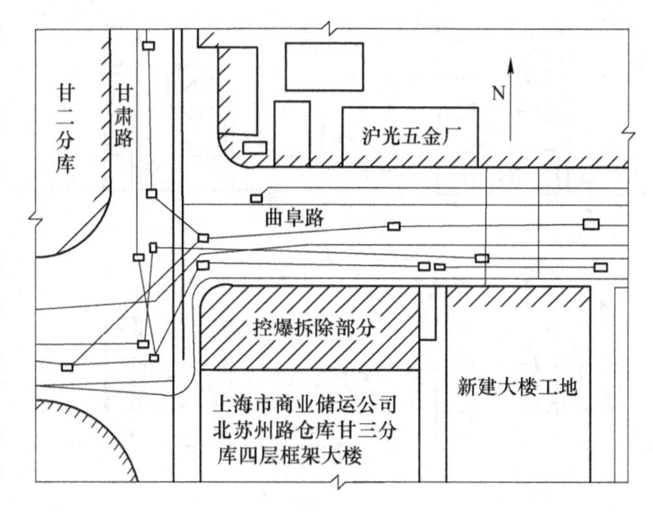

图 10-18　大楼拆除部分和周围环境

钢筋混凝土框架大楼。要求拆除该楼的一部分。拆除部分长 28.93m，宽 9.5m，高约 18m，建筑面积约 1400m^2。墙、板、柱和梁均系整体浇注的钢筋混凝土结构。

该楼环境复杂，拆除部分和保留部分是一整体，要求爆破时确保大楼保留部分、仓库储运品及附属设备绝对安全。楼西侧为甘肃路，北侧为曲阜路，人烟稠密，人车来往频繁。路宽约 15m，下面埋设有煤气、上下水、电力通信等管道和电缆。大楼周围环境见图 10-18。

（2）爆破拆除方案的确定。由于本楼位于闹市区且要求从整体中拆除一部分，条件特殊。经现场踏勘及对资料的研究分析，确定了先脱离、后折叠倒塌的爆破拆除方案，即首先将脱离跨的主梁及楼板炸断（图 10-19a），使框架大楼的拆除部分与保留部分脱离（图 10-19b）。然后按图 10-20 中自图 10-20a 至图 10-20d 的顺序拆除。这使得待拆除部分变成了一个单独的单跨四层钢筋混凝土框架大楼。

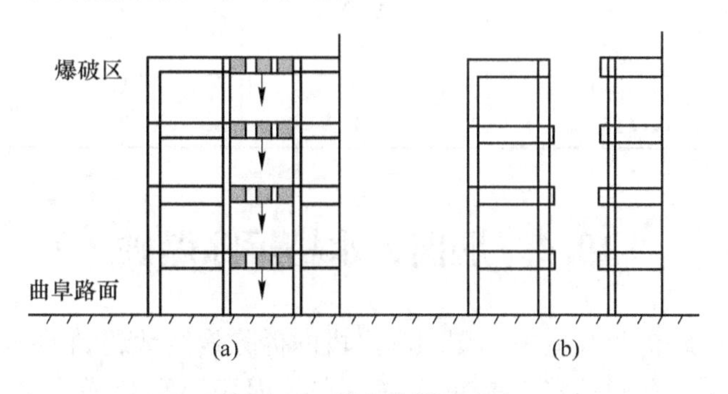

图 10-19　脱离垮爆破方案

对于拆除部分的爆破，采用双向折叠倒塌方案，大楼分层按自上而下的顺序向内或向外倾倒，三、四层向内，二层内外和一层向内的倾倒方式，见图 10-20。

该方案的优点是确保了大楼保留部分和煤气管道的安全问题，也解决了爆碴占道。缺点是爆破难度较大，爆破后爆堆较高。

（3）爆破范围的确定。为了使大楼框架按设计的规定方向倒塌，必须将倾倒一侧的立柱全部炸毁，使其失去承载能力，而另一侧立柱只需局部破坏，炸高为 0.4～0.5m，见图 10-21。

（4）爆破参数。爆破参数和装药量见表 10-3。

（5）爆破效果。爆破后，大楼各层完全按设计方向倒塌。整个爆破过程历时 4s。周围楼房、地下管道和窗玻璃未受任何损坏。

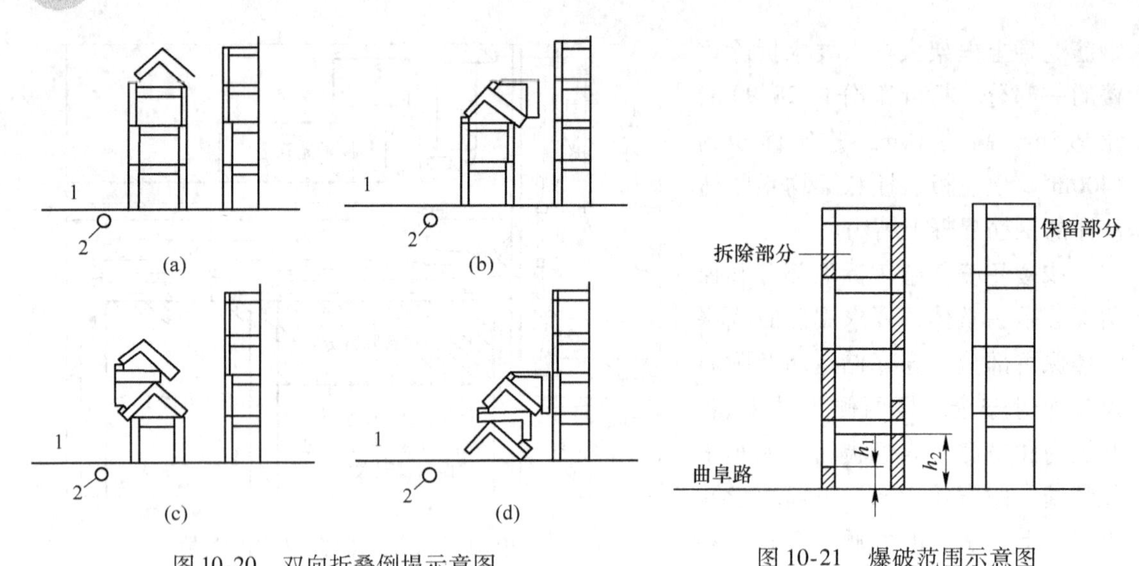

图 10-20 双向折叠倒塌示意图
（a）四层向内倾倒；（b）三层向内倾倒；
（c）二层向外倾倒；（d）一层向内倾倒
1—曲阜路路面；2—煤气管道

图 10-21 爆破范围示意图

表 10-3 爆破参数及装药量

构件截面/mm	抵抗线/cm	炮孔间距/cm	炮孔深度/cm	单孔装药量/g
600×600	30	35～40	40	40
500×500	25	30	35	25～30
250×250	12.5	15	17	10
305×914（梁）	15	18	75	上层12，下层15

10.4 烟囱、水塔拆除爆破

在城市改建和厂矿企业改造中，烟囱和水塔的拆除是经常遇到的拆除工程。这类构筑物，从其结构上来说，它们的特点是重心高、支承面积小和容易失稳的细高建筑物。因此，这类构筑物采用爆破法来进行拆除，具有施工速度快、经济和安全的优点。

一般工业和民用烟囱的类型主要是圆筒形，个别情况下为正方筒形，其横截面下大上小，呈收缩形。烟囱的横截面从下而上是变截面的。按烟囱的材质有砖结构和钢筋混凝土结构两种。通常在其内部自下而上还砌有一定高度的耐火砖内衬，内衬与烟囱内壁之间留有一定的空隙。常见砖结构烟囱的高度有：20、25、30、35、40、45、50、60m 八种。钢筋混凝土结构烟囱的高度一般比砖结构高，有的高达 80、100、180、210m。

水塔是一种高耸的塔状建筑物，按其支承类型区分有桁架式支承和圆筒式支承两种。桁架式支承大多采用钢筋混凝土结构，而圆筒式支承有砖结构和钢筋混凝土结构两种。

针对这类高耸建筑物的特点，在进行爆破设计和施工时，必须充分考虑下面几条意见：

（1）这类建筑物一般离楼房和厂房都比较近，周围的空地较少，确保定向倒塌是拆除爆破成功的关键。

（2）当这类建筑物的高度超过一定值后，风流引起的摆动常常会影响倒塌方向，甚至导致失败。

（3）若爆破缺口的参数选择不当，常常会造成烟囱不倒塌、后坐和偏转。

（4）在爆破前，烟囱上存在裂缝将影响倒塌方向。在设计施工时必须采取相应的补救措施。

10.4.1 爆破拆除方案的确定

在确定爆破拆除方案时，首先必须到现场进行实地的勘察与测量，要仔细了解烟囱或水塔周围环境的场地情况，包括地面、地下和空中的建筑物和设施与爆破工点的距离和相对位置，同时还应了解烟囱或水塔的结构和几何尺寸，初步筛选掉一些明显不合理的拆除方案。在此基础上，进一步搜集烟囱或水塔的原始设计和竣工资料，并与实物进行认真核对，查明其构造、材质、强度、筒壁厚度、施工质量、工程的完好程度或风化、破坏情况。在充分了解上述实际资料的基础上，最后从技术上的切实可行、经济上的合理和安全上的可靠三方面进行比较，最终确定出合理的爆破拆除方案。

应用爆破法拆除烟囱或水塔时，其坍塌破坏方式主要有：原地坍塌、定向倒塌和折叠式倒塌三种。

（1）原地坍塌方案：其原理是在烟囱或水塔底部，沿支承筒壁整个周长或支承桁架的全部支柱炸开一个足够高度的爆破缺口，从而借助于其本身自重的作用和重心下移过程中产生的重力加速度，向地面碰撞，导致烟囱、水塔自行解体，原地破坏。此方案的特点是所需的场地较小，技术难度比较大。如果爆破缺口的参数确定得不合理，烟囱可能下坐，由高烟囱变为矮烟囱；另外在垂直坍塌过程中有时会发生预料不到的任意方向的倒塌。例如，1981 年南非某发电厂利用原地坍塌方案爆破拆除一座高大烟囱时，在烟囱垂直坍塌过程中，其坍塌部分突然倾斜倒塌，结果砸坏了发电厂的厂房和设备，造成巨大的经济损失，因此，原地坍塌方案只运用于周围场地比较小，烟囱或水塔的高度也不大，落地易解体的砖结构烟囱或水塔。它要求周围场地的范围，若从烟囱或水塔的中心向外算起，水平距离不得小于其高度的六分之一。

（2）定向倒塌方案：它的原理是在烟囱或水塔倾倒一侧的底部，将其支承筒壁炸开一个一定高度和长度等于或在大于该部位筒壁周长二分之一的爆破缺口，从而破坏其结构的稳定性，导致整个结构失稳和重心外移，使其在本身自重作用下形成倾覆力矩，迫使烟囱或水塔在此倾覆力矩的作用下按预定方向倾倒。定向倒塌方案是拆除烟囱、水塔和其他高耸建筑物时使用最多的方案。它要求在其倒塌方向必须具备一个一定宽度和长度的狭长场地。其倒塌的水平距离，自烟囱或水塔的中心算起，不得小于其高度的 1.0 ~ 1.2 倍，垂直于倒塌中心线的横向宽度不得小于烟囱或水塔爆破部位外径的 2.0 ~ 3.0 倍。对于钢筋混凝土烟囱、水塔或强度好的砖砌烟囱、水塔，其倒塌的水平距离要求大一些；对于强度较差的砖砌烟囱与水塔的倒塌水平距离要求相对小一些，约等于 0.5 ~ 0.8 倍烟囱或水塔的高度。横向宽度要求大些，可达爆破部位外径的 2.8 ~ 3.0 倍。

（3）折叠式倒塌方案：它的原理与定向倒塌的原理相同，除了在底部炸开一个缺口以外，还需要根据分段的要求，在分段的部位炸开一个或一个以上的缺口，相邻段的缺口方向或一致或相反，使烟囱与水塔从顶段开始，逐段向相同或相反的方向折叠，倒塌在原地附近，如图 10-22 所示。

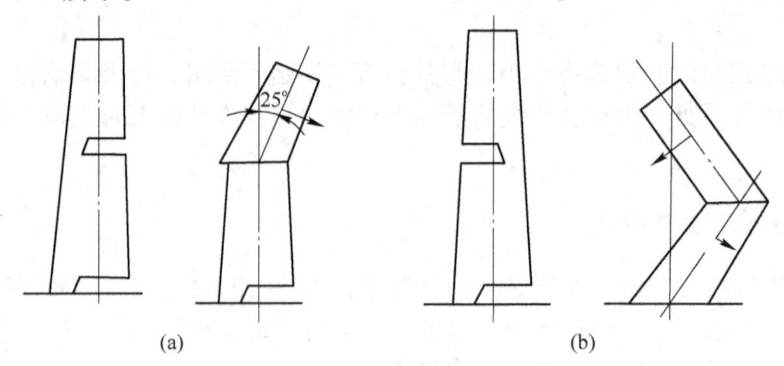

图 10-22 折叠倒塌原理图

（a）单向折叠方案；（b）双向交替折叠方案

此方案适用于烟囱和水塔的高度相对周围的场地大小来说较高，无法采用定向倒塌方案时的情况。但此方案施工难度较大和安全性较差，在选用此方案时，一定要谨慎。

10.4.2 定向倒塌拆除爆破的技术设计

（1）定向倒塌方位的确定：烟囱和水塔定向倒塌的方位是根据其高度和它到周围建筑物的水平距离的情况来确定的。

为了保证烟囱或水塔按照原设计的方向倒塌，必须使烟囱或水塔的轴线 OO' 与地面上设计的倾倒方位线 BB' 重合，参见图 10-23。为了做到这一点，必须先找出烟囱或水塔外壁上的缺口中心点 B。定 B 点通常有以下三种方法：一是采用经纬仪定点；二是用一条绳子连接 B' 和倾倒方位线上的另一点 B''，然后将绳子延伸到烟囱或水塔的壁上，其交点即为切口中心点 B；三是切线法，从图 10-23 的 B' 点引出两条射线 $B'A$ 和 $B'C$，使其与烟囱或水塔的外壁相切于 A 和 C 两点，量取 AC 弧长，取其中点，即为中心点 B 的位置。

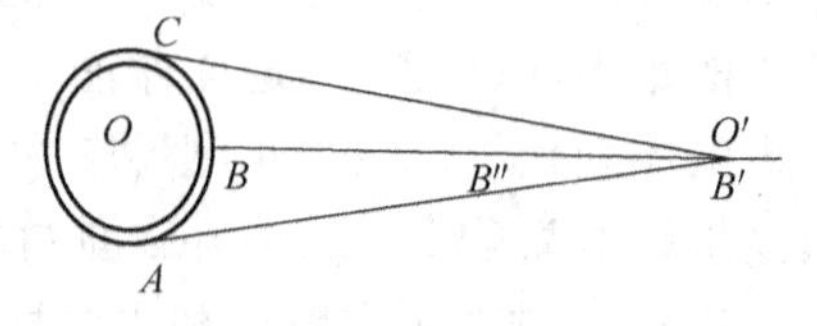

图 10-23 缺口中心点定位示意图

（2）爆破缺口参数的确定。爆破缺口是指在要爆破拆除的烟囱或水塔底的某个部位，用爆破方法先炸出一个一定宽度和高度的缺口。爆破缺口的形式和参数是决定烟囱或水塔倒塌是否可靠和施工是否方便的重要因素。下面逐个进行介绍：

1）缺口形式。爆破缺口的形式如图 10-24 所示，有长方形、梯形、倒梯形、两翼斜形、反两翼斜形和反人字形等，其中以长方形和梯形使用比较普遍。这是因为这两种形状的缺口，设计和施工都比较简单，在烟囱或水塔倾倒过程中不会出现座塌现象，能确保烟囱或水塔按预定方向顺利倒塌。两翼斜形、反两翼斜形和反人字形的两翼倾角 α 宜取 35°~45°，前二者两翼的水平长度 L''，一般取缺口水平全长的 0.36~0.4，反人字形两翼水平长度为缺口水平全长的 0.5。

大量经验表明，倒梯形切口最利于控制烟囱的倒塌方向。因此，推荐优先选用“倒梯形”切口形式。采用倒梯形缺口时，梯形上底取烟囱切口处周长的 2/3，下底取周长的 1/2。

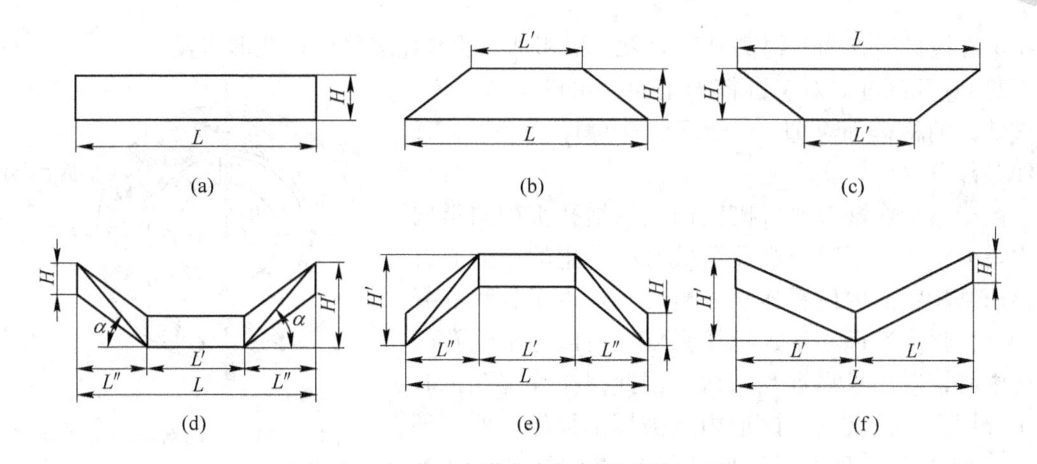

图 10-24 烟囱、水塔定向倾倒爆破缺口的形式

（a）长方形；（b）梯形；（c）倒梯形；（d）两翼斜形；（e）反两翼斜形；（f）反人字形

2）缺口高度 H。爆破缺口高度是保证定向倒塌的一个重要参数。缺口高度过小，烟囱或水塔在倾倒过程中会出现偏转，达不到正确的倾倒方向；爆破缺口高度大一些，虽然可以防止烟囱或水塔在倾倒过程发生偏转，但过大后，会增加钻孔工作量。因此，爆破缺口的高度不应小于爆破部位壁厚 δ 的 1.5 倍，原则是在倾倒过程中切口上下边缘闭合时，烟囱重心偏出切口边沿以外。通常取缺口高度 H 为：

$$H = (1.5 \sim 3.0)\delta \tag{10-19}$$

根据国内、外工程施工的经验，爆破缺口的高度一般为 0.8 ~1.5m 为宜。

3）缺口弧长 L（包括定向窗长度）。缺口弧长是指爆破缺口展开后的水平长度。此长度太大，则保留起临时支承作用的筒壁太短，承受不了烟囱全部质量，在倾倒之前会压垮，而发生后坐的事故，达不到定向倒塌的要求。缺口长度太小，则保留的筒壁虽然具有足够的强度来支承烟囱或水塔的全部质量，但烟囱或水塔一时倒塌不下来，遗留后患。根据工程施工的经验，爆破缺口的长度必须满足：

$$\frac{3}{4}s \geqslant L \geqslant \frac{1}{2}s \tag{10-20}$$

式中，s 为烟囱或水塔爆破部位的外周长，m。

对于强度较小砖砌烟囱或水塔，L 可以取小值，而强度较大的砖结构和钢筋混凝土结构的烟囱或水塔，L 可取大值。

4）定向窗。为了确保烟囱或水塔能按设计的倒塌方向倒塌，除了正确选取爆破缺口的形式和参数以外，有时在爆破缺口两端用风镐或爆破方法开挖出一个窗口，这个窗口称为定向窗。定向窗的作用是将保留部分与爆破缺口部分隔开，使缺口爆破时不会影响保留部分，更能保证正确的倒塌方向。窗口的开挖是在缺口爆破之前，窗口内的残碴要清除干净，钢筋要切断，窗口要挖透。也可采用一列定向炮孔来代替定向窗，孔距为 0.2m，孔深为 δ，定向炮孔高为 H。

定向窗的高度为 $(0.8 \sim 1.0)H$；长度为 0.3 ~0.5m；宽度为筒壁厚 δ。

（3）爆破设计。

1）炮孔布置。炮孔布置在爆破缺口的范围以内，炮孔的方向朝向烟囱或水塔的中心。

多排炮孔爆破时，为了提高破碎效果，相邻排间的炮孔多采用梅花形布置。

2）炮孔深度。对于圆筒形烟囱和水塔支承来说，爆破缺口的横截面类似一个拱形结构物，如图10-25中线条部分。

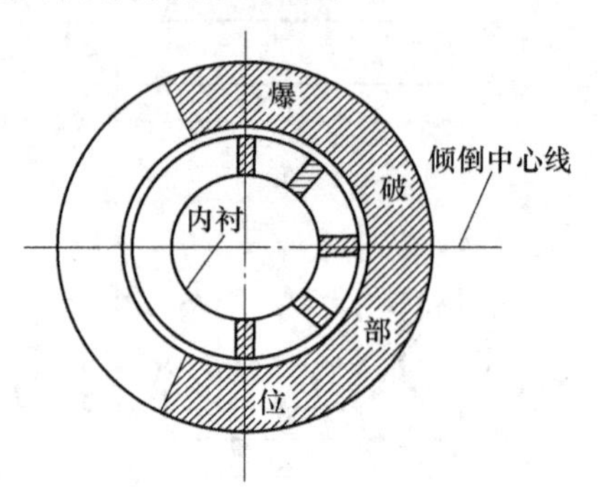

图10-25　烟囱横截面示意图

由于布置在爆破缺口横截面上的炮孔都朝向烟囱或水塔的中心，所以当炮孔爆破时所产生的应力波会使拱形结构物的内侧受压、外侧受拉。由于砖和混凝土的抗拉强度远远小于其抗压强度，所以每个炮孔的装药中心，应尽量靠近受压区。因此，在确定孔深时要十分慎重。孔太浅，拱形内壁破坏不彻底，外壁部分易产生飞石，形成不了所要求的爆破缺口；孔太深，外壁部分破碎不充分，孔底可能被击穿，同样，形成不了所要求的爆破缺口。这两种情况都会造成不倒塌的危险建筑物，给下一步施工造成很大困难。根据国内、外施工的经验，合理的炮孔深度可按下式来确定：

$$l = (0.67 \sim 0.7)\delta \tag{10-21}$$

式中，l 为炮孔深度，m；δ 为壁厚，m。

如果烟囱内有耐火砖内衬而其厚度达到24cm时，为了确保烟囱能按预定方向顺利倒塌，在爆破烟囱时，宜用爆破法提前将耐火砖内衬爆破，爆破的长度为内衬周长的一半，在烟囱倾倒中心线两侧对称地布置一排凹槽，以便埋置炸药包（如图10-25中内衬的阴影部分）。凹槽的中心间距可取两倍内衬厚度，即48cm。凹槽高60mm，宽120mm，深240mm，亦即一块耐火砖的尺寸。

3）炮孔间距 a 和排距 b。在用爆破法拆除烟囱或水塔时，炮孔间距 a 主要与炮孔深度 l 有关，应使 $a<l$，即：

对于砖结构：
$$a = (0.8 \sim 0.9)l \tag{10-22}$$

对于混凝土结构：
$$a = (0.85 \sim 0.95)l \tag{10-23}$$

如果结构完好无损，上述式中的系数可取小值；如果结构受到风化破损，则系数可取大值。

若上、下排炮孔采用梅花形布孔时，炮孔排距 b 应为：

$$b = 0.85a \tag{10-24}$$

4）单孔装药量 Q：单孔装药量 Q 可用体积公式来计算：

$$Q = qab\delta \tag{10-25}$$

式中，Q 为单孔装药量，g；a 为炮孔间距，m；b 为炮孔排距，m；δ 为壁厚，m；q 为单位体积介质的用药量，g/m^3。

具体可参考表10-4和表10-5。

5）炮孔的起爆时间。一般情况下，烟囱、水塔等高耸建构筑物拆除爆破时爆破切口范围内各个炮孔同时起爆。但是，在确保爆破对象结构和爆破切口左右对称性的前提下，可考虑按左右对称原则，采用顺序毫秒延时起爆。如图10-26所示，先起爆爆破切口中间的炮孔，依次起爆其他炮孔，左右两边的炮孔最后起爆，将有利于减小爆破对切口后方支撑部分的水平向冲击作用，从而延缓支撑部分的破坏，利于避免后坐现象的发生。

表 10-4　砖砌烟囱和水塔支承的单位用药量

壁厚 δ/cm	砖数/块	单位用药量/g·m^{-3}	$\frac{\sum Q^{①}}{V^{②}}$ /g·cm^{-3}
37	1.5	2100 ~ 2500	2000 ~ 2400
49	2.0	1350 ~ 1450	1250 ~ 1350
62	2.5	880 ~ 950	840 ~ 900
75	3.0	640 ~ 690	600 ~ 650
89	3.5	440 ~ 480	420 ~ 460
101	4.0	340 ~ 370	320 ~ 350
114	4.5	270 ~ 300	250 ~ 280

① $\sum Q$ 为实际平均炸药耗药量；②V 为爆破破碎的总体积。

表 10-5　钢筋混凝土烟囱和水塔支承的单位用药量

壁厚 δ/cm	q/g·m^{-3}	$\frac{\sum Q}{V}$/g·cm^{-3}
50	900 ~ 1000	700 ~ 800
60	6600 ~ 7300	530 ~ 580
70	480 ~ 530	380 ~ 420
80	410 ~ 450	330 ~ 360

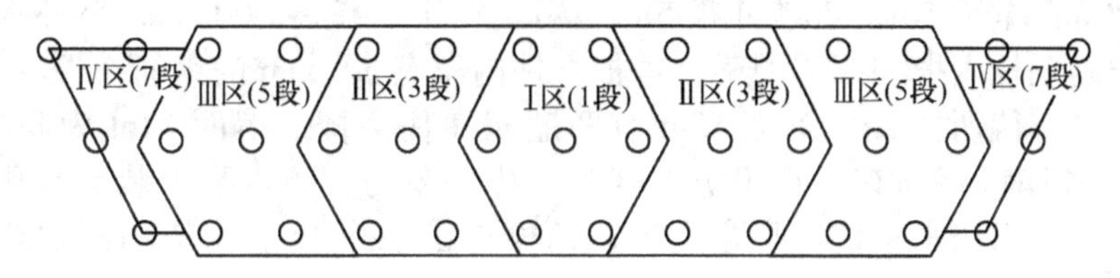

图 10-26　烟囱爆破切口炮孔左右对称顺序延时起爆

10.4.3　烟囱拆除爆破的预处理

需要以爆破方式拆除的烟囱往往有内衬层。在烟囱拆除爆破之前需要对烟道和烟囱内衬层进行预处理，目的在于保证烟囱能够按照设计倒塌方向倒塌。

（1）烟道的预处理。如果保留部分有烟道，在施工前应用砖或其他材料砌死烟道口，否则会削弱保留部分的支承作用，爆破时保留部分可能会被压垮，造成烟囱下坐和偏转，达不到定向倾倒的目的。同时，如果爆破缺口范围与烟道口有部分重叠，则重叠范围内须同样按照爆破设计钻孔装药。

（2）烟囱内衬的预处理。如果烟囱有内衬层，与爆破缺口范围对应部分的内衬需预先采用非爆破方法拆除。在此部分内衬完全拆除后会导致烟囱内衬的整体失稳的情况下，则应按照左右对称原则部分拆除，但爆破缺口中间和两端的内衬应予拆除，以利于内衬容易随烟囱的倾倒而倾倒，其支撑作用不会影响烟囱按设计方向倾倒。

10.4.4　施工中的注意事项

（1）一定要严格按照设计的要求施工，对炮孔的方向、深度、孔间距和排距要按设计图纸逐个检查验收，发现不符合要求的炮孔，要采取相应的补救措施。

（2）在风化破损的砖结构和水塔的底部施工时，应在施工地点的顶部架设顶棚，顶棚上再覆盖 2 ~ 3 层荆笆，以免落石伤人。

（3）当烟囱筒壁与耐火砖内衬之间的空隙中积存煤粉时，应将煤粉清除干净，否则爆破时会引起煤粉爆炸，导致烟囱改变倾倒方向，造成不安全事故。爆破拆除水塔时，爆破前应将水罐中的水排放干净，并将水管切断。

（4）爆破时，为了防止飞石逸出，应在爆破缺口部位悬挂或覆盖两层草袋或一层草袋和一层轮带胶帘。

（5）如果倾倒方向的地面为混凝土或其他材料的硬地面，为了降低烟囱、水塔落地的震动和防止因撞击而溅起的飞石，可在倾倒方向的地面上铺以一定厚度的泥土和覆盖草帘。

（6）以烟囱拆除爆破为例，为降低烟囱触底震动对附近建（构）筑物的影响，应在烟囱触地位置的近建筑物一侧开挖一定深度的减震沟，然后再进行爆破。

（7）应准确掌握当天的风力和风向。当风向与倒塌方向一致时，对烟囱、水塔的倾倒方向无影响；当风向不一致且风力又达到 6 ~7 级时，这类高耸建筑物在定向倒塌过程中可能发生偏转，应推迟爆破日期。

10.4.5 烟囱、水塔拆除爆破工程实例

10.4.5.1 水塔单向折叠拆除爆破

（1）工程概况和周围环境。水塔高 16m，建于 1972 年，为砖石结构，上部贮水罐为钢筋混凝土结构，全重 50t，水塔外径 5m，内径 4.2m，壁厚 400mm，另外水塔四周还有钢筋混凝土防震立柱六根和四道圈梁，每根立柱内布有 ϕ16mm 的钢筋 4 根。

水塔北面是招待所主楼，东面 15m 有两座家属住宅楼，南面 12m 为职工培训大楼，水塔西面 6m 和正南 2.5m 有一八角仿古亭和一机井泵房，仿古亭中装有高压贮水罐，可供全矿的生产和生活用水。仿古亭之上有八角檐伸出亭外 4m，水塔周围建筑物的布置如图 10-27 所示。

（2）爆破技术设计。经过现场调查，水塔倾倒的唯一方向为东南方向，只有 13m 的距离。若采用整体定向倒塌方案，此距离不足以容纳倒塌的水塔，可能会危及职工住宅和培训大楼，故决定采用单向折叠倾倒的爆破方案。此方案可把水塔倾倒的范围控制在 11m 之内。

按照现场条件，采用上、下两个爆破缺口，缺口形状为梯形，梯形边角为 45°。下部爆破缺口离地表 0.5m，上部缺口离地表 7.5m，上、下爆破缺口的布置，见图 10-28。

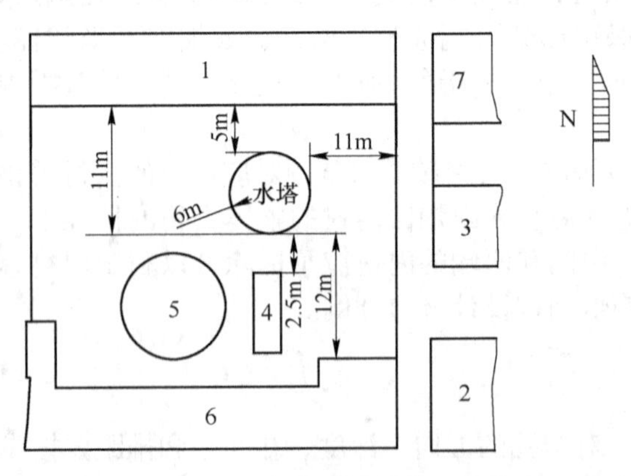

图 10-27 水塔周围建筑物布置图

1—招待所大楼；2—职工住宅楼；3，7—职工住宅平房；4—水泵房；5—仿古亭；6—培训大楼

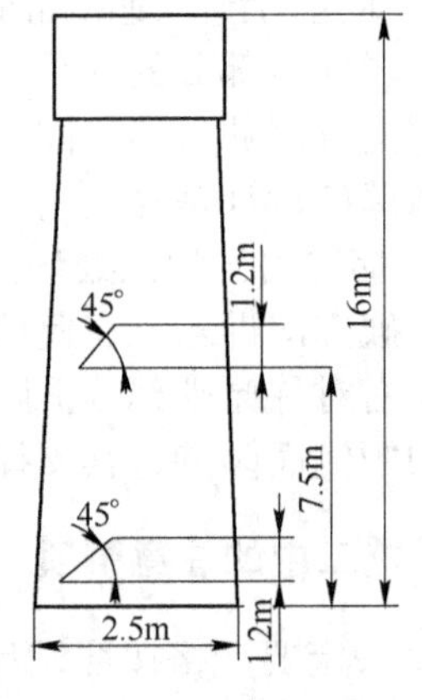

图 10-28 爆破缺口示意图

爆破缺口长度为：
$$l = \frac{2}{3}\pi D = 10.5\text{m}$$

爆破缺口高度为：　　　　$H = (1.5 \sim 3.0)\delta = 1.2\text{m}$

炮孔间距：　　　　　　$a = 400\text{mm}$

炮孔排距：　　　　　　$b = 400\text{mm}$

炮孔深度：　　　　　　$l = \dfrac{2}{3}\delta = 260\text{mm}$

因壁厚上下不一致，下部为400mm，上部为250mm，故上缺口炮孔深度只能取160mm，单孔装药量上缺口为60g，下缺口为90g，炮孔布置见图10-29。

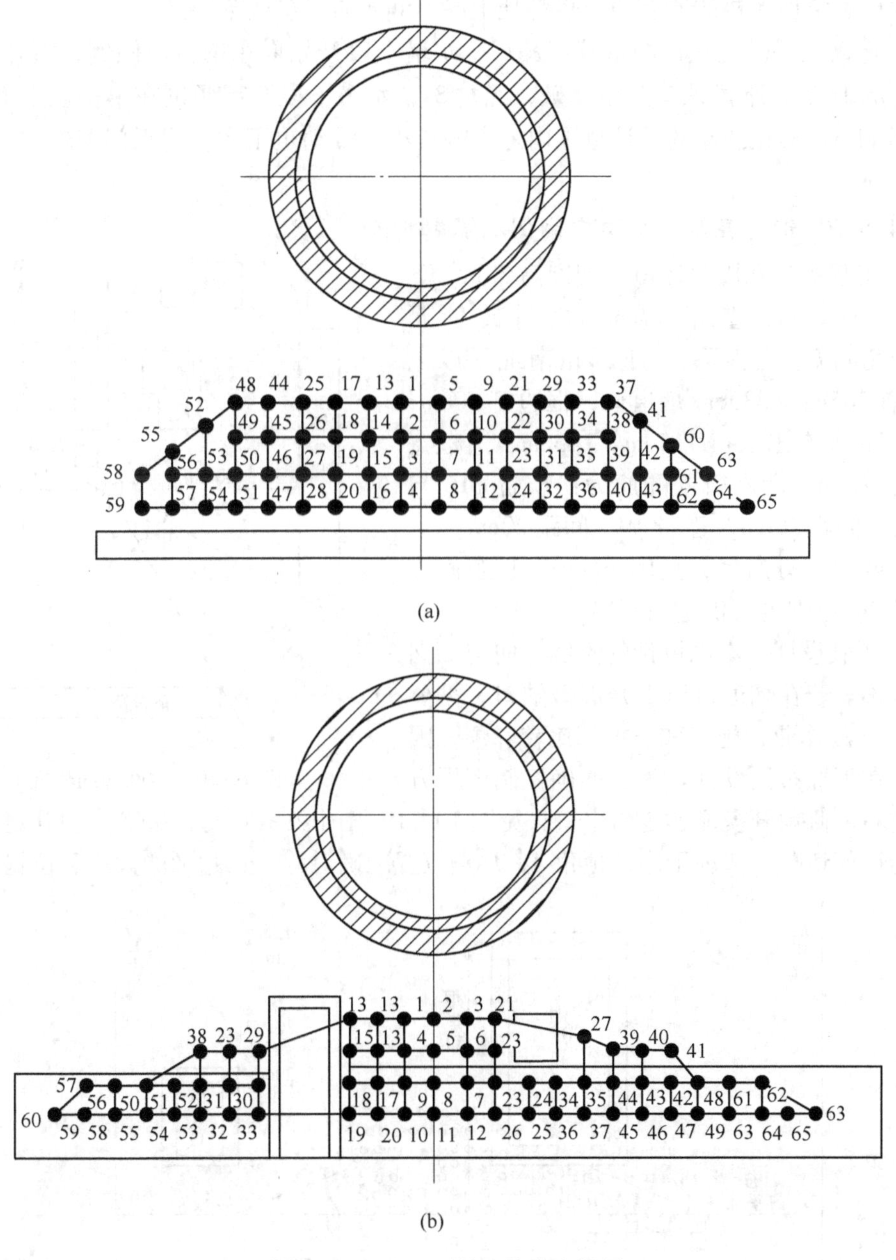

图10-29　上、下缺口炮孔布置图

（a）上缺口炮孔布置；（b）下缺口炮孔布置

（3）起爆网络。采用电雷管串联起爆网络，上缺口 65 个炮孔采用毫秒电雷管 1、2、3、4、5 五段起爆。下缺口采用秒延期电雷管 2、3、4 三段起爆。每个雷管的电阻为 5Ω，131 发雷管的总电阻为 655Ω，用一台 MFB-100 放炮器起爆是能量不足的，为此，采用两台放炮器起爆，即上缺口用第一台，下缺口用第二台。两台放炮器同步起爆。

（4）防护措施。由于水塔正北离招待所大楼只有 5m，南面离职工培训楼和仿古亭只有 12m 和 6m。因此，在南北两面的炮孔上都挂上两层草袋，每层草袋厚 20mm。另外，在招待所大楼和培训大楼的所有门窗也都挂上厚 50mm 的棉垫或草袋。

（5）爆破效果。上缺口的雷管起爆后，水塔上段开始向东南方向倾倒，不到 3s 全部落地。起爆 1s 后，下段缺口开始爆破，经过 3s，水塔下段全部倾倒在第一段上面，倾倒范围不到 11m，落在预定的设计范围内。声响较小，震动也不大，附近门窗玻璃未受任何影响。

10.4.5.2　钢筋混凝土烟囱定向倒塌爆破拆除

（1）工程概况和周围环境。烟囱高 38m，下部外直径 3.61m，壁厚 17cm，内衬砖壁厚 11.5cm（8m 以下先拆除），下部正南地平以上 75cm 处有 205cm×335cm 烟道口，框边宽 30cm，厚 75cm。正北有出灰口 115cm×145cm，边框宽 20cm，厚 55cm，烟囱筒壁配筋为：竖筋 $\phi16$ 与 $\phi12$ 相间，间距 20cm，箍筋 $\phi9$，间距 20cm。

烟囱四周都有房舍，见图 10-30。只东南方向在夹角 24°范围内可供定向倒塌。

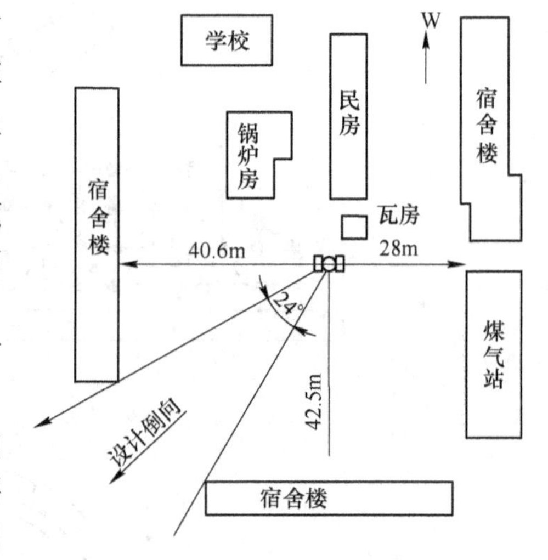

图 10-30　烟囱四周环境

（2）爆破设计。本例设计的倾倒方向与烟囱结构不对称。若在烟道口以上开爆破缺口，需要离地 5～6m 处作业，施工和防护都比较麻烦，因此，只有在下部布孔设计。为了准确控制倒塌方向，在左右两侧预开楔形的定向窗口，见图 10-31。图中△*ABC* 与△*DEF* 为预开定向窗口，将其中的钢筋切断，清理干净，顶角 *A*、*D* 点位置准确对称。三角形的大小和位置由计算

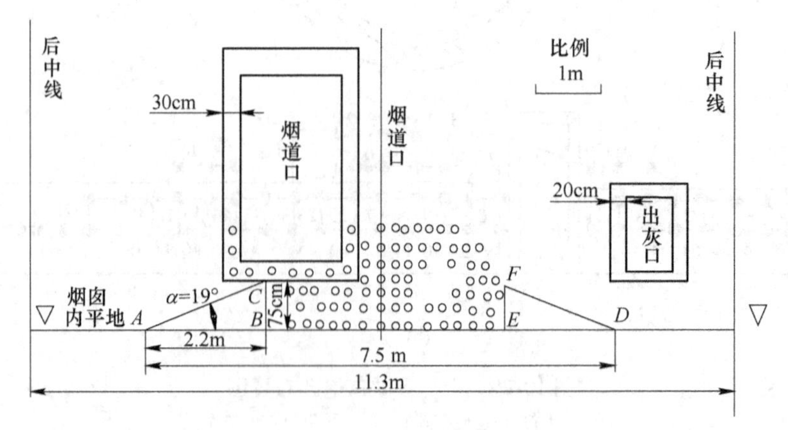

图 10-31　爆破缺口和炮孔布置图

确定。计算的原则是要保证开口后烟囱仍然稳定，爆破缺口爆破后又要确保烟囱失稳。计算结果，三角形底边 *AB* 与 *DE* 的长度为 2.2m，爆破缺口的长度为 7.5m，缺口高度为 1.5m。

炮孔布置和装药：烟囱壁上炮孔按 20cm × 20cm 的方格网布孔，每孔装药 30g，孔深 11cm，共 75 个炮孔。烟道口框边布孔 28 个，每孔装药 50g。另外，在弧 *BE* 的内地基 20cm 处布 14 个垂直炮孔，以确保 *BCFE* 范围爆破后失稳，总炮孔数为 117 个，总装药量 5.5kg。采用电雷管起爆。

（3）爆破效果。烟囱沿设计方向倒塌，偏离倾倒方向线 3°。偏离原因是结构左右不对称引起的，爆破部位用三层荆笆防护，无飞石，烟囱倒地时，顶部内衬砖前冲 7m，侧向内衬砖溅出最大距离为 30m，周围建筑物安全。

10.5 水压爆破

如图 10-32 所示，在容器类结构体的内部空间中注水，将药包悬挂于水中适当位置，利用水的不可压缩特性将炸药爆炸产生的冲击波和爆炸气体产物的膨胀压力传递到结构体与水接触的全部周壁上，使整个周壁介质受压而发生破坏和解体，这种爆破方法即称为水压爆破。显然，水压爆破只适用于能存水且不漏水的容器类构筑物。与其他爆破方法相比，由于水的不可压缩特性，炸药爆炸产生的冲击压缩载荷能够较为均匀地传递到结构体的各部分，使结构体的破碎块度更为均匀。

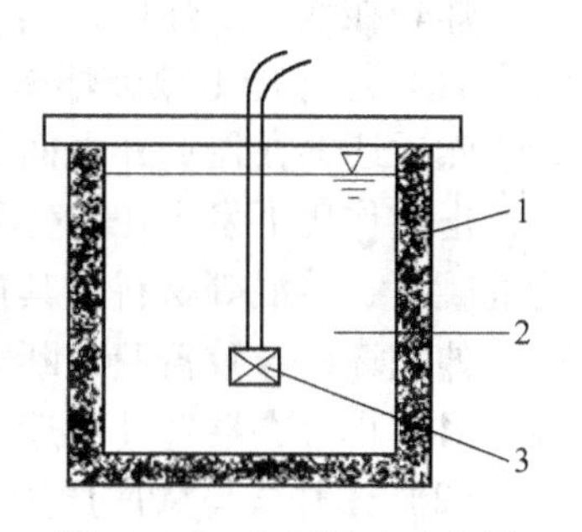

图 10-32 水压爆破示意图
1—结构体；2—水；3—炸药包

与其他爆破方法相比，水压爆破的特点是：（1）不需要钻孔，节省工程费用和作业时间；（2）药包数量少，起爆网络简单；（3）炸药能量利用率高，炸药消耗量小；（4）介质破碎均匀；（5）安全性好，能有效控制爆炸冲击波、噪声和飞石，可显著减少爆破粉尘和有害气体，对环境污染小；（6）需要消耗大量的水，对爆破的结构物的防漏水要求高；（7）使用的爆破器材要有足够的抗水性能；（8）需要考虑如何处理爆破用水，避免产生环境危害。

10.5.1 作用原理

水压爆破的作用原理主要涉及两个方面：一是水在爆破过程中的作用；二是爆破介质的破坏机理。

10.5.1.1 水的作用

在水压爆破过程中，水的作用可分为以下三个方面：

（1）传能作用。在水压爆破中，水是炸药与结构体内壁之间的媒介物，炸药爆炸产生的能量以压力的形式通过水传播至结构体内壁并作用于结构体。由于水是一种微压缩性介质，当外界压力增至 100MPa，其密度仅增加 5% 左右，即在压缩波传播过程中，水本身的变形很小，其所消耗的能量也就很小，因而爆炸能量在水中的传播效率极高，能够起到很好的能量传递作用。

（2）缓冲作用。炸药在水中爆炸后，由于水的密度和惰性都远比空气大，爆轰气体产物的膨胀速度要比在空气中慢得多，爆炸压力能通过水相对均匀和更为平缓地作用于周围介质，一般不会使结构体产生塑性流动和过粉碎，而只会在结构体内产生拉伸应力和剪切应力，从而使之发生断裂破坏。同样，由于水的密度和惰性都远比空气大的原因，水还能起到阻碍爆轰气体逸散的作用，利于提高炸药爆炸能量的有效利用率，而且可同时起到降低噪声、抑制飞石的作用。

（3）“水楔”作用与“劈裂”现象。所谓“水楔”，是指当结构体中产生或存在裂隙时，裂隙中的水将会起到把爆轰气体产物的膨胀压力传递到裂隙面上的作用。这种作用可在裂隙尖端产生切向拉应力集中，容易使裂隙沿其尖端继续发生拉伸破坏，使裂隙进一步扩展和延伸，形成一种类似于“劈裂”的现象。由于水的密度、惯性及可携带的能量都远比空气大，所以“水楔”的劈裂作用要远大于“气楔”的劈裂作用。

10.5.1.2　水压爆破破坏机理

炸药在水中爆炸后，其周围固体介质的破坏机理有以下两种：

（1）爆炸冲击波破坏机理。炸药引爆后，爆炸冲击波压力通过水传递给结构物的内壁，然后还会在器壁外表面反射形成指向爆源的拉伸波。与岩石爆破一样，结构物四壁将在冲击波作用下发生径向位移，从而在器壁周向衍生出拉伸应力。人造建构筑物的材质多为混凝土、砖混等材料，其抗拉强度远低于其抗压强度，易于在周向拉伸应力的作用下发生拉伸破坏，导致器壁的断裂。另外，当外壁面的反射拉伸应力超过器壁局部的抗拉强度极限时，也会在器壁外层造成片裂破坏而脱落。

（2）爆炸气体膨胀压力的作用。在水压爆破过程中，爆炸气体的膨胀会形成一个迅速向外膨胀的水球，并将膨胀压力作用于结构物周壁。此时与上述爆炸冲击波的作用类似，也将会在器壁的内部衍生出一个周向拉伸应力。当此拉伸应力达到器壁介质的拉伸强度极限时，器壁即发生周向断裂。与空气相比，水的密度极大，可压缩性极低，水在爆炸气体膨胀压力作用下的运动速度要比其他爆破时的气体低很多，但其携带的能量却可远大于后者，且作用时间也更久。因此，水压爆破时爆炸气体膨胀压力的这种破坏作用将更为显著。

在爆破工程的后期，具有残压的水流从被破坏的结构物块体之间冲出，可在一定程度上促进结构体的进一步破坏，并可形成飞石。

一般认为，以上两种作用所消耗的能量约占炸药爆炸总能量的80%，其余20%的能量消耗于发光和热传导。

采用水压爆破技术对容器状结构物进行拆除，药包与结构物内壁之间的距离一般都较大，同时炸药的爆炸作用能够通过水较为均匀地施加于结构物内壁，因此水压爆破不是利用岩石爆破时的爆破漏斗效应。因此，水压爆破的效果往往具有这样的特点，即爆后的结构物块体的抛散速度和抛移距离都不太大，大部分碎块只散落在相当小的距离范围内。

10.5.2　水压爆破参数的确定

水压爆破的技术参数主要包括用药量和药包的布置。

10.5.2.1　药量

确定水压爆破用药量的方法主要有公式计算法和工程类比方法，前者主要包括冲量准则公式、考虑注水体积和材料强度的药量计算公式、考虑结构物截面面积或形状尺寸的药量计算公式等。

A　冲量准则公式

工程实践表明，冲量准则公式是使用最多的药量计算公式，而且爆破结果与设计之间的符合程度比较高。

冲量准则公式是利用薄壁圆筒的弹性理论，把水压爆破产生的水击波看成是冲量作用的结果，同时应用结构物在等效静载作用下产生位移与在冲量作用下产生的位移相同的原理，得出的药量计算公式，通常适用于薄壁容器结构，其结果比较符合实际。

冲量准则基本公式：

$$Q = K\delta^{1.6}R^{1.4} \tag{10-26}$$

式中　Q——药包质量，kg；

K——药量系数，一般情况下，根据爆破对象、材料和要求破碎程度等，取 $K = 2.5 \sim 10$，对钢筋混凝土的结构，取 $K > 4$；

R——圆筒形容器通过药包中心的截面内半径，m；

δ——圆筒形容器壁厚，m。

简化的冲量准则公式为：

$$Q = K(K_2\hat{\delta})^{1.6}\hat{R}^{1.4} \tag{10-27}$$

式中　K——与结构物材质、强度、破碎程度、碎块飞掷距离等有关的系数，按下面的原则来选取：(1) 一般混凝土或砖石结构，视要求破碎程度取 $K = 1 \sim 3$；(2) 钢筋混凝土，视要求的破碎程度和碎块飞掷距离选取：混凝土局部破裂，未脱离钢筋，基本无飞石，$K = 2 \sim 3$；混凝土破碎，部分脱离钢筋，碎块飞掷 20m 以内，$K = 4 \sim 5$；混凝土炸飞，主筋炸断，碎块飞掷距离 20 ~ 40m，$K = 6 \sim 12$；

K_2——与结构物内半径 $\hat{R}$ 和壁厚 $\hat{\delta}$ 的比值有关的坚固性系数，当薄壁时 ($\hat{\delta}/\hat{R} \leqslant 0.1$)，$K_2 = 1$；其余情况，$K_2 = 0.94 + 0.7(\hat{\delta}/\hat{R})$，$\hat{\delta}/\hat{R}$ 越大，则表示壁越厚或膛越小，结构物越坚固。

对于非圆筒形结构物，采用等效内径和厚度的概念，令：

$$\hat{R} = (S_R/\pi)^{1/2} \tag{10-28}$$

$$\hat{\delta} = \hat{R}[(1 + S_\delta/S_R)^{1/2} - 1] \tag{10-29}$$

式中　$\hat{R}$,$\hat{\delta}$——分别是等效内径和等效壁厚，m；

S_R——通过药包中心结构物内空间的水平截面积，m^2；

S_δ——通过药包中心结构物壁体的水平截面积，m^2。

B　考虑注水体积和材料强度的药量计算公式

公式形式如下：

$$Q = K_a\sigma\delta V^{2/3} \tag{10-30}$$

$$Q = K_a\sigma\delta V^{2/3}\left(1 + \frac{n-1}{6}\right) \tag{10-31}$$

式中 Q——总装药量，kg；

V——注水体积，m^3；

σ——构筑物结构材料的抗拉强度，MPa；

δ——容器形构筑物壁厚，m；

n——药包个数，$1 \leqslant n \leqslant 7$；

K_a——装药系数，使用 2 号岩石硝铵炸药时，采用敞口式爆破 $K_a = 1$；封口式爆破 $K_a = 0.8$。

C 考虑结构物截面面积的药量计算公式

（1）钢筋混凝土水槽的药量计算公式：

$$Q = fS \tag{10-32}$$

式中 Q——装药量，kg；

S——通过装药中心平面的槽壁断面面积，m^2，若槽壁较薄，槽壁断面积小于槽壁内水的断面积时，则取壁内水的水平断面积；

f——爆破系数，即单位面积炸药消耗量，kg/m^2，混凝土，$f = 0.25 \sim 0.3$；钢筋混凝土，$f = 0.3 \sim 0.35$；群药包装药时，$f = 0.15 \sim 0.25$。

（2）截面较大结构物的药量计算公式：

$$Q = K_c K_e S \tag{10-33}$$

式中 K_c——单位爆破面积用药量，kg/m^2，混凝土 $K_c = 0.2 \sim 0.25$，钢筋混凝土 $K_c = 0.3 \sim 0.35$，砖 $K_c = 0.18 \sim 0.24$；

K_e——炸药换算系数，黑梯炸药 1.0，铵梯炸药 1.1，铵油炸药 1.15；

S——通过药包中心的结构物周壁的水平截面面积，m^2。

（3）切割小截面结构物（如管子）的药量计算公式：

$$Q = \pi C D \delta \tag{10-34}$$

式中 D——管子的外径，cm；

δ——管壁厚度，cm；

C——装药系数，敞口式爆破为 $0.04 \sim 0.05 g/cm^2$，封口式爆破为 $0.02 \sim 0.03 g/cm^2$。

D 考虑结构物形状尺寸的药量计算公式

（1）短筒形结构物。在 $\delta < B/2$，$B \leqslant 3m$ 时，有

$$Q = K_b K_c K_e \delta B^2 \tag{10-35}$$

式中 K_b——与爆破方式有关的系数，封闭式取 $K_b = 0.7 \sim 1.0$，敞口式爆破取 $K_b = 0.9 \sim 1.2$；

K_c——与材质有关的用药系数，爆破每立方米结构物所需药量：砖结构 $K_c = 0.15 \sim 0.25$，混凝土结构 $K_c = 0.2 \sim 0.4$，钢筋混凝土结构 $K_c = 0.5 \sim 1.0$，取下限，碎块飞散可控制在 10m 以内，取上限可达 20m 左右；

K_e——炸药换算系数，2 号岩石硝铵炸药 1.0，黑梯炸药 1.0，铵油炸药 1.15；

δ——结构物的壁厚，m；

B——结构物的内直径或边长，若截面为矩形则为短边长，m。

（2）长筒形结构物。在$\delta < B/2$，$B \geqslant 1$m 时，有

$$Q = K_b K_c K_d K_e \delta B L \tag{10-36}$$

式中 K_d——结构调整系数，对于矩形截面$K_d = 0.85 \sim 1.0$，圆形和正方形截面$K_d = 1.0$；

L——结构物的高度，m；

K_b、K_c、K_e、B、δ含义同式（10-35）。

（3）不等壁非圆形容器。

$$Q = K_b K_c K_e V \tag{10-37}$$

式中 V——被爆体的结构体积，m^3；

K_b、K_c、K_e意义同前。

另外，还有根据能量原理结合量纲分析而提出的能量准则公式和考虑到薄壳型结构特点而提出的壳体理论公式。

式（10-30）~式（10-37）均属于经验公式，其中式（10-30）和式（10-31）以注水体积和介质的抗拉强度作为计算药量的自变量；式（10-32）、式（10-33）和式（10-34）以爆破体的横截面积作为计算药量的自变量；式（10-35）、式（10-36）式（10-37）则以爆破体的体积作为计算药量的自变量。这些经验公式是在特定条件下通过大量实践提出的，虽然具有一定局限性，但是只要使用条件满足，这类公式还是简便可行的。

10.5.2.2 药包的布置

A 药包数目

作为同一容器的爆破体，布置药包的数目应尽可能少，在圆柱状或近似于圆柱状的容器中，药包一般应设计成集中药包。在一般情况下，当容器的容积小于$1m^3$时，布置一个药包，药量为0.3~0.5kg（2号岩石硝铵炸药，下同）；当容器的容积在$1 \sim 25m^3$时，布置药包1~2个，个别情况可达3个，药量约为1~3kg；当容器的容积在$25 \sim 100m^3$时，布置药包2~3个，特殊情况根据具体情况增减，药量一般为3~8kg；当容器的容积超过$100m^3$时，布置药包在3个以上，药量应大于8kg。对一些不规则的容器，可以将容器分解成几个形状比较规则的区域，在这些区域中分别布置主药包。如果将一个主药包分成两个以上的子药包，那么要想达到相应的破碎效果，这些子药包的药量总和，一般比单个主药包增加药量在65%以上。

B 药包位置

当容器的长宽比或高宽比大于1.2倍时，在计算该容器药包总质量后，依长细比的不同，将药包均分为两个或多个药包，其药包作用应使容器的四壁受到均匀的破碎作用。一般药包之间距离为：

$$a \leqslant (1.3 \sim 1.4) R \tag{10-38}$$

式中 a——药包间距，m；

R——药包中心至容器内壁的最短距离，m。

如果容器壁厚相同，药包应布置在距各方向容器壁距离相等的位置，也可以改变药包的形状，例如采用柱状药包，考虑柱状药包的端头效应。柱状药包端头距容器壁的距离应小于其径向距容器壁的距离。

水压爆破中容器壁的外部应是临空的，对没有临空面的边壁和底面，靠水中药包是不

能进行良好的破碎的。对容器中的墙壁，如两侧都有水，则只应在一侧布置水中药包，或在两侧采用不等量药包，也可以在紧靠壁的一侧布置辅助药包专用于破碎这个壁。

如果同一结构物容器两侧的壁厚不等或强度不同，爆破时应布置偏心药包，即将药包布置于壁厚或强度大的一侧，使结构物容器破坏均匀。容器中心至偏心药包中心的距离（偏心距离）x 用下式计算：

$$x = \frac{R(\delta_1^{1.143} - \delta_2^{1.143})}{\delta_1^{1.143} + \delta_2^{1.143}} \approx \frac{R(\delta_1 - \delta_2)}{\delta_1 + \delta_2} \tag{10-39}$$

式中　R——容器中心线至侧壁距离，m；

δ_1，δ_2——容器两侧的壁厚，m，$\delta_1 > \delta_2$。

当两侧的混凝土布筋量不同时，可先将钢筋换算成混凝土的折合截面厚度，然后用上式计算偏心距离。

当结构物容器为截面呈长方形的不等壁厚的容器时，可将总药量分为大小不同的两个或多个偏差药包，等距分布，并将大药包布置在壁厚一侧，偏差药包药量按下式计算：

$$Q_0 = \frac{\delta_1^{1.143} - \delta_2^{1.143}}{\delta_1^{1.143} + \delta_2^{1.143}} Q \tag{10-40}$$

$$Q_1 = (Q + Q_0)/2$$

$$Q_2 = (Q - Q_0)/2$$

式中　Q_0——两个药包质量之差，kg；

Q——总药量，$Q = K(K_2\hat{\delta})^{1.6}\hat{R}^{1.4}$，kg；

Q_1——厚壁一侧的药包质量，kg；

Q_2——薄壁一侧的药包质量，kg。

当容器式结构物内有立柱等非均质构造时，应在这些部位用炮孔法装药或水中裸露药包，与水压爆破主体药包同时起爆。

C　药包入水深度的确定

水压爆破是靠水中冲击波破坏容器壁的，没有浸到水的部位受不到水中冲击波的作用，一般情况下，这些部位是不会被破坏的。所以作为爆破体的敞口式容器，原则上应充满水。药包一般放在水面以下相当于水深度的三分之二处；容器不能充满水时，应保证水深不小于药包中心至容器边壁的最短距离 R，并相应降低药包在水中的位置，直至放置在容器底部。这时与基础连接的容器底面亦将受到程度不同的破坏。实践表明，当药包入水深度 h 达到某一临界值后，h 再增大，对爆破效果影响很小。

通常药包的入水深度 h 采用下式计算：

$$h = (0.6 \sim 0.7)H_s \tag{10-41}$$

式中　H_s——注水深度。注水深度应不低于结构物净高的0.9倍，且宜注满。

药包入水深度最小值 h_{min} 按下式验算：

$$h_{min} = R$$

$$h_{min} \geqslant Q^{1/3} \tag{10-42}$$

$$h_{min} \geqslant (0.35 \sim 0.50)D$$

式中　h_{min}——药包最小入水深度，m；当 h_{min} 计算值小于0.4m时，一律取 $h_{min} = 0.4$m；

R——药包中心至结构物内壁的最短距离，m；

Q——单个药包质量，kg；

D——容器内直径或内短边长度，m。

对封口式容器，若要保证封口部位（顶盖）的破坏，水应充满整个容器，保证水中冲击波能作用到顶盖上，这时可以将顶盖作为容器的一个壁来布置药包。

药包布置主要指药包的位置和药包的数量，而药包位置与药包数量又密切相关：

（1）对于直径与高度相等的圆柱形容器的爆破体，通常布置一个药包，其位置处于容器中心线下方一定高度。如果直径大于高度，也可对称布置多个集中药包。对于这种单层群药包，装药高度为容器中心线下方一定高度。

（2）对于长宽比不小于1.2或高宽比不小于3时，可沿长轴中心线布置双层或多层群药包。其中，最上层药包到水面的距离大于药包中心到壁面的距离；最下层药包到底板的距离小于药包中心到壁面的距离，但层间距不要过大。

（3）对于壁厚不等或材料性质不同的爆破体，应采用偏心药包或不等量群药包。采用偏心药包时，由于两侧壁厚不同，要掌握药包偏离容器中心的距离，使容器的四壁受到均匀的破坏作用。

应该指出：欲拆除的容器都要充满水，至少要保证水深大于药包中心到容器壁的最短距离。

10.5.3 水压爆破施工

水压爆破施工一般应经历以下几个步骤：

（1）全面细致的工程勘察。此项工作包括了解和确定爆破对象的材质种类及其力学性质，特别是其抗拉强度、几何形状与尺寸、待拆结构体有无破损、是否会出现漏水现象，详细了解周围环境，在有必要时准确测量待拆结构体至周围一定距离范围内其他需要保护对象的距离等，为爆破设计和保证爆破安全防护设计提供依据。

（2）根据勘察资料拟定几种可行性方案进行比较评估，最终选择出最佳方案，其中要考虑的方面包括：渣堆的控制、解体控制、振动控制、噪声的控制和飞石的控制，以确定其倒塌方向、坍塌方向和坍塌范围。

（3）根据方案，分步设计各种参数，包括切口方向、切口位置、每层布孔、梁柱墙的最小抵抗线、炮眼间距、炮眼排距、炮孔深度、单孔装药量等，并绘制相关的图表。

（4）确定安全措施，预防飞石、地震波、冲击波和有毒气体可能产生的危害。

（5）施工材料准备，具体包括施工工具和爆破材料及安全防护材料的准备。

（6）根据设计到现场指导实爆，尽量先试爆后实爆。

（7）总结归纳爆破效果，对整个工程进行分析研究。

（8）设计资料存档。

10.5.3.1 施工准备

（1）施工调查。在确定采用水压爆破之前，首先应收集、掌握建（构）筑物的结构，包括材质、各部位的尺寸及布筋情况、周围环境及对安全的要求；根据水源情况、泄水条件，爆破体的储、漏水状况确定工程是否具备水压爆破的施工条件；进行水压爆破与其他拆除爆破方案的安全与技术经济指标的比较。

（2）防水堵漏。在一些建（构）筑物中存在各种各样的开口，除局部因施工需要必须在装药后处理外，一般封堵处理应尽可能提前完成，并做到不渗水和封堵材料具有足够强度。

封堵处理的方法有很多，可采用钢板和钢筋锚固在建（构）筑物壁面上，并用橡皮圈作垫层以防漏水；可砌筑砖石并以水泥砂浆抹面进行封堵；也可浇灌混凝土或用木板夹填黏土夯实。不管采用什么方法，封堵处理的部位仍是整个结构中的薄弱环节，还应采取诸如在封堵部位外侧堆码砂袋等防护措施。

孔隙漏水的封堵。建（构）筑物的边壁上或底部往往有一些裂缝或肉眼不易发现的孔隙，随着注水深度的增加、水压的加大而出现漏水，而且往往越来越厉害。对这些缝隙可以用水玻璃加水泥、环氧树脂水泥等快干防水材料进行快速封堵。

塑料袋防漏。将单层或双层高强度聚氯乙烯塑料袋放置在容器内，水注入袋内，在水压下塑料袋会紧贴容器壁，这对存在孔隙的容器也是一种有效的防漏方法。在放置塑料袋前，应尽可能将容器壁清理干净、平滑，否则在注水后，容器壁上的任何小颗粒刺都可能对塑料袋造成损坏。为保证防漏效果，一般应放置双层塑料袋。

（3）开挖临空面。水压爆破的结构物一般具有良好的临空面。但对某些情况，如地下结构物，一定要注意开挖好爆破体的临空面，否则会影响爆破效果。

10.5.3.2　*水压爆破施工*

（1）药包加工和防水。水压爆破宜选用密度大、耐水性能好的炸药。目前一般采用的抗水炸药有乳化炸药（密度 $\rho=1.05\sim1.39\text{g/cm}^3$）、水胶炸药（密度 $\rho=1.1\sim1.25\text{g/cm}^3$）、TNT熔铸块（军用品、雷管感度，密度 $\rho=1.15\sim1.39\text{g/cm}^3$）。若采用岩石膨化硝铵炸药及铵油炸药等非防水炸药，则要严格作好药包的防水处理，药量小的药包可采用盐水瓶或大口瓶，药量大的药包也可采用塑料桶。采用多层高强度的塑料袋包装时，应在每层塑料袋上涂抹黄油防水，各层塑料袋相互倒置并捆绑牢固，由于起爆雷管的脚线要反复曲折，故塑料袋仅适合电雷管。加工后药包的密度 $\rho<1\text{g/cm}^3$ 时，应在药包上加上配重，使药包密度大于水的密度，以保证药包到位。

在加工药包时必须注意：当使用电爆网络时，切忌在水中出现电雷管的脚线与导线或导线与导线之间的接头。可以将电雷管的脚线与能直接拉出水面的引出线的接头在做好绝缘处理后放置在药包内。电爆网络的引出线和导爆管网络的导爆管从药包往外引出部位是防水的薄弱环节，当药包放入水中后，在水压的作用下，水往往顺着该部位的引出线进入药包内部。应该将瓶口或桶口的橡皮塞或螺旋盖上紧，用防水胶布裹严，或在瓶颈和瓶口处用几层石蜡和防水油封好，引出线处的缝隙可用502胶封严。采用瓶或桶作药包时，未装满炸药的地方应用砂子充填，塑料袋装药后应将多余空气排尽，否则在水中药包会浮起来。

（2）药包安放。药包在容器中的固定方式可采用悬挂式或支架式，必要时可附加配重，以防悬浮或移位。

（3）起爆网络。为了提高起爆的可靠性，可采用电雷管，也可采用导爆管雷管来引爆水中的炸药。起爆网络一般都应采用复式网络。网络连接应注意避免在水中出现接头，导爆管内切勿进入水滴或杂物。

（4）爆破体底部基础处理。当底部基础不允许破坏时，药包距离底面的位置应大于水深的1/3，一般应放置在水深的1/3～1/2之间为宜。同时还要在底部铺设沙子作为防护层，沙层厚度与装药量和基础强度等因素有关，通常不得小于20cm。底部基础部分不要求爆破，但允许局部破坏时，可按一般水压爆破进行布药。当底部基础要求与上部壁一起爆破时，由于底部基础没有临空面，所以破碎效果一般不佳。特别是当底板较厚或分布有钢筋时，效果就更差。因此，通常都是加大炸药用量20%～50%，并将药包位置向下放。在加大用药量时，一定要对爆破震动、飞石等进行安全校核后确定。

（5）注水。对小容量的结构物，可以采用自来水或消防车注水，大容量的建（构）筑物应采用加压泵注水。考虑一般结构都有漏水现象，而且往往随着水位的加高和时间的推移漏水现象越来越严重，要使注入流量大于漏水量，而且尽可能将起爆前的停水时间缩短或爆破时不停供水，保证容器内有尽可能高的水位，以确保爆破破碎效果。

（6）临时排水设施。大容量建（构）筑物的水压爆破，应考虑爆破后大量水的顺利排泄问题。由于这部分水流具有一定的势能和动量，水流速度和流量都较大，要防止其对爆破体周围的建（构）筑物和地面设施造成损伤，必要时应修筑挡水堤控制引导水流的方向。对导水口应采取适当措施，如在下水道口用钢筋笼作防护，防止大块爆渣冲击下水道造成堵塞。

（7）安全防护。水压爆破只要药量控制得当，一般很少有飞石。但在敞口爆破以及顶板有孔口的情况下，由于有残压的水柱喷出，会把开口部位或顶板上面的碎块冲击出来。有时由于水压爆破用药量偏大，顶板和边壁破碎后被高速水流冲击而飞出，所以在顶板和四周边壁上面要覆盖草袋或草垫类防护物。

10.5.4 工程实例

（1）北京国际服务中心大型地下油库的水压拆除爆破。

油库的南面紧邻北京市北二环路，距离约60m，交通十分繁忙。油库为半封闭式钢筋混凝土结构，油库主体顶盖有一个长方形开口，开口尺寸为2.6m×1.85m，主体空间长5m、宽6m、深4.25m。主体一侧有一个楼梯间，由此进入油库内，楼梯间长3.5m、宽1m、深2.5m。油库壁厚下部为0.4m，上部为0.3m，螺纹钢筋直径为14mm×200mm，双层布筋。顶盖厚度为0.15m，螺纹钢筋直径为10mm×200mm，单层布筋，顶盖上有三条钢筋混凝土加强梁，断面为300mm×600mm。楼梯间的钢筋布置与主体相同，其结构参见图10-33。采用水压爆破的方法拆除油库是最佳方案。

应用简化的冲量准则公式计算药量，对于油库，取$K=8$。

$$\hat{R} = (S_R/\pi)^{1/2} = 2.75\text{m}$$

$$\hat{\delta} = \hat{R}[(1 + S_\delta/S_R)^{1/2} - 1] = 0.34\text{m}$$

$$K_2 = 0.94 + 0.7(\delta/R) = 1.03$$

$$Q = K(K_2\hat{\delta})^{1.6}\hat{R}^{1.4} = 6.2\text{kg}$$

根据结构物尺寸情况，布置5个药包，其总药量为31kg。

对于楼梯间药量的计算，取$K=10$。

$$\hat{R} = (S_R/\pi)^{1/2} = 0.844\text{m}$$

$$\hat{\delta} = \hat{R}[(1 + S_\delta/S_R)^{1/2} - 1] = 0.29\text{m}$$

$$K_2 = 0.94 + 0.7(\delta/R) = 1.192$$

$$Q = K(K_2\hat{\delta})^{1.6}\hat{R}^{1.4} = 1.44\text{kg}$$

根据结构物尺寸情况，布置3个药包，其总药量为4.5kg。

1）药包布置。采用乳化炸药，按照等距离的原则首先布置油库主体的下层药包，四个角上的药包距地板和内壁面都为1.5m。在两个相邻的药包中间布置一个药包，即下层共8个药包，然后布置上层药包，上下层药包间的距离为1.25m。上下层共16个药包。药量分配如下：下层4个角上的每个药包3kg，其余4个药包各重2kg，上层的8个药包各重1.5kg。楼梯间共布置3个药包，每个重1.5kg。共使用炸药36.5kg。药包位置如图10-33所示。

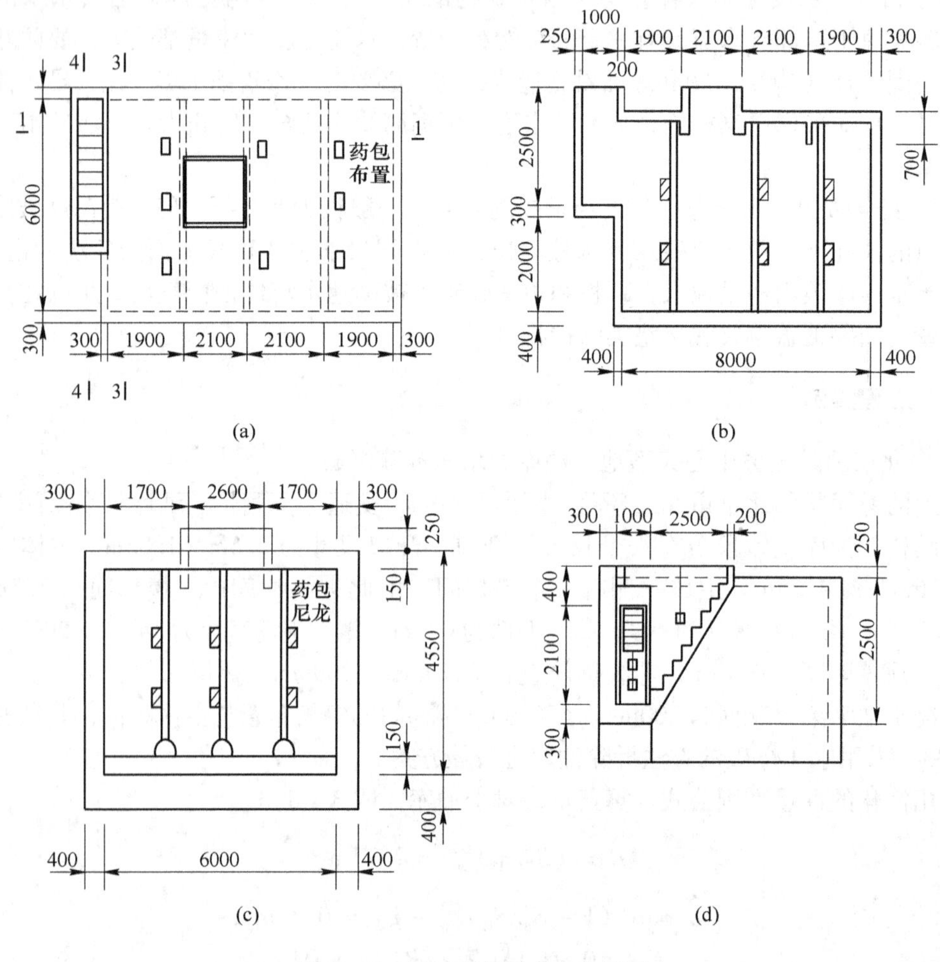

图10-33 油库结构及药包布置图

2）采用导爆管起爆网络。每个药包埋设两发瞬时导爆管雷管，用瞬发电雷管引爆。提前挖开油库周围的土方，暴露出油库的壁面，封闭油库壁上的管道口，清理油库内的渣土，暴露出油库的底板。爆破时在油库顶盖和四壁上覆盖一层湿的草袋和一层荆笆，局部地方覆盖一层胶带，进行安全防护。

爆破后油库的四壁被崩碎，并向后倒塌在沟帮上，楼梯间一侧破碎更充分，大部分钢筋暴露出来，原来的混凝土墙变成由钢筋连接的不规则的碎块。油库顶盖发生了龟裂，加强梁破碎成几段，没有产生粉尘和飞石，震动很小，爆破效果很好。

（2）广西南宁水泥厂薄壁四连体料仓水压拆除爆破。

四连体料仓为薄壁钢筋混凝土高架式方形结构，上部为直壁，下部为漏斗，整体上靠10根立柱承重，立柱间纵、横梁距地面3.6m。建筑物总长17m，高12m，宽5m，每个单仓净边长4m×4.5m，壁厚0.2m，漏斗高2.2m，直壁高5.4m，单仓容积112m^{3}时，立柱截面0.5m×0.6m，横梁截面0.25m×0.5m，立柱布有ϕ24钢筋16根，仓壁和漏斗布ϕ10双层钢筋网，混凝土标号C25。

按$Q=K\delta^{1.6}R^{1.4}$计算药量，取$K=19$，$\delta=0.2$m，$R=2.25$m，$Q=4.5$kg，注水深度7.4m，药包入水深度：第一层2.8m，第二层4.8m，第二层6.2m，共布置12个药包，使用54kg乳化炸药；立柱爆破缺口高度1.8~2.0m，每个立柱钻5~6个炮孔，单孔装药量为50g，立柱总装药量5kg；横梁采用裸露紧贴药包，每个药包1.0~1.5kg，每根横梁1~2个药包，共装药10kg，总装药量约72kg乳化炸药。爆破后水柱冲起约5m高，仓壁、梁、柱全部破碎分离，飞石最大距离在30m以内，大量的泄水把碎块冲向马路。

习　题

10-1　拆除爆破的对象主要有哪些类型，与之相对应的拆除爆破技术方案有哪些？

10-2　拆除爆破的基本原理是什么？

10-3　拆除爆破的基本工艺步骤是什么，工程勘察的具体内容有哪些？

10-4　拆除爆破设计的主要技术参数是什么，如何确定？

10-5　烟囱类高耸建筑物的爆破切口有哪些类型，确定爆破切口尺寸的原则是什么？

10-6　在拆除爆破中，一般是采取哪些技术手段实现建筑物定向倾倒的？

10-7　为控制烟囱等高耸建构筑物倒塌触地产生的地震动和块体飞溅现象，一般可以考虑采取的工程措施有哪些？

10-8　说明水压爆破的基本原理及这种技术的适用条件。

11 爆破有害效应及其控制

本章要点

爆破工程的目的是使岩石等产生破坏。但是，实践中一般都很难避免同时产生地震动、飞石、空气冲击波、有毒气体、噪声及扬尘这些有害效应。因此，如何控制这些有害效应，避免人身伤亡事故和财产损失，是在爆破工程中自始至终需要严肃对待的重要课题。本章要点如下：

（1）爆破震动的影响因素、预测方法及控制措施；

（2）飞石成因与控制措施；

（3）空气冲击波成因与控制措施；

（4）有毒气体成因与控制措施。

爆破有害效应可分为地震动、飞石、空气冲击波、有毒气体、噪声及扬尘。在爆破工程实践中，必须根据具体的环境条件和要求提出有效控制这些有害效应的可行措施，避免人身伤亡事故和财产损失。

11.1 爆破震动

爆破引起爆破地点周围的土、岩、建构筑物等的震动，即所谓的爆破地震效应。严重的爆破地震效应可导致岩土结构（如边坡）和建筑结构的破坏，同时也可对周围一定范围内人的生产生活造成消极影响。

爆破地震波可包含体波和面波，其中体波又分为纵波（P 波）和横波（S 波），面波分为勒夫波（L 波）和瑞利波（R 波）等。纵波传播速度最高，故首先到达的应是爆破地震波中的纵波，随后才是横波和瑞利波。由于岩石的非均质性及地质构造等因素的影响，爆破地震波在传播过程中会发生衰减、反射、透射及叠加干扰等现象，引起的质点振动频率也会随距离延长发生衰减。由于这些原因，在测得的爆破地震图谱中，特别是在测距较小时，往往难以对 P、S、L、R 各类波进行辨识和区分。实践中监测得到的爆破地震波图谱多是各种波叠加而成的单条曲线。典型波形见图 11-1。一般认为，爆破地震波所消耗的能量约占爆破总能量的 2%~6%。

11.1.1 爆破地震波的特征参数与安全判据

质点振动的强度、频率及持续时间，是用于描述爆破地震波特征的三个基本参数，通常以此作为分析和评价爆破地震效应的根据。一般采用质点振速峰值作为反映质点振动强度的指标。同时，振动频率与持续时间也是影响爆破震动破坏效果的两个重要指标。

爆破地震波具有与天然地震波不同的频率特性，振动强度及频率特性是决定破坏效应的主要因素。在同样强度的地震波作用下，天然地震可使结构物遭到严重破坏，而爆破地震波破坏性较小，这主要是由于前者的频率低，持续时间长。

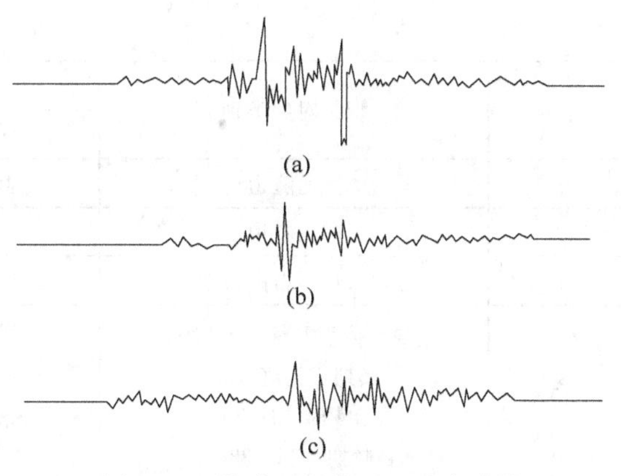

图 11-1 爆破远区典型地震波波形
(a) 地表水平径向；(b) 地表水平切向；(c) 地表铅垂方向

爆破地震波的各谐波分量中振幅最大的谐波频率，称为主震频率，简称主频。较精确的主频求算方法是对振动波形进行频谱分析。

对于单次爆破，爆破震动的持续时间，一般随炮孔起爆延迟时间和药量两个参量的增大而延长，但目前尚无有效的计算方法。

爆破震动预期地表质点产生机械振动，用于描述这种振动的物理量可包括质点运动过程中的最大位移（振幅）A、质点位移 $u(t)$、质点振动速度 v、质点振动加速度 a。假定地震波在均匀弹性介质中传播质点作简谐运动，则可得：

$$u = A\sin wt \tag{11-1}$$

$$v = \frac{\partial u}{\partial t} = wA\sin\left(wt + \frac{\pi}{2}\right) \tag{11-2}$$

$$a = \frac{\partial v}{\partial t} = w^2 A\sin(wt + \pi) \tag{11-3}$$

式中 $w = 2\pi f$；

f——振动频率；

t——时间。

实际的地震波都是复杂的综合波形，且由于地质条件随地震波传播距离发生变化，目前还无法用理论公式进行可靠描述。

根据我国《爆破安全规程》（GB 6722—2014），目前是在考虑振动频率的基础上采用质点振速峰值作为爆破震动安全判据（表 11-1）。

表 11-1 爆破振动安全允许标准

序号	保护对象类别	安全允许质点振动速度 v/cm·s^{-1}		
		$f \leqslant 10$Hz	10Hz $\leqslant f \leqslant$ 50Hz	$f > 50$Hz
1	土窑洞、土坯房、毛石房屋	0.15～0.45	0.45～0.9	0.9～1.5
2	一般民用建筑物	1.5～2.0	2.0～2.5	2.5～3.0
3	工业和商业建筑物	2.5～3.5	3.5～4.5	4.5～5.0
4	一般古建筑与古迹	0.1～0.2	0.2～0.3	0.3～0.5
5	运行中的水电站及发电厂中心控制室设备	0.5～0.6	0.6～0.7	0.7～0.9
6	水工隧洞	7～8	8～10	10～15

续表 11-1

序号	保护对象类别	安全允许质点振动速度 v/cm · s^{-1}		
		f≤10Hz	10Hz≤f≤50Hz	f>50Hz
7	交通隧道	10～12	12～15	15～20
8	矿山巷道	15～18	18～25	20～30
9	永久性岩石高边坡	5～9	8～12	10～15
10	新浇大体积混凝土（C20）： 龄期：初凝～3d 龄期：3d～7d 龄期：7d～28d	 1.5～2.0 3.0～4.0 7.0～8.0	 2.0～2.5 4.0～5.0 8.0～10.0	 2.5～3.0 5.0～7.0 10.0～12

注：1. 质点振动速度为三分量中的最大值；振动频率为主振频率。

2. 根据现场实测波形确定或按如下数据选取频率范围：硐室爆破 f<20Hz；露天深孔爆破 f=10～60Hz；露天浅孔爆破 f=40～100Hz；地下深孔爆破 f=30～100Hz；地下浅孔爆破 f=60～300Hz。

3. 爆破振动监测应同时测定质点振动相互垂直的三个分量。

在按表 11-1 选定安全允许质点振速时，应认真分析以下影响因素：

（1）选取建筑物安全允许质点振速时，应综合考虑建筑物的重要性、建筑质量、新旧程度、自振频率、地基条件等。

（2）省级以上（含省级）重点保护古建筑与古迹的安全允许质点振速，应经专家论证后选取，并报相应文物管理部门批准。

（3）选取隧道、巷道安全允许质点振速时，应综合考虑构筑物的重要性、围岩分类、支护状况、开挖跨度、埋深大小、爆源方向、周边环境等。

（4）对永久性岩石高边坡，应综合考虑边坡的重要性、边坡的初始稳定性、支护状况、开挖高度等。

（5）隧道和巷道的爆破振动控制点为距离爆源 10～15m 处；高边坡的爆破振动控制点为上一级马道的内侧坡脚。

（6）非挡水新浇大体积混凝土的安全允许质点振速按表 11-1 给出的上限值选取。

（7）在复杂环境中多次进行爆破作业时，应从确保安全的单响药量开始，逐步增大到允许药量，并按允许药量控制一次爆破规模。

（8）核电站及受地震惯性力控制的精密仪器、仪表等特殊保护对象，应采用爆破振动加速度作为安全判据，安全允许质点加速度由相关运营单位和仪器、仪表说明书给出。

（9）高耸建（构）筑物拆除爆破安全允许距离包括建（构）筑物塌落触地振动安全距离和爆破振动安全距离。

同样需要注意的是，评价爆破对不同类型保护对象的振动影响，在原则上应采用不同的安全判据和允许标准。

11.1.2　爆破震动测试方法

观测爆破地震效应有宏观调查和仪器测试两种方法。宏观调查就是在爆破影响范围内选择有代表性的建筑物、构筑物、岩体以及专门设置的某些器物进行爆破前后的观测、描述与记录，以对比与统计方法了解爆破地震的破坏情况。

仪器测试法是采用爆破振动测定仪测量质点运动参数，如振动位移、速度或加速度，并记录波形。一般测定三个相互垂直方向上（垂直方向、水平径向、水平切向）的运动参量，采用测点空间运动合成的方法求出合矢量。实际上三个正交分量并非同时达到峰值，故常常测取各运动分量中最大分量来进行分析，这样既简单，又能满足工程需要。

11.1.2.1 测震仪器

爆破震动测试系统一般由拾振（传感）、信号放大和记录装置三部分构成。测量爆破震动的传感器一般简称拾振器，它的作用是将被测对象的振动转换为电磁信号，并可存储、传输和显示。拾振器的工作原理是地震动引起带线圈的复摆在磁钢磁场中做相对运动而产生电信号。震动越强，复摆运动越快，产生的电信号也就越强，由此测得拾振器位置质点在复摆摆动方向上的位移量、位移速度、位移加速度及振动频率以及这些参量随时间的变化。

现以四川拓普测控科技有限公司设计生产的型号为 NUBOX-6016 的振动监测仪为例，介绍目前爆破振动监测仪器的主要构成和功能特点。如图 11-2 所示，该仪器主要由数据采集设备与爆破震动传感器构成。

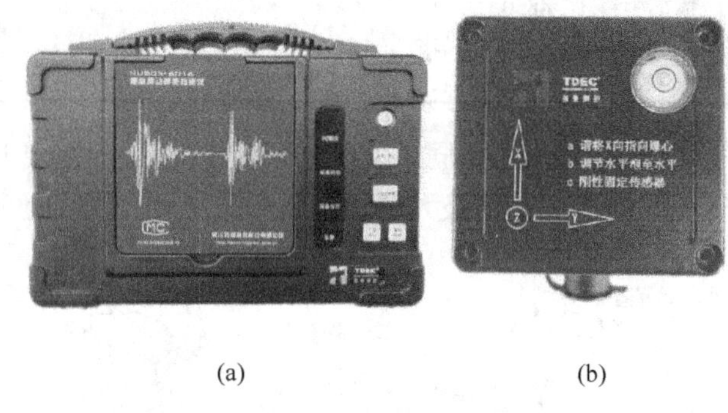

(a) (b)

图 11-2 NUBOX-6016 振动监测仪

（a）数据采集设备；（b）传感器

NUBOX-6016 的振动监测仪能对传感器产生的动态物理信号（包括速度、加速度、噪声等）进行数字转换和存储，并有触发机制保证只对所关心的信号进行正确记录。掉电保护功能使记录的数据在意外断电的情况下也不会丢失。仪器带有彩色触摸式液晶显示屏，通过设备嵌入式软件，可在测试现场方便地进行采集参数设置、数据波形察看、测试结果显示等。NUBOX-6016 不但能够进行信号数据采集工作，而且通过设备上的 LAN、RS232 接口可与计算机通信、传送数据，并通过配套的 BM View 专用分析软件实现对设备的控制、参数设置、波形显示、数据读取等功能，以及在此基础上根据萨道夫斯基经验公式进行爆破振动等的专业分析、统计、管理。其中的专用爆破振动分析根据国家标准《爆破安全规程》（GB 6722—2014），运用萨道夫斯基公式完成爆破振动参数分析、装药量控制和安全振速预测等工作。NUBOX-6016 智能振动监测仪适用于离线振动数据采集分析和在线振动监测，配置的触摸式液晶屏提供人机交互操作，具备现场独立操作能力，并可构成网络化、协同化系统，实现分布式远程监测、无线遥测、联网监测等。

目前国内常用国产拾振器和测震仪的型号及性能如表 11-2 所示。

11.1.2.2 仪器布设方法与要求

为保证地震动信号的接收效果，测点位置的岩石应较为完整且坚硬，传感器与地面间用石膏形成刚性黏结，且保证传感器水平放置。在地表岩石破碎地段，测试时应将传感器用长 20cm 的铁桩固定于地面，以形成传感器与地面的刚性连接。

表 11-2 工程爆破常用拾振器

型 号	测量的物理量	频率范围/Hz	量程范围
ZYO 强震仪	位移、速度	1~100	<100mm
			<150cm/s
702 拾振器		2~30	<100mm
			<100cm/s
65 型拾振器		<40	±20mm
			<10cm/s
CD-1 拾振器		10~500	≤1cm
			<10cm/s
YD 系列压电晶体加速度计	加速度	0~10000	0~2000m/s^2
成都中科 TC-4850	速度	5~300Hz（低频 1~500Hz）	0.01~35.4cm/s
四川拓普 NUBOX-6016		5~200Hz	0.1~30cm/s

如图 11-3 所示，同时使用多台仪器在一条测线上进行爆破震动测试时，须保证各个传感器的 x 向指向爆区最大单段起爆药量位置，并实地测量和记录各个传感器位置的坐标。

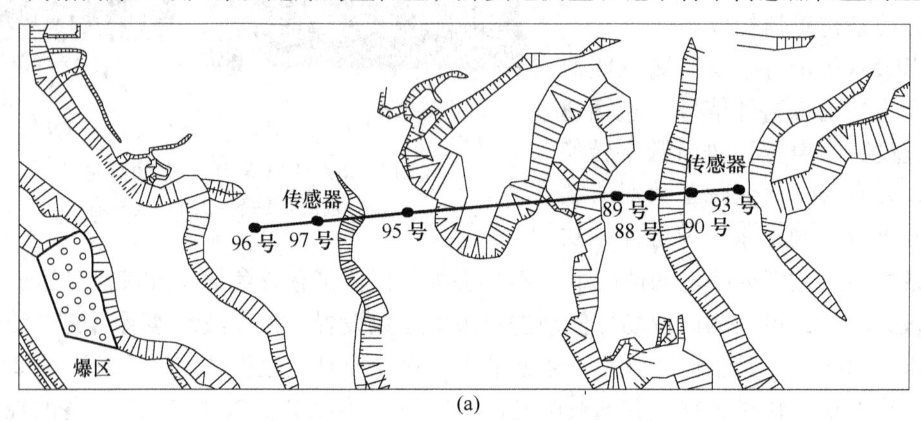

(a)

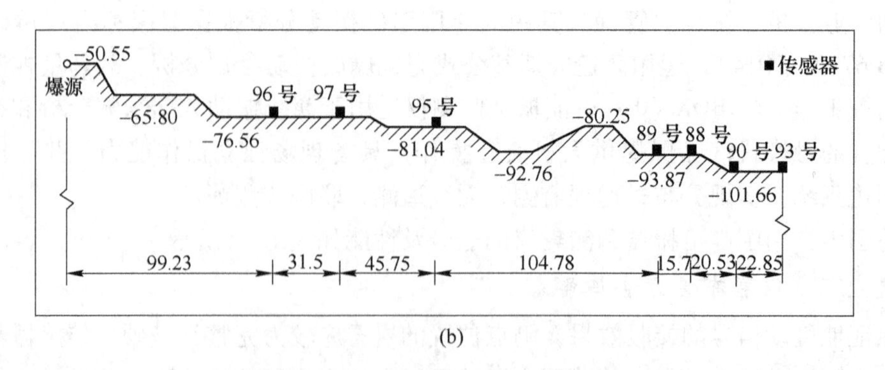

(b)

图 11-3 爆破振动传感器的布置

（a）传感器布置平面视图；（b）传感器布置立面视图

11.1.2.3 监测结果的保存与显示

各测线上各个爆破振动传感器将地震动信号转换为电信号，而后再由爆破振动记录仪转化为数字信号，并以图 11-4 所示的质点振速时程曲线的形式记录保存。测点位置的质点振速峰值可由爆破震动分析软件自动从质点振速时程曲线上读出。

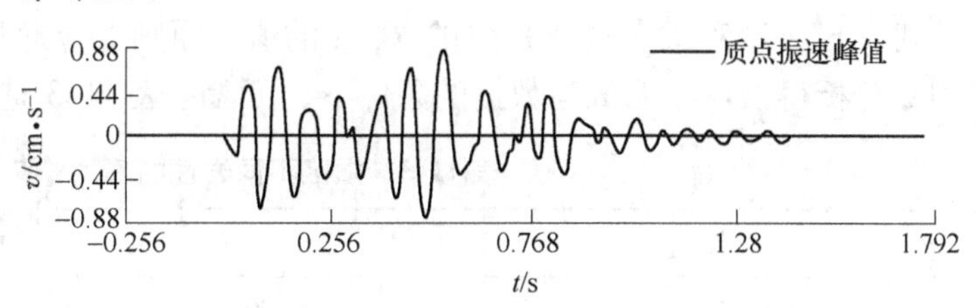

图 11-4 质点振速时程图（示例）

11.1.2.4 注意事项

为保证爆破振动监测结果的可靠性，需注意以下事项：

（1）在实际进行现场监测之前，需保证仪器已经通过校准检验，确保仪器的测量误差在允许范围之内。

（2）仪器电池充电充分，保证仪器在监测工作过程中工作正常。

（3）在进行爆破震动测量时，测点位置须合理，拾振器安装牢固。

（4）拾振器的触发电平和量程合适。

11.1.3 爆破震动预测方法

一般认为，影响爆破地震波强弱的因素主要包括：（1）测点与爆源之间的距离 R；（2）最大单段起爆药量（即同响药量）Q_{max}；（3）爆破地震波传播路径上的地形条件；（4）爆破地震波传播路径上的介质性质及其变化；（5）爆破工艺条件。用于预测爆破震动的传统方法有两种：一是前苏联萨道夫斯基提出的经验公式（一般简称为萨氏公式）；二是在欧美应用较为广泛的比例距离公式。但应当指出的是，这两种公式在实质上并没有差别，只是在表达方式和应用形式上互有差异而已。本书编者基于大量统计分析，提出了一种基于等效路径的露天台阶爆破地表质点振速峰值预测公式，发现该公式能够适应矿山现场复杂的地质地形环境条件，且其预测结果的准确性比萨氏公式有很大提高。

11.1.3.1 萨氏公式

我国常用萨氏公式预测爆破引起的地表质点振动速度峰值：

$$v = K\left(\frac{Q^n}{R}\right)^{\alpha} \tag{11-4}$$

式中 v——质点振动最大速度，cm/s；

Q——炸药量（齐发爆破时为总装药量，延迟爆破时为最大单段起爆药量），kg；

R——被保护对象至爆源中心的距离，一般简称为爆心距，m；

K，α——与爆破场地条件和地质条件有关的系数；

n——指数，集中药包取 1/3，柱状药包取 1/2。

将公式（11-4）进行变换，按保护对象所在地安全所允许的质点振速 v，得爆破震动安全距离 R(m) 公式：

$$R = \left(\frac{K}{v}\right)^{\frac{1}{\alpha}} Q^n \tag{11-5}$$

式中符号意义同前。

式（11-4）和式（11-5）中的 K、α 的值，原则上应通过现场爆破震动测试试验数据的回归分析得出。在无试验数据的条件下，可参考表 11-3 选取。

表 11-3　爆区不同岩性的 K、α 值

岩　性	K	α
坚硬岩石	50～150	1.3～1.5
中硬岩石	150～250	1.5～1.8
软岩石	250～350	1.8～2.0

表 11-4 中列出了我国某些露天矿山台阶爆破的 K、α 值，可供参考。

表 11-4　我国某些露天矿山深孔台阶爆破的 K、α 值

矿山名称	矿石类型	起爆方式	监测方向	K	α	备　注
大连石灰石矿	石灰岩	齐发	垂直	130.0	1.80	爆堆前方
				140.0		爆堆侧前方
				200.0		爆堆侧后方
				340.0		爆堆后方
白银露天矿	含铜黄铁矿、黄铁矿、石英角斑岩、石英凝岩	毫秒延时	垂直	142.0	1.61	
			水平径向	44.0	1.14	
吉山铁矿	磁铁矿、石英闪长岩、磁铁矿化安山岩	齐发	垂直	136.0	1.60	
			水平径向	206.0	1.60	
		毫秒延时	垂直	153.0	1.60	
			水平径向	204.0	1.60	
大石河铁矿 水厂铁矿	假象赤铁矿、磁铁矿、混合片麻岩	毫秒延时	垂直	120.0	1.43	
			水平径向	680.0	1.81	
大冶 铜山口铜矿	透辉石矽卡岩	齐发	垂直	279.0	1.60	
			水平径向	60.0	1.00	
南京白云石矿	白云石	毫秒延时	垂直	154.6	1.78	
金川龙首矿	大理岩、片麻岩、混合岩		垂直	169.0	1.75	露天观测
				70.8	1.64	井下观测
大冶铁矿	闪长岩、大理岩、原生矿	毫秒延时	垂直	144.0	2.00	ϕ170～200mm 斜孔
				161.0	1.37	ϕ230mm 垂直孔
				388.0	1.84	ϕ250mm 垂直孔
				379.0	1.73	ϕ310mm 垂直孔
北台露天矿	磁铁石英岩、伟晶花岗岩、角闪片岩		垂直	280.0	1.94	
				96.2	2.37	
磐石镍矿	黑云母片麻岩		垂直	586.0	2.00	ϕ250mm 垂直孔
				256.0	1.76	掘沟爆破

续表 11-4

矿山名称	矿石类型	起爆方式	监测方向	K	α	备　注
小关铝矿	砂岩、石灰岩、普铝	齐发	垂直	275.0	1.40	
			水平径向	295.0	1.26	
		毫秒延时	垂直	70.0	1.20	
			水平径向	383.0	1.46	
眼前山铁矿	混合岩、磁铁矿、石英绿泥片岩		垂直	125.7	1.67	台阶爆破
				277.1	1.63	掘沟
503 厂露天矿	砂岩		垂直	204.8	1.77	
石人沟铁矿	片麻岩		垂直	50.0	1.14	
金堆城钼矿	花岗斑岩、鞍山玢岩	毫秒延时	垂直	128.0	1.65	爆破前方
			水平径向	163.0	1.73	
			垂直	207.0	1.81	爆破后方
			水平径向	38.0	1.20	
宜春钽铌矿	花岗岩		垂直	105.0	1.10	
			水平径向	23.0	0.90	
大孤山铁矿	千山花岗岩、假象赤铁矿		垂直	233.0	1.68	
			水平径向	270.5	1.55	
			垂直	102.0	1.51	
			水平径向	184.0	1.65	
抚顺西露天矿	绿色页岩、油田页岩	齐发	垂直	46.3	1.27	
		毫秒延时	垂直	42.5	1.60	

在被保护对象至爆源中心的距离 R 和 K、α 值已知时，即可按药包形式和质点振速允许上限由式（11-4）反求出保证爆破震动安全的允许最大单段起爆药量 Q：

$$Q = \left[\left(\frac{v}{K}\right)^{\frac{1}{\alpha}} \cdot R\right]^{\frac{1}{n}} \tag{11-6}$$

11.1.3.2　比例距离公式

比例距离公式的形式为：

$$SD = RQ^{-1/2} \tag{11-7}$$

式中　SD——比例距离；

其他符号的意义同前。

但按美国矿山管理局的规定，Q 是指 9ms 或更长起爆延迟时间内起爆的药量。显然，比例距离公式比萨氏公式更为简单，它只考虑距离对爆破震动效应的影响，通过给定比例距离的值来实现对爆破震动效应的控制。换言之，一旦给定比例距离 SD 的值，即可按距离 R 求算出允许的指定延期时间内起爆的最大药量。美国矿山管理局曾以列表形式给出了质点振速峰值和比例距离之间的关系。

但是，实践中自爆源至不同方向不同距离上各测点的地形及地质条件在绝大多数情况下都存在着较大差异。研究表明，通过现场爆破震动测试获取或按岩石坚硬程度选取的

K、α 值预测质点振速峰值，远距离的预测误差可达50%以上，近距离爆破振动预测的误差则更大。

11.1.3.3 基于等效路径的地表质点振速峰值预测公式

在平坦地形条件下，爆心距 R 的确定较为容易。但是，在露天矿山环境应用以上所述的经验公式时，如何确定爆心距 R 却往往是一个不易回答的问题。在图11-5中，自爆源至不同方向不同距离上各测点的地质地形条件往往存在着各种各样或大或小的差异。在沿台阶走向方向，近距离范围内的地形一般都较为平坦，而在垂直或斜交台阶走向方向上的凹凸起伏却往往极大。如果取爆心距 R 为爆源与测点之间的直线距离，就意味着可以忽略爆源与测点之间可能存在的凹陷地形对爆破地震波传播的影响，这显然与公认的应力波传播理论和基本常识相冲突。另外，在矿山乃至其周围，与之同时，不同区域不同方向上的岩石种类一般也存在着不可忽略的差异。因此，应用萨氏公式时，尽管是在同一个矿山的平面空间范围内，任何一组选定的 K、α 值都无法同时有效地反映不同区域不同方向上不同地形和地质条件对地表质点振速峰值的影响。

图11-5 某露天矿山地形概貌

在其他因素都不变的前提下，可假定测点位置上的质点振速峰值取决于爆破地震波自爆源向测点传播过程中行走的最短距离。如果这一假定成立，则可以该假定作为确定任意地形条件下爆破地震波的传播路径与距离的基本准则。爆破地震波沿此路径传播的距离在形式上等效于平坦地形条件下爆源至测点位置的直线距离。从这个意义上讲，可将该路径称为等效路径，并将该路径的长度称为等效距离。

运用上述等效路径和等效距离的概念，同时综合考虑最大单段起爆药量、炸药的定容爆热、爆破地震波传播的等效距离及该距离上岩石的波阻抗和岩体完整性系数对地表质点振速峰值的影响，台阶爆破地表质点振速峰值与地震波传播的等效距离之间的关系可表示为：

$$v = K\left\{\frac{2\,(Q \cdot Q_V)^n}{\sum\left[R_i\,\rho_i c_i(1 + \cos\theta_i)/\eta_i\right]}\right\}^{\alpha},i=1,2,\cdots \qquad (11\text{-}8)$$

式中 v——质点振速峰值，cm/s；

Q——最大单段起爆药量，kg；

Q_V——炸药的定容爆热，kJ/kg；

R_i——节点 P_i 与节点 P_{i+1} 之间的等效距离，m；

θ_i——地震波传播路径上节点 P_i 处的方向角，(°)；

ρ_i——岩石 i 的密度，g/cm；

η_i——岩体 i 的完整性系数，$\eta_i = (c'_i/c_i)^2$；

c'_i，c_i——分别为岩体和岩石的纵波传播速度，m/s；

K，α——系统常数；

n——对远距离台阶炮孔爆破质点振速预测，可将最大单段起爆药量视为集中药包，取 $n=1/3$。

通过大量的矿山现场爆破震动测试和数据统计分析，得到式（11-8）中的系统常数 K 和 α 分别为1528和1.91。因此，式（11-8）可写为：

$$v = 1528 \times \left\{ \frac{2\,(Q \cdot Q_V)^{1/3}}{\sum [R_i\,\rho_i c_i (1+\cos\theta_i)/\eta_i]} \right\}^{1.91} \tag{11-9}$$

式（11-9）即为基于等效路径预测露天台阶爆破地表质点振速峰值的公式。

11.1.4　降震措施

降低爆破震动的方法主要有以下几种：

（1）延时起爆。多段延时起爆是控制爆破地震危害的最有效手段，其降震是基于各段爆破独立作用原理，地震效应主要取决于最大单段药量。增多段数，便可以在总装药量不变甚至增加的情况下，减小最大单段装药量，降低爆破震动。通过正确确定段数及最大单段的装药量，选用适宜的炸药及起爆顺序与延迟时间，可以把爆破地震效应控制在安全标准要求的水平以下，而又不影响总的爆破规模。

（2）采用预裂爆破、缓冲爆破等控制爆破方法。预裂爆破中，预裂孔在主爆破以前先爆，形成预裂缝，从而有效地吸收和反射爆破波能量，降低主爆破产生的地震效应。大冶铁矿预裂爆破降震率达40%~50%，葛洲坝水利工程爆破降震率为55%~84%。

缓冲爆破实质在于逐排递减药量，而爆区后方震动强度主要受最后一排小药量分段装药的密集孔爆破的影响，从而达到降震的目的。

（3）选用合理的爆破参数与保证施工质量。减少炮孔超深，采取小抵抗线爆破法；增大邻近系数，选用低爆速炸药；采用分段间隔装药及空气间隔装药等均有一定的减震效果。

（4）掘防震沟。在被保护物朝向爆源的一方，运用地形地物采取掘沟方式隔断地震波，特别是表面波的传播，是有效的防震保护措施。

11.2　飞　石

飞石是指爆破时从爆破区抛掷出较远距离的岩块。爆破飞石往往是造成人员伤亡、建筑物和仪器设备等损坏的主要原因。

11.2.1　爆破飞石成因

飞石的产生主要是由于爆炸气体推力作用于炮孔抵抗线范围内的岩块，个别岩块以较大速度运动而形成的。飞石现象的影响因素主要包括：

（1）炮孔装药量过大，或抵抗线过小。

（2）设计采用延时起爆时，炮孔起爆顺序不当或延时过短。

（3）孔口填塞段过小，或孔口填塞质量差。

（4）炮孔装药与地表面之间有破碎带或软弱夹层贯通，爆破产生高压气体通过破碎带或软弱夹层逸出，高压气体的冲能连续传递给个别岩块而形成飞石。

（5）炮孔与溶洞等贯通，局部装药量远大于设计值。

（6）以二次爆破破碎大块岩石时，由于药包抵抗线小、填塞质量不佳，特别容易产生飞石。

11.2.2 安全距离

为了避免爆破飞石对人员、设备、结构物和建筑物的伤害和损坏，我国《爆破安全规程》规定：在进行各种爆破时，人员与爆破地点的安全距离不得小于表 11-5 的规定。对设备或建筑物的飞石安全距离，由设计确定，并规定抛掷爆破时对人员、设备和建筑物的飞石安全距离，由设计确定，并报企业或矿山总工程师批准。

表 11-5 各类露天爆破（抛掷爆破除外）飞石对人员的安全距离

爆破类型与方法	个别飞石最小安全距离/m
裸露爆破法	400
浅孔爆破法	300
浅孔爆破	300
浅孔药壶爆破	300
蛇穴爆破	300
深孔爆破	按设计，但不小于 200
深孔药壶爆破	按设计，但不小于 300
浅孔孔底扩壶爆破	50
深孔孔底扩壶爆破	100
硐室爆破	按设计，但不小于 300

注：沿山坡爆破时，下坡方向的飞石安全距离应比表中规定的数值增大 50%。

飞石距离有一定的方向性，岩移方向飞石距离较远，侧面次之，背面则较安全。设计中，个别飞石对人员的安全距离也可以参照下式估算：

$$R = 20Kn^2W \tag{11-10}$$

式中 K——与地形、风向、岩石性质及地质条件有关的系数，一般取 1 ~ 1.5。沿抵抗线方向、顺风、下坡方向，硬脆岩石取较大值，反之取较小值；

n——最大药包的爆破作用指数；

W——药包的最小抵抗线，m；

R——安全距离，m。

对设备的安全范围可按式（11-10）计算值减半，但应采取有效的防护措施。

对台阶炮孔爆破，还可以采用下式估计飞石距离：

$$S = 100K_1K_2\frac{r^3}{W^3} \tag{11-11}$$

式中 K_1——深孔密集（邻近）程度系数（见表 11-6）；

K_2——炸药爆能与抵抗线相关系数（见表 11-7）；

r——深孔半径，cm；

W——第一排炮孔的最小抵抗线，m。

表 11-6 深孔密集程度系数 K_1

K_1	2	1.5	1	0.7	0.6	0.5	0.4	0.3
深孔密集系数 m	0.5	1	2	3	4	5	6	7

表 11-7 炸药爆破能量与抵抗线相关系数 K_2

K_2	0.3	0.5	0.9	1.1	1.3	1.5	1.7	1.9	2
抵抗线/m	1	2	3	4	5	6	7	8	9

应当注意，当计算值小于爆破安全规程的安全距离时，须按规程选定。

11.2.3 飞石控制与防护

（1）爆破前应将人员及可动设备撤离到设定的飞石安全距离之外，对不可移动的建筑物及设施应施加有效防护。在安全距离以外各路口等位置设置封锁线和警示标志，防止人员及运输设备进入危险区。

（2）避免过量装药，如炮孔穿过溶洞等特殊区段，应在类似区段采取回填或间隔措施，严格控制过量装药。

（3）选择合理的孔网参数，按设计要求保证钻孔质量，严格控制炮孔抵抗线和超深。

（4）对于抵抗线不均，特别是具有凹面及软岩夹层的前排孔台阶面，要选择合适的装药量及装药结构。

（5）保证填塞长度及填塞质量。露天深孔爆破填塞长度应大于最小抵抗线的70%。过短的填塞长度，使爆炸气体易于先从孔内冲出引起表面飞石。与之同时，填塞材料要选用粒度合适、有棱角且具有一定强度的石料。

（6）采用合理的起爆顺序和延时时间。延迟时间的选择应保证前段起爆后岩石已开始移动，形成新的自由面后再起爆后段炮孔。延迟时间过短甚至跳段都会造成后段炮孔抵抗线过大，形成向上的漏斗爆破而产生飞石。

（7）尽量采用液压锤等机械方法破碎不合格大块岩石。如果采用二次爆破方法破碎大块，尽量不用裸露爆破法。采用浅孔爆破法进行二次爆破时，应保证孔深不能超过大块厚度的2/3；孔口填塞长度和填塞质量须得到保证。

（8）用钢丝网、纤维带与废轮胎编结成网，厚重的尼龙或帆布织物用作炮孔口覆盖物，可以有效控制飞石。

11.3 空气冲击波

炸药爆炸时，爆炸产物强烈压缩邻近的空气，使其压力、密度、温度突然升高，形成一个在空气中传播的冲击波，即为空气冲击波。

11.3.1 空气冲击波成因

产生空气冲击波的原因主要包括：

（1）炸药和导爆索等裸露在空气中发生爆炸。

（2）炮孔装药量过大，或抵抗线过小，或多炮孔爆破时的起爆顺序不合理，导致部分炮孔的抵抗线变小或裸露，爆炸气体产物的膨胀压力过早作用于邻近空气。

（3）孔口填塞段长度不够，或孔口填塞质量差。

（4）断层、破碎带或软弱夹层将炮孔装药与地表贯通，爆破产生的高压气体过早逸出，大量高压气体的冲能连续传递给邻近空气。

11.3.2 空气冲击波的基本特征

空气冲击波是一种强间断压缩波，它与声波相比有以下特点。

（1）在空气冲击波过后，受压缩的空气质点将离开原来位置，跟随空气冲击波的传播向前运动，形成所谓的爆风即气浪。

（2）空气冲击波的传播速度恒大于当地的声速，并随空气冲击波强度而变，压力越大波速越快。

（3）波阵面特征及参数。爆破产生的空气冲击波波阵面参数有：超压Δp、密度ρ、温度T、冲击波速度D等（表11-8）。

表11-8 各种超压下波阵面诸参数的计算值

$\Delta p/\times 98$kPa	$D/\text{m}\cdot\text{s}^{-1}$	T/K	$\rho/\text{kg}\cdot\text{m}^{-3}$
0	340	288	1.25
0.01	341	289	1.253
0.1	354	296	1.34
0.2	367	303	1.42
0.4	392	316	1.58
0.6	416	329	1.73
1.0	460	353	2.01
2.0	555	405	2.61
3.0	635	455	3.09
4.0	707	503	3.49
5.0	772	552	3.81
10.0	1040	787	4.89
20.0	1430	1250	5.85
30.0	1730	1720	6.29

在空气冲击波传播过程中，其强度会因能量损耗而随着传播距离的增加而逐渐减弱。

空气冲击波在某一固定点的压力变化曲线（即压力-时间变化曲线）如图11-6。如图所示，空气冲击波首先导致空气压力上升，形成正压区（压力高于大气压），之后因卸压作用渐变为负压区（压力低于大气压，且其绝对值远小于波阵面峰值压力）。

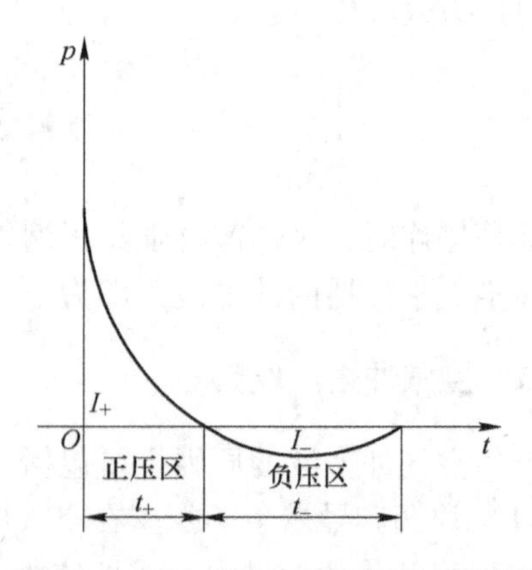

图11-6 空气冲击波波阵面压力-时间关系

11.3.3 空气冲击波的危害

空气冲击波的破坏作用主要与以下因素有

关，即冲击波超压（Δp），冲击波正压区作用时间（t_+），冲击波冲量（I），受冲击波影响的保护物的形状、强度和自振周期（T）等。

当保护物与爆区中心有一定距离时，冲击波对其破坏的程度，由保护物本身的自振周期 T 与正压区作用时间 t_+ 决定。当 $t_+ << T$ 时，对保护物的破坏作用主要取决于冲量 I；反之，当 $t_+ >> T$ 时，对保护物的破坏则主要取决于冲击波超压峰值 Δp。

除超压外，气流、空气冲击波负压等，也是构成空气冲击波破坏的重要因素。

空气冲击波达到一定值后，会对周围人员、建筑物或设备造成破坏。工程爆破中，一般都是根据爆心与建筑物或设备的距离及它们的抗冲击波性能确定一次爆破的最大药量。一次爆破药量不能减少时，则需要设法降低冲击波的超压值，或对保护对象采取防护措施。

空气冲击波对人和建筑物的危害程度与冲击波超压、比冲量、作用时间和建筑物固有周期有关，其中对建筑物的破坏比较复杂，它不仅与冲击波的强弱有关，而且还与建筑物的形状、结构强度有关。空气冲击波对人和建筑物的危害列于表 11-9 和表 11-10。

表 11-9 空气冲击波超压对人体的杀伤作用

损害等级	损 伤 程 度	冲击波超压 $\Delta p/\times10^4$ MPa
轻微	轻微（轻度挫伤）	19.208 ~ 28.812
中等	中等（听觉器官损伤、中等挫伤及骨折）	28.812 ~ 48.020
严重	严重（内脏严重挫伤，可能引起死亡）	48.020 ~ 96.040
极严重	极严重（大部分死亡）	>96.040

表 11-10 空气冲击波超压与建筑物破坏程度的关系

破坏等级		1	2	3	4	5	6	7
破坏等级名称		基本无破坏	次轻度破坏	轻度破坏	中等破坏	次严重破坏	严重破坏	完全破坏
超压 Δp $/\times10^5$ MPa		<0.02	0.02 ~ 0.09	0.09 ~ 0.25	0.25 ~ 0.40	0.40 ~ 0.55	0.55 ~ 0.76	>0.76
建筑物破坏程度	玻璃	偶然破坏	少部分破成大块，大部分小块	大部分破成小块到粉碎	粉碎	—	—	—
	木门窗	无损坏	窗扇少量破坏	窗扇大量破坏，门窗、窗框破坏	窗扇掉落、内倒、窗框、门扇大量破坏	门、窗扇摧毁，窗框掉落	—	—
	砖外墙	无损坏	无损坏	出现小裂缝，宽度小于 5mm，稍有倾斜	出现较大裂缝，缝宽 5 ~ 50mm，明显倾斜，砖垛出现小裂缝	出现大于 50mm 的大裂缝，严重倾斜，砖垛出现较大裂缝	部分倒塌	大部分至全部倒塌
	木屋盖	无损坏	无损坏	木屋面板变形，偶见折裂	木屋面板、木檩条折裂，木屋架支座松动	木檩条折断，木屋架杆件偶见折断，支座错位	部分倒塌	全部倒塌

续表 11-10

破坏等级		1	2	3	4	5	6	7
破坏等级名称		基本无破坏	次轻度破坏	轻度破坏	中等破坏	次严重破坏	严重破坏	完全破坏
超压 Δp /$\times 10^5$ MPa		<0.02	0.02 ~ 0.09	0.09 ~ 0.25	0.25 ~ 0.40	0.40 ~ 0.55	0.55 ~ 0.76	>0.76
建筑物破坏程度	瓦屋面	无损坏	少量移动	大量移动	大量移动到全部掀动	—	—	—
	钢筋混凝土屋盖	无损坏	无损坏	无损坏	出现小于1mm 的小裂缝	出现 1 ~ 2mm 宽的裂缝，修复后可继续使用	出现大于2mm 的裂缝	承重砖墙全部倒塌，钢筋混凝土承重柱严重破坏
	顶棚	无损坏	抹灰少量掉落	抹灰大量掉落	木龙骨部分破坏下垂	塌落	—	—
	内墙	无损坏	板条墙抹灰少量掉落	板条墙抹灰大量掉落	砖内墙出现小裂缝	砖内墙出现大裂缝	砖内墙出现严重裂缝至部分倒塌	砖内墙大部分倒塌
	钢筋混凝土柱	无损坏	无损坏	无损坏	无损坏	无损坏	有倾斜	有较大倾斜

11.3.4 空气冲击波超压的测量方法

由空气冲击波波阵面上各参数间的关系，只要测得其中的一个参数就可计算出其他所有参数，一般只测量空气冲击波的超压和速度。

11.3.4.1 空气冲击波超压的测量

即测定某点空气冲击波压力随时间的变化曲线，典型的超压曲线如图 11-7 所示。测量系统的固有周期应远远小于冲击波的正压时间，否则会引起严重的削峰现象。常用的测量仪器有：

(1) 膜片式压力自记仪。它由阻尼孔、波纹膜片和转动机构及记录玻璃片组成，见图 11-8。它具有结构简单，使用方便，得数率高等优点，但由于固有频率 (400 ~ 600Hz)

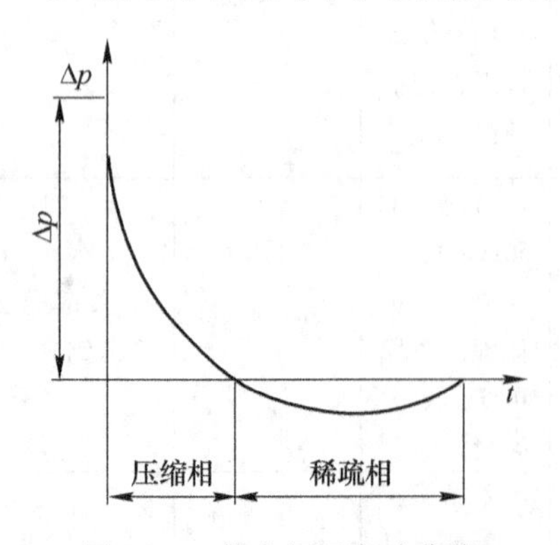

图 11-7 某点超压衰减曲线

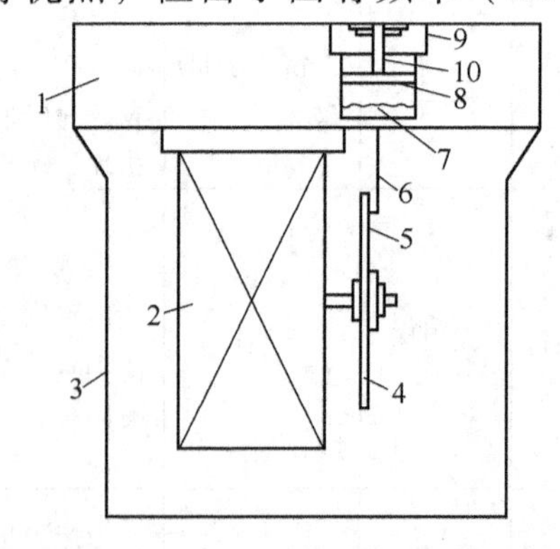

图 11-8 压力自记仪结构示意图

1—面板；2—传动机构；3—壳体；4—玻璃片；5—小针；6—簧片；7—波纹膜片；8—阻尼板；9—压盖；10—阻尼孔

低，在小药量爆破中测量误差大。

（2）应变式测压系统。它由应变式压力传感器（如 BPR-2）、动态应变仪（Y6D-3）、光线示波器（SC-16，振子用 2500Hz）或磁带机组成，其构成如图 11-9 所示。这一系统的特点：操作简单，工作可靠，但由于 Y6D-3 及光线示波器的工作频率为 1500Hz，在测量中也存在较大的测量误差。

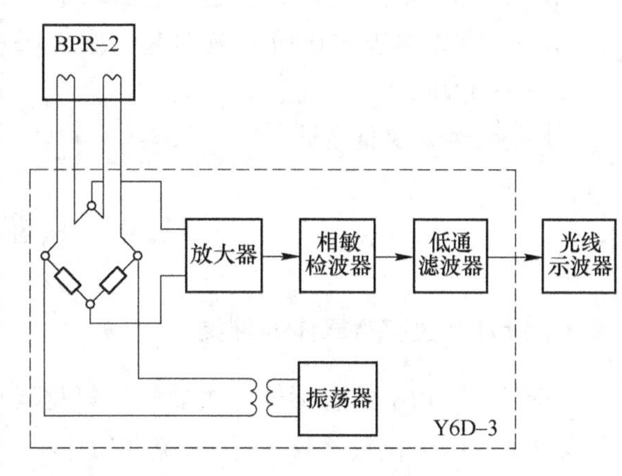

图 11-9　BPR-2 应变测压系统

（3）压电式测量系统。该系统由压电晶体传感器、前置放大器和电子示波器（或瞬态记录仪）所组成，方框图如图 11-10 所示。这一系统的频率高，在测量中操作麻烦。

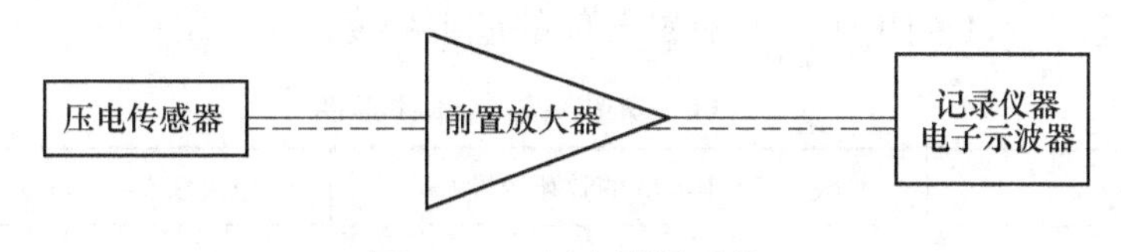

图 11-10　压电测量系统

11.3.4.2　空气冲击波速度的测量

与超压测量相比，空气冲击波速度的测量具有不需标定的优点。在冲击波传播方向已知的平面冲击波中（如巷道中），测量精度较高。其方法有：

（1）测量空气冲击波通过两已知点的时间，由这两点间的距离和时间计算该两点间空气冲击波的平均速度，测量原理见图 11-11，为达到足够的测量精度，两测点的距离应控制在 150～200mm，测时仪的精度应在 10^{-7}s。

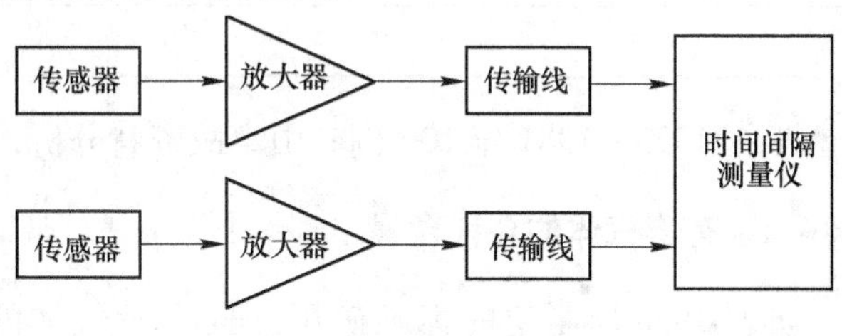

图 11-11　测速系统原理图

（2）测量空气冲击波的到达时间，这种方法简单，在测量精度要求不很高的情况下可以应用，间接计算冲击波速度。

11.3.5　空气冲击波安全距离

在爆破近区，当建筑物的自振周期大于四倍冲击波的正压作用时间，以冲量作为破坏判据，反之则以超压作为破坏判据。根据保护对象的允许超压及空气冲击波传播规律确定安全距离。

露天台阶深孔爆破空气冲击波的安全距离按下式计算：

$$R = K\frac{\sqrt[3]{Q}}{\sqrt[\alpha]{\Delta p}} \tag{11-12}$$

式中 α——即发爆破取 1.31；延时起爆取 1.55；

K——即发爆破取 0.08；延时起爆取 0.03；

Δp——超压；

其他符号意义同前。

11.4 有毒气体

11.4.1 爆炸产生有毒气体的种类

炸药爆炸产物中的有毒气体主要是一氧化碳（CO）和氮的氧化物（NO，NO_2），有时还可能有少量的硫化氢（H_2S）、甲烷（CH_4）、二氧化硫（SO_2）和氨气（NH_3）。常用的碳氢氧型炸药，主要的有毒气体是 CO 和 NO_2，它不仅污染环境，严重危害采矿工人的人身安全，而且对井下瓦斯、煤尘爆炸反应起催化作用，故有毒气体的含量是炸药的一项重要的安全指标。表 11-11 列出了一些有毒气体的危害程度。

表 11-11 某些有毒气体的毒性

种　类	吸入 5～10min 的致死浓度/%	吸入 0.5～1h 的致死浓度/$\times 10^{-6}$
一氧化碳	0.5	1800～2600
二氧化氮	0.05	320～530
二氧化硫	0.05	530～650
硫化氢	0.08～0.1	420～600
氨气	0.5	2150～3900

根据 1973～1981 年 100 例矿山事故资料分析，炮烟中毒造成的事故占 26% 以上。

11.4.2 有毒气体的允许含量

苏联 1938 年制定的标准矿用炸药有毒气体的总含量不能超过 1L/kg 炸药（按 CO 计），我国也一直采用这一标准。按毒性程度，1L NO_2 相当于 6.5L CO，按下式折算成按 CO 计算的有毒气体总含量。

$$V = V_{CO} + 6.5\,V_{NO_2} \tag{11-13}$$

与煤矿相关的安全规程还规定了地下空气中有毒气体的最高允许浓度 CO 为 16×10^{-6}，NO_2 为 2.5×10^{-6}，H_2S 为 6.6×10^{-6}，SO_2 为 7×10^{-6}。

很明显，对严格要求的单项有毒气体指标不能用公式（11-13）的近似方法来计算，而必须实际测定炸药的有毒气体量。

11.4.3 有毒气体的测试方法

实践证明，有毒气体含量的测定结果与测定方法有关，现在国内外尚无统一的标准测试方法，但常用的方法有：井下巷道法和实验室测定法。由于影响爆炸产物的因素很多，现场试验条件难以控制，往往测试结果差异大，不准确，因此较多地采用实验室模拟现场条件的爆压弹测试法。

11.4.3.1 实验室测定炸药爆炸有毒气体的原理

受试炸药在爆压弹内爆炸，爆炸气体冷却后，通过压力计等数据，计算出气体产物的总体积，然后将定量气体引入气体分析器，采用气相色谱仪、比色法等方法来分析确定有毒气体的含量。

测试中关键的问题是要模拟现场的爆炸条件，以使测定结果与矿山现场爆破中所获的结果有较好的一致性。

11.4.3.2 实验室模拟方法

（1）以低碳钢管套来模拟现场炸药爆破的约束条件、接触条件以及接触介质对有毒气体生成过程中的作用。由于低碳钢与矿岩在物理力学性质上相差较大，此法很难全面准确地再现现场条件。

石英砂-钢炮法的测试仪器及测试方法详见煤炭工业部标准 MT60-82 中煤矿用炸药爆炸后有毒气体含量的规定及其测试方法。

（2）石英砂-玻璃套试验药包模拟法。采用玻璃套较好地模拟了现场岩矿的约束条件及破碎特性，因此能较准确地模拟和测定井下复杂条件下工业炸药爆破有毒气体生成量，获得与现场实际测定结果基本相符的情况。

11.4.3.3 部分矿用炸药有毒气体生成量的测试结果

表 11-12 所列为几种矿用炸药的有毒气体测定值。

表 11-12 几种矿用炸药的有毒气体测定值

炸药名称	有毒气体含量/L·kg^{-1}		
	CO	NO_2	总量（$V_{CO}+6.5V_{NO_2}$）
1 号岩石炸药	42.7	8.27	96.50
	45.1	5.46	80.45
2 号岩石炸药	35.6	7.88	89.90
	47.4	5.08	80.71
3 号岩石炸药	35.7	11.4	109.8

11.4.4 有毒气体生成量影响因素及应对措施

（1）影响有毒气体生成量的因素有：

1）炸药的氧平衡。随着正氧平衡的增高，产物中 NO_2 的含量增多，负氧平衡炸药 NO_2 有所减少。

2）炸药的加工质量。混合炸药的颗粒越细，分散越均匀，则爆炸时反应越完全，生成的有毒气体减少，反之则反应不完全而生成较多的 CO 或 NO_2。

3）炸药的可燃性包装，如蜡纸、塑料袋。

4）药卷附近的介质情况。在煤层中爆炸生成较多的 CO；在硫化矿层中爆炸，有少量硫化物生成。

5）装药及填塞情况。装药密度较大时 NO_2 较少；装药直径大时爆炸反应较完全，因而CO、NO_2含量均有所下降；耦合装药比空气间隔的不耦合装药有毒气体量减少；炮孔填塞质量好，也可抑制有毒气体的生成。

（2）保护措施。针对影响有毒气体生成量的因素，可采取相应的措施，减少有毒气体生成量及其危害。

1）生产及使用接近零氧平衡的炸药，由于NO_2毒性大，并且易于滞留在工作面碎矿中，被破碎矿岩吸收CO量$<0.007mg/g$，NO_2为$0.2265mg/g$，故应采用稍偏负氧平衡的炸药（包括包装可燃物在内）。

2）控制炸药卷的可燃性包装在规定范围之内，如每百克炸药限定包装纸质量在2g以下，防潮剂质量不超过2.5g。

3）严格控制炸药加工工艺，保证炸药的干、细、匀。

4）采用合理的装药结构和爆破方法保证炸药反应的完全性，如改善约束条件、增大起爆能、保证填塞质量，均有助于反应完全，降低有毒气体生成量。

5）加强人体保护。爆破后，井下要加速通风，现场人员应在炮烟消散后方可进入现场，必要时要佩戴防毒面具，此外放炮人员不要站在下风侧。

11.5 噪　　声

噪声是指声强和频率的变化都无规律，使人感到不适的声音。

爆破噪声是指炸药爆炸所产生的爆炸声。炸药爆炸时在爆源附近的空气中形成冲击波，随着传播距离的增加，空气冲击波逐渐衰减为声波，这是爆破噪声的主要来源。此外岩土中的应力波、地震波的高频部分通过地面传入空气中，其20Hz至20000Hz可耳闻部分也形成噪声。还有爆破时岩石破裂、运动、碰撞及落到地面等其他一切干扰运动均形成噪声。但爆破噪声主要是指空气冲击波谱中的可耳闻部分。冲击波压力在180dB以下就认为是声压。

11.5.1 爆破噪声的危害

爆炸噪声的一个显著特点是持续时间短，属于脉冲型的高噪声，它造成的危害是：

（1）损害听力。

（2）影响睡眠与休息，危害人体健康。

（3）伴有冲击波，形成爆风，对建筑物有一定的危害。

（4）噪声消耗了部分爆炸能量，减少了用于破碎岩石的有用功。

11.5.2 噪声的物理参数

（1）声压。指声波波阵面上的压强对大气压强的差压，单位为帕（Pa）。

（2）声强（I）：单位时间内垂直于指定传播方向的单位面积的声能。

$$I = \frac{P^2}{P C_0} \tag{11-14}$$

式中 I——垂直传播方向的单位面积的声能，W/m^2；

P_0——空气密度，g/m^3；

C_0——静止空气的声速，m/s。

（3）声强级（L_I）。

$$L_I = 10\lg \frac{I}{I_0} \tag{11-15}$$

式中　I_0——基准声强值，取 $I_0 = 10^{-12}\text{W/m}^2$；

L_I——声强级，dB。

（4）声压级（L_p 或 SPL）。

$$L_p = 20\lg \frac{p}{p_0} \tag{11-16}$$

式中　p_0——基准声压，取 $p_0 = 2 \pm 10^{-5}\text{Pa}$；

L_p——声压级，dB。

（5）声功率级（L_W）。

$$L_W = 10\lg \frac{W}{W_0} \tag{11-17}$$

式中　W_0——基准声功率，取 $W_0 = 10^{-12}\text{W}$；

L_W——声功率级，dB。

（6）响度级。人耳所感觉到的响度不仅与声压有关，还与频率有关，故综合声音的物理效应与人耳的生理效应，引入响度级的概念，用 1000Hz 的参考声音进行主观印象的响应比较，并给出等响应曲线，如 60dB1000Hz 的声音与 68dB100Hz 的声音具有相等响度的主观印象。

响度级的单位为 dB。

11.5.3　爆破噪声的测试方法与仪器

爆破噪声的测定通常是测声压、频率和持续时间，一般用声级计测定声压，用频率分析仪测量噪声频率，再配合使用各种记录仪器。

（1）声级计是测量现场噪声的一种仪器，分普通声级计和精密声级计。测量爆破噪声要使用测量脉冲声的精密声级计，其测试方框图如图 11-12 所示。

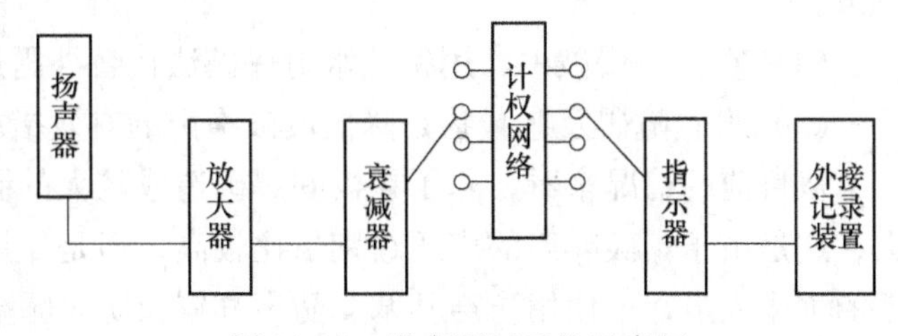

图 11-12　噪声测试系统示意图

装入计权网络后，可按等响曲线三种不同分贝的频率反应特性回路，称为 A、B、C 特性计权，以便从声级计上直接显示出响度读数。国内外多采用 A 特性计权。

声级计是国际上重要的标准配套设备，提供了一个按类似特性将噪声分级的简单方法。在记录声级计读数时，重要的在于要注明使用什么样的计权网络。

目前，国产的声级计有 PS-1 型、SJ-1 型普通声级计和 ND1 型精密声级计。

（2）频率分析仪。主要由测量放大器和滤波器组成，还可与自动记录仪联用，记录噪声的频谱。

（3）磁带记录仪。对瞬时性的噪声信号，先记录下来，再进行室内频谱分析。磁带记录仪是较好的记录仪器。

11.5.4 噪声允许标准

考虑到噪声对人体健康首先是对听力的损害，许多国家都制定了标准，如英国劳动部的规定中把特定的噪声级与最大暴露时间联系起来，并建议耳朵未加保护的人不许在声压级高于 135dB 或高于 150dB 的冲击性噪声环境下工作。

1980 年我国国家劳动总局和卫生部公布了听力保护标准，如表 11-13 所示。

表 11-13 听力保护标准

<table>
<tr><td colspan="2">噪声接触时间/h</td><td>8</td><td>4</td><td>2</td><td>1</td></tr>
<tr><td rowspan="3">允许噪声/dB</td><td>新企业</td><td>85</td><td>88</td><td>91</td><td>94</td></tr>
<tr><td>老企业</td><td>90</td><td>93</td><td>96</td><td>99</td></tr>
<tr><td colspan="5">最高不得超过 115</td></tr>
</table>

爆破噪声为间歇性脉冲噪声，要求每一个脉冲声都小于 140dB。

另外，我国也制定了城市区域环境噪声标准，其中规定工业集中区的噪声要求白天及夜间其等效声级 Leg 分别小于 65dB 及 55dB（A）。等效声级的计算方法请参见国家关于城市环境噪声测量方法的标准。

11.5.5 爆破噪声的防护措施

（1）保证炮孔填塞长度及填塞质量，可以大大减小空气冲击波，进而降低爆破噪声。

（2）采用多排延时起爆，减少最大单段起爆药量，可以减低爆破噪声。

（3）采用导爆索起爆系统时，应对地面导爆索网络用细砂土加以覆盖，以减弱爆破噪声。

（4）在二次爆破中，用钻孔水封爆破法代替裸露爆破，可降低爆破噪声。

（5）设置障碍及遮蔽物是降低爆破噪声的有效措施。

从目前的情况来看，除了在夜间爆破造成较大的影响外，一般的爆破声构成的危害不大，这是由于爆破噪声的声压级别虽比较高，但是作用时间很短，对于必须留在离爆区较近的工作人员，可使用防声耳塞、防声耳罩及防声帽盔等听力保护器以减小爆破噪声对听力的影响。

习　　题

11-1 爆破可产生的有害效应有哪些？

11-2 从建（构）筑物安全角度考虑，可用哪些指标描述爆破地震波的特征？

11-3 目前国内外普遍采用哪种指标描述爆破地震波的强度？

11-4 在爆破过程中，影响地表质点振速峰值大小的主要因素是什么，其一般的规律性是什么？

11-5　目前国内外用以预测爆破地震波质点振速峰值的方法有哪些，其准确性如何，如果其预测结果的误差较大，其可能的原因有哪些?

11-6　爆破震动测量的常用方法是什么，其仪器的工作原理是什么?

11-7　采用哪些措施可以有效地降低爆破震动效应?

11-8　炸药爆炸有毒气体产物的种类主要有哪些，影响炸药有毒气体含量的因素主要是什么?

11-9　出现飞石现象的可能原因是什么?

11-10　在台阶炮孔爆破过程中，如何才能有效避免产生飞石?

11-11　爆破过程中产生空气冲击波的可能原因是什么?

参考文献

[1] 巴乌穆 Φ A. 爆炸物理学 [M]. 北京：科学出版社，1975.
[2] Person P A, Holmberg R, Lee J. Rock Blasting and Explosive Sengineering [M]. New York: CRC Press, 1998.
[3] Cook M A. The Science of High Explosives [M]. ACS Monograph No. 139. Reinhold Publishing Company, 1958.
[4] Johansson C H. The Detonation of High Explosives [M]. New York: Academic Press, 1970.
[5] 北京工业学院．爆炸及其作用（上）[M]. 北京：国防工业出版社，1979.
[6] [美] 杜邦公司．爆破手册 [M]. 龙维祺译．北京：冶金工业出版社，1986.
[7]《采矿手册》编辑委员会．采矿手册 [M]. 2 卷．北京：冶金工业出版社，1990.
[8] 刘殿中．工程爆破实用手册 [M]. 2 版．北京：冶金工业出版社，2003.
[9] 中国力学学会工程爆破专业委员会．爆破工程 [M]. 北京：冶金工业出版社，1992.
[10] 中国力学学会工程爆破专业委员会．工程爆破文集（第六辑）[M]. 深圳：海天出版社，1997.
[11] 中国力学学会工程爆破专业委员会．工程爆破文集（第七辑）[M]. 乌鲁木齐：新疆青少年出版社，2001.
[12] 冯叔瑜，马乃耀．爆破工程 [M]. 北京：中国铁道出版社，1980.
[13] 董其锋，等．现代矿山爆破技术实用手册 [M]. 北京：化学工业出版社，2009.
[14] 张志呈．爆破基础理论与设计施工技术 [M]. 重庆：重庆大学出版社，1994.
[15] 周传波，何晓光，等．岩石深孔爆破技术新进展 [M]. 武汉：中国地质大学出版社，2005.
[16] 王文佑，云主惠．工业炸药 [M]. 北京：兵器工业出版社，1993.
[17] 吕春绪，刘祖亮，倪欧琪．工业炸药 [M]. 北京：兵器工业出版社，1994.
[18] 蒋荣光，刘自杨．起爆药 [M]. 北京：兵器工业出版社，2005.
[19] 汪旭光．乳化炸药 [M]. 2 版．北京：冶金工业出版社，2008.
[20] 卢华，万山红．硝铵炸药 [M]. 北京：国防工业出版社，1970.
[21] 汪旭光，云主惠，聂森林，胡能钦．浆状炸药理论与实践 [M]. 北京：冶金工业出版社，1985.
[22] 云庆夏，杨万根，等．国外矿用工业炸药 [M]. 北京：冶金工业出版社，1975.
[23] 吕春绪，等．膨化硝铵炸药 [M]. 北京：兵器工业出版社，2001.
[24] 洪有秋，王又新，刘厚平．HW 系列新硝铵炸药的研究 [J]. 矿冶工程，1982（4）：1 ~ 7.
[25] 陈福梅．火工品原理与设计 [M]. 北京：兵器工业出版社，1990.
[26] 阜双陆．导爆索 [M]. 北京：国防工业出版社，1975.
[27] 傅顺．工程雷管 [M]. 北京：国防工业出版社，1977.
[28] 娄德兰．导爆管起爆技术 [M]. 北京：中国铁道出版社，1995.
[29] 张正宇，等．塑料导爆管起爆系统理论与实践 [M]. 北京：中国水利水电出版社，2009.
[30] 史雅语．非电导爆管网格式闭合网络 [J]. 爆破器材，1988（2）.
[31] 付天光，等．高强度和高精度导爆管雷管的应用 [J]. 爆破器材，2005，34（4）.
[32] 张正宇，等．塑料导爆管系统起爆理论与实践 [M]. 北京：中国水利水电出版社，2009.
[33] 王凯民，温玉全．军用火工品设计技术 [M]. 北京：国防工业出版社，2006.
[34] 徐东．高强度导爆管研制 [D]. 南京：南京理工大学，2004.
[35] 徐天瑞，等．安全工业雷管 [P]. 中国专利：CN85101936.
[36] 吴新霞，等．数码雷管起爆系统及雷管性能测试 [J]. 爆破，2006，23（4）：93 ~ 96.
[37] 沈兆武，等．简易飞片式无起爆药雷管 [P]. 中国专利号 CN87106394. 8.
[38] 刘建亮．工程爆破测试技术 [M]. 北京：北京理工大学出版社，1994.

[39] 孟吉复，惠鸿斌．爆破测试技术 [M]．北京：冶金工业出版社，1992.
[40] 陈建平，高文学．爆破工程地质学 [M]．北京：科学出版社，2005.
[41] 王鸿渠，陈建平．爆破工程地质 [M]．北京：人民交通出版社，1980.
[42] 刘佑荣，唐辉明．岩体力学 [M]．武汉：中国地质大学出版社，1999.
[43] 杨年华．爆破与工程地质条件的相互影响关系 [D]．硕士论文，1991.
[44] 璩世杰，等．岩体可爆性指标的相关性分析 [J]．岩石力学与工程学报，2005 (3)：468～473.
[45] 璩世杰，等．一种基于加权聚类分析的岩体可爆性分级方法 [J]．北京科技大学学报，2006 (4)：324～329.
[46] 郭学彬，张继春．爆破工程师手册 (2010 版) [M]．北京：冶金工业出版社，2010.
[47] 冯叔瑜．爆破工程 [M]．北京：铁道出版社，1980.
[48] 高尔新，杨仁树．爆破工程 [M]．徐州：中国矿业大学出版社，1999.
[49] 中国力学学会工程爆破专业委员会．土岩爆破文集 (第二辑) [M]．北京：冶金工业出版社，1985：54～59.
[50] 刘殿中，杨士春．工程爆破实用手册 [M]．北京：冶金工业出版社，1995.
[51] 东北工学院岩石破碎研究室．凿碎法岩石可钻性测定和钻孔效果评估 [J]．有色金属，1981，33 (3)．
[52] Rollow A G. Estimating Drillability in the Laboratory Fifth Symposium on Rock Mechahics [J]. Rock Mechanics, 1963.
[53] 普列德尔 E P. 露天采矿学 [M]．北京：煤炭工业出版社，1981.
[54] 机械工程手册 (第 66 篇) [M]．北京：机械工业出版社，1981.
[55] 普基拉 J. 露天凿岩爆破手册 [M]．北京：冶金工业出版社，1982.
[56] 曹一南．J-200 型潜孔冲击器 [J]．长沙矿山研究院季刊，1984 (3)：14～23.
[57] 曹一南．J-200 型柱齿潜孔钻头 [J]．有色金属，1978 (2)：18～23 转 17.
[58] 曹一南．J-200 型潜孔冲击器设计与实践 [J]．有色金属，1976 (2)：18～23 转 17.
[59] 鞍钢矿山研究所，鞍钢海城镁矿，鞍钢钢铁研究所．FC-150 型冲击器与钎头的研制 [J]．金属矿山，1978 (2)：16～19 转 57.
[60] 曾昭华．钎头、钎杆冲击应力测定与计算 [J]．长沙矿山研究院季刊，1981 (1)：78～83.
[61] 鞍山黑色冶金矿山研究院．国外牙轮钻机 [M]．北京：冶金工业出版社，1980.
[62] 美国 Dresser 公司，E/MJ. Security Air Mearsuring and Drill Weighing Guide [J]. Operating Handbook of Mineral Surface Mining and Exploration, 1978 (2)．
[63] 露天潜孔钻机编写组．露天潜孔钻机 [M]．北京：冶金工业出版社，1974.
[64] Morris R I. Rock Drillability Related to Roller Cone Bit [J]. Society of Petroleum Engineers AIMPE Inc, 1969.
[65] 赵统武，等，钎钢工作载荷谱的研究 [J]．金属学报，1982，18 (5)：631～634.
[66] 宋守志，徐小荷．钎杆寿命的理论分析 [J]．金属学报，1986，22 (5)：234～236.
[67] Cunningham R A. An Empirical Approach for Relating Drilling Parameters [J]. JPT, 1978 (7): 987～991.
[68] 徐小荷，余静．岩石破碎学 [M]．北京：煤炭工业出版社，1984.
[69] 徐小荷．冲击式凿岩及其工具 [M]．北京：冶金工业出版社，1959.
[70] 萧其林．现代牙轮钻机的设计与结构特点 (一) [J]．矿山机械，2007.
[71] 萧其林．现代牙轮钻机的设计与结构特点 (二) [J]．矿山机械，2007.
[72] 萧其林．国外现代牙轮钻机产品特点、主要性能参数与发展趋势 (一) [J]．矿山机械，2006.
[73] 萧其林．国外现代牙轮钻机产品特点、主要性能参数与发展趋势 (二) [J]．矿山机械，2006.
[74] 哈努卡耶夫 A H. 矿岩爆破物理过程 [M]．刘殿中译．北京：冶金工业出版社，1980.

[75] 陶颂霖. 凿岩爆破 [M]. 北京: 冶金工业出版社, 1995.
[76] 沈立晋, 刘颖, 汪旭光. 国内外露天矿山台阶爆破技术 [J]. 工程爆破, 2004 (2): 54~58.
[77] 兰格福尔斯 U. 岩石爆破现代技术 [M]. 北京: 冶金工业出版社, 1983.
[78] 高毓山. 间隔装药爆破方法的试验研究与应用 [J]. 辽宁工程技术大学学报 (增刊 I), 2008 (27).
[79] 高晓初, 等. 露天深孔爆破填塞长度的测试研究 [J]. 爆破器材, 1983 (2): 23~26.
[80] 朱红兵, 卢文波, 罗天云. 空气间隔装药爆破技术在爆破工程中的应用 [J]. 爆破, 2003 (20) (增刊): 65~67.
[81] 璩世杰, 等. 逐孔起爆炮孔布置形式对抵抗线分布的影响 [J]. 金属矿山, 2008 (12): 31~33.
[82] 顾毅成. 爆破工程施工与安全 [M]. 北京: 冶金工业出版社, 2004.
[83] 顾毅成, 史雅语, 金骥良. 工程爆破安全 [M]. 合肥: 中国科学技术大学出版社, 2009.
[84] 张国顺. 民用爆炸物品及安全 [M]. 北京: 国防工业出版社, 2007.
[85] 汪旭光, 于亚伦, 刘殿中. 爆破安全规程实施手册 [M]. 北京: 人民交通出版社, 2004.
[86] 杨永琦. 矿山爆破技术与安全 [M]. 北京: 煤炭工业出版社, 1997.
[87] 中华人民共和国国家质量监督检验检疫总局, 中国国家标准化管理委员会. 爆破安全规程 (GB 6722—2003) [S]. 北京: 中国标准出版社, 2014.
[88] 顾毅成. 对应用爆破振动计算公式的几点讨论 [J]. 爆破, 2009 (4): 78~80.
[89] 秦革, 潘玉峰. 工业炸药爆炸后有毒气体含量的测定方法 [J]. 爆破器材, 1980 (3): 26~31.
[90] 阳生权, 廖先葵, 刘宝琛. 爆破地震安全判据的缺陷与改进 [J]. 爆炸与冲击, 2001, 21 (3): 223~228.
[91] 汪旭光, 于亚伦. 关于爆破震动安全判据的几个问题 [J]. 工程爆破, 2001, 7 (2): 88~92.
[92] Siskind D E, Stagg M S, Kopp J W, Dowding C H. Structure Response and Damage Produced by Ground Vibration from Surface Mine Blasting [J]. US Bureau of Mines, RI, 1980 (8507): 74.
[93] Ashford S A, Sitar N. Topographic Amplification in the 1994 Northridge Earthquake: Analysis and Observations [C] // 6th U. S. National Conference on Earthquake Engineering, 1997.
[94] 郭学彬, 肖正学, 张志呈. 爆破振动作用的坡面效应 [J]. 岩石力学与工程学报, 2001, 20 (1): 83~87.
[95] 宋光明, 等. 露天矿边坡爆破振动监测与评价方法的研究 [J]. 有色金属 (矿山部分), 2000 (4): 24~27.
[96] 舒大强, 赖世骧, 朱传云, 卢文波. 岩石高边坡爆破振动效应观测及分析 [J]. 爆破, 2007, 17 (增刊): 245~248.
[97] Harries G. A Mathematical Model of Cratering and Blasting [J]. National Symposium on Rock Fragmentation, Adelaide, 1973: 41~45.
[98] 邹定祥. 露天矿台阶爆破矿岩破碎过程的三维数学模型 [J]. 爆炸与冲击, 1984, 4 (3): 48~59.
[99] Margolin L G, 等. 破坏的数值模拟 [C] // 第一届爆破破岩国际会议论文集. 长沙: 长沙铁道出版社, 1983: 203~210.
[100] 刘殿书. 岩石爆破破碎的数值模拟 [D]. 中国矿业大学北京研究生部博士论文, 1992.
[101] Kuszmaul J. S. A Technique for Predicting Fragmentation and Fragment Sizes Resulting from Rock Blasting // Proc. 28th U. S. Symp. Rock Mech., Tucson [C]. Arizona, 1987: 893~900.
[102] Grady D E, Chen M E. Continuum Modeling of Explosive Fracture in Oil Shale [J]. Int. J. Rock Mech. Min. Sci. Geomech. Abstr., 1980 (17): 147~157.
[103] Hallguist J O. Users Manual for DYNA2D an Explicit Two Dimension Hydrodynamic Finite Element Code with Interactive Rezoning [J]. Lawrence Livermove Nat. Lab. Livermove, CA, UCEL-52997, 1982:

109.

[104] Fourney J K, Cundall P A, Chitombo G P. Developments in Numerical Modeling of Blast Induced Rock Fragmentation: Updates from the HSBM Project [J]. Proc. FRAGBLAST 9-9th Int. Symp. on Rock Fragmentation by Blasting, Granada, Spain, September 2009: 335 ~ 342.

[105] 蔡进斌，林钦河. AutoCAD 在露天深孔爆破设计中的应用 [J]. 有色金属（矿山部分），2007，59 (4)：44 ~ 46.

[106] 璩世杰，等. 露天矿爆破设计与模拟 Blast-Code 模型及其在水厂铁矿的应用 [J]. 工程爆破，2001 (2)：18 ~ 24.

冶金工业出版社部分图书推荐